二的平方根的前百万位数字

编辑：

戴维·E·麦克亚当斯

作者的网站是 http://www.demcadams.com。

大衛・E・麥克亞當斯 的其他书籍

鹦鹉的颜色 - 使用鹦鹉插图介绍颜色概念。适合学龄前儿童。

花的顏色 - 使用花的插图介绍颜色概念。适合学龄前儿童。

宇宙的顏色 - 使用 NASA 照片介绍颜色概念。适合学龄前儿童。

形状 - 形状介绍。适合学龄前儿童。Numbers（用英语讲）- 数字概念介绍。适合 K-2 年级。

What is Bigger Than Anything (Infinity)（用英语讲）- 无穷大概念介绍。适合 1-3 年级。

Swing Sets (Set Theory)（用英语讲）- 集合论简介。适合 2-4 年级。

One Penny, Two（用英语讲）- 如果杰瑞的分钱每天翻倍，他多久才能买一辆深绿色跑车？适合 3-6 年级。

Learning With Play Money Activity Kit（用英语讲）- 使用超过 1,000,000 美元的游戏币教授大数字和计数。

我最喜歡的分形（第 1、2 卷） - 以高分辨率图像呈现奇妙分形的图画书。适合所有年龄段。

Monster Creatures of the Deep Sea（用英语讲）- 探索海洋最深处，详细了解生态系统和 44 种生活在深海的生物。

All Math Words Dictionary（用英语讲）- 适合初等代数、代数、几何和初等微积分学生的数学词典。

π 的前百万位数字 - 圆周率的前百万位。适合所有年龄段。

欧拉数的前百万位数字 - 欧拉常数 e 的前百万位。适合所有年龄段。

二的平方根的前百万位数字 - 2 的平方根的前百万位。适合所有年龄段。

前十万个素数 - 前十万个质数。适合所有年龄段。

多面體的展開視圖 - 活動手冊 - 80 个几何网格，可复制、剪切并用胶带粘贴成三维多面体。适合 9 岁及以上儿童。

Geometric Nets Mega Project Book（用英语讲）- 253 个几何网格，可复制、剪切并用胶带粘贴成三维多面体。适合 9 岁及以上儿童。

有关最新列表，请参阅 https://www.DEMcAdams.com。

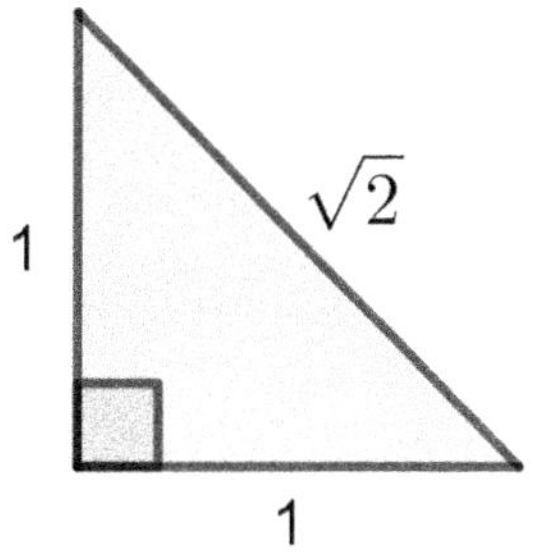

$\sqrt{2} \approx$

1.4142135623730950488016887242096980785696718753769480731766797379
907324784621070388503875343276415727350138462309122970249248360558
507372126441214970999358314132226659275055927557999505011527820605
714701095599716059702745345968620147285174186408891986095523292304
843087143214508397626036279952514079896872533965463318088296406206
152583523950547457502877599617298355752203375318570113543746034084
988471603868999706990048150305440277903164542478230684929369186215
805784631115966687130130156185689872372352885092648612494977154218
334204285686060146824720771435854874155657069677653720226485447015
858801620758474922657226002085584466521458398893944370926591800311
388246468157082630100594858704003186480342194897278290641045072636
881313739855256117322040245091227700226941127573627280495738108967
504018369868368450725799364729060762996941380475654823728997180326
802474420629269124859052181004459842150591120249441341728531478105
803603371077309182869314710171111683916581726889419758716582152128
229518488472089694633862891562882765952635140542267653239694617511
291602408715510135150455381287560052631468017127402653969470240300
517495318862925631385188163478001569369176881852378684052287837629
389214300655869568685964595155501644724509836896036887323114389415
576651040883914292338113206052433629485317049915771756228549741438
999188021762430965206564211827316726257539594717255934637238632261
482742622208671155839599926521176252698917540988159348640083457085
181472231814204070426509056532333398436457865796796519267292399875
366617215982578860263363617827495994219403777753681426217738799194
551397231274066898329989895386728822856378697749662519966583525776
198939322845344735694794962952168891485492538904755828834526096524
096542889394538646625744927556381964410316979833061852019379384940
057156333720548068540575867999670121372239475821426306585132217408
832382947287617393647467837431960001592188807347857617252211867490
424977366929207311096369721608933708661156734585334833295254675851
644710757848602463600834449114818587655554286455123314219926311332
517970608436559704352856410087918500760361009159465670676883605571
740076756905096136719401324935605240185999105062108163597726431380
605467010293569971042425105781749531057255934984451126922780344913
506637568747760283162829605532422426957534529028838768446429173282
770888318087025339852338122749990812371892540726475367850304821591
801886167108972869229201197599880703818543332536460211082299279293
072871780799888099176741774108983060800326311816427988231171543638
696617029999341616148786860180455055539869131151860103863753250045
581860448040750241195184305674533683613674597374423988553285179308
960373898915173195874134428817842125021916951875593444387396189314
549999906107587049090260883517636224749757858858368037457931157339
802099986622186949922595913276423619410592100328026149874566599688
874067956167391859572888642473463585886864496822386006983352642799

0562831656139139425576490620651860216472630333629750756978706066068564981600927187092921531323682813569889370974165044745909605374727965244770940992412387106144705439867436473384774548191008728862221495895295911878921491798339810837882781530655623158103606486758730360145022732088293513413872276841766784369052942869849083845574457940959862607424995491680285307739893829603621335398753205091998936075139064444957684569934712763645071632791547015977335486389394232572775400382602747856741725809514163071595978498180094435603793909855901682721540345815815210049366629534488271072923966023216382382666126268305025727811694510353793715688233659322978231929860646797898640920856095581426143636310046155943325504744939759339991254195323009321753044765339647066276116617535187546462096763455873861648801988484974792640450654448969100407942118169257968575637848814989864168549949163576144840470210339892153423770372333531156459443897036531667219490493518829058063074013468626416724701106534634939164071462855679801779338144240452691370666097776387848662380033923243704741153318725319060191659964553811578884138084332321053376746181217801429609283241136275254088737290512940733947943306194395693670207942951587822834932193166641113015495946983789776743444353933770995713498840789085081589236607008865810547094979046572298888089246128281601313370102908029099974564784958154561464871551639050241985790613109345878330620026220737247167668545549990499408571080992575992889323661543827195500578162513303815314657790792686850080698442847915242427544102680575632156532206188575122511306393702536292716196825125919202521605870118959673224423926742373449076464672737534796459881914980793171800242385545388603836831080077918246646275411744425001872777951816438345146346129902076334301796855438563166772351838933666704222110939144930287963812839889311731308430042125550185498506529455637766031461255909104611384768282359592477228629042642736163264585443392877263860343149804896397363329754885925681149296836126725898573833216436663487023477302610106130507298611534129948808774473111229542652751653665911730142360626525869077198217037098104644360477226739282987415259306956206384710827408218490673723305874302970924289948173924407869375284401044399048520878851914193541512900681735170306938697059004742515765524807844736214410501620084544412225595620298472594035280190679806809830039645398568593045862526063779745355992774729906488874545124249607637801086390019105809287476472075110923860595019543228160208879621516233852161287522851802529287618325703717285740676394490982546442218465430880661058020158472840671263025459379890650816857137165668594130053319703659640337667414610495637651030836613489310947802681293557331890551970520184515039969098663152512411611192594055280856498931958983456233198368349488080617156243911286631279784837197895336901527760054980551663501978555711014055529763384127504468604647663183266116518206750120476699109872191044474403268943641595942792199442355371870429955924031409171284815854386600538571358363981630945240755700932516824344168240836197927337282521546224696153321702682995097908903459485887834943961620435842249739718711395892730509219705491717696160044558089942787888036916943289459514722672292612485069617316380941082186004528610269654757630431025602715231396948213551982140971654909731999283492567409749039229712634869341457493319804171807611196390227866407592243416776246623623891311027034330457636814112832132630858223945621959808661293999620123415617631817431242008901498384856048087986460839359649236651429681257731432291456871682762199611827826953157498380262465175905410397618128760421638613450221326272775661244113361077519555774950865636067378665062318564069912280187574178549466125327599769796059776059075648910666101583841720281 8

二的平方根的前百万位数字

530432119044657752554277543798726054881736198267581686283295260789
932226683602838513512281059318591028641508157056319717315183136250
243590414632122392176633982689368253150530059891547029095371932662
073411234947433678846902013904978428521634144292145895582878476693
946464267812219049785636355263368278051860098699248937786002398769
169807656621943898544370805946433362333810587458162354756001365924
352426571430834655457680023708146757325254702550747637471635067851
599173693793251032682760628645914618204721486370370771926926823623
334720379245964691810526139153086280291440965482563873092730426544
662929045896063751918711469345361973324789572707031530930901921199
199993615765003503984054067425387927527922724733566770607837911384
488936261367657060263600315132952095395202854897384486256134924414
708607086602676349978793420875836121947116994223848482595914304528
107062601508969135303017720062717054402090669514915274597719705947
695474095210287872557856880022193717743558110793930883384558648277
291008629554566141306721230848740227121058686323388237413884428938
155444647105755651468435702946635062893873569868688376480326519528
414653517395302736120137420300986739838514321900436028982698293529
399414129230580384565022707216815161941011449826301364900877048398
488386090653368599054583895203185648041493272142390865164999431659
207965953569430723112911629286797517156688905439322035691293324570
208067194440497304943981408227829602799424541083166675921424835182
723817205041039274288801556223380796147512433514731021284545944899
444996000752437519570116683417447490795882099517836768023236517674
972301487457742725994760962198432714835298611190272873584905217975
908374197486026706053746231530039375212367867752848692195857137554
269684827836317861109933680143915905974842858054516130230143979057
016108898627779610750673332676048654929251399781390535882276893732
204941483940135560356560442140176120605131806891989962606184831853
401836237821726637580455247196266174925422852804571442048578342113
228008528704205488992341278554812367615377071042544698685219911228
354266349997127483660762462418207364666171283947484732804744304033
441072004287271275670279567582429262719454580530026664899650795697
781786219421720052371653694677041951119127046248360511302890464377
511486948878496151188414719100012558838366606772084112351535588112
677895715585904125762616010675131535802124273318710006358249545040
995794072547989003168265123731190556682915194305370848930786919742
829049038603723116099283424317122250994547150192866648787107951995
180054633883844315481724635480244518030845273431000621371034625733
060012349737443558180965678464641533905146569193245623531405779193
698988423647183525375805257713311200797104068315492665402026046806
818391437827214769063242469517128636738443139833371176159418699934
662623453734523567940124168092291163609563721674528391709909146648
507392051516056047378710615470216996074656930979442612146925615934
256494019122989514732544715181263258368897282262833295240359700727
863364604594707124174729468775705958157349962848099567839255474240
448991887071069675242507745201229360810574142653234724064162141033
353334055110452126175035902840374545918645047276243420717709297935
4
010214096464502836834180407586081001407216192477179809859681115404
464443728568959286831977797786934641598469745133917741537904877880
8
300220583350467465553230285873258351570859964906867287596729503872
547570879169554736691708701241333922148466851743706661548819529332
272737436041082542596603039869326542235052369108595126300831846755
503459758395505840356701558879777364438048182138707003440236180412
002114837279422740787378933162708101362649828962927256244580539713
414221451109999544582142923783881026483948233951418767468967831862
868178827255582573193951815531695164501494357263106045694929670986

2520433938520782207622191003446926966334259085305816044978025776 32
544893708006267787317954852985668394869467335696300140293131419025
780775816945815272529343422590519791831662164448751781696775276770
913043157342564054922938187395110844166830924911159785773327363884
141850737936300263921806800194982396664712313171902523703199058771
977410007132407519204181221413242532729491860004200841548511547411
573059872196212988541663720877522483769485974767293301868390522500
148690382610848248198167593107772702648826209072384775290587650403
266727584825218516231074544988758827465678094971230876614426414824
157903570393312256518933356281836185405746706380618398489466284245
736564564213907216305295529359284877555242754559513382771500178401
655305485442285011988365575680159346450558994424849627412711869883
158047691814156796185321657169645222594594712469319957116419861884
797789121142681164383772384836318673186075647785369993038705466322
969807567584682123028077261006969174078202479498821095473343011265
454421701958523758807853480037372471187611100087719035538815731922
513338424947745031188119474559536533660920641929344003507856422343
292324929727084724823557671740589500126876360081245211244875643428
094659313361856432414855780791931151265097295891605299303077105635
245451483457209224551984890588904219806543973353757599824858037546
392736537641967480626968382712920014349566748522472414548636036211
584723231736998061719936421136314580711988396812957056115881246205
885796650562215074820897477641770837870529242028802900440024806868
125422075790594243470464489575440238736936047401308603607599174387
615635296776058018334930879646627071160805073761071800221552519199
379620070916138322728017731332019005978048207960758032499462238538
580357347801871380284039812004681237079092457272857654510489717031
023705486787933643781578074007677474215280311849815576981656151626
115720204540264412993161170773312538461289367637918385370500942063
060910325402584768222036768249279473400061775129526307265637853097
368642000776666588993284566122465073002209562877272622278080395483
403810962805764928974651843631949840261299761890046781909273709647
827872435775220668465400024683307460878358765589053056942574990989
039220463004714572059053712091314275886537693148040000871791384569
099362998784788542177815407350517062532050951447822066725260862041
079962227034808180138006610071922681402919768354884243991628098036
185977193588922654858728163276905428617466323081362877649900737759
932441752147677604693696223321517592645055645256384054670040452158
007545437968103843558514794309229635219785228329574545727156479318
504188960701280594922959218359493707458039032141043660163765095548
944541902633911960741100669497780246954093656281275384963236010625
846536670507651770296951303968587023679128754135880644026342382356
806076407451761190883337120914157628056522379012735641935345652676
296244026602282454261960342283524002050329505319085320149680451356
433410343132922358969728310873956943813180943166691339052648914833
287988276285256304512063761490004521864271711150897628275286714663
611738982858742531721659624764332384003490049629878948700105188449
411866043973910749375734952893477073963866593325543858999353799414
384066242210226832851166251136834473289661321052675089379483446349
303527853213012782115268594298437565174510930399249586646094238684
700215355018037800018701111315193787540109149588908076473345500264
098056832143811600751461827884490468124814689309743000010901984320
866630922513811211159948127963678390812224378191018777994034076527
406038234150532717416278674888085754101214286674663103610880018188
435401823686532216877504119780765258115384173656218356750130344565
959365909746900776563095156366283486399797549375638405296723283563
403031591654958861122299599968682701428407239146230016173544083143

643804589220554110179535135588527134798493787613379107565599541452
891777015758134875768018624292222977666211542249711334173960319676
390935051232094761664275347438833388869997991646383675032418632486
284187846996096380827512996338173937422095347586163221630520270351
703749029856852559581419295499517655258212347310819766330134175081
512367752315160732088182956407263476450588757613618936187012890402
679226470494967872374025813008347639756446326335496752857495370151
271006944644206246175364428949860492052182321338432627533519882949
208649070960592165457376909595138937899766262877086832350596409805
018856981997405660054415321384073497815408094354075968156133896432
084041531510243243247650635582409785346811510563238980401380381484
973528744429069393443733818010901017885920564069076972639093391116
136846666993180683823467403892236722925516602446859746076358290372
852949715836906372909503368595118238724038656680384409859135999658
830062279975291368494561705199329159949232434041372725380763684029
518736981797353665709599422047510596440759070780020393623247182380
413779928373967358809638954739384712895062304484473247044382339025
131491385944752127927146106722526835555209310140982503241041356811
888934417063480181887903852437284345041399526750839074929315594899
279974020601668610106057383620343696139923705020591369122478814482
197004556462960618015295726774665402522403215201062680592469294184
146516926942970316447489225533568194701055860753950312574877927182
201980680506551347189262650998704038723936152628091171501639839183
820803710766444723112559429793084157485754971284956770768913053139
151928316074937226046483741211241052740458076907749903216761531996
566097430089028478792209894555140349566776329368418912928228889379
139256579030617042195174642667176286007376548254894908236704904178
982794694813371005437573522926259395680953716797717773842816611959
931987815037440223252940166513596488398918771266667644592828072477
419805118340357726301941505622270926688815100874081021630455111936
897033987589916343676655245969002296639061823459922443716156818871
678501955219269047700888762881701243590723842188590943230252400872
836341134600247463505407631743028561032883144639525995577714162497
515992886034410104753346774530437278688576119622685894813897884351
225166906761879132344620772426389891117519357553675508977173608077
985499293374857587940796948901185382605111362359173403913986090018
722454028726512923507251346336039947797211253440796964196584329248
583896153707862544624052734183729616587128099621567514167788885218
201782685794750886056191761433450530724222579442150440118993803282
176942753515500503593840261927124840735344805764151349209066433260
871886931878391137249135429063143277314147565234427698926410729192
964778315226765309633771907887021210173628892801332066553846887522
709821416994745346783973061884338063688567887509348371281299459471
416740210647944623047509596911213284185737450768802174200091903786
114928999321369828255050439412523429387891529294488067290453371558
685893911940586799267968019751929463531321204605827301365246354919
747717843125514719561089448171687369595009755149090580423770550765
831660455263178819159288580151410990335159992764926020916753796585
654071721490272772072079533046409492679296980145647407586168417518
270355419152328590131991897564442720919580664737853965474943503366
098455694220541232209149476985226606686931349412846052436006261919
200954559599299203576635844725208888438770109848509614553662505648
222331082774877124964592394034410384880456557209153720836923704220
390308166921534433655552965914773759520794595970591492130243833379
570937471630364094522401198254550375439726080376366587365259895269
116799601027835888111571584115744794740352868900094824133918451378
059992251898473594116542190094366985029180072615270895483247691079

0547502395766594197888184410520182887164116705282644694744647098862
8806589441700901457017395923798880631201342950834144109670046006970
0663011398838065441035959036385428890533959794761355553930923535001
0227464025739965492603187121005439516931510273625146958084366948374
9113385315323780426247949617769295622506132578266616587528170615484
6881784460491851585002235785076884446778740147504422625751017364861
8326337325335419213096310532213256241946140930278933582531173554831
2186188185808274496642586804545788804160409610003849873310755633890
3472441880147049601445215464463527687453004634293704657874612304114
2858413931547069644559886270234135533696146889413057952434482857881
3842913133400444388269456277457204464892750371889600250214810243226
6232474466759222209575796803987583301188094123485941055397931150166
1498241094773404559447736214072981906734227122132982820189355181480
7116129360475393545191644885191976819894324688266584699908103487433
0571542521148982924940641352048699331708524365460290800650242152985
9811925120962833268076725280142924263810662092200671624239053539428
7757500791358700376806504069329046236701998064642381662780745584542
7972813636496128156006336128191171807774985721284909654045638060252
7979290014111671808882167276232695731445299537909359996357201956910
5382318332322879603661549343561955635777887203805140714702862748666
5772728496380606820908743374755778931220716618329099796807740695830
5455058169463910538025471298095019164059177292147061205379737583188
1690403457373089228704876429883276343106156560414235310211126077177
9308733171317133834055399077148746039878634100181548943060212764145
1753685567812410487627891844598648875072569190707056126189065115415
3743433170477107351208974966458587123232606122776764880174190417053
2621901129299413424068594779706484545123043270036204444603070019114
5041542081272865853265986259658341291931874337468142540991989190800
9325715225950256975763625837854206876078753364238902453524223147811
6950307422996882662361894379754634314869404737054660220523658535224
3349189341495373185461775639085063014980593074413127214430609686812
1549167999336020911246342068160464235634526699224710694338071397510
7656704229609060830002146456760756695447822337420301223136385365488
1189686762211965696106838095568110741616828887291489708929172720203
1664475298155649165099329642475935553094342723473525567423358885410
4081625618083858967592481296758178858037431437644805102257548414551
9560030954484153783175981222278083626100382962191366874699060135591
0987901789394509507080084701971030094963485673126176537990696366534
2384783947510060919802366224025837916677336598186209690123704855441
7883308174322415270961858397320548777471419620210209191220035419399
3755848965796596777487966649833738446446288492322091596625208177109
4551855784919342249039112644016254035341529185960627844258497990753
7650351143662301268745038748418198080021735115212731055425489544564
3053521744126476037398814323922379955208037256315382789576756032695
3415371316228684223119907173662715925216680950257599135536804114031
4363749285705000161825898070568736394803223614046040114806234062268
3096408506456518494786208730853799331508268638345592991800295650260
0712905221346145142591683238499736379295324166767263660845139329127
0052813463426544459202882461427621775375422965611776774352683633779
2772705308668887120354478767845607440345181873913358163841356718363
9815500757116010247023062209136180213041332617816241751224462126905
1375876033152978322966881927980317206140924273036239009838514870083
6077981403811439849201510068822963670055497394328533470698676995279
4008280800408871510193767467730882920960774142894924319076599523269
5414808738635323778805420822372563677537066731473034968639707048980
3124544608810665620493011658369924285914317195732663911794046087335
41704103874770

676568434175416519619874924892507420893760141194424029639425417630
165604729567661334499190693680733551658503150396913387483435296368
054125218883032166460594553739445123752178397465350332767285694918
193988259952860975698800611916256873292306230585674189853838045570
809358377914628586246872311025994015876757690831677174283925303011
600838846048071478361609641715594546399221829104927969229251112793
795664013381991163506963539326360985956462057610408705683800302694
519711248638111853378910981402240524583922160456345211221741701040
567973307539584647058474754960443223342630066921057776700574771792
447903388417399895395625218314754341828854229277388521031765033181
685116423984842459090668564084864712227534729176002772087091119916
253536523207304127403457281143076790748835435004321724871067033312
039256058908763836947478428601451134482256881522505295704764411457
698138038591192713356349551780841473632107768061567567942798763715
596403483762844405325104334623725798115249057855454554452128459612
304154962148839747200361422992055663045249896473658280189451430478
607908479278319769496910731263109830485633506795521367459452740637
830001391251206426019247343307523851977600345083075542671038439897
795080702918698409431888452283895341047458008310255934322333268376
672915092233641315967653120611587458495988481505442424328431684072
867512430343206581773398533408669746044667571456675222004330063396
653272711639216282843359363915970535605351461391484568462400484626
935209063545366851485497344595022174912956216820534347169458903066
650112239953739250769149599980731164875683223107356012908889074480
041139114929364660679542826773578999601714474747822597197369102206
176629747963359413820508653835366913170891009758629322982345585218
809771609131415612283794230140742857517219609708392468807241064334
663820378880194299968923340577439945587187721671949412173978424845
551124239495108231334190095498097494411685446927126810464367629794
951628949214864249196131714911299164723580230000506478446110811914
449115812299764633424470996174148529445175829914157131372881744978
663466979834683063377226946211202454420349057367761082493287387912
706838889328012987679170081110139014998227244754594248142195036453
017784199339710292780971003172800480512407455154973275048680372399
013584337669127305599571328206218815992141130876955806638951579665
775394244413241315371071369661381734700574482745460028185122194881
094099093203083696286639456596762750124811505090895014507857953164
711383535236783150519442462603033024233866607777623963532367792520
543071072814179089963458476941987851049288285046330076222359001391
963015771950482636735933640454911225862198229883550564611200430090
520331006969844471423510531407150427637329991583440686986367533351
079658921179232619884213541214952878833669486524486147483513338067
666140739939721171174258077014776173413160355802526005061346050994
514494808115176759222658322435066901650708586969301664407829476134
100953558555025559733951011097129829414168133162909129971663939786
770253895589191479403266826999918493493521145641673825912822446260
474686998341002689357087169821589951314472624674435142671224348360
464877244577905302925494885818976837409053632700690035935815381883
280740828133022036509060649110278848197191631340902967476872679485
708198499821462735902524243518033251794029613213416361860160670646
726579833801692963268988520060136260127308122721574835345068943834
941229354390242537575276935242785398862908394926459788524969063109
016368095320411338520466963037354159339352275611976274730671323084
914276213000530951932312884148955410680616740648799311628819724340
996737600938360319809562292751233734195300422716752657485424748294
603373865038667525655809964547552269265897588852563853292193801975
692542773496925611476888086411726702213493152855142211570520058969

666638052038104514692230017952607407386746595628401458292793638099
004324083574265721606100589276934909467829254643104382358817121534
163957942829172179362408197768819899019978733140361218579680658635
836814653558955738187837879210025324208016567419832526439504211082
153922017378503914351674199577152156214636359058908552855660974755
528542340303264688623171663272306314113253065883613291776807543214
046263688827594471614338928326902599705018230149037097799114932182
970034345553862403942080577861275758494151568256422080453230079309
019116615354347822117943690448501258884620286980896814654617349737
831554789210426289448390506854412032720652374931405325170693575800
090799417928559317281056994376439412694664934570902480722236062517
133594884428904861879125690145136706459235092312563008362115495698
642742822983298049518500422796155220772188169501772040152352682132
562384768196467946508310757531703922608556146933191076828363656585
285066867708773314799646708576262754660296271676307593189843573386
709657017379322828234819216178187700704734967289663187703448331207
245745902134879582560494827184614765808417211499946854803681654737
055739119000597890021034377469279468790761859868970990466907028633
273646321478565924562227186274617896242617308191565710953780887906
210137634562553455427872498576451110514792642181602336671418980139
700712972986873282822161863841631129139087937144100443787731724496
829823520214297586440824917781147307608372773515153045369225956908
916303290224998830272931041640064920140282253288875902793130857765
623765546576499418464267103698691707059191385989330859375437465778
744024340421767226124563578400296687454724507237893772604841729537
531149249611862975908219854645299621591789872203301708655899813711
247509633047309722806506025812936326292023721769898118542181621497
036652310506492195857613634072272973464467527473852366778039742256
265274288738163396279152344489475007103570432305508633073870559504
709704223112376212193195753906049935667463010742768459394995465955
497215492094314313600228526551330882682568446783672070869302727333
326543140936959799774757251648656093889015974966204772135307231257
763956628276229011536678104435642683552059590327320411019415910623
132249801210751416193214421041685387209163497848175621786177622288
901058671479941060157763509364845410154720035611054230018763937194
623790529515391264554194110993008012824631428083660358654985943824
157412766150195565964774712311455219886781344842443640738545283514
096471263474269603706175610653882758679386358840853677488804217287
683154379103824027241641035107695806918605490613362946687412931799
165577747756648524173614696709956897316255513150715263773191317175
169894978324016868714883136697811581823263858229726978780242878221
212956988162336800338798433521833226807674871764314087513247462340
523498791848476682682956164389287940389677064787672835881096606481
625315824243859159435782345293357976186094427931333034229636773288
211480125160663243622928929655705241457292581907333551590230871119
570269023870195544559723394365812869031143294581250142518845693967
768351495544304760263639819242301130991366073869109948189167016589
185352246101655243991230341546915096506133375745364431987592073348
238390436181452300041628562401789896618729932433592378912792566089
494158767347055514907207076116717309650735136469265388838630199300
305411301542202978734832296837173622891653295318271799773418424230
735005604987063161378837005471741263579607944053017421388274666841
182223432316941260940148952498752673948639048907642127211697117220
013760135904558191751687797176186602934972507103882743611570141066
445781051001350673506912848171032491332955147210296826657293583776
007765852714067357182341860915761909790748526270619609743278397440
621952813718689011786708690157900155050619223605714457397060418587

4399631882257735458709134627972756076891285674861037059098061132187604504874217279698531216056889493422432407822830523827134406295836917197669718427580519721871957758934908246303617621710122858719136163784785719676118392479825448889144668052905785209864478198936892907873248050171439760654883350688911619480972955239596084126262856034274377580105813234572464882966085721659274156356281496410080495425681756796476801054888943326780104864046572429169752402459857994323102027694198619454567050814044861591244610954953398503618189226747004472411992228086641553833899651784039232791963803293409065200641474047665091771159099070808820410434613483661887430912351487895600380959418679196731669321912104783420894731843488571328563614408034403738673747949939076522596300233780725620108167284377409474820443016372213195392808907236543066640092827698510338321679833094040609957523059904947123193987195990516312657257226178964656747704253871325106435309745832309708410733118981201447646457791423573248876431971125827102979875263342843355795356992256505794909230866937700279066636452203731451574965614816261858852856681064020472014243322221389808233524340002625721810492374034293352085408853318145418028777812546300193655794914844279995302944114717516708188644421670702339168878342802189667328821651580306511598816915613709131804501248126183339805745102028357925553635460118811575415954711492287084733588506894270851782401173859755863039336633293014366889974210231734579665851571155959196953387040752079737333062880852684312491743172793036169831960497609056301778595973198417714763217593149254047139818123440834186906073310730687022813300545166813707999087989089631954620234399318724799564371232576741891663164152030527819406957404808943774720854519969574625353508824045618525595710802174359712670506940254642115327391404348174935823444602884919035297170343618627149658223377178104219893533510636631651174450165638165192404961562515079086112358169929161323949347190593173477704013684662805098068337537018772151705178891035482213674474450714798543258926539717915418220067465152085396986985573578849793779704460076586525511696342451570428293455201469995564861889644031352409588159147472030021413846836441966207681772331031791788705288459819325187110599135035253017984877228557932864874751011939540515033761527901049108075980422869140039331902826334954729532342060192780949379984756527098415910738523388418078142377053699013487160743211314885094546739362748797656294224381737690756304188919928601138564573088018861331632924097497100070846351948207918454076634335102757004011619401162271610390657266740567225600955942894373186473824705013043165666613045146460593711233555171795797372241171206870206353521915202652784902740751102626534304331575443688107061283781284473250105215351801077244527745838573078364822401880032261620323290720832980976938366868580006997351874739720295919466902345064367557810238499296972745534141830609344989931215777224190602680062357067426924977222612074378905847611106025766615874558687562258255003573408992374904208809926818262714850464031029904386704976130477828131729837543475846856228551531689577746946387006403775492624370371012909543270543316033372828978225547544444422700755977937437129782536556359922897695815966168057019631466828041969376265749532036758395016725071557075650006269070761679042296560595271036056674191203935848115427988879406552755895874455272409249812677472747145230893884341800738900872433775964700981936495522545073441552275209843293401914171541498330928881006369427454728128078922940248672333610136975637284081992266376185468223651936176349764784513747375661696762885578917066708225117101094323288219401635175287938873634954626113660562653921987701504418064664471678417048410301250057784409400629877144811218753423255881987575

786521289254703753355233263969256048851581997712443529685525012576
800575465133654716053029919282591302156103090050599448735907857303
834955713509306631531805179311589618677625470877547115908813730363
455720618577151241051502735643895563727276609900121463749378365699
843697242034171875418009866482131836129686725167614962966645646693
487785492367759862720157628416922510624565533943749174131185809226
857138155821658944500202706375824312115684562967095555271529098565
312333672562403364419796450637365225208236427084845028223074740849
930753762921871360833515951939202191861926711937013581252124848227
919522161514397190873705058300125943547914250503856428918542436153
167130534758489799395103466871387622623623725385486775569001746754
378279466297393867738749456400431962065816959970832070776650321208
556353741575758825583129297837718215123197859910442086339629273076
460885939930328734306610307789892345345331962972446873155028587475
401077041195516103170875711629214466355725497380129923886377056894
155761254670978243799133333779648737360121612139029415076294419703
112200041440896563608531661556852295230732916130184152208112712112
277341449799704226751145566895102808128005826349973418894179723636
605439077775016479075495142801258176469623641170336098655604759612
479255386249957142822929556796927462608847324610363220750236694712
555665528693719752296941077821627762145719854675287819145192030811
645429188368927388726190237757955877284911783550641817754135053059
979169097939697924565400879108145513984583967661455772456893955531
507394666965350265099668502714430512629310979980795203532996430024
446342802402747368430767969533194918042344568101563119928948343984
604686898727422421778149493886050147548843799709397349818529135253
383014531518287960864599523269882833471002364018382917252783412737
386406662458021487277564289722995440605975135770019869916284725549
700160711820245789679681585646573142622248775436694765194636938365
065667893430623923266682751112757724303349413356513691991055592413
782144756881857817800771865487801842221493223906182413560177994219
991753876511615785766151551010278024628057413162337266428126139001
562126626192230037121523337940766072818119973978412487807862804729
841729096179119504900545274788428914746834379395374097800723955055
142923905245349491369602203139175310921173983849274733436320309509
118225555615991469287611246630476563364050521360428470145364228385
272067558789690790405386115281275577337547198322032330989761192764
007598728046318221149873142920081367034910867265693969157425343450
702135790000700316968863680273005957635752391601149550021178710425
871971288092223059057434578858610124824766473038585611103177984514
356594162396825066122207347044336596905714951639392907241889045971
565043405114808248102157054372514336420482230446175082136556694682
188453972730626390361218318903627539765601369139700528415697348549
190350234904516025853643793854788176396559179638034862289387135330
961550874185741074610968818066675350705601826447151897479846866039
110027626803807308177854783850966362450472713878970254053642999642
113142336198321997954091365760003933750798615180001756435804783290
332834718435612667087109548663630432258663437934547800517800117561
660144921765280840101014403697754597224437682789442925492081679677
646471972172575451477970752118630984245100878601326514316489877999
478549438735532543790247867280258483615104026944424551563236011393
684224625098515320994764704485605126259939137091897058523862356375
626928552310818963268806752894936685997931846041342376844403369018
492274688560839119561696958764012904305116281278217052069724527795
495040957616193335988598572277102102887149373490806249597738391376
663392283301840678753791620210126471117740309770879302221089468839
372954818939098544377085014183581829918083057745150647762604505419

947747821584642813183499717921583192055911284140486161452693659558
618554648444935646889077814781699581230112189652593516831331121423
404536463882113503288969875248405716044910770867778021781826131363
833993901635774567565133298029547982761119864321163587440140654629
935618407100215775681642995714064012959069017684333276430632320852
170853557358865692968778875896454821738843355409031662060513044349
393757112279655275485741207647986150240765714658198443662191183825
626485205643365746901350425809857667781240520192901147130997104921
953114837508744572154365338405792774262919320458013137172020407124
486631899947213896233765458998373627615873578158536033142270844597
928050424006934598430426300836629685326178640457218731924466996386
964545866800081345073365948030124232623121337863751620431111341162
382111197830695519589140271878765926496016168578884762220747615320
771939529602251402062408217328433783935142338380176783942522834838
854342092240771056109589184573768385285756152667323588859209474749
364317856507055312986679911931759986589920928919217816175752021136
527861147678257518398029214082039000127607289768586008117523198022
115351229408765742977463686709303015333540425058764197105086863265
258023334362330493915512016776713266592748880724796461895063457142
675690031076577924037401837936507841351136255895490812622944168872
866145839837620864080410509153653122798204347981903510116881290149
529812782934061335597207838718328340881960159299992991210960330733
737121690246416364463048748819684645647570946416896884608714095991
195199732549657264064838439225722584125119187699396229314532016410
950889638520649157993114854022805815502411792615598873255848785131
726051443024257260694758824364812595955915404653023629840789963538
077076509485585161353541467925701057499631399869123719789042654791
562426140100079948238324894177827722718827406528362913920182332815
788581450335185223185388744215088886691012048158437054049204691110
274001702784087027064857998449781587597693058054394587478054483192
442019774444921017008841840242936113195373326188852341424174062136
823571803739881551856959424973627344128087459224574876824184392228
166692275415948550080494513822687267903628502416560659828051077414
606405000548487848781941824232148466781223116905632302817222628575
759463075935324772659420605429605239886928573747893079168988370078
664467390505766538053297099778731169137201900276592261885341674869
152033639485876467762884926940994952887159087806278069878029061394
337476000483614534960328241898902820945207165247786009249485871108
860657830349068236115183174587028662047035907000718182229896176161
045205521220830504294828027866455473330414182949181796474078722274
094471286559091077023579387041934396571176398188959594479219629247
384023841717040156006995703565457504501329338678787135164303162436
440197892815031937480121719223282798949026044352122021013187614667
368047033326296619586154492763352487257968430144013662228087242188
799103656309680288669555722665160482596191386140743410541767950570
470955315652767404783244592151413586819744173561159834583208408434
490775081425580385576115299201479982310609480654957839810779106996
852653439537079819131132382693111178709750863180461747154466623534
975956123440380686301079886276738138291077733592398478105480930369
833513466660110731383250528976686877459209358381764716564126415177
273196529891221736995697056210322450385837543452771878315467650550
446857749319556472403741180602851923562047109258093647076638455028
328067550330204586249567759404414265253694149499720828999945842683
770717912151931196093401242290164858819749634741190477400888535112
417091575925912271912200023595038605090423432461050946225933727262
134139384367536469275995954105298400010884132644471747645201232827
362175898921411939999469484413695143696197638427332562852325292195

1898917284524312385225429771089250876033978037048533448779558315593667321034718897329984538801194738813365572524297519344287007200144885967129553680412748230593461189971788069173854467145770011536961231618059509781783415339900139848145535409937740499242699519686183269926994632553715586922876186050606050706184073400056367527533488603674202347515637368970388674310820986699404969050266947923147364078711585810550603846251556323526324028254556483459933185587661229766981456741954445106906866411528361916374914229625845674025167829332444571393554384836295200022162297372847238078395312547695329697841224676476689775050377870795458509946573476610595928264847916212726514733371497478606872487465646845799651682381804748620863939970211438400362403127695315013453253186574408194072813625452573568877226023176024442054537836650472173564005771250830095413949038635157495643380517325786996478932729971949602626450335988784177035733030002343206549165036608321381933528878014044331877146112961299949597438947395635344895104947848976831296173449650652596840608924934764770899420728202701461487196980741329150056819716009787213033230936449111778193474409021527194401737023325007739702470695918513876765144754537590796466789330168775972148919030441622356457819719488221526540748384121785491795152429488278402012107708165585019139828725276567598069894515500242293174903206502627021836811658044844764508973174141367145920832617354040123670082851414247398928550675383343107753066552631684379041994424741780930260210003173294539408512627908876322943319380034226576464484102189646773557017813703606193754833525859904988387033038419637679544848367914001803816374728481680076766475494039497239686539022479402421540453890027027616967288871242785794795238403751777314660833733946302387672935517544514977212438559274663767369439396485706619298086379956710744012585026965630458930787880532438866673038140754973411719656042220287963377918210228805320967368150975189952089110659986698885263530837619302157468901153766860899679470409418062656550135286874081599388612032203011159406118244639930048265609456117035910776279625330417374812787905180836185460529855589629232000900730542585838683256857533951325910780492421176804152483135188747160476658866969164308104819396613933602389061947597559949774851087586679615407585727814193721620311188724910605586404616099981771172067288199480751576927162892964300786293460144671441856000893148084450095967231038530416150498680448061658397971688694173936467841076744044868779690120070321004282737447479621183532623243204735807888063272823158549704708272497187721474521550400859426040451091208837343252915292653247959604257313856358868322807014003026408061288006000889864191633905998244868218719096493984899233830149471017508049692688882437917867061575934464944261647257186623828761399086968715607308285652128059571847987956018311977383027055992317882344038451460235407226300704578724852698490894152609475958303377522393476787527410442043706561260937141372654988047067382493931237911865259512468358280447735099458072922393113097279398739236181263194309648189853685994482001115326184222906627472654059177362570543376108538124744220049124963273318695876009656893115453235922138887682882454580651675358447270195928193480550637295523133903311340767347423415390357795782907452389109401299267987179841169862341954818305702062658224846785242252436902013579757659662370519519983105981125330441943701707085409517797207100319032102545398400995707094250349515074685682598048814717901319543749329439976109802536823869691192118601529967651317863481295373198972409330675656095592474114352196067069055692053610448424476938424110734011427831670030200301572022925104869323506168878798896930167506027464600408037505675653580333806610745899002023337374029907018990202860570

637512326472186424125374024349108928149660981678088535652539378500
547619678255134519302429379336581191018869463638494450122943963593
843983708812175636529967617760754319259549757181963524330730477545
335284961747985154525680608059761652232673516453192503261856376179
554319316605136671690560271379830548687378386149582306474057079000
550956140941488466468925167549020880566248485045482789243760710696
100681780337017185337794054569677260824770460813309352748103701270
294773274892749676221632671858847723680744166201266479173969771669
437798597006826873645386170044902357592863753035701795403754916731
649601332586868744575670318965756758128478162731818449562027427534
711493645425733276814324389394847041701216147439164342957035174550
064923392731897531854422164171299694252280232930044425895777067229
979438282423015652758999050889012709724917257951796034300279087595
369363749423157881390992432104596336572861894100397689539625045793
097217648008391806433416842345595960636051407640895462045538940145
328202278431586048556523492181149818755384245927281309680573529074
434238642206736990524998691546326935925892108869764363665395304331
693696401772869937471319914219466699018819669792950735262617866098
057884586476483082271411982204457487552008295967208395369651934730
481452865444941028203353655824206922079114652126512379567325304406
442379543348217725964010450405521529590523711128397461803488849033
903261962295634058432172662590918724380437455539372795420118161642
964069912361389114670508400459697696403741149670733801358046940853
657779263093087979213646549850383868378411454158437699106127814756
402920115846953068139869845322896101687932634783388768896939535265
794273987795474707827354512094870210615857573511602368001280343705
572556256281363190121796812229292691189180211417209277529969265604
100823311934472197666118413736995207824595911690689901930770920699
488144034361405074582968281258752782726399455138641362920808716881
307068633383308545478696055836034327404712994170828645179042564433
509448476457431123170481780364520770240877473374926310431750786013
316936713012735701085976924721666573430104443390579774265692055847
804098181084077333361400205163339811243195848178198613395238039749
932769835902219697046599303645511096982361368457149681409307152631
849378259981167194607749171593331736955186910401623812744787814446
790995984509901053973220330122354397452852806408067098883868408351
718184902111978975948367250968429392800476494546537946975983859111
398233901221938668914920108153577655224985657030940585193956819971
716913535798408442670865407506989888338481665595489766925006714758
544033539618451644357487408115325880692324094715554442231033795113
769567046232793922500077060251195800194298864421164216203293140770
529395453925069181014750252623128759383990698359456990848167384093
955059249406058484470183722467320659109290945366394074141053343040
514502750499462644329951627531939749277236991857180243250799244045
555336978233413544326413425602063534300103899816042902921755320543
225046500291943416861404988785866881192070395289531934433348717682
417009989628593525424024107011846217659417522681368308188317652004
873857580296610179710895491275709470464897591296390072546671883421
476051301678264034091471201256025988375132433358441316971717674156
298594784580778851144642550591602727005681921113662696628125535583
403316878555469027746585733590816615421952513661743120063293794206
013065430175825982394689564946481165450553906244627254065254794795
202197014187800429113578500414996903535046288141803055144704499175
031501956600588112127833344967473201244480323448024153937681096744
824582413120485907926814145974066673446850306102774783160416556876
227852468750588825171361852564847224279604285954702104738132988579
645354053576036973158893684191653690320230573683608670042679093624

237967845317563212051492251376478156174169456104165412438375948739
909315927447598323505973749567681311054718472793541665153955794820
362896787734857976297545025441801559358908543898442226030486401243
180396383788852767733701920629028454515970255812025043610060011125
319444268790167726373227858416007199339131855994090743107954185932
621994638931760012279905378934192650360136816054685643295503601957
337999016863389975288937272342157545015704697697202051521352937362
952429688827481412520481166507085136929208037956325142566908780256
343234295874334038821361674967864041557674944676026052820412892879
628482857587523410718055935703665304323491312090795941063570084350
342194226276494783656407869698085545420817401207858828848210566140
217302735522770668885007810411215480461614178499741653525049361357
947766227847159861247647600472289601309415099091662467221849188974
344671215974372233254992960497707263021391730654417298027959803490
840839686891586176939958580347407098605528534254037507350962928456
037058606868404951942318169717076155671045845172413619222026430537
540284431191938280483365319214933209220725472825065804042521016967
359626504966510734195867456887967174884182139326171165793629313370
387756521589087924527623587342024254231401524493346031622783082427
011737851453990421333347225086770167243572991226528039387257124032
309222295379682964642162127852153796011366273030940788449589057703
566527792938063646821361177692949519022001346739198097790273003482
861198134845463779127723892866141978520302716583638921538903853664
948761237706457032302558028619295867235032826276888977261012657477
494944808265711747239747566280525518589825672298259283222313873588
459157106065856948550588358744321690464548886033413348131066118488
250000701606405133755231889537465046094799207300082263935640931044
279574906637801196453960794266006269733429252461764386004407217669
508649692683910010884208965210974673506346859622655832839125235456
452729877662007622203714877325370704001555288259701022752801596943
408996250679537235477539996959101123697585691772029656736106129758
080507738874803378381619044645006748305613803852782136034745596011
810127885279555848742099570997532337998426996954892090174196616941
824986930484000101744767276546513339657430642198365336599628086516
296860350015897647564510877620726829637388670207028515396419092401
614282365516240296506535725876651924647115358108712955393398540699
410330023306345798553106552368966113255923134596483291185676723039
876588976877497018479899760512188132346326165330263812386365977796
740332181966505409612370632937163937970982730985807102325720127774
663500897599751048806023835276507737923092944178053333227277965774
311985840122566824188021920896283199639300360384111467133696976928
839344849126026434890656562258660577543050872909959142113234247415
745217210997264898073688901701324718883512120882963963706121477926
612300550517102984556687929863820630160989731040063376708390805125
450369014938043791082485082815944360135847458409296255871518412176
344101973200445537191292154888271603033171007058880968600777417400
455334480007907611334720819692352736407132385274587098196726475975
122369254394424775988902920962240003689592834273016808294810822831
019859702823763908002086912033595889718026402084719243016935473303
654146189624003170811373922308560167350562629241464628933862050330
552200979538959383536318097955997708688363570126870314531980181206
254516410065118121690833521506794941645173040395957204680026729505
890255151418654661138406568213727380092844267258927761475821432159
083838108325688200027771555348943747671302251419506010389213896395
669029313148892399142685841599917428266827305403977451428318952646
229366714484495738640291467612297750018104617279590650657565133276
381016619047817586644566576952148650187685610264254197311264100545

329300683976747073133363591844291314229894108034435360656456635829
404850487331709823240172711447489727703595681906320291182104232616
505955657821333235466544828843590617666057905886142488133463577650
590414668928857764403291770424617153919437978562515807951484779669
474821402330746784641397846628354250386235486309926434804102944456
735296987604609063817809653069826903867344408835380167199393689207
794046857518381512365447286840167040270758845473725619532434134485
260990355710206505867908519137971586214495398498402350041123635368
078381302750691815461735738247624757608321009623636855869762977870
095345565871397398632446309132942042736962425350234878975343551932
814785658361264832498092196522516948226659831115983502291691319168
500767272203713642274079617997881037120482859600314332684314168446
961258365213703499617029470673383529492193843255632077859650145932
175930499231573581117162029901810116080291259736532699748993578117
890926453937695106960835636964666908632133261369418802954442725957
036758427803349634401574136767064815209147423378181013304209477479
603031281914245492488931706073435123341575415823991861915009487681
270693664076932568487035256589626194849271556671689039365798226017
000651861844156593812177985717355804409156075986829157259752227205
393440982101817789122843068592282949069589653369796636933509675093
566416810053010218058991844283084544177516147468041428961544543952
329090105800093094365259910801197140023518394513396121349641381946
888980019761200714423284974551915971352136717259079743100799256777
862693105827705007927328057219130264258627625438226447256398317579
672160608737722707000211383634470426836275780864913835914402751480
434592898122034547973385301745180364729483484180893408909754492306
224183962125687078152848871559519929491655770428252192963628350056
233295675340984337759820430551727471439465633616787527407428762750
431745454457020402401252976164436649771893311823574438586583115314
899505808029502067644353594485116812791408139966578732298849318213
999238289018453372945652410348441434556407827131462559475948024849
358397924242341648181701621085629510856860862854488298064661183419
365886457632109904168712029069324966634820415991689866437980848440
031413423221721816588472601324356712558524510581693072846569177314
291305312477189440396949896369974477897648609233072266451704562537
181861273035840595451636648956104373300737712722792001565679953780
312472059742971314129812594167703085271810057454304123955875464065
960326911946097951513448828080847313734544451122987393090658853204
458961489329057930452158175223990889528793877553188106996587993204
339705348998986982087673749432658364997215448552677499657696779353
282746956513157735420665082981806885819351151272338270936915963092
626219846068117989951037772265383401890711111988867376398054469146
749241853019378628912764358199547234052453122115015587142011411374
972171926059633275477219118436855933995321993692122068219052716822
095132194104553921005906743148571423144596303171710005924264004820
075398286689754117734731085931393315018379984922641585469514666941
537005433593796461143682055312126651162727692102387308636872620555
056729294175313712034779625567845049020940257675630584297124679994
304462305910173994192049501943426578201385854063888319578434163691
881222433892383511437432883462883595907460577093781626611997342538
515516976845985028460355924847783918179869129025446416990685428988
369319611820644335057368707024281107021668172609320522435330267075
330569203332144651770638887253973735002715832329020543641761557879
085806111808583975848034858108796594902028440332698850788850410604
672230917125477633977136857230612434938985699150256722605084129723
699970048392506065620409189695263786967879803920141504828737905887
625657805500052429062734639623756230546791186200016356041989949795

626243092720912329923575466535776989381703079170253241509891565875
027238224940862156000769560611069741126894968554710425651673417186
059523844231724877377084623877721935512792005988923699722841500482
610432480774786559920699753975746365037944496983631750873754505132
472644874827536230606079661522867469725935675153815751495225657599
421353878330715213388381287838596037372995200109160533583875276449
747619863581621253122815018129059839530148245254145574545262127381
885733231339284639793564081420269729234901283920258090514912618390
906750618845319753370206406122943044442758050647791597493365734015
339263976276739633624833229357444011880831116944148793169006977748
885393537311971733089583966445515230348245081242841627931494543223
205893191788683058699595031220355252145614461188442169245705154832
939161261219998275052503305171366608942296293255619945879443903189
766309448455165753456256105795921957555359998441224232884314397725
555958907552584226814519448694512285358663934964649098196986520872
113445009148281457558896903663268049131667566111853210320177805664
342025323463114769427879123138663541738735869573361867860645304827
579405181477872073398079262030087268701511853615188168418795676731
617434116506188815262474576233473830652344600733726228171628892185
389951283704231099726832482404689760712610772927673866748536052121
083544264424083467489072612198320813136625128579209379349447984214
552980992310200945678628515943352641373642988620518419904448524221
430654756041892908368828175977533710879452379170489687389963754793
010585835172162411226776712816184744797544675782426325662088509939
746700673107641466803593880997829686113982143375452054224394455515
224552411056742885069938844911618051341338082989463119569447115919
178977868408695885361336146527206843346712801595432484005956746431
602133261804902254657602752851258884732021328612246580728483709911
817719811773403031426485356570075858771919282402433018024448942578
482779944695929559722124686067773104118884920334593870423153518023
312228985835825570094218328111558982401209927111698284398706944918
607585253268227202446492889602729069181724346832639982371358042621
246086461059718333990048700475041870496511020493535511469207023282
048589042226899632951558786733716744567250759453855233688913964583
988114356965079275107257281829764258785749466611879578974777334633
593885187835534331579534262954798672435808781701369543041199621598
530392188256376874633299673717884953240628946913889665400486312210
381412366007866704528294561530739712384090584763012937312644259673
745168454523282008773190861606616271104375700363753673287387457040
863711790281599999873446044400209637492980307952133439651092592285
975378753804199090126922508374912552078612628829964493775148661308
788030494559367121811952027914598237442990214066967678758261784857
116370525876411017960190069423464105233600671725615398987065067778
754696715036601334187186975008674356777142058842287072890477013587
751344553726974710256893593773887124243541246828656182201589500573
631487470845946145918615162037729287750443524204805449123010668298
046926130094812295766751972773606190902617796658699006909766421389
875762438801429139484763447968088815601346682124774340541487782563
092648473503800575923233140044874294870719979705193242255656045511
091823454935700077035565318459784468147965138218115307726305488752
885084251997308380549931262272877356773415628399881469811212593946
259466798569049551413395063484292114082029588551667216821080564298
245324207780699856528831113283313105423047597826912011213851120672
500872789053347204191642846823949056926061337253510590190971168537
011742349556211827112742555700022702113375156849487386854047616041
138270629785480152691116348168685282562314690982263659384134633444
245444171704975597607839773388852552457161217007807956310666737630

5853440719144197598222959028368675098518812583376293636836655109984615657604577896635137338226745822968001717959376274018061677849022861160170640648470704388864366022215581801762987841212345392701093200577554067051757414825546875651384978088464299015144139551366006281134856542542106876639363925879501362353044397168953837831408393910775099279093048615336401839844768346402538576878152019397521032536275948118557889965272734367457645558484584777350058425997630925475611432098247534360914816117740060592238255275192566333488286767471207846228376710101623690294364660467922507585368106003284467111883707600140059758493736308636543337419773677552469925865305027735026660671419155666686468788657982220901895278833316701242616974909430077372995238044414949490902783531086644489237721374900681920503141762786587215559483649838673360450399153225589719031928239454758479713187048376283510413259110594272757807676190847400611388030072851608958919240960677911223623065396205129793475212295899617643516935349453004715318486366841324389400952539863265200447711789242832010377986534721990457284541585181598408728616930132214940592192868799709794190021375310032583166640684670226160286590038643562550535479607193713661727322879645701402509930502791464251786168348605012985370482891856016773577760549779185864321265765328542216745862478208580295025127454898876217015784179860648091252586898800241127852221921620683471693167562641674142894052871294580848481573564896355076578924270246229329958298823911845888962033242792694776648254982040525937751962165299012687287344390905393667875900811148464727658778969761003192102699101321620623010127100453710831506380656353405686812621741158493393984779679949485218749682274227239065884550977838775546995706180124856657299318060793931618043590093478733364562828112868431270642211114888123242770474974375279794138881050751247757005439727943388288013038658151401723613786875015635593536158781049333846158063872571216933219833031314127335465475598239025935878775229050268730777012090784852665946138165134233512529326817892297237621570339450742172115956587377598245705259779162149185578769115081473273125754227471616555924841848420056255402139719929699410539021364818350148529131218914249367183037724208657137936253976255195976361587983228443739973573703562192975938676083752885392672809218639717509636043781103907716631388799532918319589493859224432038606852379456720328880037686695118933578471516570897037410309450867749712349351834767413781301217604278993653385363303717477990232559373103747974578848867053519148554969774032743686238295304901992775396295890931820239494056536348876372030419654438599875267871384149546842652894716203170834000366088263240091689446555317195378765347411196696641450393376632730226704975470351009824092301934238829382321479722970582613050815575181906263850672243414220022362443166871671440395034321438238835570880573367248057095643299705456777993275987115586533232889215653248147202617993700769764863592918534350020676363231394569472251393307693774983007534169398159666446205009136454464888334441413145520212660807471798034147251492319897373062036723754170225365934640418880462093374655818942874710761076151790146542705811403737635835983088787739196381890297514645415475075180954162321430838110672634905696335981044045851089043600875269584182080725925276214534445697292591875802260308499451187678465513583908134697858279395508613642030286836185343574289713064948164565172166093616608278090287613832655842271333030999107504595267900380516588251929459617499297570649930255021222265503893886669361110270543291196010816992823833290512335945387560623412597616317192416462171077969234783041918945870562324205466170021540805798683023194603798445522469175247501450211268293172444531654022262617759215426703329094034937

148966654007655730238445952940851114827279003853411956057854877165
354975387731149283095530706324970232586873207074139142949914726976
109660468788723341432309957169100477941192005743877857653029103793
689140307619712004478181786973492407879103723224392454928811078543
975498371864102365049117614464077374892303450348837494023509384012
173014909671418997856055063700329516054601472207383944013497232842
950684192960911396491806168737927113664481040610405257586205327060
036283922881916674708525626673039493848468767015715461156482490717
013890041494193962556246462227078200734043324672236046243714461142
356716689910569421707637189094292922456021875528657514688363583494
305503287634446254482099543250400988046025068669700332694633145583
171527961976246208001895426334430564414481721536790138970516434914
431287337628196396949016893462816990167358629371844462871864444801
699854670980385420478216385743947548191023469484254860166330198087
118368729800561059245542072886772323957316861085916483932358548407
615833949210922370242209630511302368743532847642153127218710813030
665385474424511302057281812397607654219548837224165106784670512829
447287500338037067982915293373958284880238788249306754639273720996
578011194574919458952068732234652449879917973192366052633276456286
453991286097920296146906279602583066802496315703824003929991103013
510620070289227683167238680144167141831320918630718166845362795085
240149343602155340445944265896704648868928622294577432714505480588
457283111394268092530801058452759639910355727390964428392869963855
8794506272092025661359169871083928390805234869392922282994029709677
483847591101613412920657066601971529821090011247223910593065846220
888149704775321413124375059070994158311933311488449259036698763968
383954306900316139574134564273113928406980734999841782873685550085
645104275588430911486477777812954186477139332959577065984829045952
284387251043960330603029602325923025086282857327800038269846181052
930107467354117408142105897332198808699106661388725052310210346916
321950507024036878482549405294160978965392437866213867374882384561
422627213144635561205703665806515405901640080526268931684168593759
616140782112028922657160008809764265096227310886484356188161895857
684492746667766330455640943232341149337675498562237283475249285210
149588154434591495176730214842495387174381845900798564599968122468
839668259995058693633867005719566979199644091098932924558853238401
014987528993029089655811615333631749071670874317500776218214285669
859298286729938260715713221302303139343518168342349825196315234693
398860490189905687610636274315129009437987678887776366231339651111
283074354447118981436044592782669213820877967122544113185764922771
315841409406619911163556483467410191530645371608572275660923081302
055830489187128110473891267106543160219527500516557140323932589135
206415275411356171073060985553921331785384767727496244936707655750
133576329719344918342528714658072757771118420584749302827694605919
603066319791033931255662717949236115702003604658471082597240864139
798937378721261392473728527863678298906919790872263276463896826110
524478312962338137276137380194776891643111097101623483722459492546
552411065184008646414652322467936257381807801436491053882101118129
356704183199360712062768163442581576077393896003866979218827359632
036300741908728774164905652879511206425995928801915064324365030609
242444851923878819203469821596262857413509936020389287402126816050
761512986249075663281746356538274932731870312868017769391387254113
387624659550014381450170998932671488962205692380238556657324807108
864802749098987135521145473436564744524080651454795588216783331642
208934082550715993213000244634442817477858930427383500555314205237
593879256551591015659704346050785961779897469440087411377217936933
992421526648879603160317966626506206142638185691394039606064388375

9358583784639904410627042097337016027313084493827711025307449742434
4523816265879979193324779713614682553450951218915819350899365358648
8651573798856163653042014008713153763117598187858424946771001378466
6077061512797010900481726366460241232390426502788339065790080498634
4772664074050672475475733443681170960518153899109072623370885475655
3548938128354314641562124383243959413391867754374453542689956099155
4189390658748713345204401072062693197818793222931980890750190080133
8157698191665086411043893852554847006721515815250922319285436710622
6407304955058243262712567036343647621066699358546160674173725296711
2756607975095296159260961203549707693570848163012150358329880137922
2244557765977344217426976218854202092656617827665298724282629165344
9343785442723224755313119662394397243919574846544046086988204730544
8672740195703852676893527481420021156768302385509994266785907823855
6060104915268741375257782937850314245105345114310323745601450560599
0867972282006482224039814402604761646913634004418053733089195172311
5099828103695155979267325055294621192787281839109362038099339992833
8579803098883465588001567271164109171546104307581347725106680380588
9347989641820266272188852952728817368799485365813976333445374312777
7743578295535175478225623126399908692059297752703761039453826248588
3330232930659178361161190248755241863353284540451308489683876936366
8273896725602211964083212216938014748987035973716528885870864953488
7487668800068096098747822385440095098834091615406367622504941561266
3295192631345732036636227178289175970400304244187728349654162871599
3721326319756208083186472072265217549474367566358038947166359813266
9069316468018362330034840942101582682951530019664073388492137058933
8596092008423899969249176692011500679180465337625593891784220156599
7553123685278712710709628211365603676346483323311284137242453161000
1818245441588500243906731123707868996752129706750411627862004168655
3113225485883984409676540563009150337227553795665749741637947349222
4861442113561372616204054596505948084493812841132048486337111922011
3240647837081392611945948692731064683792177295760753112891502387066
5916582770456340356287873255712159398797250096036455128702347937411
6457145046980480899917345778895990267717467063211849440368706841077
5647344530151080675084199420322391037567512095887374359237219131088
8397915705509943603142817155628971714200144233514007614416518758111
1219510577697496603329282071212574156495315708670896981054365258444
9186473273041226031866934734814071283432770732046395050310384412500
1306765835059437289364475901177155187060365503427216614486387566299
5115462354018787146266341898463758206264774911756211273568446780744
4240432755671191682734464694114047782580551380311305360655675275544
1033330419621271106210354175892206447879392522211597145749749155677
4140897417329888990583364368058256203162721485268350671883786040000
8638925890338502837430788713710816641910509400515241320718269887555
9248054951351019678966964633972560475129350802139353979201297718899
4735442911890414800863634402250963694423639348961898004640898357666
2122915489358770927335108511386126614299924642435905978931442103222
0982885697058336356012340992145347957832301337596810414652660152100
0939274355932279524425530137036204156100424195986084061392703354100
7354340062520456332998928054306148388235365342523580710038932316055
8546916307619851095152870523875318612683850723929987415538093068511
5345515525332841849661027619146750407146313517053052880354194255600
3030670119130044713586754644964754154975085038155443840308561601177
0815053468782184004805518054441798086965733973517356463908789760877
2997338687038703850691762899289613324157385461633205535370035030522
8999586181514426771151642864283578696574288955685998899928836114111
9294210007906218652404923394371451083764242338542658244008669814700
0865707599974123364038703460022377574821205093058746363187680119688

144314663880616024056632473777168572740211560895636420841168522765
674964292893977414662394104754511467555736790695411864644115114949
025888914750145249954729418383940109618809637159569650704554780224
014378686636939548110121442467493620785935691997710075325239021402
663221366377517772617172568214133836899846027950384239563984348431
109223848746741356389009972324997968078363652965442721364058282946
918187063308329281662632216019235403217627253506032940597704393617
742542690045382334436298972505667736513346008337071149974094079613
541963068818390670916760034097941624949803118708218586401443752663
808453178309511804328729468381882554208375454770168299455298243415
031427128586402927945841782582203160882958025363372386923569989472
675781207466294130465544026115987505645866914010183205266254946208
836286946514703878374197051951547125339451025034241314463031428262
941350053469608147097715390093570731591291626153877912639061169689
542581722796592299896766763688213577202873456201910996509903446644
925661788661368542829353394547736717371698953124196639226668363226
490423070579161215363474835676531612521164201095143707330520742593
996022025067676218897268895383049089638398106243214119257581660823
172555957207878496937505360452338798489113004693412285896535817462
433856862952999260259195004861004834957506523543305161519907328141
072464458372617812478675798778172194318631564793028721981651825359
493114454382883773600636449400987513542161843878596687480547170246
937122320365555634956670660570469697908146493943488902944725223328
275937526756816988835367125924611981005059503089253010711412663511
581601008152544845279227582714417820005900070728921663420746939972
765684933591491176082584138788540214124263905594442631332252838209
385520250330204467781500586286976852338399552796544823790414209557
630452177690632964170059792606934950800980422944490177054155555028
950080005113498937937028554125836442797306669129447837212667369652
353414207415673580888986512657739050101445243805549870948581445299
253988185297483166424330913536302804451211361180987168443149654766
681709386009018635864558890618814573660419543577275712739703110378
243253249503745589686030354690598045800905248052194751520652219263
580967819876566528951863094400132088571842769425153092667310354294
661072422642012417328124982734024471508893831097993799104191823362
760421232957120966489800441958144366626135667883844511635641210502
634991212373097510465036719484795801815756801864569611752860748748
706853045846984366064462651375659406794170630353795190395608929318
799334451539792106751859809749567339332814242220908104274547711587
760765878308609022029819679367422139756235343935480852579199846024
451450210139506819100753691818502346618664411019730441241908581028
592706457100876253638318638827314817878485046137842627353996844733
104327977555077361011654858961873856771819073134993538629615963029
905531295446134362263921716597956177390604440787507813754945211973
208478302763224798595456590555972379298056798288462477745031982125
326002723762738858202259871195150473447408908100214612208681652785
325032109973907089144542968791040634789063732355993282192137909935
716303107425377644524774881006706458813312053552738805715080858039
614691685116704240955588373493909588361182387348111589413513835293
078054067216557532640036939135084286736053291648090977893707678999
131288823496433142785435811801958492828753772545043183137753941016
461798268382531938115361916613172792805181395072679726871242890187
225076988464052596199163059247473463578164462584460739916830221792
926319031452664823790440943089391638579328364082214116261871962923
954843267499322484787543274961903554684886695745587239227025492415
603145538523835263508087523897301290709651288195785945165578160533
372782250384075401639348629865270314015907385889723535117042853138

424078503497352314654863100678526005215952814535083409330083904132
756577588672134490636402881732120192091357497333251704692219415001
144713269063552369796506095619514156658921390896624970432352828991
298050245126550646762131164362638879059706099788704131651884837060
488873005074786018889786672309118839311397065833302349621339728204
962186886162200940297090167685838620504649347813452249484783613055
140754395306043324658841839488556171861541893350376978471481878707
861852009396048662631159963019876765459325782053565286401082972451
369529098410908715489096308511017985549881918300839464500105304448
525482104109706908319100125811964904931430657358074492298979006460
713249997840973064838157604587257067354293213405977888986237058552
172372052056143500473157313501598234350726893415340602708378476532
675793464801910488308685467770611171458649509076620849504701685425
522710889373356784730209798472986028550216365546289580385076683886
766770022293816221494634697935735488963342068079540103477113287395
702090657532461445512500710373049125346262226777757242596072807298
481380996573893077709645518059552440606976380707282773800739929665
723916997901790484538398772684135340772759911540102065939534115201
429207990657805550524391062456472669508160166940521470513528271635
119446311241414226604370034965059326393604089572386378302467738004
113798401473263610012634311263901409243754773178135531349962015973
068489437745662697805643005025511842706828816995640996773071371794
076298295654410357615196833086585390871098908572158514893979334011
393716377392947876781367077659768715495470475543397450844593525770
360187091449084343002556657590746227491817861484622443653505112916
087818738017266940366518391277161614277856012970306041944802636057
144062848820903049100874609890764550275173388819318879857480311682
930965594050197791408366431363839136360657430412976718754288687736
370018617848937995736892537595010323245546710330777418617765122150
757854850156006004604038088217679161339588881534853905368358356573
390241123654233976580885456737483050504020425584747888979290739954
188267225664515599934978992800888484958149401181152115527508941684
054976831715849911517342609772250120153393846598719058258228680581
337546183045434405978344515414835468122506451978577597618036886858
913232088331224798880732602522465987976871020397812344751824793667
684366929965814654090887823084106118409288968160071712549517908365
048854719991879976444479088555317371564463965633215036771533530063
880269511300620641248805912355313294397187124976789814680123049044
248294824536796577443839202390756453322067763543853879465711591288
967022701643680709817241698280145657072147598669858065170022191594
666549407141017339115490121352471352786312388148766142720132064222
524548421187180105785237504792361380061458729999350993143642905906
165159387048755156102905017525790236236480539154631958686723847892
037566923129155651355379091575744539779840678827873704504373117828
571058708693260059714821857029844574434463623395618523427676912525
342920269065497877383322871342775826987537430368613247671333377253
498843062125308614887453701587917321644809103887259668227305918358
451756614873025344364318290838208660163042706369280711195499400761
984041535415932932349526793760399350014811985997776804603514098812
881682743211203127555326359119596819317604370002233957772278227896
767767542937471756655703237166465325218413676353978637981152544169
193604166664217440141349349640942839724862617069048210774657463946
808337682164782055589093550852946100291851793044907705587256255377
572120524897879291479336006146936784623649990755512473514853196373
285871566229159881873314976325785177210948254087129953767935276586
937432121237834116756743306492303680458717490378909996726513749270
382954481530318183224241723089144736716902447169911245337722323139

二的平方根的前百万位数字

072122684696234389961354256846237270205169150415523650394954013907
067919629402418703430548422048936039388770140133666482029358100390
207613117976263199869407596628098517998192357168172972795817297158
416519480847797554233461881233753825476519793865967656046944806883
586750927561765524097327144335577689997899094547512072958624637837
180873660206561399449338936801773622772537274642739151213198741058
968148752877422614083367653017460407322651837766004260903336597167
693360292202099770197681756480137965379521830735628737916911538739
615486325857127181750951633648710399132704274165470535154858496545
944443528680125665217495269796913899454531037433079246751429804456
629705049788153075164147463982117405779962995514553087414799551817
186674764309200795479585327263659021871299408679299762465457086842
347330015326249530254764736907456509761210322718351676039871020189
782773679187241159253927019128950824348351148722907761179822674334
357669794073606038289124694231304835992765126630421654535217633212
786632332597120583836662754678387659214066996938081519909567181314
592623081221640039853298815465827207563118613016786301873368547939
077258856536843319856528061877165640640846005626819437737589959596
198806979288224445710779753720512351399670103414542665571714263979
042746749977503517188490284200084733689560447914987590301979425422
659962421944501798290665007299736698795587021362020825679895029487
092063242012672117319121447994926500569557598554609723990180436327
544324219025587245267365341472201985428975429545465159208862602699
271402296804771226844822860989339142079704235511465029560416491740
348805791442102730784348601012685703348872738704969788724282471511
588138618594251966864502153635314878908810201023670060412897255999
746930825924838703806414163771616677309365770204873195255476282537
537605410382103036799618590529537082179071010419851110571682302421
803853993714831094595966717979011978696655426422819445692458900456
902223334892709684887032767000771761070524550371096015300654602984
905100701031103481079918586367258432140180822748068385084131042054
798377461387968365793473608309863291445475111770251738009156266159
883824566487307239510561175599059161717761634579857362303461525979
635184347594293467605287016991404527432926437584041684646719079200
031184954786292240125737508509044476430044953252862107310360395917
374505424098004527877555808186082779803858738180072531557207586439
895125742954174625026978149499636329610129514565855942170953069822
972518900483169484363582567231574482954000847019582449163817456772
878321734944629757566106281040323490194458043663016368545664023985
395880213575199932095673198750858769084160072404742376180115832820
526504623816390113297207037717681896765277246489196766746120925390
368052034069104235302393559702428605722504681752252854587718993414
808896113738640905887112360779404531924235941028098759991840623606
946615166883678046588222749184193158014919031819169880288848734803
044062308965329547605850832150800124035329200049351644618245658975
413222432556732180264056143618541761808396295144217178837720679560
411815942080332517943698225110085149020959715706151062623013297196
702890508625012629234722523269517928634792796949413410000842336469
534969248712664157192437460954280475262673436589181707702917214571
376881255410331735148294688198900791870226573601870738468164914369
998710698460019168909659372024188504797243572837638913875275313600
298245893185888769256121988251672940271416627411010905705167040440
240807140649882882985695919734610437733101144769147526291069885382
513703853578097465390477906725501646780336018167932988743147163098
648057947836254965783376417688679087983527460233567625001817865629
403176703662737302309237265015031869264107697468858684374140692621
716434662553291614629553325918200918687796526137256435633065693032

800057156543535809233076565795772013063193887579325708692442805146
587176897430006920533072203251388620140979782370094896330559785585
878493114238313860039017378617552209062356810032937440853412640038
781539652055167556863904484472350354176691754806153804641474445076
554838518994926417248338171650941634908813494551211465536997899514
514123030136483088655984334157677830306407650999291375965937732852
848900951058617801653632638360346033958091117832929313860201356560
139025057986284551478390706340714849145416133152458876422831010556
006227771410782662538967036056454819731775310733683758903516050091
536723613251381280187161193079201225835976438373037059211705425795
342335819801531851512604294898262010078592403169382803396047268025
850129324956056042463864006433321674827839722136051484026868059994
282735984112876088411089350780405085800613234373880083980984059005
429303017718380077519028171052596650391779096019083197492602320356
029168492700346547031505700489377556371112640943415616715755224149
500162735696767253721992997363102773975492830266662742632525460584
033687460373253212936619174796400455063838863938982948236983787509
245339778243178751971179847431936368164143014727051314058620572133
494425048536528260864446164422843850298557364319120633565493935605
282227513765833007498595305187291795382470946042298507110141679017
855558776489838261080439307310600452159165787308095907827632988056
064229232120232077855561531050450270731776024483138549340474379703
990426472194245081810695586486573927624178613863402401106041352026
402662727135022116124838758540952400872014214462003929370583436197
576481019267736340022154316600814160611606409952708962292182885930
991787560903171083557497351817308836315172918737386698062090547024
289635589233454592571183695513439603353613464486035196493890255279
396853650534027981286803044996293254654711754305876107969995472343
611613493541234088929457834056858566597253673176557256497694857133
054142273797582984878705336243101326395879860008655569101460056343
697818915923790484504172272211386176827208260163149345105317896230
034308562997973575201294229120391135746597393937081862784548327039
849487109509873607449216379654270600143612989064171600578857760733
042307674963549648599293139697135128483938233910949167588127609318
503436730019811259069796487490901250549746976828472000553837348241
411931946144035624003740911007021800262208954655465412745127067062
169714158728110866892283179740356698924610404876326200621906771333
627520401636770973844571534830495891916508809275590114017100518575
248121483504767085020112920564624109509701245676160173843285733272
082773188172306247453368386893615738339752968578025025033317197237
773991740399857825983521179543913002740409667091053284265071339805
230340014103416831698768638549554703951339378965439153850025036567
010030672218112617115715652431966179249286065748786228769724774200
779128836498967094983038864172813042358981119278282474825746911017
632630117113528812801038314324802813493684523986741331047795742368
355088755495752734885269651357615831493756710070034901352776049566
457901416645319959574974469904335987971996950532065535025954725119
525724480804009247760329669175706463163447530864685474801740459102
398530145544357791297359610903939709449797803870632953189898664247
359223668789143745559594694968069281187299469127784323704933772982
7199772601713197095363315172659040397132878904056511964061802291427
136220442007053539697287187384030654689749771293566238982663862780
082681900471412422003154158250170198907990430390291849927767740231
149383515996132359915896028897527030394581548554686058925716687784
365599773020685427333836251795736435488710764330866849761643393595
832018354245360808482085732918191056364111745463879494518834943082
316284773978565207368969334325050250436900909851852888749279872947

282241015695303879640216684095715413326539361378451395527352942070
203087005459922745754523678873686946530890764964283904057658095229
327706620352520332187582701937202329146321104395636163450956902557
655681605356623516437808930696373287785381023284864626846687266325
698198360245534746345397303483817702775174023146485590687136362666
347792755931475900447884862052529926428599587241086470392659387016
740293072075223624763013717247798201345514618159578089178901272700
189166373095118427306152744669942657918888891004820762432551044813
147161553425124889471171414604274991283651157749220077079472598609
864961859113433296317553943351109304512895075736306266424621427808
791690166672347976788105603255886001036023066865884136930226697399
430491456042174685451712842941904983586549824881549289230213551329
325156730699100312584637670123844499518775598994218928084451700782
150373470241370410190901850072082058227262399872123807410197388023
939320585419615743863954886476480466406836821662162955090624672992
775498684792551449284507062165229807118061373068357835524421515870
422601289795491552231355128311452666922735734568074852693886830072
796091432020066141139042393865249370363161112216201292765784105377
312417069744162566703894475617282362956728431447731529433667004278
779017769427383111105590067980832107160918994198885070821162027885
238137013430658509442719275185537325672811919014776236383593558281
781177304166418054530456309784513633613809163470387909675554130107
370809866501973664840305250816943191284395646243715392885266696593
499359834180899748408463777424935113128211615742306853178548949360
705628193469437595499671729825850161001502467657841264221268221765
810910112900395628255611433189951645027024833070074755365407224760
262499023610504532330971467113281597996394334718527991215948051590
607304460623637463418896767032921495615344057825666281602800564492
322762233867311277572709870836544166101848142293353298882649211164
909100874369492168360208203466962529265862059184814125271583891869
303912908127024087291592662803975635633439945431421946162354273813
128752681409561487222455045893581750891140628560610281735781110743
986723112233210599412011972123618067591235467940114002635456984348
126709828026043262759366462123313236210893887124780811461307482838
181658344471904722053312246444863743218989621364414870313744351120
251040444217457840740750928115230874323846656284788766741761459597
125297529715181445132249752673847133725359611551635231386203197159
001722842925006932912305231587329029518455372615479891401699958467
669851090940081326691061250819355809736662819965419358446577407688
916309688230499679153080053534242772928140157618746775718231907365
909358743689564448461517624470046686961235922362111473849243664971
358334947205788427386165462785205476955166259824191066110441350387
982279380557373590330159081992929793994801333358747767559226766259
739322113821151996583517747144445726168731589032525087068732193733
677509612273757286805492797339729054555456454360899509111731385870
591755142294885228510500108373460856579002954811866296182999787606
729790875200945937054894935990656975953523161899112293117458166034
471110553799753159590717722372898353414042145978916556963112381547
011670117223067482057906137809190891639942099682490067560964980357
200758983526177600910716763709719138891281835797212487435420568516
923556588624595104782466107283546185405634073552518831575863576215
164887393223903065517142613899717968324292885827070095269054733061
473784911165024851309454509126033053054973964434917048099061678844
625676786200773007712326096753829059304729360896612513353445636132
790760315976586159010158844054608625933064795264633779187942252900
217184565550248807216842935467374902928722019069086554503960955292
597637953437889442499420480601339392428714034728201489838762102088

301065499180264817098484537978590525286861143160162525753458436533
827492420519439210229062300460736586549746292237700700474505994846
662675221907297074328758598469907092817466799344686523053864299213
971370808392743767312183083182945123864191947505726340073506389246
918271184058477639034550508796999883330044098791860721846535780146
828560841962813542334891143747396943635347856423691726297899542127
015533263284325723687501872945754964382026442431741152678939600707
684838860154635527989366758215234394502386810931798274907582486962
236061176711189087180434205829289550649277592898202855254026881887
859221317712611896411587621638828459090138931830948640878661930817
086796676021157569006420065139750260464611630260360597433387575493
329538082238861831824687426545630553760152584635444217230378254910
585346727113647790579726890372240332102583807591912279524380409336
507259787759309092633859500832118233341507344409585365618439123422
303206048986877600771112171460293966368839396719153865947315452872
689633416485563694281163811533484722831324344813139299434551519301
558983595705558592900074667994263611679214491545952196173720129583
022513341701719513887084990102076039692411794933947554694671176452
914214025564297037644043472599286597366626173462786540014938603923
479327728817711372851702741489192170507797106565430295473685315187
833574953492804238805788993540277449088478697124191384831306905733
359508571818540960951306232357198265848748831796885635945258539045
393883134433390294614682698736091803438697528165715734312127070332
897910206841434706402579350111982430409072961860774158707964861670
705848350284881674753873599568268565335647313573522294854346387296
997985989891775909214993299692627985712522018609317243034600614761
188215107145425184736508942790341374239278988744752855203158502318
978480791464302328077640417736253936737111961595382027059631440114
478760201273848485020768344277141043336221994596262561641079066011
515993186681769183719298879162076480058621428954272242080188259367
261454134045309355722678425711367719434831032421280160926518216688
831052693941842923659023810793396866392596818467783818742800618155
118827582063002724088344653542486094668161520930130815642870743449
168075010800809902486603784183169687589604044612227317821328979825
427220273711353527767676105439871713579365915021743735398902382785
092385390121007711097173838265972336323307288864041831752766426108
294970992761443773887651095053426070990311307074284452793998191426
762444396658798056130474278781320374590353803382351596548127835782
591728560143235471359107776182068187905527945024993317386494774293
873577913955013567581595816133468582385123076141332744956688466633
826961728904406371675715332688531163470930430233632137887231080069
455845345269722555137739432646050352135316777013091916805023944149
187436042196772081015681915921588832707566917281573254500390993914
971242603398871202112956235185890010943446507306867756911411351762
413682615698211955681082222599218650517329480263653302471480931755
842380501778016419976072734614619098985000891902631717428714519927
816978645285109886078755146714188045630667875853936140028155977962
748670576235206310676527678472039469210130912818396710543644964452
564405473076394761755530985867489053016084872744630146856837187895
086612880499444963065340488944779695612673052448341455662473597973
965702012032660403293042146314270861536320852824995203147296756523
613809593602054839550275869990627854235915349875252319225117169344
965510883613741974074041674634960953179885800724635090220466076078
766813051369647240727410873874819642247758193077401407270033838211
102486507813425966170447072540869453841699462297154560484448680910
954954247314322874848127269373679112486408942201371001510543930482
604867576497458382958245547671418607797465966219551562499535328991

二的平方根的前百万位数字

119940662979781071416604913169323023178713505017588045193375738956
366613235993865403356325131835233259285001486267970044728945544182
209181975012614096024072616528009720373956380409842644625458628604
999552197557050308621810638601864039053115824953325870375910721862
358599475558906708792200469117778854226705314840044331477758751501
991239348251453209230334828991999883459437762057565208093647736227
676970439885463714094900120124585991070702643070624060128745588888
805336158588432997123281419995125250138829945814961598620967064406
832170548226657749895500794318848504922382995528497389599900610258
644150015003761906764756272037092059307214852892618129682040164620
839790093040287394272405128076472613782965222355710044569702235610
698302890218991688085375214141468347010694202928370656523894798704
323838520803881198922643042081750104609647567309526091493614830044
497414171709435678450873168328718332669494529874368075442182409794
705340478249389817334742489665777024988770583214756539581325211733
824355253623481547525701724772891426279333897264529334345374016123
725186167520917156204958496194623113103156665219605529147820544268
637748548408552166417896996557461427420720885934320170498382672950
316988505686560446521027706938771673411299017608108350843707751181
338694046236139031022470943584989366420538651240345646569085578414
246442811045933153941056879735272040603272061722520750362864655129
437155227632379744041181718554976967705292222060136075942906423304
140358762396581269704937274423752861282567470986717302555698142729
021486890087528983370831913610921191770725568942504557197810925853
528085801246113545589684348021866101300090146897557856965838360364
506502918280258225113500548439109443185575747282188131281633554689
556863280125792082349069287584210363859018171677376102832091565261
675821200174242265399193810086916242146763381545805275609002577183
446465224698944508266218137735502489198762057070159287699602998129
471541477620151614751590922087689042337079148762351014809730089751
710355348753862242392621336620340186894768612354724401170300318936
316843164002818864148959918792954535816693782683693500318023545716
436758945180906264565134841748382031068055458306086712280823988081
281083480535239007729251560913828050124397451658665165470417271111
964312564133113167113930490983007495651980455240169666930033742041
103357968054385376171534905290516805906869483707013148142178466348
126441251012798637310471001721588806663742748488408408122631180296
581019300030753511436108708655072874920802744303498780072725173629
259055036268118467097643000033646369424386014070229449234082252975
119918392354507963879048621048239601673545317871106040606304991474
245552973514206418665602624894554015293669796977235324097954972447
576570988558817918488585538737331810647035394770126588013497970054
861788972387240193315382256963653637865202621138889738454273978529
483610168892810983076446412564147358656132569485053796379787010069
379061866965522208752104942755466135348312381744314358895666229015
541766932733508828766532083390343639192764517275411077196501315670
372168489617011135157220716666103434583365854759799585644744885805
164491053696225666705786340156460310343506828799060076933723570562
264574942663309463598574850004425104878021648910894550300079339367
201761355602915329978959117836204618120070868831586535004652737998
539434104889876022897051563109173161891820144363417452798298072317
375939275130064657357389209039884193680890753460490189758877801779
423428491435697939393188416226370763088895130093472729478801047559
376664177050404746252544262332966895715482086935783333960367052905
929208521049150048435514496680810192655483874062000914607801390117
171878726757302838353411864571645996692973479444224986223748644441
780591292985157820123750369047816682437277096963713776190869948611

834986265075138774326455604116725757908813353836209122383529446770
088212169282645749226432440070466913522056130227108466696149797745
761166441555443490243648977622738212394170971649778207879048403625
445453704106283222731696595467803255500387427373181232040707574818
303656155080497889726633476798125829035695097551157597239544821903
357230039799222743141285980998407719693829136109157459243521492879
660937686434045978757820760225603449091860236898801471864531670670
550020641066284502352845372591512396117192369430368878679309482390
799850376951952025199277439983091723417842749293787775487045036620
725817392555404456614940552344180241778127107707477868451282735514
858354079211980329137044820386241982387588529651778465190064399130
768339519171855825066735421680490435578650701639516719009261651424
659915824515281284003582011289877701600117640166947852863207565088
716399672718852040122425472188472839696646409723217106761876012641
819945722288152435832919482480318688699851330216634145292276517230
915888920644865024270569180080885494139494653551684096658748626446
476275220375108173906493053435964305128688190168496149063834285086
126294301637662907863367264477030217207692468297679581859697227226
604685696381045209854360995504079575937479095006227729067820563871
791325945220012246162563163445746134883113115873074018053438744579
640866410071006582387674750197901649331273527903381682340718684787
234970728738824839668998607781872363205482940721042609703707273040
950715658269137246173111232877308517542604949932151109915715294988
986966543244565378795149413508638199096534112386389879382721751379
184011765439656011242713273061747690477704234055440963818575982534
440246072462512056699930738415985238011631693311590742501563965759
889420439857788390497379168856714128380101232444584023264154147507
101249300772643705547054376518442444250225967799997685499828723447
646343766729218842447852550726858473006142357890595796539794578156
878606169721833336457325455513798901589025636583207580486925806735
720169919271916431994091184266436730495739123469987521562106529771
500303997293262564221760046215108095578199927241370603060403833940
925730230891660379873138068675809511918050648491627704905405069739
037480351458773770067887497363092350091702697791623001953741592975
641280535974198168407156999626022878946628750408658268862328215215
072621585086629606528386386617337070486970590500944494588673263956
970129151203917387215774756238681922528082277628684817736218067543
168085705084905093938938749014986979985864691868288072960794009099
947722373885604550127726788994063387244500465087039580282405413215
915131763043265253603783627880867755793349992136855273028740660240
225360033111102392988490221454569155095330503773989806397031775675
037505577635218636600690251433898172846220210890369073963669024587
271755790216151667495455147950178239395538818918043026775937056219
722389109430630561021745375101469206449489531448419798894282869516
241342706701543772922460565010865069571550318886072137742718404012
197700603576101524970318470624937068864601669535559159840183770081
805610147523430390962374218766903810946204574461989551233260203128
781149064386912501664787121841718604171043742081532573066216803077
427352095448822691287360811745592869625406990234282821827250593952
025332868611456691704546843292446655774305293452097924868101424149
758996602495880573686969218677660077851846021724612667853709609362
637336511858698543901741771932800599617591567363667267481140908009
807034747092382720715975292841895565453525081252312967332557489500
575388551247800756935364377570355710484827693015874492203894694681
973424195005008305689253635289824546761470951348609947435400921274
120119997066009108499733839293124713114729938352954749644981223144
812904854297936460516733621218179089822357078959149526771432718892

1398052354989921940897380765537815906608012971503717354038888857184696462703881413039786000010039310838649034582535324733100678899014273977292204976489072165071978169742943970127674205169528462796564724653315421012967821273205548040004228525175629544038669833688552137556417752442861592552070802426312588509210390546677034080009623299685263133747178542286048838841859525655169809177534796388933117090795225497900103137547686882191706960416015815218085390106704823225795698127844447842674973313934621051789876976287025334706478712933888460930518376582710892265312473308608535378855805787351781766970727095536587897736295975692820445254338861821372330136306801174603555888336565585065887040595620283539046579066606566721306208488919071080488809048369341671301168128782677437311176519886057267739562570803090545607511976266834669158720029711902802088673295043868986933396781626091574554767195562073712132423097182443490723600244548583223028635895098966040858251948223833774227475636156332320344730861298872239193492106870626566194817567434586522857172333588249398050079903625784068070271923131877624474359813679462374967972443055833210204420333640392909486200854240012942334722279882592574079906614840216092793808294170600670681103422499690335427263217523410004227434818310668495020588527779397418424868271918469095416860622696650743985015854854699649610586313066951093461541272500773878882571646651240997362833949657874381662399726641737919671778106194447113054663816575337298358283817368752774938528165719345295288596472041668200366679108547711595567320229313370125791426143746219968963889838641117662188875475697398440662676122660044260319855854410914009802592585903383601355010492501207073649093274441450616762720865628235961637733941099387221131115759670399661130590656941764374135716572527363223110660433462887224854532442573818244544005967546290906411609239085979829911834677592585505391058401687094028584878138817615599900247852207732339781958037537813677105538986220790754668542351639616721845548945473079537544069839874009834314204394992709429249927560423284707905549213218874646256787807015914181755686194659020580246934553411240320605675429917014313727400728304305878018317723543079113669411266883267771782428021973929123473840086001485605856436107558438843499707982651165267489988211027970785738465812690922308475552461371343024650903881823005296769636134533274552201858633509872127265883595787581254042101236549359731511074022113036440770728889185893829542935897503918635115378153102297056990859199522220087187065557797682729294527133629379148310933302834872965788595038950110478304519597957577382393436958724743357320404497625567417769750507694787916664366280202290911848490207478566288032867555130995885189272298811174882382848178202590451528084055150496246517380124249482470457285694943049215267986089890698048116578473968654499410912566999448685295252981485121451494023355811305690563332052355205963278462624762021264323998106056409714363952715894673129632726812707043857166149848221268375071109360839748397551817567592129596582845734701143536112022987242353524782948657586860031921375247021222779332033566971180774078294841458528229946683163560922882478699049935255617778482161472320546339204056500006993299888638354937303026256652248397339924692286413269415971989885375370726966513095289401739896902550403523001745611147076653001669696874120402969046135314190602692607269746396298721301077419341769928325036470760185893617660006793213869159186368884178610491113607120060903228563237633702367831828321925742041946481527439055399334751100921050367621545906143188271357086557079717301724596183830929007191382999059461368054298572390228244510639239969244339523133326706484797544207764193725557995677519110552571410396731928782740562582981884985107216

309344127855249178143199332959713864317121473021690036167327691265
603586388228436682879147742674789396383372123364387747828488186253
853623708175290032070862234439121491862101168107148882248827394649
248388575289518765536381661094768865552971796200797511503819506547
141187117475351672464800324402047655561945624178588592242031980601
194571186518036650716503944905923479975922738927143742260012133773
932680436129795966734940585313724038734389670223218786205985740941
973190905429637503698475497446393466953888309436869260330483775855
070516070244925073547514811711792121131026656639115550789079393401
424593860468764302823435246909225651073266380956579604521955864444
503718521733938819581720186814658017430052164923724107757887737477
245870099205536063520049325396909014335445858160496185016629283934
596479303483499152673092231277050764442808980960620040101733593824
902788076983290134235515453442200620059161778223071265353131497419
853607145071487177756008438040474099740097668896180290396568384888
089520866311749637622268436141954842084003176465711999925422918123
990508410524548376597032519416137426931884562182075780735497186500
277612544393066524522257081531505323904003794491836663469949662880
119511903109285028232659961800362458330194230764900960006045250744
305819986894453612905655485401175606630193498472040795489501451209
165044131059478747238544909422608587437449969355464760613297003549
493003000633698014306010497989349907895278818582671598480757950561
286754302767969277073277958720467845585234826402279832532964264386
620788715508114740814175787418933676351876223619224020458225413324
409814144238456076527008024506298103908710946524454946804192272969
172194716902985120196069423899143483119868298798927579314661817780
661581396200511886779673699382626137154463903835237710928555252987
130002191269963381510950542726691996818600791651785705411706848791
670853533733138045487238072500505069331274220239468113105344784427
444437501558005128528159614826045507838371980276178503092306210853
704154837535826517354659117549636622595896907848982626203740734997
725713319230967315938085742595995378099241411520324927930526967037
008673347782453930144084481598694138374539717051991494970255796697
084617226651705091149430201816534160424168429997048303208936621213
639637970947055149680495093657532047296074606851554539974670158837
771154143500875780988887503849948157213189985469880002387926674576
586544308044975273003466964829526197494409504219508021926758505415
748788722287383556257834928702231429509323744853050905423565065792
138099872451775538928789341373750642800516365459764844792932337048
437196257853350281023434929047287858281016209516287398200272011844
981118004512444827179387734200108262958827958504698132349148090836
130717606619943345182056647094756016027864630842398848261941849373
634270017483187440822457794064367263279726883389552069380838000998
250439025979024888809818313731955035054114938904431481278812700134
880699473959030095229140998802661308921718099085934466995149094159
420815069707362592896327095406281190117539394769744998547639898755
005462975370432080478508730973444657238868014810803596851228316084
224467422649443416719583594452297464151609951699626818805829592457
499936482055613726459180035853327495937191875789511743447172790320
641702071394949402930817498406924882712651131453288531646015356118
496626421264980188151899550189886164163309859585630457379620268091
840069760172614176069896036687238360769349425043827974577849588491
497237541612356808697878789780984019626407377669184942766942134437
097758417477274009697546593780950037980005318679102497677097301739
053199588667194902935900054101324339831500456676690588076042551306
861175494144367959090972124106339245435953787589171626470649882765
281206555666230955756622547379840055371045039920736684250040364742

702401803688390641876468584286190976211284829165335066117616078816
028194820233719866907337819168731758141660230240074929243095697549
557443852192387465613253600812027767558780238693823678441194853944
167478388093332888636663202062271471363087144396698773336096191933
618463703778286249186944878823619998123583758833949541815159764746
551425599894182830226794297029351065324482588551014342317386614568
571791019092693670422496185416122906477732540366236712312600158094
052819366871859547072670638894993836302829151667159415403435838195
280708947480976197444404642206793144811064471631784889677827470466
288308513238213158465891738391252521345090975323924252318243595454
456190611981735934037691951856134984546548234106228011660293387059
246478175143362380760477125172885203695839106458817570842811632006
795199393233785496043704304067285360540567713570719641800432831683
163830094668288760399483777596527181502894947525461709382638153913
070964671834419536254463378978229986666565283381242727042309672903
192352565809873327758307181294278751683390886705724551479952632404
195301204884364714908607009675631321104988832242053203326380814483
613720918188554419872074202885078301806430212843173640871890887699
017545761254828514425659957484668339571548245202955204528255307486
883065831007555795210318209163664271797250568761166860327014903357
040327345045814940952099820553161050728926142853613142423103142463
637671617195564218337034565915221757454080831277815956470817743778
229247462035900847400739440263696157819236424001402636811599414853
466574332619765362699758988051080810485756249759271993900000099616
326466668384814932093766678398006102074735541745969464511415026796
721314761350928778858019377246244646821599752658365194828298523036
649314058934152515240129170865241883716842605214843699426118049583
030318587247285453319892072128559474756221753915958452718066783626
862805126817588217232563896519694687295234368269268555941921214734
058306507991194231044976613056985289713819107771457081533938183371
553754529929527917611126275193145013408425485189031414211922265813
804929341767421274701920128224595469515608822503634923448320620694
763589084924912595449190921989841329243960493818388597247662899869
720915836913484062133221072694696641798685513851969865220905661057
606021461851132368497786231536379540244260526563724050876924159284
336051280457635713014662465513946054857900478920187256237042441562
384214043098127708849530706911331446722193542161074400166143553489
716793869403546489963620935564798861061907837684225214582361266728
868083499486921058953714322033480799176534438189257252905914832424
124866740702184171300705098846226058243680236893316263278804174696
225985394652693799084101951878231140230104632054977257454066538499
231148888871343679523163257893483327803509725225470331878080362757
270200377413245424435829869017147642147928091034105564961992564451
478760937471713532605129662589770268283934876968149016447517772223
971491895109829030793284310877596409735470189241239053922691575265
199898861910678995588895771120745651142048557175428404510838218738
204568905583435011092716798347921626288638105457290941193755227551
992900273457845467970200616011342963766663005424451631750870810005
153644296121787821592644633308894869186773760454097033428335662344
039078679014117077367268656734995895464052369661944959710266861027
192527791212052951795946623850052194094821092310239152336124965471
079326577303748122718608350083123317233681077913022739618334921670
029429934733599436107115753799858474165870052859912943813011693274
328913026030041702926762588605006535357531531873075930182833939570
436772220755746154745628492889451403937965446325825580627254178318
052706000885515638283954692400721309972385758382693533880195536361
320476196986932512842957524114631966155825369070954490592037465377

0974589953079508600695544438921585991293645284650445514569102522647777210176602400435485326611487645789339971563983960469643324901870929375059462847401491761052052503923732522470990050650931725452730524750526096851985253485581706948045633582245566183156424833732913099239064610541690442645240972554536226685468330431279675055582233110066908070379729482004756484047081936341689904569838704712941032782266844631938944239326634419264462754175083825972650171812275277911558116877225564835113590323769925848613853501583275417555150873922836796948987151575881939223647218161431266457382710119228826055773260323098256078942088138982919911529290375555569625991483334516419524740757656789215139490598879609724229646922567968091657518579374192551627112551198342990530629649417386255300220517321464565188574932522942753216566558351618564049023282004555594135528909418078559995550549905012669011210063760112481745831409784966817036060416014965954471230737474689669472413969650521658621049883368286555078135315514277785287962982748269790856453183303504256031779397220798297361852092178425762197767927549196211076655333627104910655623339300501012662360640867894074537410427996431627794196961406053720788147955547996280299615498782264106614253249882840563185599671479774534380752853344579255636529412643612344172008086550657111933649682600848895247784681597705164271493568203359179283177162748078154401544719920502040829876602421115822580951905013153430601011053655098715750895313953540727258591674006671533397083086955552602134754549093622633207456826136314508194158542732129497006744616361129709761996011892198940949196470865419692243997497359545306194279131086014292369038334800137991205149680685952826125469393887343649092930479062468649989884933235037667231560054889406612363889087988918245562531418928823305284259918725372825676370786032015695860937717363692976355952125938144353119160928241829290416201178103986136085203613169476578675997859289404265350507306077884454936897668391071982067311761170637874851252110215012837332335436243706487445633268701407294214126141578583819655514129940650921670144628012343328725840959754236971968952954112187566532204258748526092761834992565236781295020304670269904018912299723806462044238448006229131464238451489604872823180459774185700580241781294927303241952494974049341564729218343528488196727508112576782119737276055084441636930667207132253228329390348660612226639005045602266689756612045616233966547225753616251200671365830197771783446167300574045696657605910657100114164735993231257934310918101237279957059437761596709899276852365369937481650664427717516391597933666067337126269081184216937382069650869332685672783674223777363819979971985783464194126517421191221668070941413284510522833805406708986962782679403178723190081905098325670708508502281216413555738976284080744058368920926118375020348362457327780716597778179461635994718234033664931031792424610254041044980668449596283754307639569435874609863857456951585376565744178629248695330416618217499535963366703641595216130542992119948031658033452332115986056662735575878619771412113617281497999611953859206229825197269046098299639507187401578557519326079233489391643870448874451745842610546586451005430687087417270320838913658520423280753713966164128094428370410812724554393107963225204515540241070742706032947094273932172343179483151907035864431909962095508639098412726466023867122467180134672971595500184514574032071767335761669041043723387945509438207767808163131049108002521774578246521707446527879108290733900239536340718801471220522140215399101631224689985086195610048621493173721697245395352184374536368814497943581376506224108152403315854713854365800572125347895992417984967037292125328892311102801806982687955966661932910616876134760127357106961418362513491476772

二的平方根的前百万位数字

6411218585998276390801631779528380954558782949171306818942804812 16
2283691051455691962701836659235053351648330769475554207752915040 94
0519018103554019183917854781339979076569826761180942052936472885 37
1423043542649694682815292877823974063168821223732374456862315139 83
7258397068991093644998895037442166815744900656679808924052559042 17
0664193504881640959639162824316832143629361440108975585506769190 49
7702681496884636966283610029944263729375766795745728749139191760 31
4775321799111020937645101966794147869390383053398993493299339166 47
7259054417354904340287290298985610103594762034889459848681777527 97
4537676177573995965557530704049273167399967822325948787405942966 97
0181424300351254182902165212736321093082337506463162641492382359 54
5529206549277431887226249176373817133446518479808880151513554863 38
7914340862002425332359229689622123709008840261047825557058952996 61
0185602896063397328975472062743770013222079785882131260046886764 51
9007395937324331461137760857466389105837741473829226069341136447 34
4381801467108088925548874235344238144831374360124854401676688462 13
5052623476597766536469051567900511558925799763298111537628750719 58
8431793825817316692132984346887238157977124122450548790913954744 97
5728131947199653757472790042454031149466065801791768998114222415 72
3349332342522544914499033788984003537864534403546883448870170917 96
7519087806686565612770335075469325548773977178257498744815264893 33
0037030919549077337947025126191681053880745667467878612895349206 82
3990406122105092573938171844053161513839851413736403885280864089 75
0997255564565302536459282603124812026864254989319332304588529318 82
4485832343921700791479794490868385963075119447738560610401545243 43
6652996092366414604609827550307560637145911578925197862650285973 96
3723697632927991341497154354728028966377757464857956414270671832 39
3474328493919445524984052913469732055328661410108385636681825473 56
5446380574263855117726202262319821454156383651699940623200411583 17
4354920844609586155429471796615870340678071574739814417868852356 11
7225393747628939256626954153281526693867497031762515735111670916 60
5449073150542365979696372353385919841772400717659388941590512602 21
1955723734827554037015875533702922766748543049173112168767421629 53
8731482811932934103621399791419349169662671289665025402384951651 07
4720110803987979835631542736568943209086961691592208591854188743 87
3453521977006442167718349020707435589979648887971088152920445877 01
6792450210395591625422374900227337734540261692945761540998564748 60
9096279039786594587798487403357771100243230180059868806636273607 00
9566028915949753076109753036579363360983975089085951360115651737 13
1088306315209324906957352760947045135701701191892478888252281265 25
1264940726426810948762625080455824620474113626298437448074593613 78
8666218423172338973157649129623522632803649851880855328622573415 17
6213500375739158483748686415882440506156235330750447028600668907 43
7530573761864245216740300989960886603536489146093264618987311126 64
1396621683691648849093562717564027312907200770640870053097416379 82
8131310636651121902439991103008887827048548356942316317497907267 44
8494953858262417390771750869516976255583857051878800128286401925 15
8836702207581062777126604961179789527670325976997078642854207978 86
0423217138701984279664813506428483554103093876073207049081544309 07
4203012127159078133358664064943937949392443729770845492835970553 52
6540667708584932339070525724564490721748469442729004262343841886 33
4655498364767023238310729462562532651583877419252043723471610327 94
4214492430406908261481940114574652198403573869712540087163473411 64
5876077266346442531257015499038387315773429151445306616766492847 43
8195051219489488835954499981650366614650956693963832863283450099 51
6419280242146423557011400828689708243999476477353558989467091859 39
0181542568880135648419768618447193149642527100359307618926067013 10

410097807809631254469549563997526389994305055540759588788859468311
493942474039767458770564894122585587798499960489030326117208949279
837540593474131703863166719509839572447689206028203728639594210130
936965105575915265868735274883906187495932423744926260937809260831
099359997704349459503079736044259942224232777730492098184492005458
978360975817216042849256056664461736430824975834029567108149923096
205400759337989047221308038939281127327354664761416623353891378082
786687719606846475784884016229921508516369639403335578242816089895
313034423777473487117316343039119597707581229448006964251600299194
443656207700407926646570348176515626692163449919291634742358968408
426448062572873072008955968101924722808676875894813474568859270207
845905017163052930587289259092137848884478779878858927947295354217
934120307179898064863725492181534788609769935180898677855310809174
292013009102250722461475336617658087468199161684258512909635096460
849760895367548710104318297769925024315194296912573609145213413306
707498962938296583779774084803157348231521285372240198585736726847
456882078913825861320860288974197733931752265572955060346907205460
559560462440606619062255852567439273909674431752810333839561824797
839583233862230166768551351104826776850370561195324666881216219044
227665216031550476404550534520407417513579262496342035448963263878
755316617216643536990859225031305824821730773038660647468700159108
870745117661304740043151143900778678119399392405797091601273428781
467858640850718370752419364547440806247531288205495195832033950914
706192409249469771071630085340283690591756937012379625689440882697
566395252777710924828319654433970320180369452654104451756065757640
272261247100074582124864462734547789440804036133282503703572929800
334251851614091813748347436383148974340646702640018825825408267495
375898404705288220344993208914295561668935855634302442085905862246
021130479652257931644054147107442097662816548361257454201562622299
561687381870208701742544989917302750760765612209303739707482898445
872034442644201351179927208188053570247455853191415374624749905000
310601710333689073310199705646197505217488547957620698620872061270
100783787065763748247562913377736425850013594667178689808254395399
025646396376351341200656314094102371931407154450445756652521386193
480566870555898514875478688911914436138087527934354589178713884939
680050103598735918737072531625490451721131770995266036307440704714
653220555152769125580172320982991256454226088179534018739509404554
632928492166370579461533202862301707069632603019434784055648787839
587455005508624070448867416206702502091861376199777288941062192261
589280088672938751141149072282804011788819032459228261227185078541
058074847274412679811777303288193694088906708816715056831747569678
936887315363038733228189303362247929268422914630778579095104386431
856117251125369684297111538823484511921703351880703466248492080739
836334149210309783114158434713088125995201645299911710641805638161
671131847328987115338705744202255469955059398573525120417626294633
515196880653712718436207164656469906253017842885404158860430427671
298982599812321192663902460165049024338940057970668227557355427200
479506213944451659443204439024228722893510819776890683511658992124
883703378744113352529325426860416029185627655044092695981135001896
061196208637708492344219778205365208082305848235143101997968598186
153750102809970927864943383374621715702670951733037382951399578711
591925521624377596838695231435991029332366998237384490665316123670
490124264366309798430121839561688628780629410183411751085956817607
589984665610861751201054601879261815402056959800424155946813541162
726338772161243253532884200020799852695616045033435992546451724275
169529962263652586031964248481754931886068776376068639024568976458
870319748113229933889792648214577734196392093631344514052844690621

4122913558397514574004199992935149757830482922745362272006022057871
157445306770020888532759666791459816020228251156466036057008719274
828914759368550181557511900487484314617623189824245556602974123905
559810326820334869278220996970174304563736951464729499470856038401
791667797569826076123099979181395368284258222692307400406829927212
908776338612246190825490317288386903097360755256099147839328580678
358017493252948815595421116702166850099873868707270802031514239677
012005605714671208536179797468739545735778820264522793231882692170
720122024868602919226738504286245479337984639865387761876327539336
260212286528813358874398034997452521795679203877218968937171047538
911805919494074668350354200646230852397583162901558019086591042002
823304058604028744494848299557103232939321930714729372458966683435
799986125741974199031442083209060522387565486215928971826596494112
855669937216009494523934943896733408725207734620500572533472811045
878776180586370693571816589123483646297599981005343633731067359302
467390372278790978933169520545889454648938184538662271549154724923
206546999182539687141102141077113409582309404645216252605221963992
224795024598398668326197758296632313920241407118752963894958570863
528403899002528449928561388452437585456765731791187470419333382390
943760064545048112770251425490345214137266983448827749946090104526
169862796344643865381404542294805496083254643556183770703269363753
648970340204152444094571035888036524688754536234795855819967086567
135437318241930032141085046155176022614196794817089216033390116210
011466190882845823538565646487213392683365130528108486349569177180
811948900834994607933039441563257540891580923419577957835574350034
768758943870733562946135584634615367766963962351211058316071484243
440591412016715583059328070027410200617628721317417583797418165468
032177846203007922116900960345113979955054444889224429881783989298
075494291525650181238600594094312000690715304642180687542236510640
187987992731139079369441628098253047495729208859075552586845772540
477210414172245298751252849173113870051701524998917664972652535336
180962378879951187916077487201251575195475950969618411379583030085
637386936448112892749984124363503850594457800457994532627921687737
468301053131988537438839597480237559903859749549422775344952816178
768341544917009472606927219486290609131592867093946722873738335405
042142640688175336301550164169164106244290490932065909085669606373
106665627502247027873263421678358078625720331478728812563514779098
450991919169045444449602811356228136106192066223503560715527002586
518642565236759487214302203685913558206299521929607228251223819008
297480949324436119145545138614961884285874906970186245116508852638
799111027130624390353114977495695740016478906079134099544601333758
659518979730332167162024122229741444409094859002500094877477589465
362051903721264700416625835605721889271870314575991983969723460767
789354002068127182465444879376540290215964835835346204816553585235
840312598742533024874341190112376369316912163704061283917207098775
387947215890934014352317692483746651894972221136327119790008266614
978711056314225182937824821657682983617628394361525044104794881720
419815177147954223461644362108639862859767046327703318065890846181
388768893686289420269843898953906660876088418362031615539288386842
749687256365603133706440811710869289191356996102392961357706322434
470295741816347667844220508630952242615187804219207340904965402619
915950399392998194874857244659788475596325502703445577653751504803
142274216987056468448509623350890009923092016694324181233461072163
582481546258851677625393336865263964955293667492717313489886005372
604702086112889884901650784466102700020279276102949175282770299993
984731670990276056967904008221719895828557539256969110988766489745
710712247674056840090296602086581256127892267663308410657843309681

055970094172123180054870603936879393650736750266094981781698586083
666502808216156042005038697951519557127337949105263415547195546408
555117097958537031451681465278185977377555265572626057015048250216
980577985620607362969793132872264077018890928004761753231243744340
389729152023762619727299551363337922557402386814273381073797856547
600407968725117820087038159492054025488927604081466274878584860976
249263294198280891941703188153614915652707510916432915584219720670
259647888463887228553938487566425457934303285849464561363307016317
363903430046790864054107952442361152607835736870189488486696124265
251593806512312140440349053779517948010247063024443612845922136650
133753143661160747494641206794793200976992819132257247268598268847
586559115355380428895656087686632930641149969131382518754606649413
265753681085176179333267639440213567725225504782664738866680904091
566166320327585750937485976817173820325857145202699417308205834574
813966333220878679168795110509373326877267578230594168186130532057
747625051180208787168419217071486258707198754885186870450713709523
929638680178518672902170787037967215021285147245320788487035773714
661862993664640794734674249809671275171102433535365722610464363173
389517898938848531404648578130370046992147044001133975885327927179
652221302481031183654207253096339597925887979436877367761604338941
721850457171388399209834710992897654687758348978354099581930189878
745623332154006866211621527619389269489442162217925150536864541989
806267579177258895700135590708315417495697291964189138728311740916
958891504100708129767704505871539597021568358848559480325835611371
745309901920996472867385904993908349609940755948834668086564347197
492618813900973884712522054120055253464210728061702565036327707007
348726310363073965003755930260422735970563986768177966028093344972
036181939679649711306887465177681882803302611293022257853901197635
988745279695412868444804638116076680054358023788613552279195164794
602925153196127547303117663685719389567547232556396400218702746585
326000927597433517741399689451073896505651726924388413195019128153
395373025914313181964631765961822580956180363785270768637149991522
015601653320897443953639787250998284616442551868910767354201921256
198855162715499676554486825684126828776557268167062622289518885110
345619867588318553414008442944934711393284301519929499524682352977
461698253952428086773764704550617139783531737435041868403600973755
751356760894976701817792535130556068699058463316491467592724455944
729176278327359531298673911426363427688823749264726635999072198696
430081879302182998483620863172832160094080024772961195918849196107
844072312947354753644144517059210609252641794016464717720458745873
743361219901274561439608521546146544073589122134554426001036152195
726416029528438144428399108667565399320620401214534136951399371883
853956203854749245392853493460964516619006990631031176909676150205
040101147656220396000542718040393148618690854723969444787154313877
059832931419441059699178788843789600909153992347276367247707668609
665986191289646569134274815553091176694848431856019837631520709012
149583201980732675004362645408524136912954573940447167854080928556
130245664120046142902611750813967910878394766405427089813696031801
404763106263238757871376493241904022851119130375025765436104645360
145836313073576758085215233630356530705181193231437612749029099323
952672489233695701591115776229860612239908596975358485666450685523
376759673567914647916038340429483860082233885382957840677204668827
091564839322214008695344567214738677119786882172235250231482387701
452031804538008666841361357366901562088915069458467444975242118685
403645797087070264946808693690082265942245072856455943662087424420
342859232560208259153547125385228597320640745447771238493038524898
938256204226437635499584198084785538841664361517133209812925780488

314057810121740949744957816361522677221551013195209698674604583685
925154303361306947642749462864092943155095521074475722705405721754
895704343132904675115818292838887893009375476521636990012396347386
259398601954038907845389403630095644323319230735677720418650636409
279399330027421483345372428559738377638312894770632727289602334054
514643061376688221194567611000851703675067489194542267688221459346
115081712067372927838425098272980158179731420416476985249536719921
499515552979474516539998884382220389391406964961582959182886697403
930816483036465346491057241628456065210762694469534200134374306365
281153790113134550847621911141947411227404566713889510698758354313
095651639366974510984650617155556842780564700728174743613534126802
127943683068510930979929558850062142024322712179041083394141554466
906677629526249849295069192229057454781745463214075720987080947122
911494937707610084992283554285071983294509012742820928634426233346
896503087870214348730921000177185649114731074051943536746929715730
331375002952587667959983404856801205316588943715904621410721017976
781423448712004948478920290480341689261300653274179340754030304860
929480934498992234840729474565931426149589161810251363436493532099
048419914018649930298511969917326670444515197374885568915236698164
421471888246597341113606227047901161835959611908269341350464992357
330515736218701635305831158265487495958216196150590002400526085551
398935091114289584672225186098974840848448535446551794050175574658
851456660639377558344110265804246005906298178583022253076185406182
417403514702064897524691597947820216484310528612174850150738647627
465851397242077287039040343101400787410536896167542113713244838546
609283619185585766699546000101766174741417273225024483653069686262
972646748967388528480359795715112183700647667278327987220502792580
264268432669378736289265177566327762166503402183638170091131751870
325510640492960218352735792729847076350529640299149723227485395126
248713459087973373685832381322533256742742345497773553387507937822
697766519582828930061339025093413297514058829352266090984294439370
509908658885717240674336096211028491267128015328987241407214949789
588024376110795260720063329087531224306866815772216752048023933689
773183006428120321497847183104371960107078623957072773357777337109
233433936101815009831885406111290173773599690551694573357405503941
942146706659679480738314978577297711821916553898741366749628722281
553216487150235426504342593381360513065687098199910470663878525240
156584737375079613667305295435450359332821369816093137840131611671
992526146902530584780611226069731689371633497609566723902237622201
098527003727797571423586570100081027593958704266487878815697983589
006458624971501252165572362249164346088335914743027164014235458721
840345865110907968182431533515836567675215570115865841360015847106
403143721226217061316873365900337870300562624587647653855475975420
923618963082629512318310647995775966311682424604730702574334575448
064900446936350626071804237039887508764552189132235656036317678983
976960926792796942271876219901277648433293142128338734536889897712
988385627461229378007605360012183767414519688413998129762871290074
278342489419740922688069329940927714191964772463879911835314191193
229966125959480701514997697889499801081958063938727835646898925205
908853682426410003271014089921006399440556875653281600115753135282
596678922969557802735599066562419870258059496133288277925038816905
627440899460231645685803974769605688466569501167274494225340354317
974412471160681014852878878510984877454830352263734273207963602122
008995947962934710469948140208421254984905320050118907925722933199
971663213520585927385624607339715307500711460165559260512967225239
141126840951882343878812554489591720907166967018491381566199640776
368729275726215301994769605757376706620723858871287058492466484824

250540922644273424380728792254892253625718334287800883448269669709
728584019352958723646509053135062393483116058530318430181809146890
012680822433366330273394468053782464683611075379293627547767906854
975916089466341967734515904142478059469406550652471926839220434467
535773581765884635192321743612460324243274228857499184802963086687
594576792885720935545818164050620861223715829746005234120749785390
263536981399089162021982770311767799967274473899235643455272923367
689224833269489965057161590879869458450583172804438299673015891198
057886950666270435230082122407558932779904166339878267009108012952
428459012932544176412046517184461152862066183731939810885318849236
400842956408140652436476205206871161000539125652755783537714466977
275359233616243972652933351932253264130816179757021558625427888633
029824010648344080974032730950345071856393642966385863651060707244
659699322946148716469534452440445298899728655309862011645338996837
962780169886755505742926057561373905398535324578535909855385259327
759360600545542832773675389348908491323190278064796437517952618650
954260781626424896440288283298266615363970179037871448787012418189
738150365633521082221035168243155283588411983019524869897225884266
700799188557934505453987785109793609707150683834732182684280535369
309751828888446429634577188080816873813657798041835322309403134859
707627272130615330535011129616358081126432695935583509740047068098
741084083494226333345355172727727918624509189691776774287674474148
853869210641980679021385864558520990729680814736409284476412725373
899646705277440667053729129600398451262560816037417665962372148673
142118354523772875327469730062209537862155790834655403426849396078
555652931360588772000814013691028532112591903188562849594639484998
683256402919926859103874702507209007089779630397727382700054241100
629296516056102015970237782695926219167648701011343294348784385148
088428811559321719833310106533512000053481863171662625638057405010
577223833172016596959691537074166064988019258979671537087301800090
051388950842963700427077566599956175863233787976665200628134066057
230542653160701671380061749834421238167373214197280693871890019261
895520109246733850614615124094191009328904110609416007339013160797
703762755055834191157025338988317039726999419950550963514781596848
052602889356920219649599215129270899203657739585192949811399488896
021379194245396599576104462974526406377469822174203079930222341993
186971585411232555644731287084402954918674681830692850290445215501
960564000263415821434532606545301469437866080846829899518730796014
161578992440422541787253162145176462162252131426665827802954687063
775130223800194627198074688888588549492147745042360386070675607454
493512948491245989427116635304291739026398951631866663722377541201
288931910302535843861862640837034598012115663252093121394304445270
711713190142433234880520126604184328898644567750676971369470949433
571770544692772851478903589751862660470103329326092918546527901736
817888318191353767575646267851953877274050852186448072400352664890
555735213969164214913536956225363892932673161797253661687705655322
740408623848828804380071171584562455923227545374383576531293122348
567181298700487121559177300615015640049540423751697532043085357284
402702783996006356241412521866110548148228315480579706279980760508
162232966386280245697747586880096942164459965378341419040633256047
893225467116587547992844258073031647649362039085876536534979302939
849690545519957430636010228909812998027342490680690177900594149669
283329867132409763627604620559706227978934704812416672831568956298
839241685961869553876674972727598703998974758951798093575971608411
534273785026766760979826715669054069214640919722845956909083672566
999267501762978312586593528635018390791744200868143129352424954910
253004044243546025076456832206614333986728635477997840989886029897

二的平方根的前百万位数字

851155048316622657176418778509685696916723949366157498418690157124
555411409389777894464952822368173924075016681824261318327349124124
327818258110448319879328216421521361387091583383162422176160956440
696858409292390340366304470967293015586758324648282210577242216385
350225451216634935034385786225029500101727872768489399007943291831
764302067565405897081682960396946258765780218997438023664049555733
984591933461189571361653123618653530034072898700963913081183800825
599980404834491032131886201190888096530163167275584514579627931987
165925552275359077408867158249791105226957628337077870164049178359
354550973962163922617685271793256916363201483517150908652598983360
754492311083496459508724468745112821164214422027185297672620310781
830000072925056443737155118448496854114485530246425579121842192528
382639073253872033589572822659549542650105637360818952193059096208
954797466018919128746648897761869971218410793603731108584788565320
527111790938443922520497288664268519467452973782516376620917448026
113947851417290028297037135540359594898365253767548455516558939601
791173565830604764760536331454662315623466163050862683181619245219
671113138980012440893721498471496779550760659737652667754027780059
915655475462786530131769916759778194302914816706028549991416301042
923884363704912748879399518013358036196051059252203121817645603907
067481880113023732673221701330454324607219439711287898483763016800
312866076775034746425725148717795857376062724888129128818064462531
028147267272012101725857433233172890107255585816995127861874321167
971936899972724183909906635386409742400042382132026107451099668442
988128525896535536218571302785235114637343100012059315047755784363
091582596574345116994898586083178815301099015262781980263917312448
192655560661011958526349445278826750721710330855382354585563478088
302372309695094359421934964859514092286717855349448843943152603375
628003182196285605452466874544613039020463594415406917168204701416
739571662426726620589328282219138939133098906074095637300316550209
235536314609035723935977507015231565501675407300814530185198538825
239513604822193856399932607646523959262194360370142467406000187947
697153436810379372948080055252107985188915541693315683205789131746
926996086187678787402369700172462068729403251451274964031665553244
473277281809723741263441774203038862919243996314912164946589506486
548677462820431975379031364519888208712848337166270340464005534352
616135079466663836622524143916780615094573834103553000088054305011
917567327830200113841310713104083742876354999458386948744529481075
134419802159937828769780067716314209970458544468639545810855570280
002041537478765917264494199887304281681643329416840516703509354999
733844313409436562745738575424105057197481774880796771416884316029
999851560810682819516461062266060813892915479186149837037625218254
709462458100928864067425075848142047878513065596461010439727846313
998546825978266986736583751360556755245523774252396970501968579461
719791928955114932222848113329745152133426879838416649097214289082
584547886590322445177671822344336510479700582188836986018910751733
939133475778564553778562106407732562548896885407263950222510040193
024591880622313055384589544792340129731707850648400125140500113535
462705809936879732315365297197520518362705220641006917696464791112
632927279186480699292456282152754990635813582929846894225726788110
456753123845359218745189871185126689025321554795829613924529512959
408875690325733264896009277039578644715541381198997700530221753781
267062352179002408085075007908738151714460981526354281321828340972
636235618263864729145924588085902345080148591215090706002733692338
596908868919947554193218327475001867756082555079087923621055220440
936777114378517822751221240000917252322218596499580045961119023524
901421499164256671774957287264205693158899012637808039638569705077

132913920341262027281458537666864093051453749588626910565641623017
687302006772694767368910189981032578251986591237451862198584951531
042979862674365811037415751063043490237041770859571475570690043144
967616257713678554766301553394371325413323624989696388592256401738
159452009165602024452421664464595355294658101171868977189530218376
379881304951269137040779136911653871346992550041376448657214292775
747861802300768190723635209818030136582610925904226701138295927714
840415807127550146016432468253091850435841754188876838077727911477
927244656066807050237475773483804043382393464724675496039422529290
403089428798634283527893485446442823726446334933388404109019765109
030404270947438940515739224211466999061186596814823850123078984744
040840013043757186585321533914333352271719374820240269239401810621
941371827745931835973075683299845786743704980306171140523417961489
981606792054819784542048949334606440751812407804970379789347078810
579026016286456141930688339604773852416584548630481805489975828087
094293855471822888368796305948480001391052837067578080715394663476
133686756021798481130529712336311053409634850129367693070743428848
468189322554652017020425186579585678541743196221530163998704585069
573265786991737263121696878168834986678799242493505552890062542247
317295890399733642696372212558191760249577621704383514638205218659
293546256057070107994447091172026580177748675155665920448906372196
369987038439551750408138022113322016861731870696919140182704904348
084589476770891755055536790561557074421162930758796049091512811855
396333830468929955231070660257561900855268817249968402617542416585
323441241615383763843947727503904461182156243985344063112490424871
357387466766045682783300349846788394640025475730755625416557020208
738343945977005278845451928209937930821469499111917043731495814378
370474085787835297914995965296132911464659568473372929875908781761
200395424126411836826981534515400639105451512404793652586758783569
158586938338783963326579249445193676006035903799653438577592637725
606217591581846522945335651216226633949579614740193687736143881256
156103677703971048028267303891075696865263338665181831849363858356
521114738783377074957637576746650231325703000660353580918775027868
293209784452901883200077791788284029730520827921927337206878058347
048107636511800202710606748585543983689290980496900611460069976089
998659805947336989736026994351363233909462782669642846923095656323
274650129750672952295874147702237200636059148963965492552393485962
492094865517733224209773926169033352251633955740577618363346364049
100135232280965466228537067824917645479418064635763900626918703337
223272357418417608778173699668100681505095825878230594586813137285
457020513736554549309027528479337062650841570736008795557053018194
992850282204554910836700478013949504624217977182484660442197593730
297236859187939732108567657640102140167952393278157294408269078209
693405938458669942231746589786097726345414850876879130749987793983
386902741730466403052452466528320247764059842496662204235477941816
643775370351286449149258184832989787772034848961700573158297104949
733660931124637149098260893587293418415324243372769831079779614598
181328038886917463943548564321225117309023314735185909719637311173
536116117028637099422554530853590128523364897792413157325156968872
604341193018028313967259638320080198965623785761188241841667676958
878762729033170866987419165420751920966152924885119684810874152301
494503980942221092608124008855863620487409799912150329518483725575
658658732761401481836465894453601319512686076456218301494131632435
143689524748755461519028463061408009316033157380904519381026379404
047677066206516119058869938378606771044792914572274368156673357351
910994948567154235510353570435061230268526772160235857658337156883
426184471346615281431111709166701715729623138894181448247575210960

二的平方根的前百万位数字

307961064476034175225360830964665031449860895021833271172733228407
542388008915831848336067834722325665877416334702983503174747680047
350931928202691826862233361573411215606316085983840383139768353389
446391467557427042933292577626834205123287575219082034668666471832
409653952761420828256951766147484062875793420776819705185978170533
826917213564553116305622056743892774621116357389062929746875385702
330343953970577720721398595529755196602863298969090025240805022470
967607867265376615273698598260627023970035006843406640044377699004
511950478464452271071040223260545238295596676839041924719381251288
874489577183714220989667851087555551669075446638501876404645557393
852705738003191040259631231385447441732888577283606085769877727877
552433103127663244404233568594836421430718061626746711894325824359
064505262462632217272498064847067806163690142089233972789865353160
457958524310402085993152396767805739580793729940449299700677439785
232335004558902059066289196682858675627992636208897742269806627169
942365900159252521444914343695531293234984012282586004723787126115
649279975584335650132083176014398252351604275197496729169636224256
735784941954604300086858280133246334213753261680474926047917641135
449188750275424455920131028740277621859489330365444180241584904225
870151847114984452346158446141280679765600492843524470236681435585
377235884640213176684759588366629842979059494394237440592926156780
484926542319746957865658457430688922720434290786488407961382773072
633905946285629860546233220453384461750649289204791688400401110184
234348680884223565911784385491080238776947291702735421915694266985
632546537363715303964346118774981575573917678496762643486940404963
046170314124410402202400370288923070572289775064627752174638475909
592856252213006576040724676768699629907771843346863194592762306452
309659558723855691888759409528201383169297897235262566210226032117
536433091029189596609598374288763233587350728904653947059733208088
138562043299930926767082461794543186090145149140798407330674738249
735031752639560442660178678248580884834465429856307239449562874195
724985366507741499915942457915514392362560383609008861074730216355
334876106972012545823818904046477221399861393937344816077139899768
638085111776145558246680353875840064689044107608525857079005814218
325143866632688158829946059322714283464467730082789803851364244282
812548473142556864974161546923102305707475701914646082018584693046
441998972134556444013807562069491770725014729843368492150298123592
537686133453267241797354539803364834406994983677926757215667353366
509180481654980774990752808729021187694098050356675284579076255822
230500477052407992173034608607409353338877207965692156153517620106
832728000526073985899164037582552171025273424187186002115670106664
738582166344723173193795645185677898567066074972097388823546724278
717371078091650660970918404064812748603742968051162364947323177694
757010872618204927847178663384078889828328541862004846189849669980
133978416376211874777181479139748766797500915407014488320944872219
086612035169802003796833862000223367143420448370672983593003879895
559998812410010349262685427318114221906161342909824498205954454856
147844854325807847173349204018544203688744549592255886201969082555
048743205032474919376874504172443614111627988003978961150815574739
921018764417619532723243479257081076480282990540873812944773091401
255043640213517099631810620590018428989246213500568685260253247595
201046942287700780399609968056410177869217406303801350770580488937
441017122051738209986758273105643929745367626451047456546251097088
428702396607517799097975262051134453004029720549282296339828790953
490275264286620665532496336784051525352091550142643676249274648425
540967914619628582619543085945739094528259290403621278087127234244
472771302545519988703708158194807833670076806245902206838182193037

3534331070193379556406791179636344053285099328689346778180353626994
9658105933444873533061832471949733558834386212165395217591965422808
3825276049265700269200005287793118282753272223835096591377627391944
9024105423093119876047173576900936379889299492228315574462299857693
3419728628279334260127128588505295683237827483521052911193858639122
1375287200905813899408939054248856202800678697916311995509899270436
9702052461773486725842963593751401087202604367460401915412341601401
1329207997023470406325880343147411861865680449090163115256854002202
5997889144918746381015193534099600494282968522997403333801433294283
3700306537187990668406089051068462972369252968106367914154834392434
0872149341771029402273353603783813974732774293399224244789650804955
8134365727277150755944107932055986291197114464739471811628886910186
5548453626495007134441773736828364642560149650614019924077509262317
0022336699854698205417021521601192169159198032241209657253874933908
0945351603257556610609582469106305438924233616958139025723891957779
8056441673081855006138008242734969182041013977132502274612301608731
8328735376372902078646932312522480043301115225364483005433384541182
8125264623990014178261339328141818348035594441508749930113897342101
3876696086341360668758775414790543577738146785298293709491224332532
2234397746027144257667575009698942619339959617757722445205559497643
0371786866848989019121615667418643928437127970389603215742404610663
9614502991993312607300335609688158526659829729084933994994382870775
4414830000911904143103589424710119452431148988018462015933802980913
0872131808235369143147440905312201148143298580916887236427530553195
1695382695684705164636052245680233182626991156258289614085465595634
4059369579066449938334073065777870826450193265435158885247477655725
8355711143675289665035576576793120017534530838749686585912862253533
2671284035818734212714185281387118400211781359672138843279808428775
1351734950158258340014836795974319066049371780040709440046362691155
7731731708864657022976116520261551919268908916717745425214606158958
8618340247034636652433047486107481746916782283006652586700776703459
5946602822778406289971241347904677959576222740328547328766975229549
1138781885573485559882398166146679604795362413310312299785024305809
2226192661962002063615935461235599519681496012760493087496650935555
4285358361253025476436235741748441110638064503120100018947200557135
8739745742374273667647748630339062884611696858213789482573974481489
4975934478559561270327352624266595652434204076877558149000751225717
2353159832749900351223303510989333614410736716919184017505810496709
2713697597566632112141971983810563245462744602956926348314347045255
6238859221126228558514173542177574610196355882912436528743082292626
9136763837713344674192794844284428655726650064201019169288081094829
8472530420784544048168020967875334010268746503666758324890644270154
3697652384238780818375492746274223580236075427196879970909669050449
0082893201340324338516081844707653620566424169535414128419966063524
1570777796649568947737702081821985711876936117757667108698213149352
3978244977850599264342613299874119954943696822561497455730053830632
2929572944198881191777361951216050715779398571661174432198804871695
6020924571140699106441566007241921148146369113096416948482844935422
4162402332146918663276148037848546930281456988648856823880375523828
2882779006285223066646904964003723157955050936876017028122677392318
9955421832129930326294519553223693596996467926763214831482040310218
0919921587080719235549825456119106963564608413123151115958198656485
7210582728767771811527492926804605228069995273347689705820926589723
9234500371737084349732147292841018919752472122017236204725316869791
4255525924842921110222033067201186725993631955182844574488363012613
2455604123891497630694407373885180196459935677057923887314413016673
9210525734197513352181479567322031709133558187375639630972602608955

二的平方根的前百万位数字

903343925321617880954588757252541105076520119158939757541994172433
064947412799964672716550003961574304550384674781370206634644179873
695002831471298210115373220984093398160415263289269463777137707662
788919984662863401723926088696647196488250399105026696053211841529
089501476173191174065596048151830488568698131045220109288185261408
891885423840959397895147110566155529451429219923138145086535230714
755578706991610026192399448724944802977737682090877814427117741207
496601192372239909338313619858315412221784792685567360499510339589
096898784571500485202164455111763929324307098791367912404279255639
343129864987794358874074126542721300027387298276630528793026042387
984869189360906484300231711966958133398773053937882877994050062775
714374224648458579603647686787873340523805309826864362665479450755
902752565785106179238654441935474212582628680288355282458717257961
064983817727616218601913740740655309541282495524947060591724140961
956576374155479558713756022306335514949094665412160561271251773052
657965111624350189355132814326155201348320058221134128131150555048
347455494244445842670136216002841394292614149943525627788755139332
181458464540403905527284770044004350197606169102888971406024700763
612563339683485083174649580683731145637159645224412961919153832115
450308984205130366083877720875215042156039748667232307791989887515
906042423324981658043294474536455799233883273315637406794051876468
210626034150831337951820176956127879941851929466475342365265215654
815106936222133281312080246812605887626983602366615679828598085883
808551479406596330084551081580768498203676773474170616633877314831
470904621299422401296881614547017722782002041176834778910632838190
606123322526651355958037835571503870835891196261260090781963869931
484748313199689852312573912733770417207314111030105278168399823501
983385999154809721623673582284848892314018089469221904601046872705
913564207158857532909067565479863435465924117925728300256964533665
246875456254249120676030899277727460748919684430478657233219085498
721228538169747218225020620591280343100932332625776107474140649020
003395606892805840022590648614360601619390536208657432530487156833
760340829011545034841068634755776040766417820413543438884757166948
625982965626456469691738966946543403816782645658704070256781473433
358756045757797131109448152710681417165768733001925780199170971846
685956734821266886097979635221905638097499525897138226884879103387
730419988206597109688927523038762589843988772166565119854439634038
603215265110429896333557020229397249297507349855162692276202610504
300413598846348785103117563765751916205096246322617888005150255782
253650508000395646412217571284616615639187668195373821457370444777
183861174324111759134737263954150525049289077126335415304350149081
366836036571722116344656318068460480419557592036834950128562340287
464393884339552607633630545875119697426474493593768253278590308146
013597701076596256639918833616184586775469089543760551424600581144
595332550064107531206735658004972973257824303788447813315408312567
166376212995215504523044574384392975926651170668604265773535787515
304874740168364275851275724452560095314179207114281968574068224739
320534891705858465983787262068829801623840332486445985805213819188
647758915433625566828951321468058258544439046996477472265636059878
431727121669950129784662274986033849378322309122621456253349893654
091776314486444785467927329839437334211227323209783164267422656076
231248442514319056275283405356554997722460607316591827846698678815
140030926681574095600874378009218665932662734808137083536089937812
822139711211705361568618659182639391576208149993864214382430276541
625169841651563781642111593842869773331226086609057901477192466330
055531867004002679806795932356658028309288344627542558555169787188
787649030865842023516193294765165603563930140020485928184168877978

0185932337637995824687387961341514486634638788313104321224268953l9
8480198805923842946863826317623550499804567986430797296445121935 28
6614559833611344679387207498145789199012440260974609041560528073 62
1849828374105583644675076117237868593229988923068486527805327616 40
0881251624584888068344449171312851620043549255066708077084044886 64
5440074363838802402414844734825953838585902259082475163855357044 77
8252713970032400227389232288426256133994435525441026205229467127 15
3845888528161033597368340583061648919599022070952588676837929176 10
6155126630727980760673773763091526947363525050799710872849322633 95
3182300687134661437637358772107641492320281794803799242621343379 48
2033431911463884861498191660121303026633719119668146168710962704 92
5833710472637742739099873560815987942482024463212155375079927124 55
3594131582386822045413673450478614617385412197715930852397576644 44
9592472817908991675319400562267211577326743668699772293524808629 18
9332149199533006911584586622859745056329955600867635331382528854 18
5790513173145847727969091796466840374008997114933175942316239545 74
7544543487747511573559655017848623098521956328825159322630298415 29
1256502285240079293646380198253885974668534079354963905276721089 60
2407226902165986957701097077531452104710940664188755288569762172 94
4161585890367176649250679336740399512841724072006864140236647987 68
1125241175177028408593470301717067343810185185547219617153752137 41
8335111126344430887895898445474063778318358635224515362340143471 44
9079373302195187363997346040268169758508907231191745040432785868 71
9752588094537592731012884934285959645687208640187207284577438390 76
3901238867232187190758409524846291787624684708108681676168478084 18
8413286583906700000004329454952406117387935551145911457413708850 93
5271654923117068947909038536468460329495617535377232329378597966 59
1321702595008320275372732495883939974711953618621483672831622663 58
8712929761702284375623738150756206419931776567350594148890635640 87
4281815141873585469252223957003761365428755396282258299637593904 61
6967243898989408380724789786218700154973483097079629459189179260 80
5712822868902844569687013114165989138863127781593774723518682963 09
1058806010955290175556680675722549683497208959068954889965445681 49
1749325030614049507826187895539126356248586513351570989994457868 36
0427490195968801588385686134826543679503363252466464210958921519 62
6337820445804346475884502023416843911787171167793717767924047951 26
1029418224640862182946838784425809707476019662778765172541794510 90
7327749386348944372897109791139438113068118811735565904438165897 91
5270070080548714591376789416415469030432774050584541584217494429 34
0755333748110148727033126027163691902091417434114618458454200153 03
4875114566494317007632292809840645240666736266740797393331009289 89
6134504104630681370119617337659933735042698229681019852007019254 01
0492617960687384089472765390395679435353906509308703797335239558 73
9394787456656825585339014312057772739962568235688754816930753001 67
5331750107451670601682507558006462544029424961821208913135458097 36
9829435994383378274851643722220677181358392527851939272532838203 47
5766937071698580837406388750680785912338933506522592743863023564 45
0461828195298103104163547140052256266401058666382770473738054445 35
0928866481488822065966118390956573563252360365961803338988743455 15
3355748314675023469834220084131552120549495090918997365598355724 66
5153453996101044673867519871545256187517670888769752205282785272 12
5282060448546017122203725303644256814165664528092880055014376360 58
3107259964944140041968197311980878205323418212600020811321079206 80
4249996494275748166776252779259167391368097803739516663223286830 13
0190482666988009289862218775998757315965584161326487054034063551 89
7616168294742217035546322445192894786153122870681286301783422201 10
3451984501057864683248766088612969088297275218606718275763751132 93

2778657558648125940930872016004295472576208339838714628081477248l8
9402820552196065966514264787409536889916142560160646899990612992 21
5098553615765563535499376043153502857139976425347237632475771081 84
3013848872374031299707330498536430014072530977958107681987022293 87
8367145900925004968575455871090030161816478635517669763596305904 01
1236943321366610753726391158009018454887672888457125925109982661 10
3922078338275626936405860721771447534893416126284850997759082991 16
3935576373973765852914076461618421840996421226937943095776718961 16
2873282349982385225600507840209390062886971978220441691341907002 83
2678408290316405492255217704361494867334336172680904208602714138 48
9383821050488094600746603947365764560137746087900094401851222014 16
7515965762541595340098851811603334521922719882926058652038114649 21
5156720995497574657412184087226598290470981699769477046299060444 98
5059773743915379591172761787928258102751284708735792014653006403 99
8165314319391637815277208052937056104195040831563840441690982549 80
1169088693326739897357894664018186841569156982357563297682448222 40
1128792188424461857669915529464056629016690499755566941439352988 43
4425678542641651807658876787841127705446577002680652940846093246 41
8630808709119287726526314102184979683935939270588947728950992067 66
3622109790566298004914336283463940051569429057347712518015721155 82
0999691017707171923036011007043311588783883236629696654022264840 48
5477648283457567066890557190505051105218541543515469388393558197 73
7813891396811326137272434600593163145889031125429362290561559279 25
0174761961991019516778981690020792376225321008855847706871838501 27
6932772952804016585339723808971049745947381093404109119755813596 15
8155938968801980539937546346187277623121217923318769253807834302 98
3689638845898720049845908103324474786886338195053687727241926753 48
6838355943410854980054390336355685820638496426423465355060666815 73
1577170564728694352469779193180560544945707412091194967819566961 90
1723659458384647299401905601338791868367274449343425974312619778 04
7844159932175657848101107314350110578576083158285597068678523584 17
0501278307022282038045929208176649610664092749972988980526811118 39
1647886075598782342630520961510441320815075214240432450910967165 04
2124017110410625332621574492436133309235343158461698302458685749 86
0645243047337373151451836574934000607282641761656170583238497764 32
8652137029328735486249047720426920900414851478952205685628541128 59
0653373453469629638573396832328114441078496048198925550072133875 92
3680518868937526304891017986776363736891494769885842638756824112 77
6167987296526124264133885863924090284031728824496655022800162806 96
1287973754602491331216130681412703629449466684817775945662784049 81
9241359497309677514864486430892988720592364760463287458534882322 54
5867030494809787920232416573790119133641491107295498809053908396 30
2148301180237004742420920777008267185479760247522907545993257147 91
9511374924890091687684446200286999152392713417117055769687891561 78
2367956831021581964620217060526806284124709017696922242925060323 98
7321868397079371515046941603436673186344220750700256632057891475 56
8874755506471399800981139261314848373326458515230229842346444800 88
2973494215199445057253649665656310648246363116755307511897450201 41
3014321986183953224033495923969974764227550354851301994236117657 65
1587269976895782157905919022048349187765244083306349266436849441 22
9135123370126800299427994924158198854459872081715021925057275453 63
7483966859868973857571246556932990519250543008290693910041421988 65
0860339813230064596621813773076080882930242814716546785669902950 49
8843393881700458294020938683907753691574637744665299901040175526 71
6729777435811317634642655437300463814890756336104809214688843063 73
6751715890526297357477156095962726230215858557117374642320988752 5
3268603066118054794209091412136001419562237883723852853372872382 97

286348820767812188446016386053432757012826715413833980537620736803
952717001243753965531155702016276696977816803196417215620522103629
462922212830161047010974074470576629101426871351550849671500322209
438110988961101849078527526773920106360590722378801668686741674258
520952620403771904735412898675379522166589438154783818738748608201
379047271371499719889392224823546481930995354515125538903484599457
093350984627700206121808790174744416306758839134003859874126596387
483728627012527721119144037301268565985257170195946722604715404273
108673805067936337982566208433314289427758306925625137600621424746
816581448347105105465038718962388713852419870064633806631075478940
313164240641548045354099245239613526224796898826363817577149709815
931958250786103539210602777523052165106773398432753142664506740104
842826752343373149545800945152560329839562930225476523367808273592
329074618418434768910301613448333429017552262430635113196987920508
491269719472710182433644285878755352932842697298252824843594827878
218335060521779513856021080489584020801288295387837979420578224008
496856220485192372171175435536170251326243549272223629527358007097
729282994751665886892483579990040598945846127846756896095995155709
059311161378541601912515521100510052749771300478792920182603770334
579381251643754828237257207327829570210420574109836751092208879274
397480175218809884084092562532458343259738689087598421130008994557
185865987243939910125087051614673424448737060797383434948490516838
068406094807183830676444988760160885932913174404856200164455201073
553213570474330566866861029465329787436167764705018840947423414827
612951251974208249813663184441369964464231082617929799853989980379
606675219808801126267717392681644659936587791326610467118231559997
706688583293517354035037188852500589477286386535729794903805529246
811289568545657564597257897498194614699032366948357392195815700307
407463441417253759236875362495602744072796697992877197905683680656
757580025174464525089934853227446720363088215445178453595880418666
551864068305261870210875112181261913616833684662450986450136790642
770608422741272474036809091432350053530590038456964415474395881678
956826994451824208065730435012230799546235111589233146659387638174
659154371402106788637344105038956557980407708924086715803146411494
393943762353725999314941522507992173039123296788676341812711066410
331303079664783008420858506377747639215684724669796942648162886087
874800868961377596990075462811812957735803037062426130781192364483
799739547033622849355673447822273965844455211378275204513733178328
506421996336756471792465116613114357375124949976932521504832334404
522378498186863420871843872025140007411415718563973511447344588039
816996890234577899191749042083243776036735649738611840629786319646
302557184704807635184445237040808979366152001422979424982569302404
960227203401514926801970896299484357843561248018429621407619066928
826455841237101411113129792714721862767335427867587736541423439134
090385354941690370337657926660158111605475123276874862173511054263
896650138454723310971076446419659513472456895902810549427851705959
087212279497253327955245380214622139825329590032702313099002495687
290101106205682917541480673812846625471281954415111080769116458878
127049872143295216696211834131396458241085730581921121274754480599
186040981985755059786226370099749558847663256818022389789816593438
594178535448939426948947667231422499207634363656520725692836596922
243669742142095823553874760472491538994767368619009609120270933753
622003906992969310347711297939697648963171839153237443526521510726
324414379298214584287839670930328520188228932713067346118950442854
047701872781377707848486344967282982335807048240853142286661205594
775160624379504462867070297040553538391287332164785587847463925647
359802288282397464939595033183768339275117673858037677320616526341

3563236799521583254046582298027058561227358491596435760050610521600
0316345514105468794537147432734226571839918992769530890655617066658
793681856689121157333102312053081907154656484753893868885732152485
352466972102283162367892056214329818232838790275093908439531602809
117182535774538485124166376986584674748795140562800774683116899796
766239797470214789442813983202312011313895263095272439619767219155
664162877785054377982591007041352074299479819419604132708224659421
199472799405024751206523842299889278102271591485483756924404232594
466809493502050216367375120504637360082122499871472054482429122693
910301379167331495617644962328498289933741378717659074231405217483
290114604352865168766979010314697807384960527293691858932284074867
500855426450820366298144213183954218021207603858321000095341718423
705290220269270341065438489277527533257963242573824640753254284152
817480387334594731974901696220187689542150015402722060291020410725
327090261975765670458497501172148041251961640760186744779349370454
607322585908909604167241270417165808730587723017940999276439396291
162648594913476859163067436880990151945388527349148451067466899338
663997887835184449376986852278515172969834407113855326616145109143
334611453503918080692346662449691470969691953079531621988444248078
486405891147971524568916135345778275758160205838274849116532328194
835445347416403156844971365262783635380767377628850870045873789119
481040254663595383996043334257991323784132119421592376479072982707
253559488128827065235714047709304702324633611542675756600346883218
755543006686708441296005056044271032610958809450779835713148761901
508066190520453614167208741830046487710975624088536718165110524043
653033324133488246492384685703338174486332715566171894486648362078
870911202300046756216218890757430209952192380119782905698722132246
365308873775157339995666031768727984831966265737689523038532411973
607070652153248371472992644395599241613091372550089961038384168904
829047941263105387904414331888560076700528288123837812871222916167
175212200520703525511061342533548900316811829270828684586402921186
231179891970851012537665232685815226901928133320613873902629888224
587557662389615851428833308782175987303725102538512399685110084365
317182618413723632299690967270429683531102794323851869928140076013
823405943190615753631546125594901406435363821508867927659690433279
255772047864721494205730632308427805533119740769141953523712241998
306956456257721958970823835145794015363835548724227224918041809557
057440853557032177846039511880154816592335884269678072690871669233
387933041468988874073915942649264919103926778056732858030722553948
986285623147882533830092037125741592877139255173564713320450338407
889033653675611846208154923055020535144202425477384750223060140224
411378050244309738959673338969323773048674320566548033686210359660
550318541126528787691422562214512734749783003436322734794937636028
132797334217362330562333045739030054906772789717630389371532252507
532514233159255122076184159592456967648143737388223626844997500471
016275824645455109878875114951361857369616714969075047348370241013
892593150550206711128313727977254840546627020826180877352014112835
415524586117263453189169003664631019488077358683046477622763986850
938812046034250068684046716887177860255804405531979334303785821628
691208175326862140948470221466032299635816638520862816554564510221
042295520331324996112205730208575299900475739902247085929323183009
436457357470397320023062509135723477003235608520995342192227930008
688495306267743204670363231564837965808467698026101479904744413416
644628381749551378896463498033669069703091091184697297242227895791
523615127434530952552339471505803361424243483234181668736784511629
254763215730457338209165808871077672689688261139075450539945568378
518830886998744244098700328985928491153497087753060491133149978260

3701722928648231877338308895790150298517195709635741003490524692873
174575843581367924760188264823827254082701540535894137472446602331
673416110917433378557666128022849465399430482049866609342646982946
769399079104038358167434690824764145510903070254241307262477668437
645115600688976903083267294901878829655882769805210088655425976124
400519059751449561286450785187612394025808736298229248935698519804
371001423515642306163002062527369620353183397762095754657263619253
343878638363167494062334932370967734212345933714657233513008014083
824795195761156301491933233195591888305291526224955919460827280403
275906144421715945292624626081919986903528856607451157495048427562
628606808172656941914098546946323581844306454991163937668842444271
392158352305973958525820971248160882171799851941759124940042364789
956151430305515582767486088789569307191534134890178811554624198119
742623958406581986006636257273068643092755197244562921941538531311
538348672617927357988695587983576263560430569775956094331220056794
400147047548034222501875705911168594375571108684804779552845544250
334662570388403894027755975919150223542801684540133410802959428102
916112161468997223161912288795222162159053788456606480134975713950
821497738054686830844094504384560680074614830962662351672963690595
241802674279911887215409303168887906206771247858987296316187919629
018056047575073717532797588052198875484196732597942451201905270662
870479490067969530088823441823766051096774830338054847211248619778
580123496494944437967387450147776946011765152666600955185146807727
726885974748923000943275293371935966316214468609153162868944231368
527044571316598038130926339752908878546732387691452736223608116249
364646935192793832353883937796826357412852956658228647451162224754
727118007819724056826162794119905266769274070579656215764155642811
360710454033024621728443473117445600889962314507667341883955457093
967221952834366493058330492921503066109298355333876646427291264584
281752768896259550620254204857523962627003932183499576842611491197
777514207678894142983100640011838255139109366693776775871352703972
320175142155302812561285704137152363961687583147128578707017167335
675597956570821044493301491149532343224353992675116437916497845186
686310300636014001685724953216647501741097447818368275459029957137
108386033900391172890100185316839043286584836833880656791995794585
425262349940891885783942721710708333995032880038636858757615370036
263803402974530935670974243112389709367502759588577417403903581535
724387061406851805718010980813152725063352026267948968693830227360
917348711416822194254326349957566853799963987156086621855132374690
956135128632534594066790328595896416532231542448403506905710288350
305297249364133355219517929100715666033821703938487074244305516921
873482171320654968673420316011426324972802979335653032643558238476
079234853767103340721454866591612010309793002278271554668865929202
952065977335229636339452485972445038740951602858543243965256444610
009632820457430265066079403920339688253988307745239296559995609408
822437044673734782908175552175822298366909531478479972485486131607
140048857566982852099867471364990905043437646212311077419227186639
916151536182870285038663408498647695221547679954821158132528646377
327825527872815677877936264773669451270285789618429171832914083346
938222057704613324123480722688895055971061984098456124940462373447
948547411356177782419304015724628386236174384960107078178089093632
534450658460385683744364184828221452276905818694447723028977707312
462854730542924132616256457199235807925111969150295132171340344547
548407067144196311060284267556641500461788405694181145770321667406
647139437050123837005545973804030898578063048272753024955474479653
626908865535177636301065242695708469743140891529358129641015448737
186035661955206519320789978599183323267156173000120156211375828321

502706687144418771371060774034297702685906388916892020769159290052
853633480524922840983536226313341725439259431202134575948549756061
828504439950056501609597513477075871385447542989393575058180505028
689242553370911805570056222773630479308962916105339921260954268121
744908196857202494254798508904104130364115242947492057446502902044
968427058559248937464533456590978523422442318212632341195092137374
665194292941963122316026525464447418295620189296688073800693086948
251841420305014341411292072248981829547622975968266324804562717797
189118476356523776226382003602288150260887025134031783973987248531
795931985456673225656689772783399485237450037863734428806849098303
980209875758128629636859126549422623332032714043553579932914599297
555262009644397950981828608747778349051134137171298685862567868709
464890531354505264133912771779818992731987469785804731087256875730
077777508955847736073121335022060514846400615702013547695127218879
325940831528435999486579617851479418159222648545300942587837192976
768674591007965047384769252406112182983747953328911136647992634141
140873846838416954581119004131166059896511395187844195077202167940
515472937493133368364809158848165715927651223598685448765679797616
783794587395157299902562768359002252537248562273643341172889663059
868791790431001150469585606435430339959969173158918093999386184979
860857511883893183378213071300558803615163325959330684115195421192
673731114842306739172104369629375492442757246622719300043339922558
130918308312769291790042656519881851417964828897445933585316752876
272432968794349159609332950788691293448528673413567217400285319860
415560901788908742117788809738237918675695392880713745638259694067
426857314154530241682352590601172554090867755447992781559755653438
486588116977164258478161044831868447695702117415812853603665343454
999820217625492012240730147989887216544654083968308691893534270685
464707762791515730293846674629114939788928845965855544667457801143
099973088912808692470307829903805098688999457175850444912303645072
419255836348035914777619114062195304720813584514318363624456297412
638909892418997053416991497943737766856277534576906663107212144264
681534975188921994951968561926024574425673779180708866152244938613
678250200165448145297515236775765225263188848199079792354862956530
809169429946843292710911084456813445610672549861128507224084859306
072591804146909551582151306891200075621289537698323030607064573527
300829395329112222894445671528901084040337781879385753832943809724
387629763571273212595055751571940150975377375274406400532368597479
275179942619299917947344436238492501921145816814992968616792153245
161352256037969854178943480227456221819320708129456314502962229663
224128102049705434634886060304416240173974165755648684964905498308
001801663380495100939840373891380303244298379268560053724814712205
533051885790878390072755312158443349047073368082943815645116687532
572416946773497361864212989400447465053289333651931241010912422610
723700778548244919245494994386997302455988635819031698535566290251
960593055573400219721870708506511774271723391758475327775709495083
933359355273196498399145021907182948818509177139867181607418618781
711652394446030973181994299052106511967902398630362873225601393268
970241664514726594683069914703534843134491713498285091407911488324
546057140575721240033622432265100300917920395572457690233611615660
299520650651414908698465606421440261195883828363907316920610905690
983496136918566602380803328471810370212444015338938857207752941136
565540208102392430182497920812183290898650204167254252095585532283
566845895804354426948758249952437797043943055994067941105359505219
785197706013132409485515368808123017180410538823395196468323211112
057805771329196538584742054892959851133969644270578393919589432055
165814827932930272186227891769261873160748931553673020575373851466

5962960359174655191269892398169129568534243387105937098676130938555
5066207474693175866554796470695335729794799167760379664349327037866
2881136755393897255025103682047969094817164947298665795057963459588
3646096047099199442818045847359527900834021322105656587995266232200
3587749159039140813917818934848177494589301382484051122591025012055
6569145771245761157944992944014386125458569047234360103894077784388
0019187873174576541957135679572948090113915823955521667154702521999
2256656111409174231506113678557954309663528777781024948079817164533
7408197384039522026457082796124466831461142241707776645990114338666
2716000072316776019133013294077279997802500020634108631365176305500
5584324155012594575436037841715369664458275616276644968051424502466
0055192006861408121257298460465053126619474868276310475878483428655
5457516714747125993580202887356651264909384393485326331069472732188
2847361993211737244434801245771357726746201293590862084335864882744
1570448962727516132197552320408099356468781759102031220299420244777
5364442950438015036516217881198984634262561413064571440070050241255
8332808456897636295567209554646101882083252727097776183163139827922
7624910181990546868328559576720308046356322841713545197943161206388
4998405975836367245905496213263395106541329862314237386607058493066
2963827756042052002397863095210709392675117101765982226025516043566
5798652196358175518382186824186000919902841346059888491238138952122
3198295082762253112412119604032653019792473078258039803140681143866
4195234441712656467056483260642249740203432733442951524020998531411
4074639518199937386035101255120459422906695045628370307476147631122
8095812326138954212229347615880640112562119341657186223516372938100
4852390812135883309043722535557181745383564646448062599653132050900
0060294603665043486493699234493641091639841065080416148443891430311
8155997394141619715102274060871730872204609647120643343147173862811
4011368702010323417171921434748299780876036081933437248062489130988
7452134223760946447152290225962155916369794715012965146264590310911
4086561154336758502211246849743878469277397644031734933835502116055
8740751259727212919247039343620926306000840575655308569000247263199
3435105786075132233520576337060461446984925569430914914498130796511
5797239820590844450579204947011680747464616975956386308166953669833
8468298106923208257454883743239207101867206122338152806116612064288
8419967288632442859887976342121968328527435202484038368983681596588
0185129671608127591651527374824130733941114300795570457266832548288
5289286628514189002655017853578972002742392239255593711947719113577
6020931719632998442027242230615710835593197112690420593390970584477
9720522760016722143878307016913983398331287560329478796934705997711
9247551595861510289146344437885307677461746800988112259077544645566
6087366707056295564010410011613926366369930088779704729504773130377
3593018949327372960900689013555166980372628737208022717830068451800
0976360625081059159064198000114284655236437389660541861953411195855
7146775035224528182957428237236730644589778804635868950481775936377
4541435451939399921868164658768574416202633744980092249013557773266
0191135770086259916911855116294516710625920982412982358865939068311
7690443286152647809990894053992592456299228818927368050762403791200
1467770704616883369034594843307528050833857504860837621078176798866
0764080513685114006876187148955283889507556562149199885192801586377
5570954634055882300445565048957797738119975617599767502063275742522
0484537483807188610791701069422021827740155900438614226729979859388
8412154589285628751848256714502810062879512283064593931508085317399
9992575641141850767454347020808408869214562058266737504950271304155
2278974981204186340583338680240633349398820896647808255878987465744
6517993355341430586008544927578852260948337565863562359526562497933
9724511133727509208916840182488270192113266830394931229143413161633

888030519920557148850793457804526542020018453653065959955380312484
562460065592635796592608923611714706631298420740177080849384611570
246566906018186026323627961656994876035193682887761061223995478853
273234867308847810622373173897355068627830714537668533522479285346
355583604807655050920939994109981962254019702245234731434820096469
863730744263284192257192776823283449807419588415398284212490536667
465266883531499973452312994758284127008053596491846522232412184978
807712556329227085059225509822498780110847109901993271323022580131
407533760137288906782420942117561007780100354924714180787343548373
328357909330098994395225248948606134220265267806298539808997184739
302849536764971676572416821778889051068577159266583867666324191955
460768152974073620370963459798689785343112598496487520449575870401
068718251239913163015140617336245663272038997739407060419382544509
170831235741254432682214719753505172172139835642847401035403661980
111704839601478768727193926299656328451274279122669606180390458927
737822095297361976673200244477767535134540544371188266728960966983
486976119457319779579528698553600345929125681219571423025785925804
255269070236735687755148865165391359245958602911537321921841116321
250562430601498765111781260880147446734992371824405598605707404045
112019097804343766314943336489448488359988031241270605386115192541
984064773352473756587280988743433365356628723003691795394573164472
787329829093108978244676517499059712641144851518393676924732098559
000827179425146985594520254659702820965201332830465140817146390601
078976816657115099296704336466548276456532700935329240038163338472
139289479318765565453246363548620635103834706861953163098648350654
967813081279840919820715259329504875607959781339419522202978868849
390418137278540950772772686483132516403118290061199331275044175024
594317508169265966507239944245220631744452554400213617979233739957
391789236327737878285144912224000610421293125396475074478354753809
315166064870054665757286854854904745486269703145908214195562775259
372242575191137281412021974004440565832202244789660266551639225501
691140620475284217851820830623383898727268068384058683449570230278
792037419301716457103810912449795191634225814794026531537747810016
921721927714614502244632654303300649074541224035818308518348514405
351403519397107906798224649356409130254469862839553332422759482098
430941864708829567006921401780602629073811304403156270581234631690
101092213424862949493040243589728065656605356313123768511342143843
415138908831491915227275248033275785802374878340982090319869895103
639097472418044235339580897531307030201024327204510295280632661837
717980199159417792527992941319168395636688729388254237542687986999
408876339827866405535866092984631312280329019972820426295157498162
912131490151765932696850993449861146483492269493476548921587110612
683121909312401159841625433146280467816580680998692081950515980210
989825282270417391256932093140827355655643587341268034956977007023
051618720114987616134327280878822149097381157576746195675646378205
500502343044033399413963513041601666784944620537400774054184809776
662216979139104450383786864829942033725937667438325643691450633569
990749425475464961624049999764053312412165202880307924521550868730
703452867685056388802143859506208853456448003885455192925568740934
952936620831973757967545640561853115962440399303678595285393625964
666949829130522170679048723938585586028644042646937819229166414141
272436431102349641501003239120510815797761523647765773468919865431
376709295178127186101022682771253424487483366442577412060432661917
746979133088658112265007677058422808241124805029874198605747357195
916315033399839020583306306287490688793350687687928009808115528795
438120716854358990607104024675943012681733647624076096265484795517
975120709322379967144738903886828497074855368920610838285626506674

542255300252891126136960777114062985416024315723815727164777559720
043874184795346271908635264379011638876880851228534151411254630234
517115757795686336438519513321562066932484654429141625662911406600
289230051739463538564642764340070662933987665018725436323577366556
825813645568492923739912654788457099862097356887054967948591753708
683794438595444744394416168968415756878152273939659866605582529589
691288436645364603304245239422543699163088300441448364940778763868
006418404422453573340111446952082377752159328643984142511222202456
296036407049673479154972512549420524900743113395733622796123692808
638408530461259656533990878558679978375963953953205862992183774645
955902676225377872622914461776020358568864841501997592222545242139
817340284067821179689621102034474370827579190634837500513579913268
053817483139126623373750920864880629921318832539395645993556752667
032240695856516815011758471756750108710722862715360230196955998187
766757693393218114106209795833626271442233533785453889447480820114
125172205478695617620193682679776121557595167357031348336598148194
778058593031862177780544288264060828460090043375821004187695381008
550967144488895558940121805433104693003478585678120664522284547550
424461312526157955695575673429644374454509368951738671085416625040
318796378612840415071202956186209140510162421680090395159161010959
917723774159172296726462954740037622245899346884118915518984320096
625892851617161998413317046896439434502212650307413365103040944719
024186569825859031515633863317099368375959213872371320189465631547
122402822190033112789505647598282208146214271515086775012256133296
352376400006716247671130216344394203205156532734602269390419842330
639428600263799729216943833262743660290027515089083742445570184067
385925486977451771838784722241260669947635625706259949251481217573
014051905859221838111040836259641528078500989042954228067679029653
078079895406588930580839204562441302463890346784965717783843637024
905936473245988516691980380453380625983155445271880922013317760630
242085916588591053957111858248252044333910915070151445055917816356
581611970879510187271856243790609835816997720986761260075334296361
477357929889479072541257915808235699453920924686041757377434720632
552569747197475147255243866439796910806237693995336499058093157269
205824461931957398315482808202214031384374855781000669777614320095
504404229720464253387512087583615563771643757801658786750376686217
199727778250965479744273109123637821960082073336205780389728787629
908093301306657949446087847666555602049467685649301824773852419631
800432528146701197340265756225529660250731601085901378762429850902
498352649397453311520492204048449693668170039181737081869927806732
021046752295832279970922913078301465922516554760032862551219169214
315838819558364524086260510577640708474719417771818709737842971471
576341893825448751695747125735822553125086118190607722729432790064
068554095980267242895625832141850208878863788549412828910208327533
904844635173733246536920848238234977686085180219089549336300110 38
257598365118308801878717051349364248541411394691775072023272269470
035916375637678734322291060142324589976957411027208250135546706788
187144868109503866484923781133811416097744252864613254078208036464
953388341962660420845177387022687991044995908975825062522454344391
953967770324346843246433773278136994598506919829854504032851125586
229972688918419979783072996507769979382745289038957965649628230252
732156131632409575213056060798667849219145747474554254942054572819
859306837175012338047788936830310282998466793064880496296710548547
382702489749542112965613675535220014144812857196312845295553369494
833212975368297352333228015001768553000439464772036370627848562154
192052988302249409671578167475443059071113105886627180789254560524
157788168884887718745271472232225802174856315292044544310929726269

5549340561504336550642097993572704772698482029660003493307717293l7
3265317777949227791530149525129001378538387544103327242881734376 41
300309359368489902490560710389996868304965543693636146684377671113
634955412096497132561286521520759844651267798175688212970577538745
124226357707710455302852103224413980955435467062182177931452673208
752320605481980662555231353510076699649085880255791833388951347407
096941585300725026751405745067712357796818446098791752694546371315
208345247165013543159334301949313352091051309421468470146113155740
229025092774037636648416852571409511027958502674682067903807391126
744301413981115096270548596541251108150855267884094650594735799114
349622970883187052912752501904862527024435276586846499077458311660
979233310799404643134405983389904000283034219810449578082866420311
378092226604792619404435548694975353437274974153358215450126380529
346781788402788693682095290175864986987289389022101037880551525435
744100858544429331695987438734908996864238835878722449670549801117
212354910415220907180553144497649046795680097736706578825819802642
522395608368661559880823740099576676867888421220640705929716011472
668262818929528619705648188339895853422302199512790237667925264406
639591654850707006475580049091408235516443935730821063491251644897
797254319733110177810182483178211677492774107422743096867764545606
648193562947593263562973904333146819270318765500743918299032268332
405239028618953307028792669475186755156937052532938209780012262676
376033119662824747621735334566200900039953335225281581637972870122
420903972733921061415732664409491807317746426653478037947143921025
635558423715790787228748966559568547383942232266077494331455840059
118575642070354944121390930242670047345795001746515424571804468048
593804656943466909689659990667492516130315759617567957809979348828
034386837526793973509558172855807493637756630114650159546921122724
366396154964419682413945760459565756692154158200242416285972280182
727812607104738507926987007396770337698547413795459245654857999553
175095435859577245129151318662728456575539183544299403997849130529
351369409896321822979077417399564212337971923264752367924913497258
458374024866877778023105822859073623924621460425244471622904734740
047356960479146511462335930550375004154683466160511829101394546085
033592943802850547970334218449281781785985163324838076971910404566
212099802319573071565603235881815118795335946103880672375121016309
374549752363834394805648074728526673796986418183939291821358427935
971103592204349266105279632062639705282010705536222888561578878433
991236968881593644378296452287164564767671072350532252083132114441
867648986152713271814414732518854718353002944541690509761852586086
987606359311001378611600633009978927635426216074480882821271261379
771553096990153159218667941029839317108969737228340243416282400108
545679824541319951013747302783165761336009609440420401414763559337
077162172976485767730211292914949100787431547067721356618259372152
299836279557677935631991336626859460809452091574369761858902876589
640926931863143100204850583789668047912218894804830397652460064797
437339967061293887854319825938855350932797944529796290603275782675
757821645627659899548724244537320523453378820179191894405026921201
295571624335756938408446580142424496069190538647435157187965986144
920418939195151179126190910805598106148355599352866900952861945885
586470026548808547747629847961602020618414934123063364740411066579
017857167821539261994529052764106830685962693475926052534271793170
721269191946748311657319715670702492537543389602285417820282041700
907353164766526347482685144168691454847391532133690283579545612874
686293186102790729875757325299070545278145189745586075708596005672
101469411286466117673090142224242277227947058321766658062010808461
680275287054389272125450021424606554711440641241212465407446377268

026458855896357140861126565721943775206401385173101584125542764532
436628477611492741576563360281645670028230049268124847750039116183
499867120863979689860762731072597185040424286052933026110530331376
007147232357053494675788598365431496077716373109146097092014906657
292909149832232508132694710093836274212022653989553514444836022616
285473647724381824810276302844821392455618271257325649984902319478
846397100148678355940241522031353342865315348142376481388686924720
619475737732061557851650961024352661844736979994044068235643301011
370069231617030936299793156053336192701107612369849806454410943357
527322501517148482355781080086848207375401099452860056079954143186
082821487688435941080142813068567646594967169952585121370865704431
835078774728445078435426999272135739397831030394332482731273889309
137802935945730394700334077464264337443778402691296938450157390013
765359615474197892598265875982792623384263617762210392599009298555
359506629697179038212448617623447147917610568852026211760105060008
838146317313087595819541299093005242147470562904588671132443469923
681718759809802938288895661806339646389791696538279440642752165088
524204417704376268666062933032046135387030438012035815388134737873
349774822221678790602518607259256707334842177213309243258760415570
968777327584189546376901296313433228447382637506229809840424960015
708700139240665722119260361000334251813516562250875209277899525452
021034206494269799448318019974525027145570100042335751089563089242
896675466897700301158325547662328096285529815517362785655528513782
137493324960004349045200248409639871995164435304855588921606557203
295997940264757947152819631546998260976715097585246307388300925591
906599061849396396712147427930978704308705348432899208818409098636
398077516118772514583302686411393186898360755423780595481110694462
655984534040057381450535566294692336366384342644906571446717715861
566270965103426188641528373021945558966202939173862015662681797980
942010291639627875965893310262879238555058387581366930196948753474
715010421570779088066879217489759292212243826762300240655651473717
930891629268983173414928730524587741577215527359805268230700996592
144425005014701609402405687438930365832179426104852890717018807998
771360780515801004040501775228672135046625726422563973134056219518
267708175331165365994569176146150568299665987754157365627120034452
933132467162566655325902532509806355126520598054761969775989817180
217110645540139294996815311890758503617082726141079839356158299469
064537766082685654215482742782118490221270606292041363409716991256
202963747262405593719451461972177327569168982335665372138361925084
150713652234188910236983870208811778383490479302562854555859895124
732233885257914158158517618677831590611411221592878051007712506290
642525774665452537417804112596998295651866618206916651166744805423
654992928976605540829915319163675374488479166342572330889760599403
264411518485022435698126497642893575232268844662544625341967280270
274377763724327197753990046546792876085771180801397030740727119041
899365417298661803580707415087927242862421915984267728909329899379
220138582446080213885891846871191423638021142903620239478010364414
801996311973698783271391591993177441987038172140167915522158918162
321515428067858695570651748847365167555675913596541825440548073185
132431721177692289687546541350354326757335255811306101529191382711
860151308522371900288414164914530673139295923809096706452023235606
679358760401167575506265702488911696737583176272017900460400267676
692749627862110899890246358020376071491943557663653682270994602815
412626287932852980028855974972179499934645297123088105258039766047
132247009644719365490684398735048508781630167416896266916072647701
167277655156040066834774138160787818012389212672519452363724537808
318468831433848030825167198140618968089052483320566687461901483268

3677588187642278052456856579825134981895692345973403594569401132227
150638134297694104057072990262382297190127896845205585807157944781
059071693947639626418964435926350672982152879154911275047698955187
862580801639603573978734703371835553554881815033258700955228913888
638750899482110729869129502344131922578461054735535837015142540523
738477863529033241683478196178759591799944600987349844195495115879
993057987899290342157795289651626063174249872553095847913229326250
466408133484889117903503242448394546716049169844632046388382274327
538042692303465154070521687981111942758130855433008258768471163480
913756486641250487228072189853700863049931287668965668226541288053
138880043447740824678476810210726706283993325015504462668607173400
842116670204620152915425427841131069174457516951239009857823528227
442075449929281965000476789201078153310104183409444096663298071774
011085797464909899548131515960640348007605506642098493770846505169
408839341289198339988565199911800561472931426629306384386315889386
259185884828738497120869141426106114366417985482338032356287548479
994619134700198989340591389183849369244723023421004604737670233295
295935944653078720603716544423855650919059094509501745153129294224
214993479644003256019168814305894740752656505312846987174470333475
781178339692810835058853970195117230833662034490764225749117266112
852947893314184441555498570029093145997591118729631318224797033526
668288782468090416828821336903891689963221046743872953974019531357
807168987811269557555865758761716920586839045767760293013110244602
225937203356430462922359044945885904649958267360466713350066154393
466976434812666670935121091160833379393372679916031853480056319929
802352741870321222530515857330339627816415588838889494007705427836
352928704793293324647710644540373682355909591364187220857926084079
730955370446107567688164087378949288053387776366173660213354931616
909257061768263075712820010827153284559356778169495531577564238652
134563702695685582204532633288912044096272859347608178097966629842
088364692915398901703408355448847079359292012747431470541699705717
294128799874827624067806798605386802919867166058147224221838343600
513928164618316377707400285912836676113638728887666862451021959639
805294990752646538358700410415570055324917260606698183869060915171
768833202520936721964932303136909030613529457286583973680331569872
527787582397722970116702769779858832467684833730471030811783959793
204286087167930545647085704476188270329712261401926404861364609543
074681478836699497737415258606034134685608642683645189454880658509
954119545461419384271520315792161737141521628358670533888413703906
328784668367998973365807659805937362324106672348884598472211199159
500283617024045013358728270862033102946724377213510072603030079393
117244854508868582610481937789921993789203796079245687792931476690
559085817897327425926512156107261547098892998317747980146503443918
790681249496273968187353111665731373206822046404767870789484049445
448995648466516097606045473544700522168239200482843119923906265486
026504486715220827690829485894937915759893790685491879872287384809
480116830382432831626833765047001115674356042390523960933715959460
733740788709097861910586309997098862580121132268529275504292132188
086119295274763368066584777914754564047887321558880039666644780032
446152121179467254554763421704559864337656567291652032269852604995
069093945808064319472466099952814732360593092385055028319369680792
893659095793586275643770111584101792609777326619286810591572594958
413631062803307600269660571080201402332697163152360571014321270659
162600297085146157740317346093864248612841320157490955996541107399
841344473456506977858997247566850804340076014389159257183767501858
402875253239528073215581515188128090794827140388330249784369843227
326321852294750226769345340253066629566468153998511320806077859385

573740046526497968599283595347672778108634671617814736775044871140
972745314538196221188756376223899974415331939817256539049069980724
149799332003571729050798944076337656115780628222004394937835926915
575450269251321321942976904476360154334321509829191313914356015992
520200090431345564538536675301838456110459031577437479508075376098
551914434029691439814704175162697345808443002702166951445618297011
195131877208277943215204897613708847815952573520409396553768354821
742976457160259131551369266975336791974753577134977057924016224199
465418512637188235156058303147140764157270169727483401077839880798
181062124980860359246435586873716212435118452521392490378215110286
371947314334089752167385424196049094655043794928367646043044732749
090672284648588016291376971106552714916032406136840957968082571671
964730912588056987024724558487984339917337806031127768512226315379
252260962252205615432640644400786583495324849121394363252522274516
544604048719165237760680095731110482505628921753531539181735100205
964195674299034807561849023485314117797953412321123763198831025051
638631416228631474410893055254742372128684509068980470573087940657
756479653498934658116715951843128621818466681685993074638612579981
888403043748932724323362865698133781930882208774610544883120663262
019097581638816971278283182654844215681727224409900463320723609058
821638175488648772040165387124547074044526505855268002244484343948
972198294378443881562586461695948468849731810803658564117437808511
839994940906486095700073837055518893087703694550623650637903749963
182498637383668966794147577895103832647159088559964673783466980352
782686729019573270674454811853590239081800004829428356835934169873
703319373345371152156124832739946513968070000478390075106288999356
601827011398516159698252896465540647508996989848025287502301830948
866555560095149885202787330567787477432289078228343788385750690800
558359997012343408584938159691515260848950810899952518871066772417
316923444956238028760001505184291125109288974165231962214203059269
666098203180571500959853992614074575876562174652157411186884479483
096395922918562932676539250145606162987816632621410659740434840974
460075637525179765047748330918484590549320535828106114033675175062
708060052185165974450821866059427642543532078599488228553661721005
945980516263550451153778110992123837565134592472196685047694102436
767211938080945365245559762814012131183798470928613640131204051638
436609648194020754951549407307285472922938773789430676853056482116
871250442893012496746686216170534387699032348680886894079227921974
266879140695160278261722359973143882148490140807158579419139196973
572900790405545442849829901362970310050170186201350782944143139916
031192838370690006548340990145948373827817621820339233458476713816
544016953064033974601679449379507243621941040579088036602959053049
529774433375019391297133941233793278550325563485042044466626841508
356652245163280915618068131007466904072058317236047606022818728852
241391312725048890992088084060592114817573119286117520734638097337
673918153611812621061453437081260429042473284123758460076106044739
492497880178988794737127677318665116126232510283055400359061112632
219645805300344854408815306715466059081666076707726150787357634055
959938568488431820758641462758688830155336517604376962446871601878
310938971792555990807743554523024819713342436855991105688794694923
973239816799483611892035509104312596035603646946993256122261208263
742291054527683460668636519323760588827098726516449455072837106762
133616677214041794261139522037965241716247312059322599195011391153
584551887717571938269430070150948014330310366426192813560329012146
582196217127226436617429399489367809480692222181971365547210136633
442429513379707103794106334210327146316948428408869245595532475811
337516093937515608839691758452730325949458965646949488021694717815

101371678202342247328114467702265438936996673698083285383262322773
325541595636642147062796310678425127956281919098553012061158711343
264576681523824578065640503500888036599873696740678018544332642621
616282025030877326483093133413019066523166925283196549343032766180
651400404548881024292860938932217467138727019645865590194175399162
116494696581876536633031603918947506440334382984166220304884031737
739405225720293838927356543346863162516300772494132012983485399176
646057605668279044965354631523661473041930059986201752343080585964
443101484297626812844289460921604706294692665954659719780329509770
545696325240811716725062716030841739878931637270318383327320395864
781304048825801996569910738520470162608153305705037947372894118842
860375125735167221542474452730765877824873814953295789586301684639
264994802993180930150864743903959773869410180711651424678656639213
303198486014349702448387785892937702757047857192410890753188524605
142484817395295693982990221235716084635538085637757358254720837900
644043765995182514792226208177102076323065826927086874371361818963
475961823522725945930254559057505558487675296042254044723837979795
302947610496294066489963275823161222894020304636822664932100563322
108635887987647200387201007422493523494141003585620261745134918542
765794490674986550709966992443316062961046188659116840398914032089
612741396160137067833521714225598693592105700556718162462175716171
598654392741968263586612984428891530406392684664460928413426982836
852224298594131656681624327239401290079567401812012451871435000179
284071118183412575509982404014009142327891795953933537366596275778
411221116425460879508390043362398961318213505434938557350185579431
562997559534963478952825961626153958899490700330084401208154539581
688500754226837567307800001318611357191472314639008484532970885214
585057073182393120557330058912983976623897047559043212059263133489
498510346213412033575114673548170585028031096642025250871290765592
475049995322662010662991614497839627912884947175099489315419211681
509477191874112764782067310294842221286213764938736587440259687437
007008077320836858392961720847775809376971805142683040915787100952
620408357990763691203223382255894752329930510000725581054881108463
866896219823721275055259078645305261884876777566852902964733258723
702065179611143740038624933025146028067828167327587232501808623176
972219639651551005417702843052071075424463320455978395715833599577
646220748491510916649008845078462067699848552376288017865839826298
596710473967633335400558776046629382283147940864016361323958325693
485670857345321631737408255535542064412062508540975869647865685223
412456515210842180324858315792684997664298709855707769061341550393
986836472677805947658597683932952327182731572413547367860527336433
096368699391414932137117868711839923669476453645755896545675117646
522587873481660425189212771070546470257842375390665590976586171867
084933564603626449219457790057636195449592931779191172123770422895
265652714418287805196217550798437803523039213656923660933883379710
039697432495476525883835922709394713196317319189410211729967349062
921496842650355197285336072552028656321004958924410023345359717442
168132007246206274292889862180786989973683606300817513726021341803
098740796429700977098831786129009884842644875470153391748833815699
720867548466556749740258059160993191202982852379980653965880389629
153131488622445826029455974548625077615700865918725250107864793994
877779374072928292251830810870994539280427307559455477936410216759
978399040341297462589722936295496999974443584976407953071960330224
014362774464508510655510999987521121666539022800328911354112794 71
522137082805046056716701982452145132522807392532253772124015835329
298630967068734106849053149976392004781508668338488787409057870941
165459360141287385561360984297995062272871357324890605106428904457

300275098944186983412196712987807982265353179142405728998507717715
824559026597184890572347768245688247264755620717562149607685536164
780989460555601051751546632260205057709700192460042546620443566786
514570841102593374087336321931856277813556826708475041950138609862
768107202776667132542204290620393559204714075357340711330873624617
681072427934427314478698830748088259099181417944936107576013087478
038192904756968721265074063635926855669868181803086267010317648287
830132292463272731451758049575705006786289481462300654112168164464
325219220198075418352567811594346757219877969826952958263772538609
827426235015594071747768141395449897563712808904360764656449963313
829306494305350623839586303442910803662377903625668924853358278342
070330502153593469189675181815015033718261257745644182295302302885
024050639293828421895032953042185779421030216875335663713677303086
062419124547399007968433094632704492031648746284131487198849223725
191834032279485476919655172214877081782051849628536881569107431366
640887238703888520267167314769201370980078542923028026947716079328
562514375098658002103078208454362867355272769738276097130380940170
371040986436836157835080461068320096123420284980549410668083988627
079058863939737263454787968092207961954648411666060152345274943813
399254536000039487585718618134086862795295589291124637833098484172
538752504717134660540446026518774523099047143836549861914185575786
433346201115987375701728457829389807484204633940627412439485703009
195643231424079152625914405753276271258167833775334829011389326499
866754407234702007441136534857020134016688875185496460523471664919
042629134269394710594370062084523142949584738139450583010754148260
721171903599341842845573198438945462699125794855107014632712459468
419180391810330776920465270588043115918264437767845825048313823088
851095254153507074534868882452879469600409405807636262034286919993
444148447060001236949678290382258044165036708858772437889371396789
598153196917688259570809706160166246712372977960054829298780846960
868235533257786629958481751678370545911426727872865390835330983529
267374782567636813047374312555554320405294434848175206332736846184
182362170552253666507705538196162286891724682235949432353051688489
797965435228138128382513012784087627749436871571062524309420525698
125198123953061434440034526738995473315508450655715397949387378257
693176096058036640157964035679503839576740858259846505529339903425
435657331567727630190792073553507200230839930295733894941815133551
565702092465129623360422083845549403785825402153729986403607085195
621262904710235313260593972109443513956650444108564796673437513918
658144666485956606420022230450053754974958248868486937889223051350
234938768877525332748175779166924226113816847358956908951321681077
028065203313728393968878260073358531459773044345138979704440248766
227716646412631636494503844046146557572624458884914136481048733337
244383217093422248374941410562095123879004152860703408334247225882
037306854261805677908813624064018621076083318063786125044048810682
017827415892266085180981703135902480836772580117965899310795573592
927672344243537866872863639971305997766266303814750160913414480709
500760273642226305228263508374908679207026619061633370333146660862
742771473617962880760891254858505028613045690979271836461835634213
769478688183874170833073000343213005606912139769282455970345531942
263192145939653941347035137009952434565128508307682920628933425639
756595374679632819865537967055839862966073491088128607209362843192
251220970338165291953573009692953728603703279918706706966904377858
286150118691489762063609102977507381503427670219547228734865804996
306002364679358509588631075741552993689878809864451620880573630066
628840754040074881714620670199218883164310368367392499953520520281
421430922498853177809036957255714690995238279886093363145045779240

455254013668204000669584989344621942626011549448932428316515341848
547946219065097667201642409554240701048960226753286139541326152486
441409055746843526674559988781789907660226774362170205964591324498
018343631825917126365864471738579199915514469714507639266030354511
490178843830817869950945171820288340475660973574938707789730846381
273268193974882214416799676199693874076024902863978794316299054613
626742126952060551202688092725037553180456673008367101637861060863
917529112126133960932346556610232811363244435903556844068905527990
881414824678884494702287054323934149411800783066801485365738031131
086013103619771574033958781470760289577592030108256600546331240125
310137177896970765760021530417631391696371956640722501525339576304
573811408239875073081060637943982433136908189139864312251735169774
644155350584224474150704533174487325507207043676648480026647487555
326725489688591761872243557831817882829857879289004965801220561663
932138802989014926927318800875073416859501313159663516664771757927
316984965832593606071467689809169280804385713984087062233174386195
719362800010996783815592206050043279282545594842808562823431158545
228803453083228179970049120847177295791880828770880443669000071728
424968309328485380416117745366563567297271812994955560071647272950
395828548522340877682674901985212356569496253614680094918495243866
943424991723926598315330296412682573417082144983097145288375460346
702479489125708671522043987753705199587721265310837132759852249477
051245787265525039031166039474131279491389381713913385837546111871
846128242651015659394407698931662901874109524857972686093845956809
535811391707479386101051122132641727731565098120319188175133517597
591929625390822905370889773986859248718225276987514314140461405588
061540479275924910798921654154291404060267790755303840078561034098
352265851283820024705939637040563756011428940575393886498202235131
285358958741247248913631281508157766507652326428711513947973454314
153515182778479580623706569353261446163356069021084400056257348770
161756486231815658507832401805216786941097697635533781266613057173
174327780009985928544343777020696180329574672203895588958208483628
007378335491802489747856171522605926239666700517145546016401846173
690312865861085406599355341164218748804340698502357432708348794237
556906287142573486005826688796159827740468733041949287196314053422
234579212046439749741431154981832183930056448959824744014406747447
715211568256957854681027273653881962190681604580029316144898209906
988054136367744089254457740389469964630436533505338162523752215960
397223278274448078812108573789334407790173853844216711128125546067
793419345435886458998368845140489906985008678508071796828894387246
790070954640874169906357381009027408134260431676407760758638174644
826327855497578423280624541996515093635614811407376962302652852943
071767043025390239524795666573450548898822140542414096197717178409
922584977837727501661226713842707385703387007540865074646153418936
518470558555015231875415749485612049379858343437845955365549629456
758890079692806212902769907815569925256566393954336062267038547223
719800718206315402357491907820324954078578086261479958273213947377
158433075759190081905219819296392952319510378211822584210258081781
849292581886286115309246479595432966111221866656591421313869579171
363910418441725245672280049076895177693223192095056638352260399157
461231542371437969951150896646651162711572159493549054304816455807
312193314124033388317055006919291016424845331042375235313707614212
934088556014673032010848347718303979986267276529608202672722954745
978164822800029341582356801679309029072886316242575141879789824559
002308278235304439807398424109135779775357620264048819115389296566
715359668661193249838051802391375552021909397828572759535117683939
768952107181660323085421574630757574180461119821330834796152352726

7241233572017816785592745464025117557473537649502938000323045455579
1815527535419478763544196356950879662593721712748278550202340560033
7043960855500345852266366253662618609506184982476251991331329772553
4240116338506616440223097527795713061510079415665905146193075558192
6190021781504727702039049776211434625043783403694322620087497382215
5726871005719433213139576292221447781044112129367880734683585164778
3857429296792000215242942972601814780484380719640477496609906450778
1422536184597466310196727362088186973414384327990670599680574496233
1963000325531249050404199435696323722454285918755346884390810797944
8666236112001975898165677780674123303128306775508918548950767582588
0112989797906321705603755899795330800969682184640547217010300007773
2461791783125839048101764408743570791664345256983309984998386466677
6127393466834442006547672525394669334983111678097394975729682087466
5947896779634382108713516018393395451067845956513188200669533207911
0277126443743350324037815761258514784654864843835048817952435502500
9675372471978292024750903869791502743934743835656634449081720528445
7353940636428490432008445370216763889144393171227844919645555801899
0604876708832721616476494605242911180761745275231285841861521357266
3161776965669233086978637979985464131700396105045850452688976063199
3979501529241512056201651947937688365961114210857142015283698391633
6694535903614673116616853059755457453849126011357086455533408297855
0688220415175774955918899944396049593876168588742256052678136865444
0051951973379144391309561057128405357624617833475178709402537198077
1171912233209466223301262853316220543596148582319912343115594568033
0891761387943553175496614239376669920959382514933546847476597490599
4240921868564403009116602112437736698330120676110698260908937620988
9957941998017990682665583432475701791411891214259398011596177694488
5696452218321258066991487248999336518873467390447271475170123678277
4051999731562434554584763284902241316944960638912465802432282405288
9676916418316475943672708270443319071939742812465558529936008798177
4395277137851493998963404625719356070189951440113586747334256118222
4975031677903749980156921428084467522520100511325824086451424204999
8432791608149497647802464084728012389535514608763529522877938572899
0857856985347294811030985165020537099493209080674043820599802027033
8455047175106913653834854200107993767960645367394810980538772075722
1228682583184388742623293598007971053295185514536884351990489672088
1955209948785487255910360285364308946102027009511507192537188328066
4200011957546502432849858640793235462955080980281059720243608038333
4441025250824053734750857925488257828130719723099164119826869338477
3146687339028608637052754404176168119787458473226735478573019494100
4788484386269304039773202150807000430460316774685718546768797026777
3827893333638727718751741174362913625820416134115936281337865226155
5386282806038222322440998237464385988328330364690930448809211606888
0181569072230021764846357876783193492974347752876567923556840443700
0818692843661647327870168498654888327085924377642559587141485768477
9430386555923406880657236922356042369663821299617039919194833491799
8900441348331324331939323674197717186505219617516901214701572663177
1259608228911178569871554627146311770677386462250989506460953056888
9130488030384683197884094513375630973332393591115520854710173692511
6339074767149014177846377918413747449798211203234026043802081949699
3211377729124931820728068223263530901418509738280022483408516461299
8452981397689688165001745890210353185844071098767238752840075785711
5419554453955204805409427071702212783770000304755747014989518962644
9568438412356391116750330509300321539362893553029628140000487130377
5900252260545488769771515632124187948105843827419800043685716797900
4488157840822171208029351587828498555486720695303148539135590760677
8869828323025976491933692832597849038324158772153378304814141851599

8480940144807213351015547465606380879525895087118562464994688253100588943389629815808701009264980710654775639973185554595047090510163682977344436600109260370148790117772793270959106274408460479508630612341361000455907882854261633817505948669180774790586834965595474865898841782119540317335414166790579895494937719901615800151662585501389150178218904275209287100056754786442316286693003466297035917251889504108499073530776272425065731745147616402470454826549633455122502335201426257785901426637197365898693106174413859074484947453376511916516124299459485780533132818015521100069669378954875168856649060053790568299921746752763217752970406501478975980651432691325214069444373100732551862319019182333317958590772749249916648882722658856226942290231006332383940437895912125053924966220699023749502471821220802810476388720162295539578894670948989196233363746654018894802791541664329829009188011449334373034987613591851956503649851597698223720224945437803387984129963831541440105495237742875063832065157641860321053743881394237277001932968433981123476350145596922292617511468015023884731643383864316730730711205490978367123953294457337986072801812909076419973718301975520145761947341871789747033557454010510291802799932764564574277759843361538895294991870414237814768852083146276879500386703980640535300193679919813660188628963921590418560203133154757510384091882949982912249361246364968228784399350722818005459274218285384851701550141981353259011850653886447754945854237565154955136304417158794653219086863573186028213573498090066483816390697329008155232314182664935438395769040091160530973580796633014019887025507805379403410782332241326514023040917174633247203277243134699066643412546196210153467853501321046908053754740766572089305525390480576450176834245082433464246953385033343522449217243982859659117517445614227514401185153969672951276870308813362384262776658895702245008553017589937996200267624702310458244203666126393773456442181467642997514302622571582719032596261715813016533470013395444479730070176355159512246296001733471366477972808588506894974001674689344935550839719072448422476014623273575351022278493865227207251222353714653965572004724865435276789108452937585308200837441534296653908434086492076345650817690527800722283425730554633794073604961502027668993523541382171598650013054483769049962934440500888502258034164448894867250079060294474467690229417036177223994809766721477877235433178173360428224391629389741431524746537786957605716437781374414659121389578977949089820940621485865135894118519560491398218610167819976575028706349956127506595627908622148395216115483811686453595352228637462987058030848220518507123516446136061626832599845706348778077110611956871523223619585798074542705355414130843911683978835262638173306959364044000121574467078063348434428026682433568992895944276769461702385016867564957518839844376799696140028320016552651454801951058306451941904286775783183838857839697935870754891623726815960139990648652051220980298099521980838425755988887952622682417264668090234680934109355677167177297277938599536991693346252436232353985450485225815651837134992901483126461674173577969658426766663241469809938190593167684173002134690570601416366343576995320213157821163515666119929045791932581183688730945418569971087702339828983038992484534125431294254817371541578979522361263390085380111109927128621798060459873984521111719053466423437621822040648336883534462923460252851906909425525854890992513727533985398878449743710874740439534186306880688245762391820080495238903310251330563930471120466503741385479355567231288366729667992294961184751620505513776495053017484122512322244024906102724973567761689916208876728714100534491477098341537281461845364526143408711838427146706846996112760115016339207093936188765230955268585990737858525364911

二的平方根的前百万位数字

338490979943630022744816096279448027853146024389059348610331003160
777655333120214136924569622765522236276481100754611148920995232139
771336787682431074131881040317571987013880992966393872866049252277
083056344246655951923696490351738385500126777335751399480922266108
362371705102656868767129886989502252544728832728097824488358736842
479175007797597042493127592285157813710554797938666897524073132764
010754731927258903637160979733197862194169441242063833027937257356
671763277225470558248081811530095611798633043004617817073174738838
868993031069656504665282763964930416160200414051229302263543602455
136605335738076234576390363187802560028452695008903029552127980657
495932845277620573421475629682479098581528185738542361651451228557
071044673314546131973721071408466946003949535483693257975465108609
315131183857265793032351299660644300571580574086894452885581679533
353053870219088233875865566590301371153811615615766108118236327924
283866068923538848852492157750662705531800736583650982180076802364
615881868554997855306048612504458570253396703287171808824334034408
575560814681297861470097492923778795621912020234090744297913999112
794751309209404400101955606608465462597999584077565098860838620360
950766210082944415082650486247316578252329077687668110312004360921
866673314470640254440192262631253082865623039660883260679647544533
738673422207423241656642477289983975843666156670374401267572851704
148698315927113297690606148014214287040279510463959494574667154258
149127509104604885972552065530681922022605462774863062656597853513
876390698362093259359634286160655078936681883644879984525055816752
510859233522821723665267826642742003140322865376856734997419866704
027208482249781406329366241504653051065006545413868900898424588365
080587670774395749682592879203236340550625488373655879116328123650
699960836895947095234688547385035794985802717587992266666635826191
753714312997274136255518846760652669357726460615153785274135158295
131669621256465761383668602227291452839008529475137838072294066963
389274708450205187020276810631650000549329626784428816687716391292
536832688547865855314684484694199519050529853719614178478100350180
191348571112773411172985442750326833130233440375333950992387408624
772329130739307291587305437362386985832522480138236588467914439449
514675907431502090037851983676664241887707535817387634692983459987
953807988540625619106106852290481528205757610341476165718175153418
892668809005933581155130444544847644513760275240278234091456894545
091880406279683037727959981226715040237319923675678450729391197657
531445390685974773520427706181959271164846089269570361542600502363
675312832300190911876212998857179393646734099282548074840641997441
108818481375981760469836994574613012670367594909656952200236151941
270425788930743969913833366092550509186296205132007852779088236958
198476858667266883856726584316785053370940762747304677530565442990
896795091923299018722734283979644853534102191831839410103207579418
782730135013462199591900634814379912209703322494477185682461475438
726216427918165848699956643824337710605464431899641567837633104774
595260749266413263130825762486101333643359231668257585727795264570
441972023238493779322153869471392425411767221244157938631073056106
480087578020902336748178405043591065589748959873591781313720675402
860998045829802700039776953437631534089361547860985504756937966484
531517728166088121567021272034619263283782644771033275580573869860
731439731760475898329096473165133428633563228276354341784538865273
818501808569537112988085171991626047381604010017937873494183583805
496505194146238442415625872442326645683499232050882145088521996377
204713557323863399623345740082290793671901748991457466990876868812
372981271767107909801534171272681434568266668803639749264734478178
732699192036815652135959843472304994505345275514049225220677467902

8469703777191301073659038742860548485310537071220992130311109666628
0721399319326313231451809569617006293533052864880506334709657686 88
7218258895999103708953658890444460250062683256913603716041555570393
3711151358594836631186503191366092495744736892609465896546650206 67
4371981881763805778831202574266710596040368651949360968516818768 19
6730609520208375508373338699478609578644563993111870594596778642 23
4235611717489462971274690529258531868683776306501764703184527855 64
3244426118422363814289548214736727436024321465348720887045860313 75
4360831921031284105795171905920613935520439955857482010347144930 44
3266315165336636826515856119575596664743261521955887971962312600 29
4605356617736090088940784469621886654011543379161063845041159054 59
0122210306567959394997057553751321469869577569779513026548998830 94
1121790139947890319524875102996004655515576050829240397519953661 21
5603706208180364332124948598780392896507414313516442589802672647 64
8266325933978131252995301324363563757865803061566376106252920932 93
4444601933230364087689937764584637732235801840868435828290884567 91
2737592152838610386184178236427739047410167906710692502295308216 01
4012263089868503596862495842445351870911195844881673511091834496 77
4251912158894967293481768262707018563588247532673511374869330142 26
1041855852002921411207233234230319697367432679010385415714145334 19
0331342550650015195143050495526266703484297442038329873173959478 05
4387532583948118095350692669990563722897075769760914176804777422 81
4806693122580236353583307404865835084800009847839511281860633683 84
3458014138970687847759248424746420092249454803423647675132425012 31
8021977554534676228944353612005715152553551669802931899126314160 55
5771027328462174476892928728976784326807308471244949322552910471 82
5298090173783739450315282328122377865331234404690965346864714905 67
5485293460713449887432220967213948119132902336622203991355620362 09
5448515316402461136837604326264937897103519533173482543347422237 41
8465185175712391979234023087523665485778822055639686861860618088 21
0116073348809595335481943594190224449078318629949921155603698712 83
4877978739390592131861592246131143352913248533323950658785719731 42
9843733073020853729696528872407470333409924747663601453403077225 93
5924053190293458460927259097986851407046163036157661633226043117 86
3318216470649978194271438264616533013682571419374442624706612458 81
9005368220977777766360397439390972176393301969215057794300207357 22
7104328717226497525674188855432043259603695798713687567625872364 43
1066073039810335102415788124261031709459568829558352097712554723 78
0054850602155952991096285277571496247394001102190005760618957569 08
2035111612750791659006912463352622933132902003064649952961573549 32
9024372402139578558550200180990876064139097123429096295205555511 68
2178738739462799987202101088133233274247883454351493725079448359 56
1097594464382153496145840653704870533902423919118393473136076821 49
5107922910664462853348546372901325907909719571101328447266700623 14
4109534562880914968125452154777798807646355043277650859937646365 83
9595086899158799369258291573616202708149067575760880254436355057 57
7797613867407904637624871525692719255600898253412895425956208194 28
0213924649265979767647243367474887015356456120735851963473153541 66
6883312189815330290316679345845382379207360613849368846343406225 71
9563706153741530796342951518513666883264113035770643290066400889 01
7364280860232837044172040881990359787066431716080666597566535863 31
7780713645375488402725832460230045428374837047176204324699215014 83
4708700095510302984304237725984388980260598438055769737763286586 73
1996819088746776428413211799979183474077812480204844468193504770 96
5373083184702056621297035005764245507532884230264213899643504133 58
8592861663103582800519339383723986552580272385974815544109303463 47
3655023723119089789534537661794914567985518949127224433425030727 02

7378509290705508443743319796373333186540155763259206181485920309073
3826654590553665744550018284363738414985130689702409220457212046698
0178767375491534637651830286614803842152432650685940565989288065527
6707581473712770643651148867917800122743214989737723276693746612281
0228400609952790761552974969302593145743110293467321296005437369938
4865368842435002065608064896338585090070215366439105894721490986555
4082720755346302305774021344519666678158828345434751241730529226755
6363403071043801532208087664706935940298450961361631778058385949222
9793933327384658689617473380292634599472391717791386665412753531822
6570321050807067116531431271089227919507634029114601800372963385833
0397171488009948751826991749252920492720848713391720709400203516666
3104840209892799581594226466058110083923918384962313779863416615311
0022521997465399078938544845268053542147788735203710380905949032611
6670387262674312077987368952363209398901149523041066464545486119522
9579789349836928211769065220213766871092031968326286451257531840899
7285518524679187318566194094728174226384001834609765606711917220411
9243827631629221589010753860101666194594125209819081263268168033344
7878025852888483153300507557627544574331841056932866114541624155511
6341343263712842954110382257381016427616167616814955568642930305222
2546966691292720452292622086798927792474922669493658381515488588011
0816703691274918644145242862286759523503721022867730295158577322077
3523744262622291287958294577996346111198487748979509572647498541299
1776512601211372425548957257658274936635838707569166561802767277111
8140484827754795381746975085129831581474493901906505996721756396966
4188400334339875891688965080395999096050617669573812309777444883844
8220619558438601059267369830387169345399414321944435829325816648011
4595894554104674642097443692974611914555745703925089652502063860066
3933260960502271917480936775783596078489233919322112118433160563711
5678857066228443575055809888269582046063096336944578578918952111066
2607510022596709677669317533180923070111798638733454754845342568011
9947629010625306190069798142752728762928225944031512511415719893755
1530233039169555201337768042031535962444342373760956092466835100900
2963936143298767556501208091070213740611294615215208282693539507344
3746096887595589882725392650095684491795840397882980770553942640944
6552162558306816076271136487751954998211272358071441112622547846611
1403284192022404080265610610125123644100633595638633109787054313055
4747069741416256788079529404265797716173529171028576205367960474477
4938381324127868768571268680745304320510703941626127835212661880755
1589788315569699379294473609016687932103410858742489134007414353300
4342265577076991507526154747092975402890220020386697877006309478533
8220282193612128511719692329357346710113610422005768107450032958933
5392821862767713450076770164407463788372339883740806955060501549755
4512210901386165611693435039570002930848784590572561761270244143655
1775222845694370977595584233532423296460566116456738744130633863777
3357400472799517760305994358436165200773759353404574768907542907077
8687763863306378071995687533351868258258041194028282031474461122822
1436404453146647027364337034127406680356790753961451925862176993700
4490495061261533427908115808202865303756141115409643811662307124033
0564137998618372157068313221533406334975469359063879187556117538377
1398595860323977221968781243235886485977083717522141494616698574377
7950513800742464939248881582513989783167808192426588344442486359311
5979888954277807876499992569793160270067737239849812542316149589444
6971174305751938907790228734746047282883555755105379071308814106699
7065187726872536142661050616612619305332382796814620844062057937166
3521938168191505354775009829323134806862328590704000960555103672955
9127656670357587237568289389607163227512239642313111593435624683033
2646934882110443282398738432272155345080468894346622162270202408955

二的平方根的前百万位数字

878453769976688284560270155307861124889492710061240287503297437116
039138039549566180357538043396638945128698127215223452047390103999
876741413442462491531251871009772267996765787352885826841230630084
578953103640935691896877010587312022141294344725102485281944268054
065452875010288144289873823804540657906487472667060815014080302444
745151404693070774624626833396070995266238355255976296901080298650
334590712602768119853492684821916528503565856160148176350500328069
504026995189261484227962718644682520765424963727298578124182390113
566781402795228693679524807661062034450292123921634318230350081370
338358101513246230368559217873510510092203715571224667517893896548
090605875173339885598871093226028252535573103068945207282541994543
825018005056469229457542305525699987092875390102304882301705439360
939304998346262503654499713337094078133722815474383780108541478616
318156037484688850517548136043774091766599904798060130874380102877
806823864514030201300275633597532189807199194454011570815074608272
001207390256917403871071519052677259324724759072725828876444277524
261840101493383284481303692657853686588570395748079447013970621158
989409110127363876494957349612517843669480840027410574492199984330
658094461891006684774444796164824544781328474584419283821027700004
259251796101975563947382273170037082866568571774901078300165208269
902578543464273347609061823718272799527057259346725522285587087197
673417008592353214711977298892499461857010281232543719619414294919
887871442302640989780913678433636383892703010412241741392065601165
685588317879705720483664986977902143058067130228730240321085166057
997212450708650421548962349076273070655376740255959551002221579187
813248105140527453247732094540002101198742124291928965919569333128
862150757191311387141804445741071189483261748374776921264281802457
096772367149096128153534863672651513008096945162607151039127330026
205572170096835476836863359189237860582885483914568971749068967513
392744779365256400995006741201083771554293133440146904862434665567
830974110418842554597629277624649244749983072699939262796697116021
663702061198873836759041235334906619522172022122435459955743822237
248316098395322586080621633390237368115895804775394396341695171204
642908254069165206396501626974398671540095538567806166170969280554
779368328785204389731931992412903896597582831504659009081235609574
2302827334495569814444244449386293572717761747090248389858480350650
036462206786452823741327048082727273688861178603932785208276793525
617763803161930938515293500985312738094968078993752868568079430267
361585759726388729668862067795174246481505949217460937386845686700
122607107066745782413368116923471884423119687176488562048500057284
881750301091981195503329133962021119096378947973155702948287808706
397077353240119977165854669643315045893721556943102708608784469480
025087631211394326338071827350018527062294346595208589865651171703
421783915698540862921968909486974353995032711310097096744070846029
394948709629327448200568817860278228857614122871916891506584870279
883214458942634425222190140542116076379351281706083977481909459360
908459014059971376821498647206777277558295179262496332737354026031
401246770618419181163908009091151768334829679465787538347538711387
158066537685350730520325196643170688521422884980566821579279829894
987966982576080368211659560946678138003640222510194131965314626175
386653646648383646048762268234720542733541856502599913691200592375
426609611512730384173401189515996000348058835934194075835953951599
369127498441165320563069104271227889251002595279622482902412956758
859632828863887930965098121886054072071255852560902972631215924795
535929022987596012986746685577540443221129953514649948020364636110
473761446565596149616689110111117091882469362461839553942329267282
820677748048438789694429958771510195587184280632576997764161459434

5738981519350442765626143298242336593118212647931256409550934997660138843709318701667609158865888518954942327310660624459521833120877048694899555277191928726816791677171593279970274033998150652255156568215157743867829554354163710061571541846408729688265793992950482334947735010788036021800135597464937859222268944214787650708162290451288057934485599648532944793444073883726553372219434250766649724842270289716058152630507746158362630484076361675449301180665477510653931923610024378330339474431431905477186849978941776692845087185188641054944035212835760651193843493166390927520437593578116909829257324231335854581717678184705162949344812506605547296068519448095518782595201652534895635622878925438477666406350918196613579312367286161340414457660994013174413681388381703214191831770586246508981325745635741156244405381352844570260131021650218429769322405854104589120993849580600275398059948569871279696495171270642686741974045521620436784238095996630720469104855364814046162982606130266318413341973497686521475247967575752378198325020504927621445188030596718780063006399362618428939188725003477355501485691141067868432153022345129433320617272652633098167238529817565216517664466881995169186240309765412640931500627120652765201555629804337351534568599155128097381596484182703797573058610499372258425209342316593756495789956309576269430538982262637700156158214065326754940003180131798173437418678475981855336436499577748086844836340378660495686512311576744269764317790022168115422638218240579093458519114487652931393405342335775332507439783957979802066993692146893687574808638417900068318073351948114288456008987830283629938999457738610046820191413205878248450602410060194288510124618988895728037623864859697014140640602875058660753434319531179031026305682007081488749156576168507578743453403443461876003176040951124075893295761158812832739191426644379729990044630605773376371812318923828801160309009805445063111307481749886415434845689101881958169016781630751044744766608832790235342731815077925911559496649285095012157804937705611654575849668561815490827495910737268898329208400628080953553984647567791581802270292585087891250408874272048249286815328685536159304207397732215289519886181835005425816000229690285114662266604853827757808527693557002631008101822563609538835953850411766822871707761061066629830281227733239829135073933549409385487179144816729083003498138735230718157818227960493707056061704154073189513174435137712953241892944718403801845300206907501588384372781264768796632011006594806022332069751396474279537987583197687271337828537514283055225311455566153085075440038323751108414421704790235219390203043991697293751428524084226764330383565110495254382106944410093494380189038160839633620830159829908908073778470749086916013285939369195187088732839380975368710991896575096155584072230386519684057026077082518184262787613577932115099508120315941251205265340640516457322185472860569453808728642027934164172941567317053391789024469644128367356988373087646076879567002354091579752296958558507673418152397772740100105753704253193647947641466580164737625300825794167290550819631840651068853154928782521872724485944707144628628519816728603957071686941756756438685240627600942373480185070440304383344447576097569720188015628724185543971085801202074372603445423476208953436593905834169553855691220953709059012086750345509462137004116690621378643946304221938373735355819365517630840424851939046432297565256717317764741761967186977239277489364083897935044453355869480497388323791231124970500663751582283708098379531568617790110396680440241080290274724556020911604473065817986539221828274690774432060805558887848985428401870979681851071508460051569819393984557452822543659125306709685848267108032259742547680235513001203856833975865324746657060600419129569070950

497613101852406899278815786709441830262670310020840655139235301945
104150336509715793663030321011311337678284277631354918546087684962
291071696238098694459917827405065432144923557888480248177943325690
563969576485430851856145204589643864605396319355193918401752321345
550272247748240301667975684004922473454995110503517662837111618169
595455406238894461065054913632957076497553361619667801335762869281
762744395366028556215823015311209964390565538603081259790285884628
646595042597343214779128186668313369087011024590074814736605404654
771008161811296950141103834701474677783340838308019381494239948282
255884896050828551189530955840491887776925571274573483875209659486
003870149138725459905371215450283419153968364516255594353680583747
229261854268759186329207978224272642500063291388835899019170996984
640725345656854581076468910781529116779388508113785569665774366010
618160769244702658809151175219792002811474486509396514204088868594
547813821417708594242165539659198817040815251113810644651262356628
542770752638783424040343344822252146170463169349842126362319434503
231199326173231119567246524941419798800818909247003000891754647329
253298293219483111275163742341884092569317315471585437987900342311
439745337492675560959031114579363883828846030330071645014319592822
261221808918078256252904106610373523041899995561883209895382542885
131269893571680359219913389280077236998885789535440278579352342261
414351715547383837578548396183621278816747393525079712613635551687
737803168517209097456516931338644963970393660779839645111629776307
874111590562926478978733196041648436717280504727564039975621013124
417076761891702816469820043494645120778980208042850847986917233914
145349198504279664600347545477525062834615739122851261967130710076
945223254504494795533455053793877259537993993495387134260384635116
438483462598498260352917966086676086925846482105288338490697842972
012683433469194917720638463148767598268187362289807617121408880686
890469060498809013240828395798178001307398699351345488774261716252
526978604321916040314646881083128225267521025316007596724891307406
097528099344453756051965127231027567102006166736391533744368619522
682106560881784982137922206037798160685043337003030364970766460726
629301189400765148666601639736802943770642368314552861612003323814
355277302850518861623224288982870754305005709124731741327873201011
275444184068847223505379688129039875766606957553914008817168388861
635232575406646142264097841246379664558155482235804037243445850672
118486383447308670614045493417760998349966877693861379042778045210
523419732997875820110050576658967505281993264683530958432417199261
225956056034308332100004837676114973221537077714396615881250410827
587570459724661508135349925879740447138116533214045821736823467550
111010924423833593455587237707486046630652890240717863192544006580
804245392947182277188352497011753331855596012672540468452618702698
112973872672582901679964640896390830621261344399778370283856342181
386505703503404455541950716640406187606720907399837102056138633949
659369872975602697814529559042875303036613680074360501354662974731
080731904937460791249968999941154808993569271101027743742600402541
334953190359700753569775368817303932187740513761627934663319860043
213079543752362215785856816796262214082848183340482562304546754074
607296408568474726988098214849212752516281008853246702670698401819
683778089843736191481196438640101588682935582262380686493149360132
406738947710538210429060054314399640270999653272589658955300738447
968953892077781484716649563871593038378122543911772680631427049861
742239055707821125222152655599822621482182624157240025793360471202
372576387598803274820053426671116515037056524563072095705281793436
207692389008430958887562035197090135011622876018856686775834722075
343880798680297064454395396010465522953771006533809954206280589171

911952686844135442262733949185919945093476633796003654778005652757
672643670380985319435501353179251415320738227341384076616981401162
873209682945424873083488342669446133375060057750846758180438650469
908161481056625625728857749307374587312993410968883282009727439059
014691970022858235736396484305381762916929195417434877281267073480
970495824810278930372220886038930641422103714913937400604426137993
767022113746460324364609420385539121946042846454931106798693006248
586867103419073145005970634806596737402986973608537670947263262315
656009852820113696254909286005813570823871693914922349001905095851
716162567301058542472404623713087426801198059435054688351361545039
547771811256038807491092965959919673879361616939478364792526930802
848207924378574547319436905674414514005401751341894211180232760607
383120008882142974590827453366182490793263222604541890324698089409
576386244793634982608784602637132919471663534107809915159786612858
593074318143904477501268779336850470646468622569566391251638058008
353019866754524921554513120960924393019708348166862527487037742497
701420343585850742089372884706008297448941196454276205643626624298
329539336108501076474396243991062347909110252649550525816664948305
716189322113182621776603849192534830980386017925631360923987929224
092876072465902842871538855963156197725788074715247557942490776699
818914276463455428373206096064401905972095229214058123314934057510
587036678947831215083644050218728663827869281310759998131969772107
848107010095279521518858643477645442266992840352832715098662957484
636973059995682286344049506435322357580461145987681223552160538013
034989489484398475498013367308680855807085906376297936153973452142
518432221051063296581602590845222086550104306471281508680831613794
823950032516101165275050453330131895492347840163736397857184268173
583828818478469482340592685031498308019504502780648554154369939817
228366340531284206455985423641633719527550221675845465284207143650
624967838180773280269739225960753675448819910835772566632933401930
355118772532619938935744017650543986292698095748759101475492526284
521146844637338734836412175591483691496726612236203690527940489190
710591167975741618315784864745334580003759916250418666557741629386
506776064389974623661216533063878525241357615267100697139222435892
380458961062898806140309683876386277460996237088352279411511508625
624428402394738562618585856187804769062011820771285277639274357172
926656913634085829406488980744141485711051476896958431133429589008
126994083025731852869204995988233160300945864408182525392989861887
147352068733074507879689127604930387853010987721760414416290541916
882850854140731811598972268671931883352391345967302333186082512616
300130027067136306272018713626756055108954730935557195666565874769
749382722867953851028121441341993286282295255588309608807641175198
478343087570601083419968255950383352462885768333521479781255547318
166867074467824298080511221047277820811635649006220267545196515563
468918959620783338524067843383778912613624178436768421714003544582
704225465062890483382232148009775686642787033581869307306699800103
872653911636167833856961287683611362265000352155743100692483364797
310868222064199069581177302656588266518658708364530247959213764293
929686121602617160097353945025953673938588804825570877383333334415
555894626852631659762198123704939666936242370463524642659007708229
979525961207758982758455901537138521796222792133964543004182177733
210673683520789138922069900227499034318432103617518488960215771164
487722283017538251211057111346381313774614925091995731998289141442
890692196030940713397828675272396539834929007003433842380194945585
709097810946493382338096582342005600035422809301784404483988706476
989468983769348082360977849544641681127449528751317829793020136803
564757425580531735164767017289152643263875383439889624846421261726

692973988074552281789467593174179817399344870435187251552893207162
382237517856410449023285010255416319256258897211928681689020934919
091369005940041921019459809201958381335224790685142821190482513216
945620708149489190365193691662022203064462204029807301988830750009
378074359580945818983262469678915969051588546043771297437198245928
303803539669694172160990701200340601741400042440071521729464231679
635378789753621851810747728001418255044270085006955833309750290961
090059433618113376533896605233371798329843781561836729007825251050
999681046559850152779293738785271582029883988230396014409741742124
767136505834778734394896336405077098119595836253120950196651504992
028241276384734499147407202017831323861130104006752870602850132342
647503951687907766760192652445398715181747386293648057158695822535
451891233327643353589356537641851343748765963323963722778455634880
126089808716708296626233157797627989883549822693463948839972575307
498624037976968959775078972996315785037736390547658797665708795162
555605669803397059504441947052806095683983839145078082678554019486
873878015822543029176075597332239690230013881627096850151488593016
654738510661163459175962145919525224553726313687831381461713242453
704990207836466418488024152379493645005574178533538312238645647455
316846258896146900409582953317688832362821194460254445348634619196
204041084814758836034191914737751429522710245653161010290175723708
928929409019481107075405641798602072282089303818987839255000076984
923382370044670513828744515466861432851637786187207212028962852248
750299841351919562120315560070540614823012733418068323498915027343
984573014836522260422825686071485151668074213766267427743196414684
815725036560417191422660416481138467895980854125142999307420620890
108768448849544552992798365483858055114951454684498265016901536779
693324573009863417878944008274650050558733507935450805101953672461
954639361892515722995783651896316311004807482218931328599619396971
697553124775520134304029783104964647920577498860334228701026883889
059765958412280969888907523017401390785323657480140878364014457978
885289533292480926863079858329865974794769302136209206770549538817
641060323886478320927063155375043403454673917600663655808963613347
569152923683882005245009101002564538314997248771044448059215070319
849192166503912278497127162488714072753721367638120557909916714383
139687034156906571476661386508766768898963702440470015154955500138
398391174600356004095483469306602493245012909429491355141285803838
290309242714917119963643678011226634542848284614450571707080573198
145041002019448955942119884216156754164939230912582738319852187459
540406383406075650034673985212973912252225511330093059617473632617
597288070862396626992139836579745730377902930763933537248185369072
710601212003385119095524194538303344691488296613810662769202655916
051504223581641404537356291103978362411295029065081823396104627154
980953997928866381746314015683414924407696556905190730224288608494
518713252753627319328020175791952787143507239559025894468791086265
464389926128350870208952264726967339383012298799296433568054019251
923486660557977848093496746560741424219513208522459675843086477436
013061850769579799639325164542506551384287233644261622919494797290
807007023402945839039805935845258699657210084339743229107556286136
428048843229793947178240364346669263023565816042126029232350094101
839221080410988215509119880677168701016936854496020186916511065523
499362200888222189756919196409240890168953067780027720561143862971
884587027791863977903841915219112152017840591215263619732085182110
231985532765909333089487752728359188529905329979589391438836328337
328692917187365647600722402144278111888774142404150468081320086080
745262565302299176404903617207157818597005025375424322810619394491
043726058246642555480136490306806845328206384652052514983057146809

260046950664301873018402017529995948245371245043871962455748427713
680820731539785838774037437598901777441505250855380073148629592787
266438382275530212506837137598600749047975309227365110389215742010
924339276033204259287194262495679265124898810096279041255430646107
738974572364855627686979795678821666653413209971549794008899021692
879434961066163253544722727484079512365744722881325262229321598630
150993102226852388274713618115212594257063668665179921905016741523
232811504780625421794802736831907386005294078308106934383373693317
090389979035010714929542263386774655829416842173410100086911575659
796631092021546750717186456841015220634194339180983491489438140867
980860093952889481105839665224679451144134647125613181647111883045
362340386521397083246502876647184245238022679534351860053211176108
180043600277655907331094428683804530025472694934360704639031663367
686932056836580785335590158702170612715207461998424572008963084296
274579107575250537534408686820530095027762191482638718842641411548
115304636727144471484385253676616907451753378205331379851526352852
434281473700512552258229192857806205112889535501143149118199136491
583012503583350767170681337591371963565526543625755788071873172666
453963053630607567497176842402131220162599629660140408900606929225
764050744929171666140381777381510411571951723831845126078698625710
664269671478184962056648403774153646074557005781940976165260217999
588863075808369055783137576318078611644320609942741172984633670946
150929923107432824712784299231821068996644919020145633996902968582
302916632378793276900715241652254572290638878663358021888272925052
486965347380001778371272730133865668802042844635640505729891720128
601794954827182320981522440364749561514927105590468970177251663602
116627854663171727966408944701068290634837637525060881961941978440
058226125576217628927025566676890951558351417334113044044544294770
174665016775063127788217896252238769684711914031815337754642335731
510803566529152432522673418911728437605643598351800885964785318292
773769352363633913597787288578154750089781800497029513451519616207
167298176338416476421879188483602240229254039438767120008625334095
355910635508165819998528799308295382546802414856647599249409740366
336466121265763979213255439179545214670998574053112235113851948288
939929451649493564762838365294565474667233979551427914611778586073
600242337282892541920406824968995699627254114115359458852247439035
943688675994874890104104403632802272281167521020527565477457067142
778263879669243381038416071895849863007875310794904886366557244382
364467177069999175152830921563170705398896885350902849041694122133
957207814753258597861568292837275265898002713089945335021238666109
749230852672902224400391601142404740460624965877755255458061641926
874544199259287430212585346459871051813746267646938164881575558899
177567985462369319738670499583920218095956875005780179653045316753
432727878531392232015823942484518726147286706558520991901483258213
605716017450490142321019769631360000274489011660632859553999828925
728418551571067919939452712957000380306309512897525319108253625695
518091518197770478814764182223463322812120275429007730727874557060
212573583736748439308396241130345565621459007717849029693364969772
324945291741537227288727164645846865937264083354414980974163266172
340142145902809330427960455476118588862510894411580307906390731975
385159630538999586941807120210683501330567624755425021378891931924
714027466509060991533732733387597273522752029495051304644046216639
756087876106821961262923712965693218689624631121155203147712029960
506711267817015678040734291954567915774791747267437472217783710489
727860075760385483161555365433414999670295474284186660779527957708
360121582589314189786828657918827403452119912983441364493752069613
423795247182378671218017646133569745359725036588875075602858170321

919609342155974596740850557305870729546926434251945297366974159300
511071486878611940789019279939776083968238210727702316830438135961
238658807389549047648644940005225467445745754514417280745791128118
804755582408634314537160586295859687288720810851262205819124226712
608027426435554365809890099759760224909053322106628934947892589212
869396676343704827051274360650511092328854669309694013978197729718
723034936414139106823461657229183909211343905946112225452593300553
965186975107165357085337468618804524734316639402451415067234254424
772625068096798663409783033903042346420923482492234503030594302084
676104510636352059772025654087468816639668198000625127528747216879
359193331592796952419825617398700957750960815969206269544105272271
519699322208141577376155074740645190637983148566114640892309019939
791717480971217453470965405635604331263339108938096279841973428616
974292187845627244975204597744159233702915453457676804331471851703
022269256335799546168738299896430768163422595913275972414932418524
828563559523031782168377425597946042575392241229151290451554628064
276257807006566284639059400199160345225359252842119446833276870782
107711466784625619185249051955974398950255885308612297771233104916
262443429889870492723382673859491338221441593407231577570121093129
949466134553672936566573595166326850326080915423305854526609112599
183505037978344125443658242525131163899059336015790828526831449417
222018970000610972373514515035453811746117774668127840851468743845
058848172834979640215493980067680425132506468064165110920122306844
333234063745774837336693181615343174751657911255475016254234659950
475067898240183620370766110555461785738098002229995771643456976784
651480714921166083774444479677384629450770298358762492787527851458
282158234658250877250659877009960858412092233026594023192624707819
450524241149739920525960634572003772696460464418132573573201948063
914777439518425851481786670163865245833112153789485197783273309040
349195761594853481237776647855704535962071806548855157940906047629
768317353643109554625314359923495130552385038147376973439359569896
643047020256161344540460351486728290759411275949048548881157994934
794862573885871747544967240109990271935418216707633462259360873617
666110019064794573979473315540103202907534022113841151842537990226
023044164398572970256378648254742219473657605647787553720155257051
591972075932616556699622518865524357868162784376799487533772242300
687797663253052391638201879990657983032587339929139943769896072383
495405047794946577737925227949590505899916013619743307990879356482
615474589188337590987695210782019765075171873438169571684061354211
934681637870262572644583811848558748824170197695690982693003740451
576230892195042591575115944914110361749599069233199600156238065898
741420587172216602048992590152429197971150278790033306876010294489
241482314915718496839891358827272299290849516970974388576515568575
123214384738135975847457700914381336930580757742953404292217575196
835232980309267773690205163197972523480903543186883664338985053680
661712669021022576235138472554439771518737264252129099949093303721
605614199006537390001374971653874749764848499956377068652097071908
525620173896494775206993302117271201392619592766122304142287729949
224836806907800231825976673385091125701284504517454962173638870132
894563427126965815204632131473119101791356895810559945838552808545
098048366371928138104819082157891717516119716004199853003375935436
136225340695897253251805457508050595741595867483724399719989684223
366148827585414182735575244309108865477910704924065532780890587689
369499263337616906703932970295316914068130897934473142036328818943
320071157408152753482104991326953999754559519398910366715340574948
097490234998915568157186764786656052531069914734301883546913770748
725777972936259112189013966451050270255163014170293803536027353349

836060251285428396975378552248263261146699525429693709951480869637
341436092014727906633866193885227607781047243932812175621279077253
629778675050782353301195154798183112715262170718250728540045254209
110870457189925334388774432667276694838491791110253219663773650361
439030724177619555972815609197830222806963012697291714720819576297
160015760762680522276569387379478981850024705610408915496474306446
317929138418942749848812119123586719254064195833554534063715514887
345690203573874486957169347018963630469400369503279307054865794211
883208470886337471565066906454383358740336212585801237173507038933
664228700076900827755870135922673827605995978555751524501654491119
413632946440853108906180268959898414263842575682501071529647364828
879261365149394961664353637748177432205188141897772435976718573693
787189970213819838863124426353368512757069871164702654428337489736
775202588632214593063640253843480626818900896904934725653780507251
189659265452822122686964590302131523823729671751823744491579424378
199940745163076267173633739411136065563965745298217790454951116489
529180043885925285139590382569025120644530716500817265270920472617
727576650694300723896135823613506609881307503523547246103700022504
728235924565717179898673724989877876772524825013065453543478570959
298753830396776310296984650679046135100204954866008623210046158979
522460722440156616027388263344541488946969957872051052674347932327
819351064856522024661158480663166120113369938545877836560592081258
656643057641840646642795949954577741492250228384646628996710727103
081480825193761800888197588969638444913270586364348312924365280294
749105740791232224446304564697058404384281480273342972431690963314
412877539093638082964866018748286103450400330547720579270837372900
593987545357604051317756668268847395731007850733412326252846815130
000917531501298316340126577980376207034503046089205583742617892635
883798882419614089967412879124032488837105459914869160177128212798
010505336837013264032752329004758740119741752111964595661065414750
243743380742426585872340987091815860511641529323268927780353550247
081781220461672467014604379524159564739418015029633134881568488195
790805511208052616574373303805289531271594146694554242087607595536
045595860616621623022102010048355435818968675033084332775585332632
403259425909485506736208568101133108945593913412404870182506918212
873530528721628183668772337656421773966087599620115961116472446014
512994885302577248619883178760602966094195089600356830113915028436
947600762421856385389566632564333518584856680029758657002999755308
108634695765926161584302249517142719207902118312302554924853080215
070751426230304722993050338806904622206738763446936731494911529003
781516479022595500716156503338123405926120174699249031120133772631
795730236487400205669221391287914181449296200932771373740119485929
329559557703540632706710567105538843776777331935422351221044658853
037979574951360651551691429233381076436399082093712798159335016933
437122310017966712583182272221326640528326619185899493905330755705
181452404907851368591443689283911282226924356979694060417141545851
599960594936655636496600081052103739759688232843358395860694922291
569228487020891542447810542581194927995925443697578554823304719036
241951535539382504892887722388944359460561994307972314076346587625
984463822878694599806534831615619904446668080324649199644169440881
926020899437654498095869358943888806175930663673169124555083268893
042671991882543630897403360355268870129697492546114387157008696521
749000651607794604755343488379364141975688652925932313630037420053
057013570674080657712915839843818155374981220991351688492546330300
580503635296287401491732607562056907838429105121220151929902526862
448841152201956636422412841496986658908242925426948154271752687326
829655982757845551917830816767313890163116429939317833665611647777

287458038651763784428752252797439828318213156220509736569457755312
043710090371254146638198861046672266495680582495421751909444301358
388124502386192762823026480857181500110635775227407796253341995730
504264349210151625134934719388535806601032075807812713951638202420
071360536398701349758350534583094062206437803235044473581331314779
953547447213447228196569328112210495411928676935741133963167365953
738444766641271071869834367879944480842107470406987883936632529196
645920000514366834649619949079667164502329666582491001011687977075
233595895459836248474077029087208910691469564400110923127428611181
914872092592846887670871605807222669163239459017872169460852320683
250258665199895785425581505678883624047199054881446762269276773480
877095774555398622078128526803264406286108028060584676621503500015
569110433270565430049615326490840751761827994951338999872491082338
158230590253714534275632420859458334669599585559158451369120351460
570201959574261505310660876804531167562885846554582616395871380328
824410256104907762518054088570062608770588938603033532105846463215
608477270152251239055949138244244011503381308112766234228980959485
078748165362625375104216433213570166846489446562066403977154652631
357144317011898826629608387618148949796501692434849170942633133475
627009802085996291011027974871533254241521708386785341131258116000
071018425766340708920247235053089465655006250707039672349280378511
654004725725511483821068232287898557485919376376806373667632339143
709869255258261569367736742213267529195044745870089129016010090220
078799864667567961875622424199305053640266546275129849028719953134
846727259925230404716437077220294402222485882212516556812937420562
495410499177079426315938209051404341865397613217457406546866221199
735018772992347087965702474210866697205052260025305019428254652304
021702817876843853236178531950650092221241971534898649571986235477
243181909062799951904828934339310004905233505155829705801528951041
990640157132824293547920299896908025850852615061261093142533089148
304547572381188843150019498441629289686213945014360343649852617471
432911998255089138030256051403773546077630566296896159985044948569
250831231632134212006647402863147217564112054764595276061144623730
118776810757477475675081758439055960365623894801807218671309776666
153107788470221918997193635426539663974059782683417609946066816914
756177434001453371562978286482779709544399296990636351525287963406
531567998385134730017845857290116840773390367274835131962838750039
627368355860754438333842882288108934054341360205822647290450113164
106343525246082053393596619580530928906540661816063679462801879888
690836303139389622389367405495672603100763588183786183630108593118
690807956947681014994867244223529379559234328608871231554802237856
330069981821885863057679913826979066409530679049009190809601938835
792870049682475602989115149109750077520072648511209104026075806839
344101298726748977944836961260485462709224488189734009888726110467
567855948137047072165322950857084705251366603332753361043490311345
502695776538089866547947133683132011058082421613978311134262479260
886443905352423733932559569158666237669670982546696233950808127614
511385150893024463113225094752223599278734416452641127402697417340
786008329350535843583137440824864671143388176066068164810976977845
450123294851979262821031310105502533255229581968782435925412661998
209516811743862901794429465110165559912850624686398122162035654999
197558928943126265121840416278480230818251986137793072232939828131
034013394712461347571164357367399837774436184218289275647083662649
350295306401173080839506172228447277931045128944021709117243702972
319511878599178034676366298585385434506406252132646213183283491949
986498072643237846156266299355373717451045683237117515785611821241
923634639988933009521043899172525868749859700545928782365042858722

0357554390878665830986013661054325784452103291982025269483919965840
4950453739203591811577320508412426549014558985846584043138196318720
5883378940205021919380790426344275429440074389955242171129050737180
7846208862297613298012295858993829037499632039387154923940677020100
9604808192936818484530855250428136959683618967432186278860237898730
3105092136730575450432396900107395741543126869119459897322241977350
4901317542436757092278925750389662735431530721557080171668208818320
3217752715050553241677902599710129791428473494959704223544636408360
7376031925154146253615879057901207175686296930192502854304758697660
5003447009671440708467642992168313526298385469802847468394019493710
2767406199394392015263910620260431324561535528204151224995117923010
8408999423635914833940524792052591243621803585078022164543220221920
8840245220850135693239360204984777319030454603129936943603232371570
0737122855576789126565647032465918759929265290856389096832614371620
6779902133790317677134227811522601809318732544413118956038632638120
4478189322107970397808225177114012431650615697543119194038657695760
3767316170761514218110307924163160281818012415572326995897641306640
4745496984286776762499628884898899458542307121942645457678724516860
8413624136779007318012596664414234612487544455783641065666151614250
6613218413378254428918786820698215368785823236174392933281289593950
8584774039138487218394433433515834117116834249191807596263308654340
4690362047739728690343805485849640815947039980619474569111748618440
7600911557373371119475277903932300072483931037636510402697550699350
3492031336086693382203419116494667976698026193146112564322056683010
6662602992608722324059478364007970761132445467410176078199079328250
5132783063808005904028642723527625776004639327423561811135094175080
9413993832598112694767756754358328980683597965653903462830461678080
8507549952121727629516981772334227364422239092677532400783163214900
5156078119176423981598563905596971042621020220348784779970564686790
1384420419592391501357060919004119932868546816494521375357629857000
1700741083644980336294746524881901651479613172052911164971062951900
1088462515260556428893418743022525248671937441483080728641632286540
9541534626980793968848772011069959674050034998271833636963269769500
9276396227067492666921779996805581254007584294125205813365577137170
5811407211582181487999195805199117352840471136921785952703305640760
1116774340779439820407728033567288343129765775492395212567688343240
0530958535836186390537823665010433703192173984022174731263783357540
6435695731064095147296798448792016774704072681146748351151392255170
4891211570364718019247193769419396656576443590759555648151215679050
6765824917992678253585224744778864406300829679147886565470923114680
7557688792555601060700788347339523432903033176662842161314861591460
8277950370481715859655704657407387386312641812853877030502377895280
6088475541923159908526300130953191655340290592988734647692839490670
6407659725908330524136966549562074309226689526317230818063566483190
9453970463405964168997447951572876675886629735385085361230967741630
9731875052229243772146095323020470302095778530062105218417406135760
1556681414301899650485233744264225890584769532668542184365478126200
4592019423770166278367571877376337813129619744076407035840904187030
9011089205021049078464182546630031885405204753794553603593640030820
0088722703653707708527393402760259385119531265884930734062960905390
4314556616651768679303848322939287327301691082456603462920963416280
1001639885986449996654732755298769809216657616389070096878268306240
7463951495744581771861790410319431156644300474453639907926697696910
7088735444566075109133657120649605991395030172921982698367104477560
2745699625387191837712796829565439866897371924021541666724994257830
6037835416308935688213720132728406075267211705121340137534674198220
4443866758979691228466319693329406092357024033831247290644120533070

1219956410308554698290074653259903930978193412637880394961756231 66
4251999821884141207833761649425644459297039642321026340610693413 30
1711865811904559534652936139851553982302030826622895917807683453 23
4633195843990549249752505979666512685783447891031971185927646539 59
3727592933276582442573110281115168141179995494384455506398877662 44
4576127829627943376585936050362149872029573452820288490825788500 75
6183225864630818843591171472649812718037313913858972298540484001 80
8504649690893972145088219341452980167440518762657292904458078248 22
2722219041952745550254112542188310092898685857146081965279117416 27
6993380061023696678119932121593767692434237488695909932946958294 83
5737584771749352957692627931290539904111397678714051690904101444 97
6183298849362159270611979663469650722059913919338100548188515312 03
7402984045276633936964117696596189556420179142408140687826331634 74
6519043530297407421915703909907263053622457425075121784846363182 42
0728945600995823343440709047534480505928774744713308343297388574 36
5691948715731637845093972021305792610883406417126400183548099347 83
4960414259469455484599880076788026603426219906254945175343249619 41
8758909047637705842685956077983232161372520391300885480926371233 25
9635238426080062256844781902575027567757933593833924027742116916 68
5001980301891081185414430718621465530302530874395354598530349008 87
5353576446577107889373567403330613487754682035260517724849305508 48
1304389978020398978880332522626959286104576945778130759785915222 25
9654090218413420425478657480907355060675081890958161096307419362 38
9537565041789585133011130940743885760889230768132389734449083657 34
0390725086663908612335401295824274459320839327724834466544378431 41
0929633707044037893755259667901713669668107687478016546728892416 17
6197048280123555946188536297944217362440238143298724979488380996 57
3415026226857045753937618640793558817304189536056277669339421551 19
8496304824331600638370961579010717232737881176751846742967604690 26
0183087399984590943990897991506819771082181764482905012342204139 02
3443229373371569716930693800924144759611699145445183793902093575 22
4725791968819919903473479392573683217551096646645696142527743465 87
8085464103156988160339626543918599759131058221880352506890915915 79
8555339548306784396278857135072692433011331911593080177585009977 63
7901348754631194849690058999458259221919894493618160300612362919 55
2693645886903382663739625986732482623527581309467245795126415412 41
2333224109485209631491860603839354913143564757632340901893196839 42
7089353742576765205402409121635649144627424899370814921036632612 67
1055220278153190518120838578869906882868407676489401257918464457 33
5393942417816671722968123314509317551664070997893966375799162224 20
7214249604160798561861075546645192032231153174112441462325623048 20
5681535897413896597321145893400997992530885880960006646234601132 13
3940160175035982512267163355395923033608342753477231486044442438 57
6263675150079279550213540230485361368647550005570347499233841181 34
8175222302683487456072111770358072231509995929764353219569323709 66
1885842175593692971524628630010754082179814356289296381212314040 92
5114029980940402323490888855880564652027661459881978597766720690 26
8372754246299598391235207906845553590650245288496489679466923736 21
5623744201207894274831439336504915512617695583402317993005097138 41
4209255603380304526534147588999440762603213038627047720612443619 37
0777535000448723622343751397980383114151507549772043819552737108 04
4216678765545502989379840959464544556050978917321156337514714764 74
6841757639948573325933569601783467151221844480019046767555301279 03
9238968746424737300691852394143147360282410591109266449610979208 45
0327278154891164906013133850879613664306837903050955681593774462 16
2296689227532396333779844893818472628300472314627286511025782264 27
3782844838976097302514180719588049998035991739380712085611331271 55

027855847326018492176526078668509214873064290418900492484602118158
750126244986939378590887002983088996131027816790834101624946570592
151749244672619469476039283904792890925102953831106193542824483410
067562582486285114684311899927238191587806902170965478924018217150
403938255367501042424489006853776290696246757028569057936157052124
253377014643743996059924293899441257019632411972070606757235852252
924598890468135517622836138397525153569245225665422242793820327437
617913154901550644741270534409196240009904683407364605686924274061
243558805520125381488129628205637014299353054372608157462862453089
123932529564296307231385933375955610377485451047764703834920644212
537500389016380767270775092595073272887983072038170614358206515886
553145788536553248650884569661716094411359163358944971004865734598
261810840012221091155027751779098771680399926797576052678109640517
530343137862687268303739300600412949770298620136746777220211743206
236808904021295527310768205698666949000053259180853418093780905740
867907529704078485893716873802055903990443726694840746551327799099
360700227233664882395276257495699337901373326027528577529853988337
746213011256685464383697261946976308987034810021125900056425370604
910353348396973606318185927222760817548015237031211783222194936193
176146275244882613871063292867375468734699329781346939988604048543
887224340417065781214124958824479504838302497176024859049174780037
158761391762117967021957278384184229233454589959438725030934478757
695785191995665848394521662979485086494914046566795118007231038035
001487537115560489087542674432986210921979747571798703218748261740
798645291302895745045668769255769132996885731629595154079131645847
784545354852348863051225340037210214236729513378498508690393087577
020249231035815753356915717356599198124695265773601187906404041016
018390815506626845759726319813096941213935045477017711537708666819
548761319955943009663428964550769544116912457453334576364647304619
565469005599747604630623941812658042681027902640985435917674654956
623102470380650661279552983621813781904780072142863688035532245342
756686700307624632600132088181493247963190219620275952971718151621
014674951611662651826787525462239716398703041868537080834689427887
155339462747226526988972711042056122791079258936105084875584264955
006858414972660253568151590050337702451344160299892536030202507085
716731997784899806465909356703782615090377287182772194770598774336
369038305859449829024036736598234505644431891754478685232803155440
968722583883522186159454837677610275922668380474760193706373715851
924751194511844155839082724442657125730001080562857714145646411909
349852435477973636574649674104079590683288978416081445350661975376
885644074038154599386964010570921105326294738671662930666169327538
771227301875519636085221459607045490614623806678591830517739288383
875943665519483563599060628807911187009689380138230279339384124765
275728856512997585194183554408052487702094085104172569999826575988
121886451361077765851925561011051588445215263715209066335905457133
505076527019580193294745712939449565796989274525513317690030673689
991982479756389684147140001786190349063916834709181125257319601366
258630897454871642872256551616872437989212449191755431314517268568
581509936679368717159048974674216217937138507010003968486349709226
103652578558763929353201867054603585053372142394868912759003658366
223411330959586991159468796350036818251955688527806279958931510323
604982009340410233633593887738672391229485484169071511159492895419
342511193824923754139800788690098294337940996571087460130775791799
647718113656781346245752864854463853177586513755070682826120868184
199085583066600380975604976221767746490969008960907826927181949936
908379025434027918647159901394149964125138409724820565704776192109
482836527800960387024612133306913352273483198798358219288688580399

943793472120206499309220306324956985692049247590624984560328802228
05852693436214195829264978402705147706842309507414842458205914909 6
352236000874491488988772861503736534764344809161174882942954058065
968173693227165782178613700352333575899163679569065160904820647583
092508689815736126658002284658515727712474861080491657600837626782
293659061490895236324969894579987000069330722339610369348409309539
358013157148743918665079017836980029273959671550813987794806714937
863729381449879399644948525456526691476587757745953201246502517614
315775619657132924797634634731045291460613493443021483609619373250
628038021908172022170605165529874106676584742841070793445937546474
532458385733276038466379968218653556769567760797865061985166005513
695926479440624395930022588792074762878329335907389722971940952283
796882849115644673989670395628820789258207678945443570041584032011
578942995002606701042736739149922168869590213636205710518554061426
461434694848981076521540941126545107253284658296999353435880435840
454487184110857390807404809720847321736476370283041420550814053925
045677400409048841087545611412365143742421981393345618870851539590
995144697373163008568723411570224855386127201234368000406907447372
288193475096381561873576288387837231042390969985505970343518044800
513378721935824456951920907330608557079060009791695506004348268047
076606553067730245494534305228419728837715085100007735892136920290
090771389563736103131133279125450381751069451868776079049939058862
891268756295043846071730474348153781357102552176058714118996550811
525731712909165413272688707563662091674374053256674986043691215202
382026089777603806360339482598735942617161761757959064502240571567
550846293516467031970522339949144238015543736996385268915877953335
645260536211253132138319369856073237698123534000441725720969938663
981403752284272173682610191527597081021435109162141882516600712594
505582249227857289652399415087849338658190144177633241063448238207
016327424229477934323667958787841897132934127107784850381928514275
881891671185208223091445500824361506292138573223603836321625269247
325702540955864665974221862616126562907925832160777346382505690619
685834862840308356530595996200378830049670031628005875269347287202
940145033531812743502546803830959416357099863359195138516452349110
609510998808901508685377915447095034537526879561757063891238118115
369649524256429477533794667270498166702848708120302720864763438777
652740998393822140857872100045216704068151566801651612846926758126
581824756929509534593621074316660882186606880421597423549792321617
694963620701695803900735130362578539574156318749283329087217840357
528987738759114384914743828980566489974618936177268111683924749921
515647628280760089503477275175042238698020485884708129074126009143
555524305332073898864597640782249737481349939432248362978673369134
489783426883490064286925837735464145571869557381300798336462402407
602735191538685137702804843366996989602875086776115113193418442346
876657603401210665816131129251459688652806868684326984102103246181
324966300238155372683907753335305807287609418067784369872619921032
907573214755741913887170683461164668654189326828006600034323847282
952631885675875845126540137089465024415712294013423530267147063950
624243752039525308884195318749417618112066465057856871402955114532
704254802809274365364700845063438723933625825438910110154591390087
518866550769312139348800505529675492941016442133157185694184887537
274232566908964684837264131811685215304614255486740362399176409777
745677905867196919380885685241064040725209736996421045869210467721
801502350791071362221416329169605555116619593886840048735108101941
555790806512464246365237939289401061446249339271458849198501863189
988075052737660043213402274598935018009630860553124757036440774127
967032193110542718394471536497387233779629571772933094745087219383

828892198869198773007369371556798320488461555810886994879002085381
847203119853270418006599282085607662115919685301855427009963350392
486312533971641535309715671937332310292685010453228799553532539653
608984632118203044295223732221787470983279343501311924044762406445
542691505443047630792904420131124387523277746203577545597409045790
392865591268691144264051790655073404236412150679787526033317582490
793727704776443342472225297419758348972746795145571694780985056764
048307488639296325856417435809483048085440151320869829239986861294
849535597183160496763708199284192819020675414706805751724160887672
905824570773784642114330764374229757247099640330031415651101909330
236520978898547254336667026406373573821048084763526998823544333061
198500634703912159750850456811517885850557147398191074750444983540
082079626707716825640952578885312929484030979806867896430813371553
812214358403054400711281151424613802964653755025262534391763802244
581988775639846664254097199328645918544998099583432360833389394423
879960044747693834730619427684037273172071237829296941654553176506
321771538484476072699777312427994351585686110874555594735236310494
038420843643629752100361858940805316843022233734252785136952334259
892451794813636038658886132108574858025855526047223563035222333078
612872615326343047229909612709688673931194418807374706581022164292
000003872334157976540704131749777597566143241558713489370386645673
758144906588536084874435269318759240051811290230907997225747098605
939418806475338737975745435642676928642212227198744044245766498909
503716619132225160797625410913691373598380712694791366894249122145
085247823300471869500714688768637598282645729851039574741130937847
635601866805251512227793660947274165415093397089221467626771923644
364221679223320258758014616326878900631191320312686235360040440564
037663689944023338694419935785343832978598034067372607327960732445
014540707389609250447937488313415302661896088290049205472258855558
083270541114915545602770937438585391321547625731802540361997254602
201070885041975304236081317473027843587847585833220484013399138896
901325929926559218347622562642854432808212385582997765397588469144
305150785910650923439997681542994643396370630965162722464613224022
276902582833018678062460633686839806357045427315455113268402327336
075242355342352374434360852777519697850560635814928138740686670626
739637576812661195706698652427009966808446170414007983255756635679
475765388270727547913725799915611730699207563973662752746869280839
418018047285095798506033569265044520106214838314083767167563734658
976933593517667421901065483598120660328557831798376161342332909822
923974746292197541230143824463143483555073973507633360361931016107
482061861138176934327877341280222641013094301599762198574442750829
942156062065527951326426281735690162949676139468450496934696513300
637818934121530333081552100318202858298663336529640480650424108449
406908373864028386829668087239624430951710393654890368817307312817
156259823955461026473343059110580960953174399723662346415635400365
006454714593994888939303401714965848669293422591052149988236082310
098677627510093285361160822641456933938345628332015635465290290937
265939455907678466243326088509821401033498169486307218298891057765
951718895820581601445454345454427572276456388728147208580227044414
392146656570353517685996846985282069041263487685196928919957601021
213085661482075657816609639969976203080818684585494222736359039666
115913772841342260090941121993038844676648190686525490569184013652
3533351721163084354214807949962694057662082371931400597696250691427
899910957536669195288897553270374378796453774055427827857223075515
108208476920769612962085657210328607594004266848298550096184155234
819835215960343493138830566516769622102164203865510874012380869894
065392463024034795580046918225897661891941702853451180615888301565

797087752220348727283265878146517250788729540977128662718954743512
383628110358394487179192775087995339988210491311626554742309776341
967210291459623497811834760187499200651736809796497435074373952071
592386397284553997489338736143846864910055849728982448330798619194
431923110415276514174320296777655987302331532598503941525967278268
903497673408371565134788315221909152899254524691932459070840677131
436998739339011616280333056883864660207420291562718031475694698593
686710975189090963046560809457375767494504408520321633303743367517
808190852388994805450906080230141537713304412134678839733273610526
145383304344706043843837222323117030411486543697639448160529223561
237309863039288844556058157078331624768234662530553544604748501291
755294612086635891935671042009196390745744273579324620466459224250
210141305839656490124800618102584943526956872915743098263978167303
411899458587984493142714031333362943969641781042237937158328019378
109850312706102831728183509647380605617372331725422937940853193701
109619070338527726094222794332315242525029214915251034461904945093
206371983641107135193103971227581073563758188394395411322919430390
988340607241342691099128974193220654699875489998642128282180130880
329022287192977987537568336492324108605264487820688213704148482410
089757493050407007432712132572904358455469096047710193112845928702
768858227751209765381098919662129378771938243522242994888926662454
603654262724532113423841722524192808957742079686721449831837644597
339047353738957064841888035334316474401777941555442075500148455798
707701238339670773336808777687764850805709409906024484645678483377
120638407060601905282158603957332064763236125402818916700944752764
445048376138460039473688333565320561871989060603505845786448926033
862125072021083285674333428438350016175880107069812348882816027012
889256338777378431472032083784016713011127340109401905644966784579
062600871708954978180686679697938555598881975064399435475474503449
558379697707394589838610009088942038904635939485729195928745120024
865081591506114430097466356767701642679589944452561843297193885783
199303735333158444623629411396872465197776423845783345321593936836
879942247422653337556204142282319883730443648661901424649123582759
277593445771129232498007492659049019300327091116020505843435972005
053261007051373730398792858243146224274845827985368398152041506197
798552766837462565962819063854697255378767429915813333528724567573
893017160012492394544872700710484996690927346113714293329984100524
571851088564788149405871681670958908222602343931602438825760980738
572278299555774668885414991682324810699226700711573764049951158869
961602343238338164041784974615988789565295537209023404574894453763
151171176542035628580976691380926962857081227225894455697124554723
470192641299498841392093744544457938844612041511862806447695168077
645256701288782140537982163062489448059393304445468860614069932770
403953017864774185608774375564169387091860786645988905328806721340
763543955030413177146894409877035514138332531275519398544523902948
492401755480586508586406574234841239427794625356889170243937640530
698916789815399371990396900745517178026046604837466481268808166694
426294044047769265109491232537722998767231251509448001543063778331
875324039566401502717894394109784395725450691605531558910312293304
889735345815975220802281381551561987366530169981519864333623241988
287520465300258180282389194806191452325435991576698894953950054696
693158674679021049010200277060104982991779926233128912562288708394
126054791118941706069236067011614728169702556422504389477864509090
770110563106774833906559471002066581492212841411910392651438152704
742227402402676445522569223903082382536007978291852862313926685086
589019127210773525955765850953786968311326392270135073836252210418
744390681488818562779076276196113896329656195580460151911935166205

379587903041117096935264585577963337169967923438695267223447438300
285022811506212639262791656840935724448344537102004409502158993021
499336412758725149193779940738671400134149208736048542362575634452
656061897444468722321856218443342068207059766802974821842127540980
812806988416923561498873243993557950612422053613708354327007198324
077039684489592464779100857823582562586797572024361128795061466737
830522720852717521088963595631442447460853633068918146529639241913
793582435749822672758387421827844569298010469395694658385491005414
662181532825225417482877541468147322492074362656591627294795740949
024068919623787016126695253757073589929186542757548420391645950966
968408877745475741663181711148175275753361966152204501334373388849
831094969129888392422135361310533666791486537099478031701056330289
293828673797020457239266276458695004614458307615912633305581309959
933667628078445654212399320284683724944437060696718670802356021169
680976658938553137516728508526803242364052518870421773225621203838
186479804183198434718988762720451113741499483915416141134252072869
343150789235239200125275334755252202217770341411810422797207759220
419283522819513159202437114367018578807200540429589709115556490068
286913451449278006376923742438677381373258614849281397600722336597
903733177336620058705081887326216499874042283502946374389892534256
243707827909107453046591744257531327719631354819497561671067096674
288347106803384326737337597704672984676012279825811067676153893051
003154837503538195915934563679031030608940156517868857010864248844
751636284473252376753762303948786560198333446719967441270754853399
364696942126815573923999831875925445866273424832855477350235855322
567196091040641144143055340666445925174793972531440943843218274237
822451745342442484638176521683177214429002950970997251905238875621
224836998020368205325719310794877687192154839813717336253101282474
737168020085215886048593388974801450201385393980661976297210731236
377573306092970729765262322594863516579935041829578735809859612147
069333162737488379223805173377867320997522951677247992404476691334
219770986915884751951235479408525535316189227111238743419435725143
654463637844768495263764261267567127012024744565599347409633558424
592974990924068169113367375930488498526764295010299972713619952019
038670735729490340474685563622257872949219469949263960013847850073
029121347987051172127983887223605766099579859434488521942801675857
091385537122984733709560782640032398929343595770897289060384967398
238726282364948676170848114773009911056351081984846222512316316160
466679682054917063084061777760871701295448967742462573895206911794
057584861249243040347392099223518233898542419695047963465525437681
451025098908812411073513688862910005172812972454140304490781519993
003743676498665691163335085333757315553695074937448046235322852338
763981134412550968286807156223947776203593276257924690392555059052
057660037693438955302462854290662815331353991311424597457620587436
257564737227418953472855644069795816720479065060576690385462012833
983482857895025159691428488696599916077854731923152358528071554212
991311662061862852433692639395408369303624167357661077533857689376
541578728910642976288102301542119453961589005586007453285201582557
038313839019070600739211090009149767867653895285421300531391594832
275277420212202376378574632230455346282810091928951286272061049186
787277160366547518780176445646933650542061545955300103985428923822
619275023121518336989046745133071154787865326606969318513932960976
278738393369288819426259717350956713513222983790280051236414698106
291651703317103835078335178513096282175437632052426067732617026306
041284834484685817850156372807397409976774488459473222054074662692
721143974421536928547646587707367490570530156272158120005509794754
228309499909684423763222188744457559124748684156969154725677930976

729171139406716922513986487773253428269678569190269606998737327025
342641539493348644563777669546176055585994897660847334610906428492
796584464526630016581830455655256234923503871867821292588065552299
277914208014310787436743861258026238020226179693979566610115565665
435325840221927734896422240677326280342064630501618971109865731311
765029498174637982302751116183760879347845483729498209749455676453
024929851906412847328016265757065000896974710765860821752427150582
763563644761534410991747116424642680489763403372467399045838886120
222345592126441820487246223369145297129326777352523172011974811190
024097986841212286437340156924362930760781377201334138190858544673
230445755729939530702014351340925936030087124664485964248866411422
549043315029026255509471471058339367654874996440101205949707605871
252982396677187291381063787054733181189352013971399673085782857679
343083407945910632892550723589240918515721117746445268635087828235
220747043008081905584655195719939889403025920708980308282620450543
114117327512732975456625695551558295715764729311943529161877289797
385327336894646948988040781096041803343547740051896763229743026278
103848221924116577183749609200192497028069642376031357936049438649
736809240164602111077002131152599340312107985584618264904324974879
632943590517068402969866387512277054830308637531501023787148277919
692860524655887367522151350842568552840749299467664478642112205421
179838851552195725907492013329387825445665057482108072257797619460
301618808325560483818994678926240355499787401160407552080693119326
234324269792054621676300319863886229001611765887664396940350460638
689665492174439439254071242713016860112195095310156716101379381618
493434167253044068972590136197359900150174086128190493012496321216
714190099531230658425611673252749046225068226468691391781828196386
599986978381674485673807091430551531397616370154268037690261491792
954183794948413266505747286924782057034171251112072676282921716930
023182969830139307569103731165303509621692250904506116391498780480
703230315099738549602574112852447173203096422215132231558546524186
936945375058109487593093874399089801656565816339309397274506387392
146288320580413361822135280682557152787072466059485466625984585429
284541396856613236547823391615867487602486591318454939660644841120
531121345379241440008581196472261751410023730738245046832474359103
150589431603422227954047768541740554861954449445789582320145160309
657699948842656437871800859472815152240527542183560633663125439057
949392299376055536860737664824524278133521320735276433946926108037
407342736233631440788539074284314355414245739085661961990490089793
788198104213582274909741700219856210455545653907087442229796357623
902023292933497726649618207937335710588232491815734206567318626420
585652427852584515203274661250684707725071802991069029275023347877
002250408709270827251138935994838646178555844459439089596344215836
483498906309006045773675059216454139199970287482596484112611637716
453566924755369536373662681821864801574074515091271780069153453484
234348991580864470684527271193642094227997630205127770414163628186
226815810736965819120944562695725431762319684379566818306573922266
945072094160655533968005321741986279160234933434231364095469132039
361339389519355337588749152916091586938823613693309331326910717497
304925081108256567173173158503993920007418184416068416740990207464
325335006774879571166014299693775829297759688646349745045288476649
089451818638125321394600200172454386830958604957514673468288043765
941218099941193360313466988925850153582654841435534402437883595545
498847169226580792901045087639563413763467840528236193132287193267
970296260749317044984534332041833493894910501551655479858343414559
179192427810191167962973737218647104651702469506134783079420117895
824040297717962786830125387770496461377181264411109356306943217017

6704083928570445703506876159568456110938888246000543187944762334946
641512835389458567379009099934319496150402071064967691639428919703
514045653307266634017810246795785033535406557336745253690465743199
582105206693457068092969827722825794522284753200135853091081428477
936047809419180299115945854733729882380188917386422715553733767819
061384618959939412816547938449072985465152178169862471625163177335
124710517860437977536895730823485616022644746225198780883264852524
303451174705364605977813598992400365716133943581722433957926120982
381512038916843915488980753383100707311655612118749743610463526647
765367910357794234563699639897700303052254559572178017100985003529
125648677940016956922383847556910759674086318996661176404950782449
655349322797582445111697070033410698292777919689626300557269266282
663384538960824970095977811259451703178740815446781974224793689968
560235012049117212266119036879797783337900701373477462393706401052
752480690093993371984986260560763687816447194987256190572367766763
686558905308322622929885602273385326874111964014890330347163086192
313017894354596654025367978812527454751378482663370340339422739591
259217725309662977819803494118269432414895825704290281163461366472
114710562162476168736575734183353678516451548470482324759867908969
682866764723442806550079982019508022650449008510108504694442349734
731702230169703452689606162041233941237781549365419709727545531175
654476248768417254000511970691222008517721945621198916191214397712
755815618317477414214461848988953824439079115389113702837692761353
854841644485768229126589199069197156501413508580489818012626704622
491102709117182538006412645339492811304872282597538810042803938618
007943906051940377768466673611611052264659289236571476580906086625
322074215889486832913483808603806990805033792620593898940504743082
247133240275574710402635980502558150935690099681617382210111319498
453168686242626002308772642606892377715194562432165912804928666237
730978151986498169656203187749776397240145904426001732055819097221
754061106704962147545289562062853629939669244378314917273076841594
278696825193315878072333308465133517509656578801389934458954784877
759171821417072184767635317937734222654760392865654694367020479524
673291769121957233988974765115183894532667064051687538957688710918
938847196408321941096041980241989629643895984769568008661998813508
787593399477128987070728880565560029580773333442635423905847514617
728195753848108490685947823724973307079856184558817038477574301793
208664338479985369979675623403380820240924715992647488406451164604
619619449313049527504778931135500497929842455481272486831743178583
839269739883452881133526230898069870956924783995485379640409060968
941407522240544919210870647637504925308789365188784622585433347310
325691427200711373033954557351508799460530769423824577039759001107
365382825428369294071410837038993961026188093944241838721580631675
501374741293398467056693912212180985562622144650789611235969385109
589485843364530052169349559449761197266890172081488063962640347562
958967947838606932707534101858946640726788867559528384115014902490
310032578262503804801816385520798628505062474739644960886475083531
230408244515082682737560633541745363685756672924088089028160384039
432419098514598965924427879428908928930798025222289541158180532335
796633715795629952705915658192582742247347850722472808624372311232
223770883580423279972656976183457184757209611361886164306419354900
820807895403572259781652710366434954248351782214833804010992807068
576528833780659714214424378119147645383740091669230979153657260260
529196109818280541445313555282090168146196248905362511730409812452
105047982722307664824351427623446305676269261566110095883839067071
947156097044074008868686283955378175296546252903527994580513883002
816067528053628203631828452397192722443634328821481386499097477481

5651984993340893517030923895353819803001571262268124854475138133 95
1872482231606530812743302674236287763188018603812319191222849818 52
3573130769708946922846257295520810477433267575878305088752505570 73
4618433197018952764793767755217215464448874440307303862458571588 84
5359711368016251063726858893282790852687070109785515825531864100 39
7480134817596167607806319485531226049376232014085536851989455227 53
6778327529975978101772802830372967687932527155807208758325947289 53
5939167466336300026908236195304264291567644984200764059427047291 19
2447323727128977960275097378217049574903632365369642001657072245 90
1158972511872803321536963586666601087818579552498491387337979253 92
0197378143325487581080985247028623980380792464260724113336467236 15
8957343810694201463968211897640351832337160142282227975047811048 64
2840704636334448476842714148748673561921378379029587100878467374 69
1464130845805595732938731541375057992937324000498239795938143475 48
6030969839648674214609373456315747022549077612689021851822481142 92
5644995841543660081434586444916928848345819034035171110004037534 39
7637621517457835931030802532846181783691894109762374675594643365 03
2550905062991756613241320781387384205187946107878984156740430737 16
5641344508039676475985127139938523503635249058025390572743421373 62
5715283037476193936998175385744384303696019329966634123663291485 59
2542369028388847429039006167866314610934639559729448720601001974 54
5130538813566537229818393222863507640766966926285840374649378380 49
5718705608206996624024394533795119731539300977376214587429408284 53
3332737981564214675693976723703976315662789400424364716027645802 90
9048489353293717907334950508106255047780603991438604314828510242 23
9618219660140126859718566361499928190533123039101099277888679829 25
2338999270171277671858394477473405782247880622762844771054918666 04
5173702701312477004084051596924027144678091861316083020068896430 93
6702842298771378861197277925468805501288676170444759294144575334 21
5086704317791244468207571657581521890120500435038399581908290900 38
5749887468831703843501271230433923479663069479063369783131770961 96
3367862123508858315427118825520938880927808233103386095395796355 49
0683911753698093456028724733862041661064018228657152806529111995 38
6109134136526216797992092312050777633991096014683477605539340094 50
4773110491623231120257268494316621753265488994855962686619233545 38
0259108622402061216448700226333688131116970299876273307993672481 570
0609201460185554759435973347856574396702673716109651793024931200 20
2477142105109996580960966881636556093098545323163230403473738355 39
1864054965634313025043403835789988824268508377193407930301741440 73
1124629055243775243284454032108086252448943818395568062413876078 54
1524424001577843814355470592460752802293799923413741855185434350 62
6888382338754065704675397849956431702578832118442601515253744218 07
4702646834293579454724631289825201372524676353366282009664551874 44
0650434186303103037806128720065988799978991148261286785955967801 99
4210989815871840159420781980536513523519556386569703171395832943 58
8624060462839747778843794147024587531551928162398255997617216234 604
3652391035726662483089671489303720647593008826147714949516111086 56
1371305529030061737202892389904334032897813936726157421756215977 70
5879806570518993164903335978919349052384043658363592166311503240 26
0381145947251288284751071279663604130351241251840186586396789274 67
4124394867696402657599772129493306835033160253613405085989465597 33
1748587275598200583546836690953920417190060065387483512021488672 80
7668735235693155205052937712570616508012129143804626265147784352 88
7777974075118847035414558929309431496299102452548038323153668636 33
1126318042988388481572425438309873031888560158130378923286189377 34
4342946795957770854336166424143706541190797398942222137998167376 54
7715233095754251219536883603644192311832547048244836289701037861 37

026643713859042009975213707220906840489107863636993987158558684557
058917019378499855720222285050283648377192899947114110421918551067
670074415751456448405970486990539892153821827947493562375254310663
056115148681032570824172502216827521536422882742935611016128768790
232679035919070127566061196940451572583456550686766010617683474561
509985602718565713244215656933452613429568186193954223595284021831
931905820641332266936319571021554262053175875611200162879249723081
795639348313745842190692619496336984375620858632555512396815873883
093449039497519971544366183714079899599962032543725796347945503632
284753924098504574830798464746460247537545221227797773024595523876
752501401611760263634470799229906187981329665900070806620633529520
565744661894462071038383613125348527264512378601621406330612665811
903068886287515631150317944714160362711698029311774622480681834644
488254345666820509977533065100842820723041743519110579014093955759
075027905665361971676857648441841232504211150496381731393199092147
597318556300222960673380582861942502552790166075204375060268288984
442742168192319890986494788819541554859060080175114088368795895776
145200819870566310306828716920174430514659421668242961121371970438
617901922621910580684347920325219600385919441355109161991070359895
864858533505445365182402586570420238121209388917875431370034252571
699903195571687361297360580054117574474952527910514574181009574690
478099873882119363251748152221103005302528486396605004574957766952
304207731789575946355134181836779238849353816427948720186134917322
722999671095788478887858130749045823599199427818404708510082726463
771059032608179108226695182930324131245416178690209220072291372620
628841662742712645439615662353290379319671077417276435605479281148
908516958208438255372198319566883329259351693593520075229612080307
966512325051203304572428807117308093691185429423827562526978345896
597428980686521549054837735311321975154047234308767804125174279003
855876475775325907367398310766600796013695651596004844302066983549
207656883038038856894844031356227360891203489019987351181207121407
786863252995894469133551341298781530542560369837439941474043210112
851841110167995735270008657321297841437669438239596041090315643550
461209480833153252288881310793848221043942202219343152909475114881
411026081304377447995900710233301476357761222401050622826428113999
484219105175347330532843381971725523136783627896521578691870894617
056277503577848925173815596096367694942814287291743648159304646621
011861308846620721817660588380953247772670509399881595717138756002
702565399509605095486687759395088832128338894379286512482428139564
311567620318859174362400049625920417460339818580099677983832833358
888943058872393087494661606796116195645754989197254123417632475035
570203644891159941337140380516658764583983480046039393780783335584
670869759826752605457641746394644450517644008315585537430492758762
746901937491310617852146259562303572532413230551024289344043601675
385881646973971021711185386240765120246010368076409589889153569442
253003353499573760077635592328284903889114875043265635358706501661
959152621606163959010530913993672198869697594878179668514131002377
195451165036102647234045640729932623358515854029839866753805190225
165005251839833643017646446953657512885895040946329574535708207030
997660140410509071819259563977612569777785256690396490290010036222
280366497575676322095543099838628046108706864919202848076835644435
538605037852442471640558648764432681783295785249657033399120721732
444281909229966898769285302117553371955203268145161267277669396851
515021093763895782568147491982677021338473946748157572903592033672
310313182178515670648748447934960966198752765106949763965181941237
269205913037966228792066288912498355378137464226277652728398909295
369477080910402071237031283007367292411533916431423740063369839811

二的平方根的前百万位数字

1717453438423146922338002052633166795507731559181027237112143873 46
934591191686364490429448379022571931752320675517400611741139427831
336524685283522667846637422104946526679406586638010854993318475112
707569228044302019908261598552801931005059451332291180645806287689
564918909610085146860087172236166864417450789836732217494032961749
573969428064861042468425697493536703680807816808811509322038829875
886861399848333255790214284654386822160782400941425030444116783334
154176005759168819166777539668389640830277549365051680241994148665
392750752811909715220640963983856485185444166613433672739015074057
419488264307586493776910119907207670118337871408212564734078261161
237212383909302751767115806613496764289907852711036791500076450408
609976600489707755637858815386791725839078438588398692318886378825
091869610641209713390623417771929811105574337084311212863529554120
927232121918796126818941528332626959709403942771557733002550160418
402595247623154229204039765511503202306485827333942553355583525385
931038267087709812806852090146382429899615651532233083097622794230
877687786037141804070176242334252541424742366906220954341374758542
548356639573990729013393269852676817815650921203214456925993405504
829130527231435751508021267397829587680805788439785377583075435016
936360412016342151208293353994031416463898319299221665534505435910
644848319617778095148159690929429770516308237968342700590154873644
127597045570814669043231562162022421883437316729436198139360375063
593075703290650015237628487937908255853397134691941166672420784079
941132751300980358494655490661094258850752599558961314564766822100
980877706473051699254337771777815096886172732102777242643906156737
653010793556242046313478400609284018845201379669198937918153812854
357304924937063847981884638527247479529719545067761118952238315071
673098982390926288244688711973622273603694798407988196195495661782
399015709536290409394022008232629096249552084933411627840597022249
131992621573702536694777752893978160327190435993223734810088020579
267462994393545096522639717890875573722795447174107207338206405107
265513634578097929411994774522282313981029986303975204962686762855
361375521825026820928795760237121047098412149184354865576318224327
588311178210980664761071322078063840405098818947635007017683276044
116572210945788179528797794429438139618785958024099531705629632005
873820946574300568002526168326584460119429942233567565456570912524
953469276446715715088086353185789046343786688539228048986949371307
264112056103622661914800734879455539231457853419838465831918058914
120469942101972386117992703404908448328678962250060204802680861769
292596657675607809508128143383038999824749787412836948375347095048
736329807673434946201826045753735815956163273849381534213640322483
462725327224933339244002648959231394537538140460466520443171961326
850881249639723368148617023125442487055185714772903032817288324266
380757547618313697564213019836155650889712604468362651023297526534
142811748034539982975391742713729183354527556935041120644883796960
912411233220691826807747781148069949464336244476741356816462729407
805305092563750939777641175552575390381206971602280677111113607179
693290602801696281959600845827583219973763130260340220275765232183
774064906165512092979106936289481910910089558857467670697373348928
912593167262005258002650578098890025419504858605071154947168442435
482037753458530515880763051950106732075273043910218473726651878207
538125545383417933234496797876597163819328114124346387747745019011
546249780579093578142562005489463730263453754182370511327917653105
806508346456801948704697003731864436509562370881664756403998302234
431850668599731084350691589120329274097862967451204771679549885795
729650712973704057316650226672863185447653722690389556395427992678
013511098941404625776845397842285915617909063622630654769921838994

290323230792119248248322383021391453867230083664055523514563077794
359381645064468806300993489713705613803622306654143217012113287780
204611978217813577066616241779520640156528473325508524988678241665
440377081526115265811389239583206548032390950853717793903131062712
064291728358149171492076985649570179127069033886387887468901230564
125353335445484522342612280868592529925683040639177102284033803097
375677231366421467471584745618791875517024761161430041552518171482
869379797783101641420024967878124183397691715731507797070303833420
104932615114738921753524086327480518422750636833215636885565681996
132424593047542046081107094693576827466384393507677042329012110181
673153133682114611844682263156738405979084922652570100286454960931
168035978021514845442333031155174339947319412783834421644524662263
125622518263859644108364973829499549953758559303973345562563211176
913739857105489674276585191107786743690818357956889456112673619569
006215571653840688896919181246154435094914508977275298514662754839
414917719306180613489588128391377632015785764379067793344790747004
021313844446892947079826721663342559235778285382749579997481879719
003850276555300410195106095786430784405273950574975976998616924728
962274043295008685268888665875991300831680629275871180107308277823
965530896478255541497753031063067212921844883296634347704523675006
038455495078368615886591688856884007772473827924357604313846417297
781956794070727002363535107361664691804106945508784722327151214757
072279011466260535631561149095017091101233704946787630525252026796
122231391971283136502570033740454695213062385544082540269693793443
253676417346839305014012902434949979545963623628053464915368924329
565253787927136906074556018047969014036827317716039678695453167577
113248505856109823435710035194545595672599791357744383804163253220
979087684328007564813221215513801586965729734464953827901333538335
482777904298757650765326268024933493472604568401294822467820272238
174308945444873532971180658368793615866340718911903568342364166914
311881932259250523008344016745692988543955184533130003293401345350
829506703102745571519490493407232759373429618710344520308347369386
979842316847973863649060252280380960888096047129594253750637112244
227794904092553492984655215358486325732099045736741097778202491170
772725244270574567793947273249468265891566712460517033087963266675
846461762881065123317317118529786891524113008049412915193096136026
967571729732209610312264456578576863850151262291898706582242943466
984642919456909578214935852058199037209773196917214987024956153971
743897585485688457773997899649660085661780015523074556108541054171
819573356415808733054711657189020083618634735238270735105961879274
329609211714912879148446002638763857715124224039066958468635942626
957116446239703229361147568804313391515237681047870515695734407091
403161866792118828250644772069694155984319876147177453252157538500
976015714053784845202782334951252376386781097088776276298241433449
694918517464336239973315850982674448405503193447029365536300424614
820928311272801605440664431691155748597371347030753581263645097099
996908388465942210733770311964042912369105071202757767782154264514
361378710853256005903045595534241873750151787369688741726834939217
062366729795975275166120962265880592930879575961385900677147127306
456152695386558912635756916276036860261682675118081181157831632186
281648631850707457142136405360962195037165811405220851276871050438
028844736525556920467329222017530437297540533967498858797890045143‌2
289755839266497319657692776637764810430026585511533306341144726388
914991274532376575855602283459422111938630464211372522360911190583
942929206318224455998230036177284888328545604570889882962593447974
563691551464830311008551576183963243318873160706211080621514770458
991699752540228842261107656015972047245174714692321158092860586840

853814062986976729986342522166538247641308605116409122050431210106
638013861421503487995510038845890780268697836057557765630459233579
612317404715332147918993057490210424754679820323012371943066449220
878508041518790789846284161888639930782120951932757778459712044254
736023150968771335435276476266690858482237625778808252497945176039
819604316455755344730382956201375339485296262627746108040381565171
799535783073279861961431292889114403289936079426879712083021642850
336015562135066283381434362564291035206589240392753676166509195964
416776845781927220782414751784278143519800214911468944373943374319
432621383668895185167267437168030074707082489228752949879156621941
493643190738597562276570444753368188540899623288373418870869523544
737157270148670219629104108431981255598237605292059201057828445620
327074159289754219756581855514118979359600158377866131130715999813
600719619856006430394766150471030555174739709861862830824612336899
370720109223501655901633879311179166217971530954758906781700589766
024829258771481161567970159460418211276271081436954635496208748733
993059666169709808972743542683210323155436996849855498885622965390
580804805743747301709300716093176040485343366888393145261735937577
137530406970418241378949510101633936850624385359143431264097810622
487282697805893745775952519860915409168592419911860133307016901177
680947581916408352004552933155410510416424926839680875444320315292
660564274817018408147738461729418384377048700498222787219283064834
437982824596009696337623989225289442398500335089274679569822402506
398423603606255437417373202509000310507226299709294056054364293202
849942969853867055347319060300834795554729526326648596146967786315
550387588378294030052830989960984296646224083194977884192286458435
265219929982411848570387090767889141214771894000961806694924217906
596153440230546760237539766490274939010416549761125820817975109717
975078748203902274070784427778378787225952242328782525448149687057
697919430214474446363938095640200799323522341862940643242244365916
722619478804257195174349791755009281488336011122490050435675307559
326391620508621935459136062495627328633990217348804599723238053017
129160402761422232019566261505581686137487700762177747502758501812
994795646297545783346037925718429825641213059389716121543565134653
998530166238781349507531312621301205234104429360987632722917735128
422116305301957879462576791026902037236695724418154394979520528222
002267875284157663551389890849515083461975559358817448593973841089
355695032536407380613428232443137928390235072871248650160918263498
084584681636500784332589969915782737437237163275120724341442511690
767330327224161765343210599983691826357439361744607882897293171112
012767049099693264702056849046650089866060027353101676827024777016
412611559199307723441572694263942312964232746139153228834942519944
790509433212206565133125549244383477721741342254014774623325852253
578194883939890398186392173960583282429685700957915788967303742868
688839270763272905784751705759248670853966685433577966438315963430
074152182727064071458909826855675346008165457188587094977289954407
295205397654099395105480844093637075955276633405073760074166247365
973143532658768080823335490580913948952425597483086409089689852030
236500370199010596932208009902574176936815212690979227291524253451
801704541225360540722988890158910903390776895278344559017236257220
219304362786720100694799739026650551469193679047959583591301486342
521374391350953947947114169148412732841375638788916688905643034585
549664583685074664564072455653542989041915449346632933817532833036
706359258516720250599532134085337942925198115138911454017489850422
259075401419244253563855509256003735678914306658966276130414776644
628356560586317337249790450388017235869579335240495109702756372148
769500517801510118912585627058604797852742818497741803181653277622

281851812279026662959427283153501897081180485763256303348988064816
286442789322253419969847259903325050969439374971528473593550039745
130245855618253727784599816844740580490762145901208938934697634806
100396073501723732358459866313256586192760716484981753109679106716
726300989418399746691114104341887491961027401887687866678664290587
995506507706027072920301614227961321016708172320565776075856415380
934648749419451667336237096228531023180308898271805538596564685772
370905205197539377849405941560842611660642255210597164563361178421
462934700913548222286284564068035784278655038345394089402390207646
035275002789815768668651833040277296854117917528157253043566045601
607764340367409556738304196503069570030266255252692382965473601755
446046225773321015214068344424379360538105817754912564177756291777
237412630502278013824564876215526880928569727822484794587000607178
149464127262439558241054820901705770664693994059688343722426345067
040483131225192767434334740907674022801093455478688384849431721805
006303263980950171759086064655604437961261097926871652927247241519
637632670572977100771365461153783425888370969930156599137140338696
668124156060630510871008451650278488272794551638928882741960439614
008484726007076630464120059488408990144428702306177672639908135952
626051694319902051971965052226917786946865922269102326259126155396
978164338944815131031516720761051235232850321590818680040847265028
555809986293676763270210045569568984013243029285459698173915136955
003060357054019394647322053116049837752766602059846375778515584631
492605634934377843235861442382789182719593159922426235537286536653
287613411773481135571862979625307478059138835711940735194042053774
838766204887529846686546903069050004132913132644760195195434827767
824642280547957648711033502598325867412029475076322249934417029794
825015116722598109420060125527030381711532830707379767310059925405
451421521042076139462764709330274097787573767639228080943716732597
399808525283575635862441116679690522793766380005944870157762605215
743451621857172103462298908555390553816212432913985341764668629264
198650012663321844506966716915828126711191613267292121155385377635
360137271396358733834725416148501824752618939045643295813237270375
095017809734179965004606204601202367275687522958548453673944178514
163008094983431395125804532384417125584725410424471518366658579679
986467586484981255059524878154919815630211806060437140361799194545
481418218685732377701326289061763672529032493958571722272299690065
037361098721562191826592243664704737763511739826680219862810508852
174841208229736424024766246165261432747887452949280834554509309688
399319857645636619781555535920192744858108369429197179487077452984
676101203479408633491157688934243472397518465035733584885366391146
558328651038283976827227389277602204880875996269593367226480797103
455373301609839869888414435886575860301085476193811748697551836104
995041228808733604004035350950040914590905202119230354031668275729
601483104464486343204034258505244842702880888622366558041645710476
970729143924338647521502350640062231860283810384648296929876157944
242430010002908780843526158607596488192743121977763853705782577852
578159855818780208060095617454735716495979905080216330638192809313
737822244242434798546234482661795042089819493664548233155517336534
293552593637187118867106666162995245423130310730585079614632584762
872100034846719822405637278754550369567651503281424303993631657794
412113276121350182132227122941880904392578806697293730543700403156
815401680148218682830140380500863597476780395886785112380066538585
008669055124491472033579507897491723182160881159303150053502124322
354950462430177017418359871800013405520456442823623567717672650878
431887933970926563908169903825976051125214896668164634936252689409
295580083563529520113107350403203930458904222874205585149437336804

480482214229700860038367492610486500315368281905058508585038614957
304789741216252222637917217486638770603133256640397482819580493835
629893467501949472575827060849285584000177780769869611467042307302
254511191206928853659987892738520543494441299322012876020969452105
305985071830804134244844737827681132754376047862036467302740044751
596162537802468315506537556489191201839808991149900226938055034555
268187144114951813646554958023181565273226896153596019552551663147
208850776721102765331739387480516644003826840926160077442997301230
292036978300683295411330591149250189160416738097480347938240924935
976563840859169387335229811172598526605751632528295532866795724011
507296724885369990651702402530667198635874077355536032012822927512
210975399202375461245973232485267258377146789571133996946658506857
728183538111322967532854235331865071628207792539716591479458368754
371688745025808950361748483012184075880948147411583404398437022580
824944933798743910221598900375288731834090137084440915962740846143
913340511171441711184166060773650227175272456982232579752548934676
759954380440400450636967544240732082009143766403034911329126736883
037828113783665951161134583038296727710683783263987077843029325545
843836148049256622297132083534614977031325616234238089194688047926
355442588988645289800636056757198581800947285647274148290258729541
933084500114813710576202810524540507484864330398256035500832114758
369512162802156720995972266953970468008617437959832373919207245647
574580029965244854309758574885771880986235666965829093005445524637
640518581255076715537608355412135515628374595901411336844706686919
659408757869784875769829762199024447492994184849965688711873718273
706387028823664828902763615628187985170919643641189200593330290022
928498523963586528381576214817148963052974412965302623532744951127
340947511336432881459008692006739387255857057052296077139963535123
950584943292175235477535190734550114874590186661158606451113393888
394149545050379254903634717101361560946346909851581757315578414302
027981277347306337284550758402516881964694943477327750801733317508
411052566484202036671799435230299660560608181913335352615684443190
844521964391072792595048095277321486755932012038482674133699477788
392695052684503618013384633879230269630159588113340591641994880045
400086569682572377514974098980786922266918672389153258721842276001
529770321475470400907730438208578223589240723141681652833998841000
782453238051913781046091899238875807476552727877467094497331852071
819761251583090922120521662333092477990651496511834733937030388139
464899706821592499802159542944573033509272454317561814806950498270
614854803944663815478729386008323770665086056284411449355147549405
878725043248206266535169856377476100494626918389238935612508936755
628325841691986569428870172878226119892666980975928850243513624737
650344966401629459978187867634761870628253336697595370448407684620
297867277465274707950259294249548768051983677572624250976515729880
212278730982838185096325701396697584696079010905696032023160449170
256439010419148368516736128359291381408362164139653300491379542504
080076630974025545646457820006453471639715035183760876338974838951
890091559946337265210255518987964847206277809928460415993194556191
748454825579012386311930818550030876791597754274827312219840225331
579196805285180579651419263384071877679104532044992484849192392526
855058650855457436207360044455419141887800168906787827256581142878
325849884297878100488796602536400211197534458687293530940716221107
156678992890066119793074960397213443170817910532025634810575451764
047676723026585850035143836077526820981661202241007056731756001660
055425582122803467182206151138784286179942665099172269093844043207
194853754937787917117954053914127020798556778449768721110433881766
488835481472674139381666668297137535015983809188696061474971007439

577620030626806159916534213973293222775409478984358810270875605233
743784617747577504367743117960478759347192269297739080636567545685
326358835238355316527568259408716846048089855752987473798992168269
161176586678934874797687246561458735381603252134367419086353658738
601572169896626481005897884523371061628234236981044528395085469403
919317048870861439686345207831360467998456852382107683786139007228
278427026881844384440294451209724331767466767075483251986737338968
658244950095508297446004855725458019820727761323232288114483181234
428269933766626444066915589257111502681051678448069744651342925956
216244859399631805948825326968993908148638956242211862916240458126
433292552944488857867168541406089230471954236324857176999335096898
821724678625727070058489930834609990480204966371195732030414263398
271068691025766585526282397132688193397599515463188882423741339153
527223142266213323916181429762474193138994311542984012642229226936
052898139326135516865392201445086041979347764023674997831541797319
783529569248029859785498656325480640108684921914734721408666740246
270708693011391404309741753083674262232313663546524651742063485936
670597114898127601272676506863074894669928922332206443379540567209
232220351459050767727336044605563014928698546294072636210104544538 5
143622279662044408250202266399343618969981295213068191032754906638
684790779948441313923478403531998592215202936224270728995915993939
702752973140319843328400423715930543184286167670234764821193862426
028970063436204001159239784612969067022559707207104824609875850956
777427463595748094760427908477162618337457931127009218318573518462
850312043855212269219519316614472301851386560021778203179127821457
898855300961708246167027026277486605815724566602814411941604660120
472864240421150472714516668117516673176589882429293384722573971624
350528992232973925754747002410848330295924277052947645589746904493
581955680643970957226320838156632450984313502661533960795140357048
030471745939982152349387555948303079496044437936857843434968770730
839189613901859776870897544842437201893449168441112051287249986990
936476764466504538690266548881979967511777771740588034695696000169
158677234216101343499009969642706757749217858925496447061658744519
699965723859469805645933591896827973194775562863159041838129012252
165084766932758054441274981453080924826397828529785520070564849682
996511597357186109129392886500410340397218483891414352419603360493
100150749964003469690255596024057006825293679748877928268250701656
315442797841671397770341597680495630622950660616666299849114441157
673850460527364729096246345802428927284953029871071046182506839850
126359857173889240698379159683632793115975999018708895803976512290
626112213422454889027243581449012987560874551631198958576762343492
381031881532080773590956464395502809742004765410646915492911385261
688973095171775757238468392004576095656359020934969598608836634027
762414383682183759477797082242598730098618054168804646194593311102
620113244381245946614992032169005560695397959028388239541863918344
190162495042467090446369870161853728643588718554778250154711930784
019139849929646045035568787623354193766683380994923786403362620048
690429147314468316693293644633661066287607497910599353124167963661
258547170124075826154605654642346384486734473659892209050173509970
089388634695624192586475350836619319577892468827593656697324968524
366950114006218207230059080202836981364495392111190541629521266372
990677036901292574616534612233793530730033460917275292574503225144
394313814176516561640210424541422351403481926445935579683736244986
788578990059991456187661124231070610417285419456853761758397271130
282970187255782875817852134728089319704995536454210749724181574133
884875329470447810977563215074054088185206929296998148240464019037
284223695687701069604224330578693909354915627635102076748839902612

677375957045174479706466281237983193348237870122066006839984926757
399146523797069285591378051917428636078324104772679696176323601197
710163394947674933065423480355286275700299635927711232595995910315
628703253723064813264957601141022778582450705771498249812083353112
035555428564079334980099437163485156360437170577019705809626988707
445525932335294560496041286411186356355341311884940243680203738100
253686561448589782538173565935900975806799634926935743871225283290
659179233810618253856711227678823513155483427389310160788687000154
699300156789805217706845971704956901757797645783330847774782804529
107820269448191016195442792575360551556000558980385431007237115870
323712270033736906113306497597005187687559486481735717287044754041
151271801322289037020076144325848589460471711561827948492230195416
736646065092962715805080819140179195825273367476803605126286449006
458968066014973157301909088860698111971022321961563526813054314243
436991829970429284591654815443529779585215231096339722485074356317
761380607653233861479726489417561827107082068674324375386689196217
060625167384803546621364417274497986272281121908084075623499986789
499100025310750833330988483074219583313615859496550643444877147715
916968464435080491702599830161667398393049319573667499824783165992
438220966839877668262453433260655505247061995427673431792014204308
579156453842021488418597434283215088160158176048814183191119771726
668394721891598251551948965653247910076796688782236620075666853913
324540880739573600963924935440879540375890741679340898800616983160
332472632821878658548755072702793529303453687404115935506464085434
737539002921984742913556540505622440719079885905652287044701594010
361022389664233414355369507858052805539656358159318272970436213272
246583952637783013099892162726848834304286506620415807727560324137
712915013979962866506317003502506396403116738315412325316487494093
969868747485266500569889820848390206244364534120076394793067992878
168001486560017420229954578888226095649608850161736598906640094009
965285837974418245639307589281645872973559268286369707302769793387
528466722436742594973824808282670125831253991691921512252662600989
965409921277140387041695298926033633243408426790895152197084877081
580424456929637670819725012695575697190680939168583953844805764084
599689165283391286288274714993648838051914317340442429676730818114
420301419415752890552565883055940978594455724837115168079581178837
442336735677659014148520075791240917190070856446959648444916880043
357351662125164116233546004625619476811472561632875112956743567920
027914901652486382859615057567799099660159602015473407485363958893
453729123857501851023984860239916350305046882631141767908069797723
729457982300175889961172620261861723163330984295336295310699475223
364341141146919123348899422827594500543414510358757908053094745796
693191418601073045476875791538712350488097631288189373347293806079
326174950565388382264772590535834615341254522072689832368415774488
216640472583151667485368781426872387151198068122589134392143485608
220175211125557569622523296836094638118700701343563755532666124962
770830226679136848167212640806100034588319045646889756077405480073
172841160744471498500446575673413693741128674740985409910642750892
037600386563250162532937766884915897109029604618660336179501795980
929217045716923460506363687279168909337172330822407364013626295695
194558311158085619234724596964180409794724684479543500816155116961
134159155069044291501403709160697650356790644051314383904952892825
224685012069622258621811352489268906261764118746730774476336094128
035268299694416924680990884943547536906788868334557546308120197496
546767730435058006333317800155379625777278005421347850524201543313
715136155511041276989500760590342550132689406225744923551430356637
961136161533110297424093095236819532966305405813317342139483928136

1143654785366173764334748789008591994600184938766217774307952070 97
8100699620379139490999724199877542952643108344180319523992808810 99
3921455120782933849028810514143537295521867031469159881077680709 86
4863080381465696417652156742067991403377375025752142066429732078 94
1696541343855660267481142994729217292554756515180272320537112871 49
7226481400333222157597178165394699221984041747835000053714877645 72
8638021389651896936773785576328108897737697479409167753858139258 64
1082515587360379794055576991068721268021911312283555114116509802 46
1079340388813573897641259613382152761748851508306908701399478458 78
3717677763352619506676881327927353803722768970898514011065403346 78
8180733921152892662172747967987523822905329905049267282082560244 76
0508182215964332016226464044021468755003665985110241869163095981 67
9610388562171124856211541666103723297209808625117144814226509715 28
7438796969452458256209742407132342135292698067313486151282503146 75
1428012923319935549936010978027985356180479453942399221829584116 74
1128678903803363555795981358018927195590199258775434174653292262 22
0088428080421793065205736007817666251120871621246261439867676694 13
2106095727452485127757676908503777681335286497623032390963336026 14
3451319202537694122826711510946320146036578799427615401902571290 48
4001251272533845175619104740089275872164982922626034735317451123 31
4462940539897489926909716952550856443119912952085914494496605235 80
0599047994989754629409007745232395362860485423947124605148238843 83
3375419793508905221422643444436585429151210774163562116364208930 93
8368056199768393849113726233057405840493591925443639059717695705 26
0090426395167932145864875766015069659163204476905807997869760197 90
8810610861068013308124564920428654833272945841960274553100694141 98
5792658101282278065255959393123922023205564570888809518343136873 70
0698285262991243891536971330705968355679941677365746812274039172 03
6491699215652084431004389409581177219132083647663251037635599687 91
8534311831410377902197587791151416757889570960667164337253348927 09
8907344061828975599516196075219672921049052497703066699806940749 38
9345688669772750248678841708352262765054591143510120578304492372 08
3491628921933021147534224660367352426850716661308848530396330115 02
3586234025917682542861183290516430882068081751893720623160546527 87
5597683914965684509516421045314471059854656159220765133316630638 01
2050803917013681268468837768356512078056408761290295917693827158 64
3631091076670688751630783425553859185306855876394739785713390390 83
5126699907521686760135136823756997561309273416635713813876419976 25
9973945987884175453615694166069262263038364810824130721893393873 32
3012326438241930652691525439277196119362044433961232611443721038 60
4326842030568647877786583474288581774670104589019694988420964658 35
5304448779075716065626371372337190706584905502399037184680894234 37
8812490002112341496956913748309265707535469374788947623380536485 71
8538639701144439607390459854233298677866229634297462461693847060 11
5947428607476144809188603428765396099134311046573756336568542619 91
5621377014832473499995642232953818263849323013831237104996463471 98
2531696551836948785894294214360206021562490292999490721874423438 59
9871327166097436675031702886147296349963719532916911000889713533 26
3754685795688693502253411458210518849771688924485907589575535582 24
2366824378198420675537343029388270166713667180050892252810275167 02
7682740841588040260519384294054032351415561957972093158020227938 29
7042918647213840225876214262546000437300738983396417655322726024 35
5755065340963202621930626095812310221323006372943513577538994164 07
8211791421576081017989098574927727541071076222628421976442460065 558
1943925028246384982555583914345116129544959740569909600002399762 29
6223100856684232380880117443005509141329736476050572960903938994 75
7621348949255816061603619338521605557536752364537852251264063263 954

645057111665661958910281366762021999682792327279533256034133380005
974622631093450761891788955116233355924448281682999869825467742788
526895855388729693830330729975703463589350175794483833283964744216
635956958103456593485279723084256361737388676015391498769923051664
149506050852244511062927906271250189774232133011801605034214628934
874805463592239206426355670841651132177570024771745445021667792285
465403929233792421534290033970247104112730765622141120735586399371
163873218482079671309406067075883280770378574711346684839664791360
530059137144169445780206485072182917615867268032664250449760327056
677063447923272546998123382347073986548190824262215176580564087126
294146022944157343956263828114711184103052815139776863830925949536
986838792823414979676795978328175762722569280926762729249382515052
543023565641758024237783018462414037316971600776953917704141572694
424509180270279197132531197709528509644211743562111344921855974150
032173318353936450531168240895255587235567769996006616343536712044
309317889936143032231397631995458189928684518867601450287861640496
398963223855972809992096386436148344549679763000001571219016678958
532873131714919840092419208372795146560001206773851091034592704419
694212680681195271392464288810497541825594021297910937591101692390
069853775777767163863821080587976882080135042397487708543068726055
320741783682366614383153002846629168735503396010823170433260356560
191042264510014838571424642075476134679907200272224470135442571862
494405722039145666804170441307367856434040823544338248908532053415
835495729363648846856074162910291024752811252425885908480892477174
279600788489616038392188874479269061939407312580173081717410242049
456365203668146195951612511227851856945786551174739011405803057798
962782163205495167981968798388249901431886103830891963877654920002
632063832111334596193616997999130124415872697171199960826656432541
793002141813945563393428435223289809296149706117498821858294018580
212776972757986097746985149080429234314460689528594718186717952464
622737800306740792901093192340956819658744225724238751872561728304
183056957760016929963440755160347284570002754323604635866252025623
287544211550636984137598573479429611646107602736638127966068810154
695477049361611748018937258544250468359775911900615645465970759844
208506495886156746930271829910897905773480803714438535404301286706
918006561278739887080285560932432778704526963180630749004539508062
425104747501959374680511113695935810476155047639798261863444283373
558289993992111376465901179695374774273278019255259193534990721025
547252986196317690077796077523106975843992659953268590022575336114
822368985993335437197743430568638664914001070459083333443427405957
444998340552198395713577827633270675724605205663133633446692924800
001933623085032081553184949148033447389635479072834980413551405646
680327960702117858034437288502989844846632330433258895554029200096
315817631458034605722235955987140588509700475939759794103461258404
885254787999391484113796872899159120436277118581525608569404397101
114578849331313623408053537672714730560164745535460167066879779997
809966251034371928386327443336374892677656037020263475832139529536
566628505760345623761323609596659453821082320862926649394626674860
711177767854124224685632171096643202580065271002637085524318713472
325966685148202637413640271685816441332694061722131778405419185011
087952784470428608920403808370618655661058854743055927461303827029
439065037145643329779839782646882121344896779825574597463124704637
966782828140002708453888240106292126606906016373138249891678383465
739024421594110150473887201143623280464909599237215711011920065364
729154366878849017377610811577379797921407093339155405197487209290
433840677969386770493684262696314752386848130702024948053424876146
748587527928746491442468418361720462273201203383435399759594362354

7907030242857658560305483010847036891658615571111284744293718959 95
8876644182018425599625422458461819740785269992795926652989604506 92
7024261770575324165827737087918370706290597680471064709241130430 27
7812811549491819140176645855548796758427543069758893599287709702 60
4283353443252018463890947665291274877159444319942730949873494374 85
0145357087171243727474955590416899117521391309918673531210873862 51
7201382049651350511796527960739604183007547236265382874902697962 68
3417132719046331680836683466646429616778740430984768426561699851 24
4341044802843543746945573306218795025601656731983710510714676042 26
9948995401989443333940658488931628313529757885937032984944788516 71
6291920305474921264365226117615489601786271418144218263593589880 50
1674538947116832216625332626232806037918480042269406631041692014 59
7407452378775906058992685800894122313718759699517897546232806222 94
9962002452137826616808938019108557306014384730803461051147123589 46
9208953064644688349000762245429399189039422337172448402911240010 28
7308279693251904811327032204396188816221256771701491656952680557 63
3883975257551089710005422359181456334305690875650996507429883818 07
0477537721649535351393419694770420308765795760416010780580751142 45
3889388183203725094851810111542628545883776352059537786013576732 52
4495829652190195527331660193644996018068415899826600532391233931 50
6403014495594638560861861883024564263784342140732260666123958487 57
3472727238358655911599906539015459932015804587615337388331230331 17
4834769822876292202157069217153767258529916401868429795977101331 44
8115725807292776615923743706455225098107308233132604818769051888 38
1668647420343544741377332950307627839697464442701506107431465258 60
5465664375603193141530980759656494008957592901023787496747970385 97
1304617299364709911882337594028327297224547333665192763449521706 30
5380065935354434414664305270571625580183599139214700328679653064 79
0892817835646693687268114602619780391496524676323126824044581694 57
0951028157227077157423817999562005522808853013944564423819559528 58
6002071900950518519866764161959365051514932828103189025812467053 06
6783119746398189250102015126488662695728532619359367571810966747 31
3517158991266012004457928155779392590589948050106901123778633973 91
8423155298948373148318232096311984944523808189174897689029267685 75
7698928453326378697861483226433857783158370758326561051498160300 39
9210359051060521078492263002395063075657866242001227591956688887 04
8394985903763239603000246417503405861732547886141728067473937800 41
0097302414525000001488256299273558006847483322327953602489766732 52
4099388271541467224188102781480208548630579981455266865726091924 53
6720444712450981195528185009266542837944689365582494076819857992 23
0482733961420467584660495916852063577042088104608015750788496638 79
3568830501848216443312730615351825507488860871430004404047142842 24
9225411080721573957929407143998703956002011725270548134221678113 67
7303667641418644525690301041720968323818312337296276810048695703 97
0342598616162026571033778028738361834818066927937780334717519925 14
2720247947308759594490579745453203253252214991575071199553011188 37
1525343584806583301483051618256288042800056712238804822028233090 12
7626500279853167540269025072004787882118172285919974456085946305 95
4807213745531080523290932139754091349761753002727998896366798057 69
1989330776557066630976029942401850392561189377814293196964119075 55
8698091648921755712750004353550695878119726564940225410191863405 85
1652932659192339812646222625804752848616412422192425849852753625 0 20
1864440983991681532325801239027433170004157302834843846489472691 16
4778093396529963817614896793594731059466935168608430072590148061 77
6468014212158711599577453549091408934374639492427341238452586169 05
9243727630765343797017582852338533984276424858622498803997755077 46
5387523993838688574903189876768352316937493543112940827017016118 66

4361558920570813126468947903430123315768165120583433721980194222344
3068236014735404305913885951812127441784887927290202202832942933350
8796196272159940599142698441262653888339565715206351239954588823844
5374070270430321773123992726291107070562208930405644388736575809644
8665559421659246812662229242810998341245870779924446650112591816668
0289960025948063094464880845715290665082139778206152755644521372433
8126247579611445720423654076416371760243691697119182922751099049900
8363378796274782153898937790571079898325410163262926714431762387444
2013603427640593726722810000619425718772806607056549562656583654400
2481554252319335359831075925091386646533688304458652944240244181244
1461278800958128324385902554322188509669372449102521554438229254799
4112108432664424729855037151628029362469946768872154265767623014911
5625447181759430280795604048246389611473912440199550281782628852922
6534666115670676869994317156438956762152277126250798747416172364111
4451658482153940254558203675347347761569445291846971939814978601300
4981462300481984184969281363029300389667036245130062245454510090844
9447717525974265546800581046440293392876918195905929668268836775611
3922536061424073152744201158262561382036883502643110222625652034199
3245386450579977314673967242549645753595316201385589414278516118011
8500067664923288995388971642283871352531142146883351447940916498388
4560830928801390065130321093115082348657675051769173656590118216900
1138126425869129308117494302111978232230644581543091515493798241800
9292694901225815802671490849967163190350691695785947843362093672788
9062484236440503173235294376090510212835896933624091308778992017077
8112222893442345048723831493501501452419634515509172352334327944944
2568830675105513018164772931663895290317990217648822033129079342088
2746151227362719085887761456759815123197615291344367402647867671600
6295496822328234634319683270438901018409467013392894199078350542822
2143772703553333409247281277167123337944748656906339598045207729111
9091035556158024691138084799665731749666205671560485977427423197144
9699984506843153872064256587603181169084133817706639475988337829611
1859275845260724782102353562354757145246033326061605245138422772155
7272776497398395653342374636921236527537308826213777132108174099844
0157531453692544638531187926796048847949103511058205783008107500600
5454574948054701613244512497165304218041753212122646845356439931488
3768238875780938758520326808753213525690289144614698326358534742866
0312473614162764389088985940874026779572371288069023553404790316044
0847249352311644625720418878652722474748254095302792058087458122633
1068778714487586534758543478050822509733509366067407626711137275822
1697304755667430252150117136686345446077709647165618893036561139833
7040205025121993244967156218763899660577339675321382431318705969322
6129507043238547472811900460521943705529459103325321919534198466422
4785806926167971271234225621240569016619696299766422423040227186211
2046543547976597198136188485275562577337331424343569391503044382666
4427974084777020667959896506686382910473100606504798589472662781033
3837077493911888740462418343959051672434166891873803183385611096455
6754831949119653054760582069520597537377872799695599808113129969544
9065704515239906463748490332351313172006686313791825068691071649133
0744417746957422325226494978817531934833864141538616859890645581266
2511935652457295350667377283646402165452746663944318459742337144311
0536832507224850637843782481018646205715763218250621368485322551666
5213716821683266021054894550498775888759417225611700174416694084211
3912014017625671140599869234069598323361509718275598833878135330122
3925785764115895118619412808913923103122143521328944659066844104166
6289090881594983482886162614213379247506761179389018867329576496100
3014689500945823234932588518533026412820132652106736935963083400600
4162887837423100719365651370099284312699860074066865214429629597699

529562442458120539653907649066025082399862496813398905737187577653
222492068464291220817173847536470531189234830864306761762750586486
395325392366479006722091516851366061530471528626200245151686655869
409262887500512326555854875809928841720322652692408963764695366353
988260335023187374552324550534481296632650008199717512038938102593
408751235348251135833876385955762332144182185194655402936153657735
870806490412481832657068762097341858710971890983903253838964414619
002079909153679447297868068739799096685581136976527105306852761780
704453384329760291115302535494110656734565796696566342227958125168
149449917671641681405859986057429612106871506513492954023533414698
888745854916751826905488119989780106813690487546445618781451165656
439209614465930093888460450067242692308884765552856281691449351330
973263561243741032178597219758323771457577320284543806180465577977
228333452100321176702322921764336598655403582057797290582342455811
767051687288295245487923641844895287652251288504780876256704580800
128124403768740169492133580729273944815097991475771956187958927625
304861636685279130818910643891702877598156534125367023420036948765
213302726819535661864121520484910102077157520438747845000115226779
180806462411203454994099791680698751251371071979706939135926988334
647715203196211692853844269822229399696390779570564419150910649642
534648005979309285437859868138335627019476673806566168863522569031
398683773703876461221498299040683891564907937394647569594346885273
104505297128881877344261712253681873853989835057212317291990228892
822941309220510722399312847704960445227318014859480490431399326539
011567785052474478562056467025417060620740105574003957135307627781
411654226289793523479801139061485422660072956337749502599024322050
239059436358114171860538820929219616739906182969752193716941761092
892880399727314669825355257064199980789194083040373476323419041368
296793673266812180324168026867637370399939927249214143167315086206
113939067940571586911370830436327828189549001964237794729818838950
640329586934822656416997174543972044340916306835536971589544906509
692585004966627880481327076220932496975622262995556843822313587809
736559255053274116100175259139002138620408192359045336810200918062
087430471168715938968964627344160859576201067869232157862565475805
924057230642461348461056666720591839910801662847646604493692561632
292842598989132062181489781672174292437558768468572977848090098583
873426541504823610536662642270986496742069581943737483127158873147
438730029306145307178932491515693316720256510605614861383261586322
208463133843237816557321357786149649150772658412090818987835346156
227878918687448577397914857196534719837576592856961627163163259282
312421375627444611593449021938999165789549545050431636039711244789
565647209446395645706416438188982254378466730192673595001544067535
869756357414373856577991330753707973509501505605363767257454011336
523551035992234783634968042139594643226992641392842472180322116178
401867078540706756933355671587418020859055989426516029689577351911
575345303897096519339188004955832095327977857104845849942454971632
696321314377913167531064040774354357458578708047292118965960639840
098653359497734563534543168426169220611531549747361007728378723763
999118212607389100230294847591595042042587883179336459293892843750
348578140150511807807784272712193888556273728501254507808747672511
219820227034055479453949350266832476029835864155407528825463674244
448879065303852761745578388836806069336106397492588759329003721751
962383671436315412420772014479006093450515473264124317040294412634
127335418264414286326063935502267555273315542927746306215725643982
184898623806332849882994852927789416589724022896383358007876043385
586294377964186153641556834667085544148137551405968000805519442912
604919511819795655850287960618999041308002410801409425095255007771

837078490267428051692561908651657041608096312314296885435302000022
098033207827728903835987029224379076393962540937808240912792244650
910571142224351210395705217140640877114541848034701253935978159469
697729685142325084592060819383586826945714127778856075207421803245
158566972162540962553430479112609542356721974261948474304092343592
112056887046321275113353965168138290930809544424743185344199620794
904741471615695710369069887735746659546332344994176770372819847827
539748980084119557543320554382670142771729622531932905949705354774
519656657596403912087156610851755764123070285796624366588924119417
592272481632648223603280870640323525619455274403882898437276779573
090243841714810467786032963881215273447581499535407281505296990789
026283159186682628815645597660552743451915670753649441949915728338
050874794356361248898380768928646344173802976597654774302996113562
759950415214053690995595686707379947370046635978018203920830426133
017930626173032563866858951807474547800552444990010520714644572695
835563943715687401713440326850247964608901160768993769009877902127
923763118854939101151271099217731791043727934787350209719033381443
506292811200063574309681996861800402916808148548729329350819815252
487865984966786016219960471688643286705925686776536285347349827094
455529338847889785894236144131838283736124872609849746033589748075
887062998822824674580758241871530762683602008868319501106047525418
138896754218700664760965203014221422998660086618104585804631939053
322175953905294819157996262365429419922223719131075868499788561749
180070387745540935090856976068190272235184933384898947432770039787
443190363948126723155319053611742817328859666882869102058018959551
181593307745703036213715516034656256538735456669992797109197113285
965509237847859361765495135124460933965976216833780767206140320404
973034668142334085212044716416703988845353654854676386738017791483
806011046712297070009573137425632058615673110094464538233618562299
187450495979055742129001133908073125893852911320756090604259144457
024322601660331386104602702741275006013762446413788284999858852932
861987370836998139427937451776036562201233993748530215883683121826
543659646003762578130481308479707733109283293342781595338535892091
613539067953812095726363465711541488237297182588178863506712742252
568189618236000655724222444163665135420472318552146828124947107385 7
417673790272513696681022578033100692514810201830935501337530379488
449609894286768473294006617274146683872541287338646439360183393237
017558345219057758369758543015503206654714432023704656802566591834
494673881680141921331521305081529001356737390727489305639888982209
819520767783612186864706978961495020299627555551761993942506426603
737531895486276144582949525906513998191554088984654880813526035613
098904092139317668093703810075934875290063521107176832598207727335
467206753530672770716542354120230187627452394606860928951388781794
069612101655514882032297828415498720836694619437991333151660344160
735894537764169415000381671147492427356157723352856979100847208853
977709370251325837933893323942552626140653089742299700878129571532
771588700216813744883749364634902880911821278119434993697557237554
662744503618916798623067537532989155913744170123261450313758288808
184067607809027685573811138429407677458899932832108459815149507214
908584734701015587283868464320810436273650429983146546459396128593
044374052820108500778082724383362789329618466260035342120922509150
381405694376171631086284081486095972600826769583299565975703830111
850806724899870426493288522234975782217614253180110555924640028500
800831472256119194082339755515720314734449396520575719599562102853
534110934785495538515572016745410644290159552739575580777968850891
474726139432426677391304213545738527627679349614425626744739562394
167038672141611446271004860880441301278111969958954199777482545140

481869880815754022559304416321093263057913785636604916419621822219
335661904249909988019014026514773832836162355521661938981622335915
298331940331278197117310618122864552169304495815967203061744146325
594755534681201178099870565526660763664057792767542890732159793744
511084714254820280355357755333084772294467440878313822263534030872
185861667393749806910746809711095615906304001695409930790065784167
369299132574465092187785120800809873212773152277379434380470239774
011025529888119003271439010760833514557142550582599544174131001200
046664272236366504883421342903681012726609649366372529201920809270
886043187779779987392207839803207556582168743920952235697896362402
579549186988315443255286438154907626242131970196488909209364637756
408661012130246993795975639994392350514274583643842849403012520234
609743199747183454073230780242620322843139729279001797521274307639
109540232191450155758074477229367748824786379241573961127492224518
318793293999730978827785083714240159604325720266859506549179636860
605887994170806652277502001489953277310441496193088084071449874021
022410049380307889967413617524052936900175544607854015838187555914
219063238526380792185479622651806033157775484346133297580360484651
743948873984767552890735404167610493430886319459199359029237355714
308991044595110019215160594671905920154063474253922890007282317192
387080959383859553208257290115033269206350171654400468043310010438
008591069043193773163054052685899245118949889460825997703653699374
688899299287020723533152559941187895334275310690233073148945068332
5152394612774255805124938500755886866283769854819426494713708407
379410066314038845762579485884353982751757559297707372557110065341
693870130254973003089872427818818270562910485773846201093131714980
267752734942328398698797510420434489397521753938533186055172732797
188256760905505139603375557190541307334249721556392722618656933911
787860393499675544863057052331575020778072481587493275567794317635
301980921998615866170721892887918587714500885260665248930383295406
665921033065900402413579109128647861353490273018718902490482271431
143281463226586052309354419817320526231135532182886724211591076414
046147869672333742488023892729516864106141521969943538456353520367
941398464774830193047146745930469515704863475826789765444706293297
483263304307264483901878947414406271058121280479600260429778502522
374654625144427343156887049473264709546654437026734290866120532802
487138986882808798349439102173699009231024438149587479818768509101
113944794171759601496037678406281015898541765019369278195837504307
596414237022838578244936867866421040078193485912750347193598314469
643480102669187450877376072754156376441193379666163882328827862041
739512677356840769065103103729320626192342093582043501071090302150
259665714164925295890786175351734955783637901725309257862732391627
513267386851794764367654155530787780448158131109679158857800821208
629448273239760103324675205832212280510480176891803273981073371827
345943229284803674560090952595444024503261272919193290138764374457
968225403385339841839197850473684400117869801602488072881577905278
266437424299277077784539242245700449957136176247219707542241472262
299086221806355252557799512729650400720987974996785381858742051734
739097177279119932171296750278216902437495538129222474345758530650
267840149230297848852757970510524393282032352780963344896936056961
697544358837608620203346465940586455299664726895712057221739739536
055406101279363256838952352160018011998050530822656395605375960435
766360411398625038360451034629627841606289194646227553535433938823
197848073163598330631908740530160225053213317672241598113069032304
225754772537711495439807184064726777525224532322593441643798090662
247504435798436764287652833002953018920294697113194283276953564116
055353643705094450980842612339049179399223813242964588881654783854

5285012691974760333948220955311815136801221440025229935366439555773233119221233871734724394891298018716975602657615281040038178685613407455755316917099149418707373405400998500072160278126619794540335011572616778933214763212890404755828534748727923977233956730411356357880261508558976416000468972330470732348387793883137857830681035775913141515196536124024286942153672497961170741044279452867235677389374261342475186729365548111247250287907951791639089802084146510390022309746365346287184886692923760380302538430272483553157144478568778643232741052357857999855115235793688002299531324306551791874634201821119848855120120450396475250317686306480863497270511360466551718477269768627721058597390274066673257544998241730786235225028460425798906433852197587526164415798740901061586106943346276874917594857070399448547987822484745482129826057181565075513709789856010983165589031704182083680789911748476462485137135784858532573997024793532299678399460711146218796032740450552015417426472532451027071711495819930536110636045624686399213296237378973938269908269476194237323149174213482430840533916959713904951532504763973836445413014731492741052269028134519644467962445239294180088451480094316322018426059929353216202327989996714726620585727755318882394052383922190479136250902712655180709863447712118149153672942276368351729924626979350807158248979050557765793307851684827623233637715526243883436131495496098089994892091011166834557049512041593946406388354514371552789455595190684867767566977004647007408580065887533760242223750960849595339582024229417150408659285172289971213197066807961956137891422196493562955640404393133536485444808529388830399857073054123772081134087856313625121592669374182663374652426223614019095866742758720758239213276213903365476702909347995825193116597949572011697113117246971553132016011895454246431250907874939347654154846498033813271878072490770747606713769357484742996848439275878159542167622870903678567912162652800381105749694353271542303686347648256680124099273056833792622173744449974854734605772526464587978007468015820480094367009450893765771883362641458132655508853918314174085293124660403928008906381788117922414330553445942271246572512529825491436303658602508467218852980693961354458589243516737432684348405296221857080613849668141912807371568087540031505163104670563847359368254794397988780009807418957414945697382440895744866021361365977997980467841043070769539513180182963064129630703594720232742250663648485813404582696250194314540984078532516193537845235077475548208051780448133245208550955257150833553306608844107391235113738755224748686328214401428998232701723922793735400516897021119878192328152679814676271849697897105402326353039593764947227376785657673527429100981634672167432421077605029440225837638231507210364323398324364808480967451672986608859867791704186756121972014481294393354361498884990263710944114380395704101211246286784751012200967132639790390299100247159713012658947591476758937751637298079859917007623624851626000335688713700725606439163924691642285114886879206627208010939565905979068428167323634028608067933032413858991861692381692278610391927691039414095804358155943889039607030890700164176054626713391416850093238029424980484899662967556931252900959590864731473397849376302175773052170404532987749133235170190517257395696828978133224278921638056291877276976980751214877581477654912875033499446155745269039294855085082778759117427333002079220552015628393780402210737859354907577602881959578253919839038331256446409797485247546287220973663387871249453322397604213659129953244539834356893665635701913481364254002296629820346755422891293376311744278951905871081939917946206061975328533218036635745965588700945697742720928534844399544626368304029096488767828788249567932566476353595359129983439170018219

428902833443057356091330891534488378688709342769749353133248996021
489514731862555103554699450338226799714762763153779505602143117937
954610388288411288546015941232026990751936333862273838387530732320
409375176159600894402690283697278920345383398165805773795971151888
092315229687575219626639801411176696616826217331157090869142189915
619996783935256236995348154655105420248368301051376187410973429115
344846064285530159152722245149249423652963613686610040634316700588
831449477156503690011030996263953805483115333928226984843690575927
413638912475199161580278785078688376095591630087622987141508512425
611024600695352261602910048306570343974762611853507320622193118490
872277930986393306032282395345222058327398917122378663138924609802
127554629945861747292997367591175422249797279157781729861448939871
023458198210229637644852259729860046838236388929235048419613015418
352043605207525710304191208374459135556214301100090875057704778199
218801173189204209075410698275887280592700300294351516200822952072
016560544085812062209245857608698345041170236450815264247731181273
447034191508814863370995876137809885563585582849251392981727661095
196068604769815947253430076845077993959795266940140077158177994280
816013728233040885374898806633518193317434644340649966887926039899
054030314052185681278171248312367032558077157872126377512255155047
858808150876668264681122721296170019627876884837204430832803417994
698295653637715385271655386699269496043788613096161024183479854974
778306399126263816662325358304896552094824466784165875753364446229
917122688031529628275227889115122684659605130358530754546070869505
776680460583395967969030784588695603870528463022119500561091718390
764403277267896948461461739030775277422996819245539548974147149959
055521517536446909871062267833216742614427170958378652421585528103
397088682536844410425272078381127040569906732565083591810548190660
170919493036644454870445930172622208309724608400303658824955824306
051820180053212374743335488643321634017523569290464401867927076716
201280233837288772249135144580998138054960722768086534522249076585
273612634390598311176124858292187714662149716995579498005100113276
841003278674379037582327361092651130647891134536992537847056705807
369595241185034352266832833438936508204972153790417951501144472344
681256820743043666261465044676308210799079168619174746319754709765
169012266741358045624734455793139975178160036225209168314260652733
518368922636745367150895704311599730641017768880220464750819530885
452718848074066267975666472230859076296125080707155269455681235599
416391471423667363983766749700029646748043475955628858315331037185
218681956290157165804962316739436587246492040377545211734853722960
684057386259940431028958372388153855678444995036644839702552739337
749171772590347697572286429500128379509739923293854298479529866967
090640291130155636088166962959340834062285927474340449172589405499
013426852404209632040796677168198870606036376819706374323123079204
344448685917404318759403460002271800938140229775166270822258749390
587026794762467933050592321679701106952455620324521542881528912999
373538398537634694887401494200273543155352783052233456853845879124
403302291042503754761374782476507415093827773779413662266923010168
346047533845375798279823232902423714898612624515710649201567433299
641786158496440342908804281265688586369704209627597387758173812121
682166733996625510168976081292167872037276987731479914807889050376
973057151027812552016125614532916226213380200607647716303302842984
404222675054147056309978598701844761213546457559491569631240351341
140866288104485654520108519144819565548040025618807078115404018970
599802039095450765664340433762952552378185402255611733967300533288
860327768209226337153192307470868224913639866585914814912096086376
614869257715845091524306185732023514320716879614231590461317866185

602817203947567188505121896129169345922555900100096844890288451605
924701070917742072628611547414672490904784777968085791959017839948
967714632248266694372478281667093139663678002826115378418137865812
213285539914673708634780014328588569076826335720262695812238313289
079315737560448684499880665848999261893263189850319866366857105270
853695965795983883772886073631954384303715994798059149286359426704
767811136081584913356081384752086971024237575349134904910436385804
635600670395821869373521202732107631117033397129780216671955963308
211655613724366813950807721073928171755724844440077088997916120601
317795647954707118842794307794798674018710617398247695566791923388
979366139084557227070883869313078113524059840780212792052723159217
859442990008585013368743415574675212041072676586382113141397359200
949426662326246741159321907203330067578824890771866037211130945247
602453932326873779786353759805452410420871378796001567939923721769
730379579879344361432223551961774394982084896614600421989966009821
284184965188386269497118353558303964865565175701905648820894914591
792560941241754634285616567084171484368319935337280963945289338641
791467434790670766385984781284456399406064665106871368642426680483
648414703887221119326739171346137433549169202104504032443809087534
678331339593567673779823277955323196075701327610306417833695179249
970945686333278701540764728338027817918322270400200944701461017846
266516772797787755673903156784589830045000262999950300037844377099
879943381535449557439148526768042368397886930749313360607302841336
746693728997660748639405177748406922069701200579368997907041444387
660311489275311930135859419611334107157198691937220344839973937806
502812283824245052578720136619124217979502080425036586117273603719
538949954564134564455263130582033583975763046432460415254581720946
982802356324364017149486216597664952385606511314018096639479126279
101769458083032229223541247634060889059184149084212500580463318685
782777818854469736217648510535320127862201423668271548880203999246
778864772497497971166097419865168618268283332689287068017617954376
888590751773946927167975150713779548169906523855297010803903384717
953125851819282039213032678148067964986851945577502439231408476279
312705743097083495249388428300765717791679428085257178318831522037
507422949008462750888982394097980560912750502843993240809369604352
785946365577480737889131546380924957767650142737855344170774719156
994489947057362296183716187769183965865476294481048395709334297724
659639457639165424807676653366740527506767076765988220299812248069
605332898725998493463980927939289222787981730334209468893596860521
458216294063818874945228915938434298503200460525424728178137264258
804480418937730359355085489881399735260242208399818461539671183698
076705547050350898833385432138895875366433878304963959911783354855
071382750862309367661347549499046614108496031611368399181445185587
857202826346453407934250158951239194496459667805106072194415252785
314903007566896555137590640467657905962145386282624384935131546372
567117488916974623710204047888665833156596704350157245283560241362
552332067689004396507587487857834172868642504010957610883341962698
457623805138120237088904595643554121038077221901153137510016443900
369967895476335217928711913569088905031598428923080399383659293383
133347455864703038250819685042678593637513128863230781100992020659
117999401845328718524630417875467372290853954591124382197082132295
410859243053559323886536064379084021753432060932183855999237923319
507250398914494188389369983834586698236673136018052240772880503995
478739321837627241048854485186794747774808736990064478288811345013
911921303693780436819976842369495722356402001191479923826641970837
795274868403223460481349863713665222453979301512777272234596754689
884970472598454182937932254134777119349712328604051693912025225312

8526488795159969849642603615148236106899260619308411027405492925650
0249201805828968279590144481920848139949388621567222259694948561666
4791331853790981919105806963496420496802349178082174069314271440611
1206453391354424362523234265527030619748861651054683268263063155977
1233965696048888281346045328698787859539421299446378326801409914055
6548763574854741869795981282384690861421456838572308295651286207133
8868234255073386468387028755624074629346762147903776926640133346755
3617868052292871377068137427765119279147538184137431893632561898422
5950168663424901645408235018330599477378413875226355405208853643588
5519855349270988666979370891243796941538983928816792684373252601311
0921366837568299523505763079375837645417518432097376493447683489922
8834438271072222747488202215411029354422792185524604432405347830322
9956079948145295711453558725655787312906275597160475849047778742944
7862232232492910574622675568754295686560084648207328421249489831888
7010190418727652437208864119488519409469288518030184851534687927522
9429188190542922085754016195720533289613718728115044101911346409600
2033111868187711831953577610797923718771679000876727517123802080977
9135704277414973609226831143560576621319571048000756741949695574399
4795496953790093999990840434225025140348537578098387427168070654611
4945176697470090020098305915465299792065275027919592985747830319044
0877254387524923935282808349919308879813420693638998594646526189566
7893324181995283370882245590435301154692468701917681378791561268522
6948857656469713567315856043870370690443310957786922175507531962977
1479794796674724360883070274507365510196309946995135987243588486766
3858699749294496659374732550886786625722992535012112960175686906777
3238956011506621521168869391488016690437008812832571840723450728500
5110930992159732877233841999789412150316807027042751972130612059666
6969214207179347711761118120828715821238716794798146086324727794799
1998074334226081295863165296324835568105491588679674857318859527866
0504427044659389707390968052840298506298308662398014045017833016588
7876504152554884923754578203702168627148996488656933224422103440777
0122158892478704151366500309638594230528618991811519404943235243766
5268152427614154508267463702840221624301212322522382907077848759666
0106848866057327298165445747158115858475370251160632139271800818511
6170340249555588977499867295504177497241104870859730725527964507200
5253331715819411507403109603120536648132310758903566813539071334055
5510494126350565127507438759164095367609031191475509536721558549233
1143092330693543283090011803633227948025326601680799221141860042277
6548509781454293527915134130982535685754247574868766126842459903988
8894910736302625680669525277541943820789686305046418477215929093633
1275770821233820093357699610540014442157022932283902032454512115088
3141909482683788690098571975331065977845571196983854025896409129755
8202323809674314065541071779762148206600603723287750923448097104111
5030072436037838315756873763358175465349993607586165593468633857755
4132221279839768122575562637503108381959939553992848595837358067222
4044471635180153824191368264165610011177414554753238437967178325677
9163847622964008429889193021627671276169662582605872977338222963966
7855583995463911630179325172432684976006355692478576250349432502888
2986016078242144938402780575896792830534145813993634117905348937966
1784478334670570220681128095620571911508864161672526064635299236999
6281114504452105291007441706893930573387498138372706097805588752466
5620602170301702331128183291223047474128019665083168421162399620888
8599190859419986588252621076034699365272557818916471027444584394944
5611596922822769660827157239615990900620660623367728828962451661544
4512516297938267981789754424141235382840745094598883282737742334599
2924576282896188499864964698454915282555949784271924808429875453655
7261432391983451116836306213965725393202022836223898771099721699711

215950741211166957823676766201959774987157782465153410484535729394
201861521823577206760283040958789475806667495098952687680409064461
472092196515431462513775654934743341544648787553648847792346993944
370321721956183544848100395159347584598199681263435474827562400553
788435820866781515515185287090555350193476229271516703254334633315
343727646506836439409623560287277800479359959817041187155135822056
836268224350506603924653584451981695852847441402827323400576519329
214432813667031127185641912322041487809351099839257076310900395190
105064417786448001012728400175082103146742824595718576232447308806
037146774440844916904464795766778827794512442934063309142467386289
968890361842033265896190782651299149876294414967478179189614154080
228606043046539952139802625604351909281215285262219535594467077250
291271450912622422258116562707219304315310421422974639539538332539
888068978930234297831478537083099123042866875320796627903660631080
481130885805000603744216870296845514915705664113258516327232886786
504487112622350629241424443598961006878287684754905021623906139110
165343113926117089023667929991006579881853182326941870349121425730
191521347210842079451692246164949759613812290713024893916659601819
433170183343477635181324627820188637652192552631528700999830826288
181479565981430142116842299925240742553723561550051025190748431975
345359965779191624357061330280753400505195196295726689876951541833
792129180561662833709937825570943353122175346460934655349339329099
443131495166552086049654550483966966570847668207374109781407046411
213542160225629847756981718824418057021205840996366888653400115813
304415457655613591474361559333142575449394634144721429114694339985
611805031914523796153770549510077701225572691652511233455831339712
663439904347169879444525882284202884906419044089500630200918747652
626577850358394598758594814498584368924791189130977606518103603950
257675177218216736360771706160536134630937960526830771019011810070
900999378395912494989098177322274705429327277176294205986276837109
112370107130383144147827168054285576859920697465290032380928424798
920528004129435755190671681352843037407469994326641562071694770084
692561244827602667733032496781189846483907003261580798373021428461
171420934950087623088871668313504978095965446278561090678248711090
352771350307723824869030244076801836509721313047570689963049648490
483827838431826641892224028314219071673354596384137776950863591355
521730507003858666302480673387454384139590027556990792106969469714
653964816323178147692561515116231254779931416684011652306300596142
270254319082883889028359036923573882543688503911516809654104258554
876516505531113010609733685353152180197316234976332233683159810639
744319228561816478723751725799685360689397072236307650208028671993
174077173667949075915319615421740423466205426877401962398633091212
780387010053214607956454088031284214409721225291116556840756220782
672239571090540533457102489735098060788107918563089832915012791940
681373287441757824267788295844001426645609215400425348276761355296
739776530191073971287403917558969008000524603380089819964053337200
051032262307200878928587476872915861021342855902779720226029641850
720788708836974728571674703340383221057888334559227972027591247405
297944028956520033339194487277562120331656447985644524852737878489
092998840318560479130717801489981016172639751322558354215553768954
012556742071077989720799117020725539816423371765669159020472075151
362960591981733163477584625469188907028777317405274824328063060237
928775607852745916904723280115832131503704880637397362137946226322
674437864091718401398887477873026102261098249286957537818486860240
969183406102678746232838372342523321191693790859455021398766833318
422052279227598112905372857663970218684184207875217859346630060161
179683519740592512268041379041374363485123476768322972751709670325

8011624941347493099855280875512327451152011303145232359577295185559
634427948859243967550410693163939753653049485001498987409842029086
872810487121924916209072684408423534354585181793834475667720871293
393398756979693027440686250304150519431960705329637103504351525881
542991475075429622181134748397252364157409362772018823922347696338
125144939905507237640862560908148762130934968411604261008431518408
157128282654087282007704455805691855306432878671868938928908892643
233488667194119384183044314933775974578003056232643858026536551082
950511799683242294495716394553223737234594210875741872582753671657
545587379048896788297299014015913693539531939701079375114138286237
019759260818217492865955410808241409827528192038097854368604283868
792251057350706668797046037611954846579363249955025687674720210855
641471983663732573114536684865976681160118656334027948035464753917
078488248181192568733514137108047546445267057713373414712474826019
019387005830196293450312440585888644177350789995322204532021378767
991766314335042659860372050497575902120865908308269587907903877212
737333535306791383091829662934544197557578893510242655382134290249
600982338175956897955988458039046932282582584112451640262937792942
877242666458590721290571590683565381319301594333584570718737842473
132193037081729564126909424983246846490200159201414945091243226292
894052689238253820826090152509281928370128233461921425317297476850
896634056774045819082666625504141901108009820768286735344302745121
790259814895763076572868083516084071356243633083176698905137779019
592378414766030998442823009019050409925585011638208616436899607248
917958713372465972293664411775126127906909017231514717708237917863
398244162700449278207371734646513612061849655726921437400223480121
711529358476760241352449727492628261875885377342982123508862209422
820321569963889175103818148292945548040859603471796816604939865398
639804593319737332442053581552244193757131595746228205084050340737
759748116162169490693308629821170532616320692263156178990056941183
240661268558269279376334021162201337000684369271395062965542745938
936704095620537030854086050191643239082441723154771262033992609724
368005981592804064900463214910884243006699491096565032088792480115
309017259355541883365182621442428240098358127839852943085471692963
219991052441828637066199069551101650112030728771908738942692691532
839464581873699544232387527416615717286062497875695195001262836827
666487650922468321211821735369294726360537666261378356735288769797
484103377107313547043471946488908808333847577987494846430487838483
032869079184168419247875864178845281337051267820141257491899491103
569585850489040369956667081480291729953976081721695168860875832936
823744251357359765607926745781537407013557746518031795159578991561
726338427550017768942502135067102937906782220801913805852457306822
076748369664072957440320897277868474953581533651295538208179575756
404592531435644184843788056525781335394014743781572109069756930266
797463661304971288438985386817946674549192129335410059238904426320
220740459339558431342919309028638818700969931795666829073067279669
689055046908570384005570201114404436783843061793320681429207672433
610723690145292577835916303015133134529953935598395135977460193994
319569791063197338290086042245838769679937099406618479673157794325
986173983219181085113286158167827282563858237239395543172164902537
575527807714582450456832098065901492082255395283492045560173961326
243020901474380011795469344630777932988041719232236414476479705860
596027786206238556954798321268974535782507600572698439899875580830
303028217824951078969519945210477985538930638544927905007520565854
004604218934508393088547794995450948701194414500012339892705241323
132426159818526424544305945082859047681725850020919375430813108825
428179332290352605739131360188692605315058464947078850337867700247

866659354581164887805238659515978284448436602326662232356666142810
200663351563455876785538180399826224834791672456704927137033793953
462002066447096356070292623402280797588531252772691528772965218466
220940750822332635035704091248875908721575689264910735434385592407
378290423811015586629449153536460083475126972970947550849675168074
827169987280899591142039768363704627903296365875774830104854030909
743323117068108813249229322506847642092368876141645163395226427992
505201846349965473633283638029284806019943612805478158768054083650
405857293214371283810572064306282421751180452589420898299160092704
650393372512205523179386114995098763164650700553980560133757081330
980886059772167427433961505494290421134860573366908865147798364102
536429697963262348862694390111321014799718271629882345328848201975
790234393634916228444043135213442202663687628486067470146617548893
223326008708420530440218219718614111949117685381370192085288121633
997690449471180014340556044667590126741760285057855077792319585898
395570257251136885536187344188613764281569011094290977551064918932
984599502254334019534976294959280758499020464104303618048055284659
896672581235409795023069021773691193055266957305330452102805753991
571252462734549227510985275436080964544266833909479039246517990972
580513352892803801917060560046442029346448396371576179599764038999
381515068911656760584102104109472213735092365754556406426175323418
968470052027019872136453307633876513714341439281853058107864024330
702096341159454215567979296527356164333363748973428204518379930955
689890760732462130714155751225791208355344299517846578973719831994
270576229495789753016148625121337978342809318112016980206619731679
826769276754457643579704729621513149402422918046294610652158150456
893959558595805205008932428284315475175647273386225339102736328235
680922746639048322402370649970820201599601758543314199383458167807
372123988216425959285270841354942372795889289477922808783758715419
699175140625803158910544324591839885041001184259389635856266737487
185643010842152522899610367166160731780581853674255301688536192193
857386129988545747241507861314489325785241461966104063621851302946
240617672425385099405761345493231904200234369889940748397227118408
320564227344130621739730334233592868493981363889687300875819796338
765966992236767777025379059169819358446063728131958901816071540527
967637112514789825692951449963715016424077028089602481412192479771
552453245196578779266330518245804073493457226856494556191288625171
804639664644333479149197114419915450058585286772430363091486667372
142284678212273060288704286876614026454976469028161704524338190333
704645829472210896383059411793086424428725659609739029994437976660
903970861035310611944239436331431451840607470634546952726308003002
182268881851919025038520954188597854599380563576921396295866292396
118345594324557530138022708387488930642242047092524516192269659541
253814211916254122072106127304004274419071307929536681956667085273
496820186631490183366920513441996485228583974530923342586039240934
455339853200854651736310543000602090287024060654994153294514675204
673967801926899869239851546433535561884439802585678213684418255052
087829399668086470815349898224370281923538157782855597574834071768
041706610504219916605999784094770247588579907473024379558142237283
767987663875336361814727433479063811635903711539348885110924588031
251695320729450822525750190240837194015857398511046907575167270334
962110256466386115629374850644047683438265538126091150275499937499
801451266121437891528152854490206711244852277237839287968471260766
861572606978693788704143542471817405303535213682508563882484763433
968376599214139431100937404993008662335984063684464937104652797333
697614564473515960314400994346720592375789125342116300727970601060
041477760187102013943683762696323875931560654432127444839024632786

313721787837472391336372701013336419043129305840040637167803166504
860385466976483113741607180659016932378967817662231635368806953431
067077304006060053689844685965283879729696341296089711126236819829
427559708280382388935107772580167359480800261877922546567820602996
838055690187730624263162240351442855583000245132858040057251345935
550951634208827400229221122437216253454304797888746480396621427557
880356747838431858842802645111247662094173512935128894776858751299
448704090706398072293125439190869725001969426856974770770761877901
965106445157846402036280906325395911722218833884394375532339923406
826743370636065681057088645501763387029053560517709893893012974399
783828767904193594161429598001840408124333922433442594804014310102
632653749541083576750784342172691037193278039580513969555922781646
068623625197505954743375563621965888382892088635964299990372417141
437851294151386084757306301579495078284040349473613267999971019296
442134861198100364307152665589877677337567505877237906926478447892
956296620863965725597492279738632099303006513863807920274680974362
073544164276875711076787595667795818233852390180409380300703622968
340290592311856815710923067349790123215445158283569451908073115728
198380369522890918961689640022044211716187375134453500539797808308
574827480209429644602480969803187982408153140684988157626462610260
127669228210765719020209099844605457821988755297757792805437626364
207458226105968732179700086123861873493115852327173759598036793644
121622085253155095865911622110915386954035363885007215906587004834
433850753756434849513727102313250635885112347258785334375010369152
209261927994430146344645595368408909358942755039698467169357280007
620537032722320376102406288976896387694938564544086458541779102215
116129134462902994295619976745322952064333197249448908348303724257
568707481557785639823026981000693202211359251704810126194590622812
109827135240719938520293137070426907579478259275583477934967624233
310983376833460658609439508910499812940089274168133329282737362484
326253790880727679340196923763661171844163365231643648365520553805
385675804320707534233834592767993419637869868615929577966371810574
989588659126846097265529988028759473926419404563821859682400492054
451391609418338321827990081097474148605668868355553596356859671278
546803394513654000237325052997535292060482563566622664921947858437
866786859477362580932046811402915547573835680864625950695357195105
575374362390983411932434096610042539359351179302724779778104149322
855224036919815367212108471707934051583291874597438844304184004124
747860938688924868658936831846504591446987546879297361152839771696
620278587495634438963030956315203832742368290499570528778594973244
229358667178892725064022813421219636928761101632975328552681733201
139876437508010341299339323535702450374673062938487906655522090533
952090144902786934140902210290465259566074785799775057974027591535
432898878532843228735059743108326032344400466898385822835393199992
740091202921430435321611273094571224850654648884120776056958387605
147016098891412516764188240909837148649690826758136655260927588976
137565530520157909832172671201088075930181650032099773736336638698
170541859912567342415933730695868936151725004614941184504712834286
343348294895390065998249181106889543318591685596310734522585879908
307240337650401980884032752540743805021576682758865222650350901658
068335791197248632242571571232306415383419061689054984085026872493
210678499853242266319407188114425865924027247727974623705823827643
240108606673806354823800703484889239322242696909104810499096219750
723193037453709161507122306544137688992397361651423557031512388868
776750030403685640444769251755772250549870964903429011612269163562
041020770907402515058057058507509401803190592907565825889958024756
418603134181993695526754110422405717853353284290048553252558110681

7131029147282194894641528546013004472433128480821674705269898805190
0333820769137683481110235203300553349115028136850779307042173096648
0130429662272865054068655324634369599645705722386013637067268967224
0974094212715755203888098337005602479864873644875052503573323300450
6942573704605229676559740314098731027836318620390913516861308702230
3336452147900007944297675590712106521396542545939640872290934816666
3137328514947427501694930495316487029044642048789031976014171513352
5546862646759935757670040055439818051148674192929895997731246778863
7628434006394763050107538372461040643150528764498661660970862791191
7717036949230710720955134004066804444923066959080565676453444873336
6458312883482640983561827010411435780020503950673456049481924507722
7734077869052799761532604130541035994910392634221421969460032499881
2198348429711320517745672801514387771849339351235174901229896238841
0717774900065695210334507444168324517805990595763870490844975796699
8436027763248126226839092668600263310849223620650347057993429336683
1238542863633590239512928856166375409080311085468301393866162378829
9296419293592717301523401442989033666825873511779074381604656569887
0983369596376297165634785517090293410234290587173092004146818557785
4227197503240140063287014264106804310934322336523150448120634953328
6374043917728994185369310427283678570511305941761201193205057755539
0628786137179294077165669030942763699071550440087075072179588137780
0114076745911857264437936630731522027416030327275181043340793553398
7890424393659294940493071229077598929025778793898083570321048806659
9160934674415844445257762335392087901408554824062846590606836137773
6327068060659180153774056812615556774406395454261122138901109364499
0004162674231793020609217810743907109711169345716758918532768721150
1998209608045727890476639126926661149382985544115782417130859781185
2679934088990613071963764266881133725660542822981951734083394008803
9830064088879972239554137690654006763104369507283056583744372677742
9521157826530412848982789843318188803106413580861228428022374428875
7549794838021660157482459497968355104815065807650413553158533020069
7245658768048822749503142484464037689364761763800948449763634900059
1476347810411644453328974593248357002055463395060376521261873931164
7052649784971651396500942107562309776859954560162714165624682140093
9603140574237694974469156905588150719706788490125628579181688025589
7289799974298833183210970327920806136096052303273484319186009150025
0032634832867474399332628630584219405079618821066934699665042805540
8594630354474343122103521058504530042228420177714557243723819444430
9443023681839467593776543224532667257959364357559760515553745824450
0680267236913487569339016208036582027815733517432177309633888888932
2995272884742869334199477608204811172091003959259269682775720822074
6302345741732418237191115919739031014015843126394518694819768077750
2837859867015597602994419046293734183971628234018047759051757370665
4528591858148305327080457688720144123978748536990902182935948343375
8200622667473523197835664141613923272308495542457064065672544154499
7788425749211250649615763473048888048436346221717426137467663804408
7226210817209265907622175785702808778355300392529390653782082986636
2915628599644787618111798886865686158862234045040231469055336692272
2635604419543356291057367401312356198733095517917543832204183691103
9691310786696728807626618113150654319998722861349745565617734111101
3421914649447000540198954842941320881893013158350137307276704843331
9596739517394941172835544003305193367833968260469969384215681758826
0491680352390468042222145064215923357976698824161254573304470079900
5479053492071675817921193861105992599425124642803016077960672294450
7482403626932701862562430772770824467647665710714437858940196386628
8155434371512115962068992880974495609069118569355536440615041009991
5444115058884303417230111023389409614266620172859782436443732899972

115305280836498151474628893276875242796497165589407236789959203636
259665545731397077893999477778538853201860293921287380459605032361
695880792742793901616060372241916817174883003503995677672114448574
306173079577474832819208627209191043350317930647731087350741329920
665597552750580577674212046446453356210996731051553636684521243395
615383296076720956916120255218122915167767079536468155199327524665
176675900600107752259289030352484215625076879125818630754736841919
895262622769012961640264985742260499019301165520155222050497115561
401982166951734618669074197820275504434033462447816601899573417437
128109829380747820969370581044846288308666534965833584684286610653
179362196705030861368599333250726985681855136604728264260889302593
221624277199887245480322399407230041640982934583379818021196238613
750358804252795358295915699813003923816432501771411408286212508736
462302393968396594689254330722344937247926891079009967134861475825
243216319340379902567088391714312027326072519333341783962284759347
044420986317044629854383593645320754535858353839343881623917942627
757686108258696205582891391987872746209259310391816239664011236713
140239896453463235588970818932460414267043942628122503962011359678
834227709035243869431641267443246781131457139227894195268738212774
508852538273873263952454350192101241786819659125029975909051405336
611717480505261729617284760432541190278891923297427544507006093138
035438816657884284640843110368721453128760003659379159867496296482
627618559352932788161367312074691499588577913330591154510640387463
884053520363909965802865691289991352862666860844024312189748483692
771632739500300535408625838547618998035045171892193806282682071957
685552656781506027231459780471238318685439575171148154138520052707
649649817705741795220277914820266600917232973574449099112838091216
309215785483182089989872182541661435738608162310606243240022842725
576140959286403225009185752335402520948447086814459961507703825930
099355621991052447336875301506231161256072175842061273732053315109
531996446082977009653732453048511262714032547354529845772595233958
295457001937421416780228635754693261090135843654085993874015565559
762829602190806934336198301366780188407166280043283845843356203870
088475512177592186226450917108295456350573311467302960061857142096
501395633015523904599051814396749129538187275249416816117760677094
864016600156604069685590682925800372407982859834322321714424275829
915799180367445742747294715570091827906500944479876501711016594027
272386800788418914825243132433161269515378643527628068954560562905
410568746237826379248978408774037396046500862383805173998763116095
352779817145017499232441356369513153216001974445581374123970594907
949167638074671275263680246098493903409828389570761711409348146239
326199747587913188539714047884077440970787443437378689504461360479
485462851993243023069905175133891387748813519252969573671832770310
429631479222235340458057958811023356358926292143396418492185400627
374624838234057718976904992408882100368842073377071756828708458875
358157331334522055678198156431131839024901436887936523301226765761
580738768989757738798428995567600510322814205718005851105750156079
441801945211157355662300811417662359712057294867141565910360406746
986740879459374969341994614306567435293185826495776133794821752160
811873763379234991845938135780883936530693442030296631570180234622
290172640467845859433769261461976867022527454039715254687334154609
046056962286497943548491535954305054868506936795479977105897822104
786045576949018993123231617720882512449831264998045236723267252573
630424840786799212494380157337186345507735989900075896568986051254
212796668416917324367427969775259836382330225529311075533173461322
769316098149674084412491763468217861095902532607683769824254670323
718359513574979680426600217765650442210016068060624598679590771366

493744718722426923892123905667039887784410095757591314546407646117
063725382998476151005386821464376842405354103859143473559640771893
242568618820731094521694171373752333057952783168783393477100763371
050131090006924812864784081141013036611153387537670595444956319096
268903570950642029411840761712195603845519916848404150658580269242
621662886743436478336203045525700730809724159142997929071586327064
146073790815663743571403872986044458786199016283190986910310742906
674541776681773003964335969345191030552978474145795597834106555164
631679986840878498641348055271358045723591156179643515275882013283
205656718162222559602727519492873320961980663143420367614558167208
466394854412798886761950501452437423364286895340884669146469401195
870828255653421009417809993101753556703599588396452216495713851771
012162807238793141504018162688013267706068648891388902032618340947
238810370128732271585340094885611870923868916932761267477320397372
620370101328845009656575025715988010684905667815334517270419591172
050040030834294377768572846335426271916965028565546800686100633925
426070851787254317820982670119634220596907806517230155197517770929
477259075501514591579307774661432698515151087159982405266527742050
342787503240782703543693932757792956247243450298956311540645939942
786328330703037237522089393669486391666511451507619345486969973791
760861311654961778807584355605365266635040498508557772880496929737
633971306639787965977336877965219021466919379872287774355867290881
519578758795627246651096182078411504327967296078988149106269128855
996048805646298155158226069377986029977566690257973789197890645450
513388436599472067242349513790751304012450968483090201272918024780
975600970801269910275549159704709403526059782075541769102197223657
335049408616087286602337455179615615255659754724035202933742228861
020174873957656865564223079077975300147331770888541542579180726347
572787556471935721349105328699348156406904401274999641235370405401
932594298225936227424283423360595328987655105878908601026656688087
864720572779011587784376098632535896630458057029392562746280873026
405763697720286623307690652226939824726118399289839192363450734042
832340566485066723982604121636119944554537305816460158704460617211
745809581886799445396350451948809944598254669415584149644369497817
821338402903340625504428292255583581554720789000408019830278579342
948846830715467683793839571063363101406438881294251779223518959521
649514582295437825128031952144699785045534690401843111166721049039
698932554580343726640738599338495598716423997232007987681849490555
306485295167438083810670078332523203045366302223690591156744607060
509664738153452402898617071162714696860784893731345440647347085743
240346797698983374120195646399472924715485414628826349030410504507
344774287681527851010152694271596529002309117668109815151126079080
798774759222203587835089759076013477512074151821291720505066468755
601451436137343870248951999039575599702804710874637256033469356493
096392912107082109239666487031786246556397937647554291674676489055
393022111603860298469334524141006266257048022798244077142040952333
192599436064957028216898782221500874588068678090003130489771544984
618150554613132147677184200145753351021525233700266699133680950686
488147083504846215783153958469209297492239848283311172340223921565
399417611244721122049700955965727652528282047382584725680161071925
225758640551291607129581925794939388824790782490443412878325814780
311984093377964506089984806313898674947989526973502188194198312577
133329104925777569201959623817119132299977418451539794362122113657
345038466448056152836103283616987846719261633681325204759412764502
387384150501476541595157416534669326024677947936605703238587422999
370101374521157724751246120778255266508695501379079368238534726197
800381390024996222178873778562872642965108300568604257655917641871

109118325438001010387866750469693570961077612458455955774638013769
082516652840951052091064054179519074527285878888699660889371510881
310436568791921054328432767196988403586325380791119306423368392919
356997726711711357399107902079236274267673852012234487017043393950
545533081226096442434985523718970313585796908958529454896973099289
873645570360946091758026556570618557533548120187846129539822791899
368873522404845269021635729040373561514771161178368121066119200571
712342851956580688463006885614162302227829081584074735079886623760
950533725648439572459428685531798124273856197270634477457909168864
923519855908584511350648117538757384965648443621489145268973337193
062639033651471736894327982560986413717284216267587662316555546388
212096735436092240061289818207079882125885053016504506901794921143
336652413443539500441768502461517953932544522169226852150894248462
229802983305377138832268719248593571186619186164273287343415611828
719172310241645021132321437152618507667223973072998197478405139524
430047291251287145409584946209211019991880080023013572671550125000
586958949801769192465219752977874218277911875405336772280881609268
332133069823098026741233920163300199040531272549894413827730175071
133849399764071782227799798944319650089518306768412145423181071667
715656259135782032200888747579963979027149567938664808085768880867
245624296652896977961565205421976664575458754339532551078824521836
281953366573142015873776345174586887197107600619908256123727549289
048823829005874915338788397368818763320481156887456646470732896813
548303176991953240017582176951381284041830860382407825510823925176
088174256861874394735757563374918962109716172905207419574730821756
240075128593414741024748359761715718774418167614674759120216685926
798790867872765508534147161116974800744861079754414949418100332081
949391370277361829819743713971332648548377997388167577225947653249
844885201769198666714819046998990634447860406540056423079253792656
942244865783476985403241859818772123657604071194284460916208610280
760942138491382151182919320701527497243735021850557659851419779889
144787953809113157134269122825379717320567743993906664508881994645
426633453637302689196629189482786665187014108980975007450308476293
101044625712506828572842353650087414196399165386840629642233568655
669367922213428255244752787560873158897032060146367823384286068277
363548711800037667926225291960989121013672279867492286963061911528
420764579340105253267732203073505490975150141706390782987510367334
714766154315699154687823355659660693100109876146802883233353405014
099808757298358397011279704881638416507546730623531550163925529035
717956685392161875059877171539275871091985814580210163859338522716
005129094811968412533767966342711481616624287407051644982975161117
369322034930136848696569529627759741594595474134525130134646245195
633909778903795467256956595489428543259703150808997047817245218939
502209418680858281085746862677723805346049546732175713732498807818
090307112450512639912073156792302606268092149274498414174414543196
178002469754102337911254407161717098084114701775283929449237028472
456274248591697184864022159158362024717892532833242609297452363297
241012459442879145536452526583977733982059787844679341420585486221
217085443970562145499864014425017172837569780338816516359552750554
038406256130692824777277352171560423827727581643617790937287493840
969326680780470093950816594083301829527334937557734432034406540853
812260750831713467315110191397553452533987612323472329459213529831
432746173192776955043719122045222395896789896586342824023073702444
212820930498157928520539625308532596191003663435324121923727891002
433772970996119629674283409552064272778161603909085597144710521917
926698396371695460326294333381842043947035170956981277658964341011
071345768408621915732465540451239779947581334792102381897520405903

110622911319150822221566802887858789802402281034758612567051677265
976869922098421074449742997482558867205354849708630837532552360467
069482618297787707985635918165768076689698429128638759312220542383
121894594499049018777678781359593296405729186356838704899519797812
310575544660868194679529506337495367127297628665290271655057708287
271948877577771551253287467313316692526627915363764964540918231757
436844813868614179814780855371642900091700937502740280029394267654
467737230553521625281445521651434495189135400513027532214646134463
332310642234820478991123299954115622368215617100383469819315306193
744779948397736176715435654964954607719053957055985033257880947714
972811115522489633481100489035585704652801152119673368097274186016
174676292369823295737530684322014108846976684129498977535442183853
820294627141844650241509372485652010116580044407654070489413216163
298797756679267567954490817046569930293620582917718626831492213259
097290231273819359734118327390332678480601880904067171453169774524
861182105998676621858399675511454709586122121943986708394253888548
007307196559919949765793550711369159360904225054927480544062406935
422470761351508868128974367613810566245729320596267531392428943632
561810376229985889329351078999900055751659317795971225511652743507
018716101155179447830100464678884086121956095808028610436542880499
678663112763880327150910574380501000028548769907797350952723472073
770237794561306542649914774347149553377490536467254156981330008315
442512384384213758004347952900372149207412457577589297613038064462
713667001538432038668000583531789737120300666367016737152128520177
654724616855714204565175197232117832433534096889759038575079288585
415918122925624805145690407933401279541600743918375315893899882602
122423415834393617719001014784499153839596336797654875843718807451
610247254319062660892000579306422520789710235806219463599546407253
149158596821482648819221274534389035775023632895630211707943327706
893581189727016016567082836585159703906980376946183517842515134188
455461858036095104882770703139049546680658666805382589982738230603
261047733294929611977594630539737366240100402734974691107426047171
879230223457075279200989084480949658142761080506452067053880444830
401939825063543428853228771241398506294798588530703801088354296190
954799800051029545604188196326338766177401989080671863013798066373
926664477513460089979800655916985170575547326303245378476942769743
317289405718141441339158300029012796264875203559837789902495695007
237462161581380776672656624501042773619405975415916916339294606089
315372162976263750869590401626141515796163354187025388514701708318
788860196872016575933904934131110569909892711409946617463458630777
628159433420429264558473601072958817864191016254527695539135050683
355486714546464134249755112494113274955444125245314356273687278682
828266697821337737940728826115755308753354125772169664682455325088
834556868363248868553991166992075597036789180826858240250463648605
327361258689167713610560547364496988124117634147144031652509819321
702683593026836075763540557548547768947343305666847303686509870252
325338301428308113371994644324594145820020410336471357277827024515
620150194528715077940562648615054731195902149665825734849489084901
520291432082365353992024699902781857010022234036671366384568352112
133459703188593357878044840075412221942004045839453099373920383457
846278627405448166649519771111420353500418102055516070129484059081
145713448387570968049668662032464595479471738782114402775451741427
323450873545460601536053251446149827979002078873944320228890640543
861787998414159430284306481419177786302472540417301110611280401394
026761232022682891201823945435041204765368429409302360746343775959
543062071677851994172720798668509162669377290423836064882361335362
984170731831424526676347691655659405764938438777672459123427735065

219665093514438849538204094037769637372036550966431612086640654865
631077436473488550831529671915158875701549033004503533772960309810
967020882903486336009006490166889022545601123626580120054117878429
622870039857186695862512991888932989128222619057999457362539707649
105783590858229469846923538741682374290206144217739228938823838447
509103930838142643580012065291271227337727974025967929419714784709
868638810175550460014910948168010475796268881262883036846488692326
079877310761418659657126240206733697985364971702929840151520925264
203165391246954248583000476753895256455458119467478247049471185699
920313481661674627017333067483565021337043173873229792665000191926
983472736568959750195330016456905578322966488838432545758302292493
466371818266667812465595141120905954715429610421059148277694948541
103267880302982493665634594597231045905989621915763696923688324923
570761705590101479816616629243212964050832916920924762275998100936
604070867755406473381972869982126869469318585146573551053581445998
838537952541841945513132967754738573945160249159856277439256740227
477092398660773170081723920000863957054359546360199931183742801350
021591539061970841740910774248063755896166688108931839777710945770
699488571200014551654541994660012676051100366838504595329022429545
142792388267097259624347225901288160931427549271539355454209310916
857700928019498887632628682484879232366228759907152769399293368537
719116771263309077190380230372307765567823022077856537171343087795
162912042515928926579146246326540090158181864503132774958158988967
128425649708824355646611827465368470785070801669422480397072596194
339469062838045119940795002825929084810669904737307689899889184717
095774417740444116504156971139608164600138080233089961768098108838
456537558404101260020432805276706244899346265231068609669930767191
967349248804953760080606605730264807525623807379418290787123167837
210437431196734887063825037941767123890606007958859113628689886595
758062421031577184652353561339630023458754840908239265328359034115
396352360516498756168982068543089557777819109419749858979131413862
700132769026469400097434638285834018361953085317967077345368161406
102784361630188410161289335538169572817916970845407036691988610224
714360331178130220826073858740035874270571906222292854789022289593
404992104264751972907069729182671285834099840569673948586859151121
893227113455988420332860803962641875024593987971988843320988744935
439088266372792919256343377640912152634305802619328983034999799028
075425291425494860027882102957948051357591644774811442147397993650
635523701081403416534126178241830381283060469172501430569604446684
254791043955500786265815326988245306683691258930624076161656691621
974635054966542065279279861462977340109728840687343394452994601689
562240868116353416564308104161025276184922932709609030444685764643
141422019032872848884389201647020161926847092030965765596796087657
012636130780121054490399070231783972286472710679929445247212629863
443448787312631526007012133946351432548236045600521627607188494221
161296386478452591836147195151481156684207364094194108334044826152
121073683104731705416446293133536379441684009494150395843099928226
418714307152321786471965425413627034073389894852033000709734579773
935962428606036845583689072493136781711888473594514146269408198542
783116667919792907048061768588749212318175661155035808052670573855
583635415428558386607319600037159182788130815206238906780390693192
083867771667754367122497312759965346030225692016411848401940984571
452934795127693274352831342160266461849110457145369227665209063793
323031329234833292760194600173169710492712704182094478866312717266
564835586113717059996961954426903881802236745203196934099255245334
601731553715860332939345091196613709613495231441146189886223081752
123059733021751647798014367366977990446429125156946600870775910457

293185710671254092396007766693952241876779925610344123902145895050
561828305849702070607842015480637321285173272752972481500166211683
729655238801001245714841071644582799834594410098482841532862672758
943354946150019687611536789276202997408191242677637622762838738729
879929977490745125786526155931963458000541104635485053599250522314
223115986065778288126128709827087018618436499314069231365710403479
228749234241086813960730463334042451294454871652618314997197640774
392422150824887492154428161296833029579891040326695367105006375047
674984710626224652793498095071053568501701302438826655359154236201
582413341435065024754953241143828585729766071508813570397389416705
445453560199896606366631978691005810636852563927642185058819930131
435816525019993932605475720531978155513561873420066948502518519429
235855473674788510821139604260120770069739212225875509497697644083
679302068708202590678805240667567139880338277313252219016162087750
705878103751342528825079309456229280715829897115619826674492237577
068092680495711958029363758025371726707921937345122874583038214895
101620228174502448675188548738419923761273908503067423784282638081
575965789192426409871727404597394092602744044778426153981784053004
146836263160184452560442490923852783784634728554650236663950528121
976325518221518433621424748790831260653625583580322531733595581422
231172832240632569312207864821663164132975632797071376002957621843
737818371834130798295304757263218379469149678922812943768716269307
903059846589894572406222851810586973801824729545710908982187176975
051478546754605259469286976172435304385588319088802007789178060648
635514865648298924671209282496285765751578291894206265655793046512
687175037190576747954241547922797624159798011732770913453821132339
299711165372965431633140090122925354734141472577012231520131170712
250462199774531635678876846465957736168073455777236930214519487149
182033729895097501281229551430471386780857310758875747760654046049
718174644102190341965456991231310121450603468940005152670120739036
237665917462472277744402539553071236963070697300527958400099642278
346526754929737963337723031815027772989253841146252709705396111478
411903399388748537512154516853134661632965308245629084518709740971
472816494471484181446485748805313639993290135335551423360387526956
545645727981509708443265529041526239343130952064708559533128808613
747707717579185683840103047330433718940780908230287146476802370501
183026807740321066660171277075331919536520264030238900263077726822
089119640209910147675214497611102971875402029049174494129859172147
901423527721122546598581460069720543712223116877300568717994083008
158536335186030996280031164986459031939479543982340314733951294227
036185791663787410527806897214277576412526408422924503758063227919
097378522158277508050300367909419568171736683971500184238169491659
254768883687731099142523092543991747548155422183206788890732147835
887079193987830878882055867759324669876060228373434459223930651600
528567427842243886535027549554335153487503399685971775104271414899
315495380616286077585502768732963484491564326985274979204426057529
641751633473844048671385828900890015281063540744190174170654134357
038420436264230428948684299365685766532479085406375173836608684424
282645175483795284515474879375047550252651125541590766356258396425
445041723503753274515765001299181347336120222848017260266250611275
300333931908185608781054176872738928131710661100204926050640672957
164411629054644757488872428053892009528519451870907646171088093956
245622549621734639630382317131804595013647108802528300611883276091
398265091231740152340438799719409611713563014974025361782023187532
009497485267094325893450274342325372184458823578117780076471568046
276734800581769097737536667163392820567565494693508242590756603150
186907560267271366546396547573460282218341637878215693245909877840

415085430184497350225921353260932959265275754323376724662587641521
342093250088032637566826011170098781092996196605310974811210582799
723523848696027811484291332166869447639353305896577233699467432487
820254800517931559790082358603965364928163940865126660292495079833
242121773832459462778839301315786556809348890519770629300222914628
193077574952147467814113555884537431508686094768087810483432034517
986329497260538940700562228492921124129409383101367964623551311946
052321072359289564805241387676693718861233589748164961488487577224
546535440070045695502969505475117576918984451639320434898213322188
995511777758073201666416902370108608479968608758660122479584338823
921807052616553548023582675786496986632700759410884567612547818017
133757289410569168530036782871378086167843891012310174358086354682
229595688848863929034882824818647972081671881637066713508426796707
429905608504028923976067725244232384842638206583043536811792839773
506120797109307504118814575290435421957986881988548612699294541284
230285298196761468516061604428355889434301313761719146157347189180
575421269051101560267720240611957910113279744921593808882132278906
431124210639277667330590554771520307951531796673243919207103309631
809946893611956837332677525860546710463612431552895086540461811242
146512072564341589612348588949698443989041028324794519635680346145
993086320715697731097243022712015153638558918425338847095989771827
084527485666816774236948148137250321199474284422218797051498049621
634126483222671742837725539734676392041533454661093043264898284809
853662770160747477680182444925198703890786152901710869831073748226
766009182695268640171602951151174647011954437152020344368162741034
048518625003665147643028118091477896505574581888735273964702865099
366792863863177581153770503997316652368337920517827363879239774306
320805156887125212159203117171667459103738490185995968325272231244
262972090608509769847490338077684398812883138169682831009321880205
707770033993330580760088531725124659692059474086856182271513919453
352200138504684559387844152223596380554366678113916366582590831845
538162936194056395557694762003759417396821660112477660481902016785
866362722922637520904439026946060808336475256969883692278064725908
787195371104788397974542085964258201128932374812919327969679277431
615550420388020926005275386927758453955953813526820216657889011424
850827138209278672185846000938563724893348128305603648954593861615
337236761826310659862432018440628483644029860735546959242989955336
985138924889696017720495331472755516429246495120357161312405804781
349924659428744560104621279483242994974237979409405938247759743899
517627266184512912105812804284034026027949281201150802191974382372
817515343695076376388966480776289135460537087642971909415025428270
609025872981133237851224300632954187069823620915029402770692073916
945409033482615537315633715523285519987728096511992069059279686781
616762973863912602472524464743872005223659671605688516667862564201
578879006874202675664432751350317304496156974369451188306879599222
659738279595758397719715390621904003271193814526810752752872975474
010183239651845139995984254181471934492429026786162627620979109937
097710181469122481086585718766607503499483496463890403948053537224
529434221067354171689922632285669332017831798585314100611532325615
598150000086313178630176846929537679174019998717986635191094581891
310236193199110269414175848733717501133066334654212234267377049365
081607628100285314748200513179053738000656637692261565153110003051
984954781877636660202205797287394533815270737202773231408322127027
858885548095868890001654006862189221478175511366574678469475532319
058055168353313809975907602241037543634789622817758417273294364988
756815649567764403677135509505630874761352028804617772689660546407
266300985556868333576630528148098203589283370016413255793779458001

1948967603467053015594260622626089103388188994423821677348032869110240258878566552130285760860716480585460304233478685294596939023340475302043550471725831370701412886200796799066738253130116139413003320295451905921940254020106565924109072808392699799539263467526018178669677529478780325955745745446468269376409246227155085888210378132246086848766347264055401234933322893726523488177698791941327436159286675200549284311835558252203290992414318834135567460903781491551306517605142650528990319717150290610503120711619243010278933895237686139253711541465094306987785302695352832190645653248456278113883029314010146741906924496110756996311127617536622715475443365636215551367975990405233846673503028522115735084844722640105125628467305028374813083221192694228700313723148721850070271166472416117352088562301640569898849131642661441622536383327061566185118685454793836838545846306928249963895796269094245712703788387412783998176369774766174715248808285952530824492069672891098016842492628203776433674698379212342152220725842755303947933150366216986445554053087779995013780827011327272058376746230039695529828184563920645401910038836532857507029708825403972276622084831844508334249878581415106119006486845910332822238291026402377498472391039746913093937727316601802795646800756428462093028503923786952914906466040378953274889069888236403344123620438397922659517382563351588808275175980783142336614409327975115106001296082848781746942048283422939426112803939248615559282044704421998846020605557748226729009296537607769534190962067683647936612432840347677220471955078037408289990795475514116919320704079582393119708806934952018042755876285799883127284893356489380473305319457727914400790560140541718856304915360618849460164541961705309562336750757106923040079237107741110726335316676211425361873045039604195393138620238137019190762502265345669452215892573612991322399384820608151862990296559520923348054735330869036728951264019286313067837414454243096867744510732173169111948074521237618869983887107807134135733703924657480354463608742223227197919201336395175302251201514108335872902055916021015175811432990227059395439635133935813509492865839458758987784306962312685814068610830679536054808171452149546697461449102744180148269847409747302880273670341712832753311613411531904962957296479914880522026438218084403278188722949627002383560694986562208174627048757528875683283345558356904655947767801773145531363791889722822674859408546972159244596244213935294411987284846624620420870098658767599651856009277539317154466008365444754141491708883175041625651248513935344147615022498446773052592558641395372958518304671352251202698858919690331114958509710156352615479256579011483274330055067435897081867491302901560948677239549727310044366501270514395355007125391546813764768779157499068232686072380246630484114076955990848493574593089690724738725620959915729561285007773619283634373624061452352114032588515162096563586885784712316875446664666695954633250804137882343069134697614252759144113529416523738992974933601720926064426926587285548880548862327203655281109824005845654202048008533488411600186984252929262957792200459613735856858181148935802033724474280972884777464150430956871657943139596240751904133467690816654428041598740346007131200847219703809401585504509817296508121827576876205942958077197498261446472786521741325615911922612501532989781207804435759243374818699212049381852779096694658541776867131140516279084174675556840328480093400886837561305790769468106445203547318723582090280250889951304499548120160442564035768904563450005912180087592014775602521521223611540018396179372721563651973686580946671061361157228584858408133933168139283709135653613663955606552089395188321280291747719405946941795320662808350510584908029538231688868761911981902946610982539140304

0812574731896954856094044683355220356538981938975972370270924922 14
2586888651295328642253849444502612042915916176357473209432967663 38
5476489698770154632248566477117392320638540963846724169845049716 71
6201414890231336830696420805624421691863824115733243668993617877 66
7129134921846317486641156360148557686802839242109763875567071650 64
8504065769413710227668864725493007808563855861830812802444942955 26
6973749734491265911963780607188695374050623794847393121163357140 46
2214746157348772424068518127422642418942547867194618931905482416 47
2136978632202415198057119159773782591454162982320853541352579094 64
0266362724178942933233503200175739070001048454710379385688134561 62
4620346987047669336150900112826308000748970787217083211823607143 25
1852319771965494241941292276584951862678599393146840122556189413 17
2468361134735295396177437812480687900581524715843961401159018570 24
4431121858964039343939662083184997114491777873579608115797056464 550
9177640644362730459212061324086439750670883792136704695560751251 68
8009296631957969810352936763239529654352294382918180857652118308 69
8057860870963508601205471178016142267523209585373731011414846626 89
8614755060337149752261006115862081993130736658373067085868377270 01
7069876777845811897300683449230641262369730066566623350561466044 25
4769753581048889642028053488690296080889238850996581196475122224 82
7359033882551709405144913623817455743944703515563996942479116603 99
7311904185163533843056535217108408843219160476974649262030135168 97
0275205167749994428712933595987081190474922742864668748652182123 97
8580157804763868561335351889117905948410133012474363010086343252 83
2831058172859020580462937055335809594153360886282653354369383117 57
1407575983096574393897865432542123040052538717507727153543370780 46
5964934467388286847593304642082382867571740857578219416944002133 27
8298406926460384634707168479413966509703071122354467002364887625 09
5324587565602702691818401563071737859931901652213951037552087294 66
6546693563363163156663020126896917750849673587662021129664195957 74
4973780077529027260413438465027053632009259895515166381913359104 18
2380017585604753341231403589115831953273805126046662159209552322 88
0366564997942645583542677982189605388707577818587708433695575543 17
6436374129422827474262546038151725008267793466296123717650658766 93
3135270396165934791044239779540204064656174241614060235583246255 72
8811512178821658573437373163992571472349501507175207865670121112 47
7877405665697550556033937596506579087445543727904434355689444742 71
7228286863492050047516229266682209753396905219678079040863454461 18
2486180990725282573618654836050297822222921548457126273571736423 20
2249472976446227085215452552578849408326614125004589783199952788 90
5666460595692909719800935303424001694321828097454662244389500725 59
5163324423565700935601639571302521901084355436276467844321270949 22
3197651622593700111120814194892401236112228190144455813072158574 05
7817421497091325662482735401569213716542161381260946505896818508 12
9625898758074283802352738075250654151246453170127187097421735064 94
7960227933660523696466605145567088054397680674047133711568647065 375
0104128665591406709720559971843743696259862761090256545538241396 25
0071234242113694698634462971050197228360981176390267128929181149 85
1860203710316316506201738495040555077700304940400247727753184486 51
5915231518901434172643779701630546833098816920249777571953187972 78
8541652056839767716641830645305119453528235016819093243474193245 66
4064580324481694676333048277663930380330295233679884724590660688 24
8574254887620556383751182843641523186310256782968480111642942443 80
2944071605340721140762877260890894077339886901289269557434751205 27
6479691188235688709124083836992143601470556180349943794595363178 35
8258166249956708245000475139556969862070962763903621647419094503 90
2111486033853109833277828764207318554566246963564061737524685164 62

697252104767287468934575535789103293467617999566412415746867836994
908341331372418735937068788016726457171692368477432418235926763329
392534083993430499263469089242186843614649531992625005516971103219
865643484624456298314738497984966583268529399820270579324940595337
477514103329793404429633869620317899291212281963793404543844980348
078713314830498759439816393697887421794282266201384975579010653547
723645979813039199938514648439187255989505188357775127196867900881
880803496935470242694657810962014127284080844133217078762243603386
271274554301331448709936273745530206336643809800795137417208355182
656060243281579407833701864896801517978371986780613229742665333178
260322852998573803629704924865426925168448234025474121709394993868
633507739608694020602913669392636024580541355032647126235364108277
075872396843104180942524452866622775908830920760329031991487205395
058531431540838503212299652666061703502430083505771758513895434152
856519082164465207837512733083452462161429850775336238964856952887
557228205157704584647787583545795073505428228960947570750856696146
917524851345714979120786907766945051475350305630359824748866740886
819868125066654409148397267939349942230552796173143453573119519694
416890801999424578824112554691038427795616304262382743440508185604
448039902430891097305068206354785761443667415129058162114632359068
396078915723913625889076258500400459520130998741335669583530719657
086810860251287834108570098541640079457114094092921189065859029940
807659299710794482373768417134010426021660010660161270479357051705
180083939415800260103929745006675274634607976251743917430778507580
170905331951809593487359660031796868382300198324846645041636551694
618016432751655248244544744585488675891826001139481470583248581410
809351284651392785931954590885710894010326998388953460706801200032
232235278345418065951042703184403446485154244807705214777701988420
355702664337492625697118422801185052109500485921764796296781179012
601540134499148518311295534624937991036280875917277931089269100460
082447814082597187312116186972545362517306868326868991544520278815
265615917923480792449811474608489629747876925023397486945352519476
346298541290906698106176000184586495964255520638724773904630686603
426501271648519785810422610021954222128596556293829958064576071706
150188811917979713959243179911433593516047679598808072810386834883
302603348678280325892543639193254802800373201690459803372272916532
679209259468077388685841043077449487779298758335392141270015813696
127307897253789128546580456999413190159934260724396300220749482009
480927147259669925258734010275921675838335369848282591443747207146
029119387727616158051263307386134714334621254187637692409983929840
853916247575552847165098232774368948050913260326188917728286995564
617853935609000695630189006862376674430949587510377343329035326176
820033064908270938346249370947461902853829296945814986904507606037
265252284693607831808628697074122973843114047078844564777026542245
502049904443441758119118666616857382540665063556294015080574827492
370909254002219339971655304338006283607646764591572862160746743563
516200130731591388610613866027935051281959599028425675317596802176
808697518755127733378242555872191735038055157484949313182592969166
710063811057217831235287047184819454076931325495092499144586451635
811986024363753736077609268876785073094988592402334303628164412654
165426630733988450258221964887098757692723369296877452188812810760
687221455191024115605246983953152428883458373346467676592008643803
730610866582549338842988904302489422346309866579016294395748054043
093220860302058369175738218006523725201070208969559361591539987869
999972422512639695906404514957143003482893153750688794520751413508
583940460790560732403177070486195905885813434643355621425169616121
929086969330076274725616055779992343889328219294145908962902575703

974163691649040153735971573825857795304718955326584638384907581582
325561227488005994554202861889049638585140861096724670804234303904
661719305525100620134597087614214473708638901419058524686724424415
515495120548638816387699717509406741858070770195018753800765845675
874736420705814199727532238573605331249948123807099393254461351969
456072590734944964228355044408249008045518210411988023771131548414
078153346183364126908672285020991111018071127957817271531291641642
826153777160930633132446626702686430766751293199790877007278614031
020948834716515933489638705541737406768791097474437325368449343800
135691407632685549491571561509773814277282893299225172805707038095
833514731675325109525318584031483165079887160527219417448037788079
170429398585578632288264737321394348935135544046005860707752618860
331315450068373695512032552676857224145827972671475225387024928273
077979070133326116670206760021278111594654213900097198441006670762
215778770986494760535272039647366240222130863206189718294409563354
420566529368648706005699112349755168390903038570345009303384745748
155414413879836276261301886897583433827371188414389772915122774761
067947211958644276949605557476334130548306546003467565073464290045
274784932417367401660752412744902402656252744002474321354089725635
700442992797700539130145796817643339200356383128302638063787791611
875993941625788788628051335421267495862653589356209595932565133618
810692282173175654724078858355146331054106500460666302181088711884
532490144243924052656259150305590714636538301114535853557505727426
110239229471025966638690322712837139882578126574862636158375428294
477122868720111959841612560028378153824419012205209409375958990574
204345033801521481322765260542507849096645010586131006907403330395
427726301881367487533927865883142262494198549123036150397896394098
987811686387301163372462480867525003858548428413896651360150461757
308167503192646487890459477369041216180853776380059054590178754257
739392564575211152509307369224295341796677353810114063653733819240
345348435221423080305166997062862366134372554590889094197261142037
723263785083965277316140529279952101332295027524803971786672926614
032795210832623186186153456739823988394534064332308934688067375068
871023169386253811734067153321848971994292416447482042289298924165
447062293173495648300312835181309718336772405770772884813098420693
485341717199636737165270028681220087387519060825116972863639299506
052581614115425346286168697556007013236156134071071115126085284051
222833529299873751764741304325784167915408770296097890916478279495
898896270264228426773606715009564833363228051347188089758833225896
823690807859108896052725626717357495412461121945712638532072928124
032790476117455107226282141609480186075750124984637476607826267213
215459779260928526901356567760772582411902424378433275645375109590
114097168162375310015264388832562325390454451555219592345945114032
748694377168937271871701187872847749175534496371255056702521784576
225941217833588732633350091055409995263743444402068885835601438251
753284333086784957409211809090602306541287011631863526740669031961
656448836145690905881322117415737154917067520106519128735097830186
167849481701951750755959017422547175336906043142341511884973711309
944396204489701312494139630523728431449519883547737580168750533435
958882066825829412015974083870427432997435289181096059583643782048
836420854463226493070418121340367296478721381193713404954398848563
610969582018449458335937523561093479866017422722254425984931422412
638594606300749850592967108841026952062275555792797396651911529049
724954036496135409268078493322149268185199580150544593753481209123
167695251324959596940727274360097056851975132343251316095927127185
730768958561520799033425876067990824682906823136410325749216222733
028509701301349247506535556124816168187035564163751350499910642706

759465229605871191714590720532235097379930931944582633688907311954
017802478335219592389613821742179033735736224262872033401531534774
556258511986469417597174181108482001088486262102741508913825737705
618944851882050798109768427185124683031413599638976787235796753860
214019806061412722056761300428966196597631097841935921798664083315
712468011783773372449607720123630180266731448653794296498915907331
671070088466720936870603625900376685047781396703904220564707604245
702134543664551154985709262449744168048548041844045800945265285759
387648681781479499682699101346959660875009527878556986348510651201
342018976357911889769889007842973349617594948235525996552302065373
584761256980234480093443830943558606692949567903214811026037117251
577224172611046324282638834357280001600920277479607981297264686704
136293204158765059039523294012839345739148277433864392830017810218
453706587670400412231435037843384745692257454394361549895843114721
507932883119171752873534614948425166858083021262713709668230243254
175947127736534539536885366791251517378961659440211021338382990784
541935861336669567296417319243779886713245063436013007429517625721
647289648187283708248342214363577996473078088623982730831756224660
156259669078008460518655907455628748028738408877219659785839409355
018951163609258277883549478977066855948278406780590351760678952264
553641706300783495313397434797183129603508378102761941940757122712
311658654787608727706786939466112733971572125995695017152174457312
611604763545806281755436105030880031886226476308526194089611154373
124201627167349165442223162058599594797528486511411627978377942934
222033883702576710173732267147473819805874012199142376498064316865
932720581554499196235364000568534486169745452842848037867265824500
033581947449070067669333980754197402252967680366899263792014286136
505968925179544949154087134637481131977636858587839229735735644787
839587709115403626531839928924684467544248055950364623316989058723
342683692100282556859392002399524452289824016792921201767805087880
700281249969109547908351949224384299826987196902968188452444665172
121912907147166761935430847019976369323563850241957659578144906459
982057993182133686168585680594915764963386050520445219836044506089
331731897377722246708186843730543159226719264146654534339884595478
528202992489219283847841373967331901506994424732711133248268810417
899269040080914217744584402666811613798387422083517896693445138104
901319799182440534145726551993816867174108328953973320873065189883
692674572376868579376110447390593000697895775038226470274246063139
784905571119809083923903669521163625641011533462420012253930160993
389920693492390494773973168796207251114175768182583887029608356267
866361600240271868042292383950645218226227935978048349762798849128
000309858208679848743235337975455809755450150527123181158284079174
597392516486102663363588577949625575941519869499556461441423780052
224237398337685810478631984005406225037806231630984611786677940420
595253075606675311281367772940339658293696045077537614156379504932
501960154702280717670070310375035331314785815009636030770134788527
872512904594483127348246859427140293031749382001085217148196337511
127197414649111056962728736149132462051424929825249517502359682337
797159349149122425634907258212514430671571821559629643746217199771
250935682748900889297404796283841468768443277695497090461043069493
538418938952800538530417931897717743341818991293865548035940477595
673021835783650709418472506024026335296040636938274619031769232680
752620127627634174118182106664817871082736149737918215930254205524
434784955196594266021387278551288057516624152724271638634236764722
042833110180512598384967703079247943480265281400385235543808750522
555022271772833758789677879005397599911661079916058574812952385450
375458084210106092274989986641397018055741798108767185716808204875

408127134935311364200650128152797569825944793680203209649225980521
414724984962673295212957032460362118258344712583408857520435724290
601807670347984108247943420062472664368663407632571154158600939656
003022070384206709265680252434377704683349028931119649056967289178
555246974609380993656436323828773697022281638722594387090358916850
235388490016861958983047120557674952474878978340403281106076967121
572398128427985993883330462890520310759322754180152480363515926151
229226847775006435703119715808958834272550668238747890731162083021
373606772849403539568277810905720195395290914953015678116920342878
730724051138708077707300760728149419951584211570549743235582617390
459006003123547634472267820829387894967238273218959857787668631565
714073491358467913330891524127632210583010944914271763652222627721
377950252799674706046578914604720680491835933020599983499669309682
196984584749065663334104314951256245976080037765891653750806933468
761174288464682796054887243106327550435479756645658174064125490455
517179984034326859597983623500498031572659213895299848977325086593
643480737025699393995180388889621965590685566276188356105214178429
726437587003741843581949113548499393120172283172853426309398536368
469618101071709560323902758982285043407125808809145951973286260055
365123820516211478560730612253267510460588493050395240931971366267
033097033102620556407368929118934201164514182634813329248796981331
038817404790880228037894560061944121888268137989147686190660296797
906255283688787191063764120481859462831287821351467183911379705727
699236658657142566150729608889599687017227094663237352645682903824
400569519639903039149255697762824655855705030464971753739800296369
697867687195583277281018202604673031092724784082342424311126253314
788771318676707552033239993085449258509307015415802891036432725217
203116337132810797294423146676326683943532212899429921091936907092
699268514389155672459472967608560937169004286821697706056666109553
899552399784917522391669888423828557694454951211357666857907428498
317502349709667067767812458612306177797263401458102627404829542289
738486133932968811908010666152507520378693601453941777203121816594
625817069625751963407219454463986726371055686348352713569737190577
968438950775242948018831781649783304731601771381224088222898463994
726609696665307569221499737264477052927014722374374486335133899492
836752611185977795631433945076100965537180960325795507227249184876
804168106532977482744017416060362900359437655687281068737744461009
442295083312108982647286264119040398357442688648181266338000917597
122792569169559961954296823010062810252349760876644265547493914050
777609279444791930274867465297398985959429991825743251831404457038
755160059788588290964438523467529749538455251395624014618301811121
282318750267895789854901273355309739707115460064465703814409355362
738544536861865236969870263927645951739290482028374741309221955280
729301852409213939855476263465173760779737902405183989373298548209
189745212603789303848716193967100695559547784679152012668967088588
816495742428575066942900721220106593744796197879004639432613184246
279856583791905788617431794957405328887200775080260037007678083175
192199483422536524664239644631233263320121032218495193236193134187
495525279387095406692172366774356847166240031723657386602257625331
271345419902214245729394339553331014531528156287284342303245860504
756496009500599569562721926305993622287037684762603055656212801075
128500883586467120168430581524932426483276798781489358756263535637
748620539949340527227912012936546590002378738441693815508423193970
187748942207570837893500079000595744693086949208132383619905163849
913121728754075405703874310820557698880364095639728037914221546871
282067849604691183142897114644665555900660649131391658590556697446
173336436793931611063043535169475246632240533537321465900157083523

3109026733489154709158468690865781199606605360087836748877247228 87
3119950789052518378162015950837911076262245111319892099477340902 11
6930096439376438652079910950722685230623494487440613898052368059 03
4543564354578183136137376233115025730740454270630450896265316029 21
9002639411191291548778442535362866026860399848238231676947240267 07
9519536594513421927032706780587613615475376815667919703323082590 65
4139512171544388154082708765323591140931275137746383078690823170 71
0854343186471257338202930691052627029987107524160507149768390020 04
0432008163045600624239285668379478004033380042857899108152890233 62
9519407830139627717826606500455255292862190622531004167129918352 35
9797401011946877595176622507252173911650938062637808191539514264 65
0931356658462380026028794698905070604032707197905648677646017343 95
4343333098717940514666366882436614735485462766919179469237566647 04
0925866565191133276667139649515482714301769101077874149484271597 35
8163353096594710269455103031593873791950822804101713906290485565 11
4924609394813532738576359941691787695561604104994668991089520243 06
7478573479366421131373370699152544901437477126293788012276568561 11
2701491425115040910800381103520770157071853424724960433112418179 97
6862462630625365833015231945045884558548911257230831892150169622 44
6869249884145460702408798920541501491680124084271727255081169452 44
9120876895309622779554184683634444201817437619493823912662358781 86
1314147731407684591061384509143493649354641047219164574880993919 26
4645468354213959119977127806698768053105760469287791246079948351 22
4023001544129374521910974370246741893583002935497577387027508269 55
9446611936606783774698146409983663816239991832646970425967964450 68
7246071351805145427493445791096406285794158135795777436151174597 64
0879292325861826236867078910839744356881126223161852705768647222 66
7461845517480634905533689549184790297693657222077813748874957146 13
3152705601168549639299428825847191429732984298307921813609846775 38
2642689996329675608681305765181956496690965397741225052476706272 81
8973005064652321424273657896516495026865834223857779356516906936 05
4548971990988594310338402150978591637142166756464865601001127895 51
9395068926533408538571957151462857604182988423435534025503270661 51
1328866857260328951250134295432054117569528851446179590123883560 30
5904986842178798308685257067780717426099997389754639534449452463 76
1205721177238473128000688319825673332502190814942079672480226472 61
9134199780408051017423350927448457104906700026006758761688981251 18
3649762823804931847682786459880329458651414442948885069616240291 05
1577710456971849836954269531055512533840399004920120123573032836 11
6659116645309146073306505685510623357926563348375000497180574162 14
8060993804176795527103173921525516463748061008431777231271367331 79
1229637376670002188235887162755033554731060287893911150680760814 65
2931367979571619845106183341010182297303903148760264605310430876 33
7560658665877069074002787433069366621123140420131540675441371562 28
1899036055550768757604185283271706806620937213508105385389758898 19
7190176879920705024097140984150247205517137059494376767888008835 34
8929011528788437425218995409150946500494530623497473723800570481 11
6856202096277439934695004551060285385857494874769094689336861835 07
4212384891521677483036973540591076106923951808529287263573840722 11
8248090777666809680769243006769566790818806264987739161169189977 00
3207505757488226132127524024946748168795253277560132960456824256 63
8569877313359313442859172862485292881540372261706185500540921792 12
4155233792441939337423899155543684475480324377517757497286768652 53
5905477681219755829701279765779100708243762020705208241771047044 01
6031107609926838290052777256230380995582227229123565769727924023 67
0649722990645816038193822236021352889787541845430250046080763278 23
9722173889342587339610661567753315315556550536090034361880060996 34

二的平方根的前百万位数字

742321863726909980724940972868474116283429383575136689001560326573
236819249141033489424335174278190217618657692111657797070470740520
906177094183261314281032299642331987600487643656908924778756323633
315824206685179943310356124593121897707011564870846930213465559745
062393443898524761467409963016846032657090780610776695953730745876
140148155844658759769668438302250377669455463938480636421381982683
862118693686809700178652736851478345138173397647183563516072346211
035512850862578590725687869854165878119030510612247004406678748198
385630413348851460154077719338694861049131158860477228683569113849
046975882922885202574920199001846983997226317437303631079331947829
734697925046028361000140491173316704580058244004865801969208799857
318193080879509761982393927138767441866897482063099616570429535124
354322223038926423995352469728097274812268211260005592789265566066
604757382363989255317922319236684778883673397030982334463208339481
515126118957284218923105840406612152109694880771053393942846118296
507020143104372941925399514225546576305381554700105194121556198340
196672013376058382642927524765284770614353323149729727639405702775
682825323172603350370116677577233497296270542749126203360087724323
885707241934297250999621115600760372953354704022981285286341842824
798855535120199590782252264766765480252657494204374525973379384124
940565655650821019016421983737848784471574990947632262741618780574
044007967868906054054750501397237461377137619247764169400574661359
266134802031394591872731099309401245890060726458725762221479840364
219723115734714931157359993466182853807703199441173924382585682178
792321116158392687169302965591523872755652391893306300607142456755
058381178073352212631532788731756095643256497065061915232857768994
380782248443848155607673429796366279552332733731072484213318022800
461182769494305844994884369423117447150950098460391845639444793105
844551320129867560720630425578547814598167525287320940496148361376
364481895374326171782953802580807984978871464771094977979772200817
615753895750688881461303878545855018143025165953493405651814541650
003019077515143975839737570100618990604644173442463290501301934563
891426566538716455815475202750456728742434769480239029490074267574
024944974922379554356161508830531157089505316944836586637348428542
097587164476725035515034928477428541500505179756031416785227996837
349477456342257943205502195645258792187430228677021042078232105007
900706978368742406661334710055731755851901427501425531012173329841
838013368473975584890138720212010683542953152260770557427103459100
226504489119020678776828759988886035941700364356104689628365075849
594071946733104538269783221969864831585367314362446830310329447934
370466689440772626099602967383995569537383626340646174257522257701
523091760586082630629493514380417349294254292064648442247356256352
999002066211206797383966182635782470230296742641647230583645738009
535764297299024802657369444418729737024198180341949542952467364011
794703481350914920842846140623204203053172329386869269022663186607
939214753109787972504041109264793538798845029616545211913285153086
892479290489848151854768576162418449406836244367612237881920667811
036173812062702965519291039487071064321612041833424812559704549805
023968877052008438285770414505114814523604582196943963303602050455
022343871057243588849425880594579495346418149381560034497343329320
973613590105383864025722756529904142568734291660210818754147369543
224836271809872746336596628895860493492154466475084313604851036796
110261008238232566817204265511089714955919186820014063086255354951
139566635897285667350813434386289521901016883082730116688848101490
471458407530100314564650952586687887840040902627368437827124880571
084060746694108584048318116917932939123927639746281666458015797468
463191725779452066622064804625884142773617915680941482605723003438

278545951996887203830407094504834755216398096326386882043490891344
503179922055335329652712385265634310273078816268783184927903646900
613150355042074792363558195237228195283406380208270688881753285361
935710204088598899488705252292840347095895650790193674787127917313
778471294658631063573340569512137654081767954664311606862330572813
367772472047982999719036758248909208994465667806353438022611529192
831796094510195066884073291786901799883562204984727052251728110492
433195032005514772253121289746676748797608813096912670530052367659
289507252061574925695021761381756585862264311774007372782185268397
165509082456652346536492273335554488089018037475824895147508745655
514099608821883940167039046253099972469865646236736612581981471087
027803697581072600537598300613336785967662546004662753231183192485
417594448886985687979830827425897665491420425809586923008212653710
475517776410779793369493365122425100710427703969469897408219514961
956114330817543379843499655433517966956630848375592522071329671897
581496426393480818553342112072551408631992909726890328988418682183
760353729310036845899592523352071890491758736964773122447352117291
212662516530909621662205536108577349807506640647831342923719444545
081758062693986856990172451031338840458166065299231989225416916430
549930615065700382221618295491632335984990699749228608946432071949
621080947579421808787681275266674578240638831054648958972116318956
562734955371434492734761925780182095114097381737080693424160153926
529675217443137028714328306302580222647555932499658659063660028022
078661098944116272002726505557367357637510163291397485109400370234
977833606249858360690979968111871887991777864681921785327590404742
288470552301856805255630001746232706166196361726844587637246371644 0
704131845998894418676587063696289239464111455154099262911199054926
737069469288125961671391784943647192330850441392482043747980045010
669250527844701849638715083560549997340558043430495482251845146202
395132287695145859120311680438145222335978811463641112190831865073
462836525411672968057359047901097528153329717436012481012824500376
002692351386497398586810996766531244027007798259756638300009373973
357033167087285863311152154548162373698400817268339933518486995266
625617152573952957986016991181176788412119674895009117526733899757
562238577074872478571656723682708747627322789411436078618898041389
505754243074055241394003634537420179950394211068359688857440048836
192003955433238089962738209613735140123099461211638070536744109042
044209589114291619575443415306378630990656647250417731321410329009
797152181711760619490789543948941807986714766945402349987185319277
943492533740378112204378300251150631549249626871693073618762878383
863934802163894825256123294750436296563333161982262700311698365239
946526321481051284710345908533925992437366215080295116599109102422
527697629594816581497763325140987475216035815230149407989959844693
392070690338330404915886575777495569420890261795432049026005586271
580149203428454079102432447344216486853997006858015182797382999454
396675846353468190547137184032474104891580533516165020541365334305
712634176655192059037906271281827277066715652287852987028692203749
549531284326535876773127320392172540133340382610987003369351187950
029054320448573522660762409529711651388155800481260556474124595064
920213233466921842069722177385139248406394647867141339971838927736
967791271657830887630274027734941812820604705397303328628759372005
514104875099777835646063135700236000382267537227948188781287658044
070095424255861356493273899525329480180718625788778079916068417923
842626243672180665555858662521508081650935096188484010273887042565
982297166457135079841318800539037852749866322373586893410313077072
444917636586992700983069573185318936501539810684006265872046178407
106825883517470358299707735572243404956177753273399428564722111986

8492155858099858962545325245225245198964892902580508162814714288 76
9809925113363567937592319336228136109630502465231115845833982740 28
2965239870205995770758759942002526883589779507442978189091223766 26
0696282429468494633128663545976028888417672071304500759649254689 71
6434312227229874096700108377244268112793395932954663705816005694 64
6487845799236277109595064706215833007327667615503516775065022207 26
5014583981751101725587005098667011508169513746055515841886861513 07
8274032211618842806234297627389028255591708466280266517535654509 96
4295574563448167201807212405683329158344480476018851729864886914 17
0613422495058586095659094542444105802291890022205119134147460455 83
1753050933646451146440583816135301216458470080953081972386273019 84
0942150176966122056783439285147331674153272668685076033561455221 87
3059179748805140715201040502464516417175269498957288623143614759 35
5056901231923721968902194713028498861498586152653593394047672351 16
1323994773871319885910171572700926740806343527002293075707002573 60
4592001074504662473671235408302571905661533495577653524262301913 20
9349452563894564495549238696640362517342134140939992142152922055 59
3723795058328293261545850833736727257740251262501001996926503420 72
8093005451772983150634908014257505657970127883993328675897860488 56
1021944742118193166344946065810046920034310977821260342211274289 27
9134029963523839913949837479987720945274337669138858105427821376 20
6215649192701336700704525538238565377376330027511189067788984062 22
4883492727120801582174421135528392381615217335542777805315929931 55
5045360980358303534507683980937255542202929146244965041460869237 36
2575196716744402508781600518729706077472908246624970938805606020 85
0128023845047310149235001431904435020759191706114366376865972992 37
1025170177284964393554453050060933980975272092394646810678022792 89
4565100683173422164595194981828154483768791051726473059671940516 03
2534077880300216709008352443517027433556924376657028907565471369 26
4981117198031278909098484168728505061841342992074778695527151454 17
6949185851944549500764408162359814938184238443247149531362966645 69
0315893506329858158317156890573673800450372360415757487956127862 44
7585196182614093228462108880762145772793036266792478292620800438 41
7437395742127717471630889622607389934217532286607256761842947619 70
1909542462612089210158236014617573225101084063991633543047788205 00
2425093552768866927020786677299714593971306269621345260783971928 72
4477943582348665004968709348012414922532326655423866268221227642 91
2493520001191462311697607825743516345532088322436196313568266689 94
9486405800646577501969485939705681550010624849377626852097648486 86
7612203571100489957966896403407639251923283688763400316106256193 37
0465297973684615527664120701520443435813751036389696212096560660 27
8511208768407324099221453857788863299700880944827991436518043943 96
4706805590040841970755779211109295256962590736177589788651815406 84
4692473350349110858003114840149523814295993631631177026708127566 62
4175189273044757035019537094044140937450948266913281289655866747 90
5550111045768111407108766799315307960916199936705125123226022965 89
8030280779936350193046430846181563068156632436409287316320656186 54
4595153717933923561741630145085841332216940449082747868006138846 53
6975072008770863512592986571993457795795327639825211281535153178 97
9148220931734424394476914404405833116819015016099329906502587819 24
1698064281463457955258729639277544665940640319233141521860060997 30
0510475749507184589685194993937189621622813646801915692731255950 67
1451633074324463395406341412606588416633712109057197093965260754 88
7679776094448890801053316502623229328458553699222639692849551623 64
8691111497578971653483122070661666454722656650394103665236097401 72
5874525751761362500429247477632685809695110384984137760207683682 54
9892430324451485852104278462153190331938563925716067237176467672 58

612333770681252913963612873371684346841893627175788497542714210143
618259460201470422840389187939362462429016114117006624308794767457
083880226250250314538940486199246305837504922924065954610128863068
887188305953823407163283924160362075275573695394775303345400142108
085311933764431901485288477089309750489534056410315186366665611668
967779193799182589989455377707229411499292955779025573355274370135
535204661509319878807358211105907399323602861124768066136339579240
145548850308353545606565222470632916533116932292749785927518363313
769427216803876939288693924137191990645988173249450324902565818725
848991031505292811198207277549177054017852298272868867654294026050
149567842826293566903869797269754564877180809167066067114735377004
277873130895805633754235784583462352008172391935518952576094363890
334997059663491584838563249021563616529849851040762405205270386570
811390182862509044010659243243799228675963025896177491262028654707
616081954765953043998889394737926487428900252410127850706984150200
225602955900886403888262374202902750910080767320267161087421369403
999669399676948437348261388892279941775338906016634202990859668464
642856664323781328565715989621281075471633608453736927317688114152
703188837503578930251340255894647276417327897138749283942889992086
971438751771652680278960561025404273029061648414616639792528596887
899347996557157909477351567103949847380825411410700815400418935902
440831967000711255669261710282478258972978767039216851436081607375
076132070044855948996205665677171745215215420391682650873395413170
779500784856895412120848136064108032121947013652353867391189033672
418212370775378922815516861737718171296335886866488687115112109159
199284447126461963811471602922330410793279623039397376126261388073
378488321809311216625128114458542142415752931111750719318526084968
015051766603224282737186869612790893153546515324605245874045376258
576131785907965551398826920400788035398191148302159564322052852540
888504771506559282094127342190623759051470842978142489944825740643
315574981963158327072497438118145735947804299819828674018434668026
190494516313737285621738678093347630670739375730413296161473655883
891310624388957630309496477232218411906367920164486491091768387341
410877700091751591084263165189558299876220898226750775600143589664
194121988061456490683535772132110774248300767720505617195437378386
923683121477819120918420478350583549718335958280722985029419470576
522150692749355606401685664149036498900949819619757050746927648599
038783763845497628276469308614167208322323972544780949242645490160
950107561395369183784919218424367694461034595260151240398478460833
705453646374656488292307193993071327216453240393991845688701162912
436460496992171898308099862915266481267139711947805720722255947348
273614089169201945295025799934125998981034549173008832795862581170
050563297729532919263955224230982557338038049979860648308441576669
241192695447657525207133266625529948887434971141404505129286660469
996151100913202555368368801622250601050385550259863917707049046925
647449803972204709128738281936687683942266478134982850997076548607
623021903443222958421139101402005601723952094190110604540975053432
143420262183148536976300907509320253591355995720992323046480592881
916760219312537108490310703059728311692008914341166518138919158577
138497644356335635057837791353721433340649602290951399532466778715
030372874381142260167303227430502351354488114348135119198846914208
472334754142867836173645754846060642253501354621159951000661386970
367608960044095144940155361142080719778253011450292844805026991218
596181408561423122996361733911130339940466864143145703776783208078
917116896668384911728939307301285494324014580963392478175115430587
437930874019297606821679971449495442637450018764765253098143510603
255091678859181398550099958949272905925970725370839608465450355330

327951046133980820659220990692171654968260868339502521756629307078
867450141817382257846461426161080206704297928058697971943697347828
264320713153380659107489884898899525297717829019937546632235579420
593306447120146179831470984639980946355189070936707224642615896436
495016070330448700426326926118733451312746106943266155791207685426
629252588733287494934072643825708826266930410664095560490172135952
305969394509767480612613565996666617327804463850435787478785514249
768552130889125447390920492810332484202621540770017881807903044461
369872886924292473987078235884651805664308652782110385883445369586
029883544494176872586664901160963292316602769071887107344498514264
260820273382936354658529290302992161625449102252467651472529084517
540215847249380147549212998352989869614758010511054834199105728863
313954488422757314821071552000056875490791396316765942455422104652
434390605977469223379718471705539971151812418336343830336079004450
291923491322242638737186638007671275647782801113265454380049634355
132980864347434574831633325909618056623635511881136327022389586127
131972386270251696700291523720927503593825958761680780738007754402
370011481929976796340155836581776756860167827706113354422009511569
193249447982925787458470906709489182551848646758247133384928845309
567918078403971450682602845436907197081268753074497023675542154165
113631750386782187972513725036766260242945486657997952999651303240
395223038618743832922294659820785065250838503452751668680669347644
115903357560898181668186006194558537285232085567855383584471578219
058921651930518125791060363975428707225247787789129887671332229560
784048679740590096903146615293131428383326282358168950993579387632
768891875207622782641192297156029582102869114748611942307235899218
594290576205747815413284616874024117967979805405146919087443908645
368252112950403995564193819301259656130786036999409928447292693223
401180788449578939467381333062589639340557729216284988443762266608
649350447006155238488572011409097827614025667714815541144445478081
874702266283223491823491464422162305470056376266900560825505220662
181277851556386215432686184925604393097702173474606124851953555810
744429183768269479238618445186903019221720392828857405577832423665
381935757486571471126113647474284248498387195115584487844427833363
330001077118795507519936120781492820178714280889598361351237464649
340200745623974500797944194052704297607679134298145626350158402702
238131106517764178842163784413351401915054991606120196926647518064
757235547599688301172546223867661496620487482605927738697905653593
997059127503693233342041219546257275060611395080933934047604281567
952639865993614546616699950123229178598701908189749241350189139143
684596594541608482101234593090860286189317333610836316485878027522
517283683964403483118594176206066368923685336695401318058451842250
974639621765833133053471006243985999181798344047509495793410306701
005287385948433537556646924651810714707821828725446213337815893190
314287318002301118077588266883601945031132540552844476321044736805
006841128667639539117042632767655521118013148825114518010659774466
148577416675037160461078309048343446383661658934674441739731570033
229244374768983027142779814081508403416965343428135652906051561003
872474675241972491472885195187617760399063191815493596914257382930
238059917426015019804607280742588800905780642147067856836578565633
823972924614201029614615261761451936475503124140974773542923805939
453810153939902205705089554477009891932674513686838140708580384616
982779934417231815580201776435981100955628904922772707526515782422
283549316386196068464352397200678148628884516878022952967643514957
382921335698731224233021033141977792162900202441802092156251696064
750493476311314404385699080535058545214050842557634551847275035780
405949657412501517571458587304544669811937243494618857302849735600

691178283564173162360507616379172125808249631275953818941203489757
523368974849719763635043762054813543068286119141525946145533452557
015703544173527731073708387111231649785284197147501846810917474247
375878822758338723354527009054522746133071091140961515105420039871
851873184788048912692320761913020980997307871560479222595839866739
206234018477969009938602218646594034537782260144006583049064389396
538971221507944640834521838321377910704101477579663478238874490379
330228282399237545223604188034094759590938371027266137200019511045
410961603827081640844447951712208204412158803183194238295774313586
753465168633473012267439041582781609675765517119916591626375927336
798778592411254460125992248666679812180418912779375136324385799196
775774965780909873974890344869850387082115207294409353546105581442
191147263733521029824540246482920299704109623396326592159655337592
460918400571943679885843467040981386087594860300214161191844785302
422002081411566261603322564537137227442761697205363397623823870678
931678939131733342533781400784579679500410711900258039139682129484
502450201608915344295082726581083362502318139811718130256648350368
352670381371529086856544651522764761253923980162284798102873022991
742963239211403583410491756801683114274810381223422660295543491624
747676597711567868665707642548830649979375957946812381450705495996
489328657001499420734124571937185340861736475666762199399034513274
797640954703074006323530160273190215096035319018852301298155280217
503084817213935307708735121816618739689180624474472604060841995702
223271308991200747883635731721626984101736823971526832628903761595
845730602340584854946826190191434471676182850977443944092140912181
949504709853836067766436989175981797011283385109254192126342613717
779850030115069628135706287639587939656424028906141971868568891411
321944557318180740165639837940615943814524301933521173348790696163
595760532821894080076752672482545211728182136519007514396336693922
942244593695329037485838235063960414159373658051493250455386742820
508028730581387226563657808161579510181934515468821055403256359013
837566552557365696328083645451973440638288038593803677488907021740
489155963207961389620495847180605887045265378373369501629900441075
961436991906621953061268353548007980889304505170728013602827883999
324013215270217751996582634472149827858111870817934077816553004126
107719251636336475734904284156511393071536176835975793690432495086
391998542259044403260058989526877591104405833165201211872324256999
196595829208490080176320934363744546094898515838940114394201252891
839995758050437850905691627656316585372815662117832538951094472934
385254675266029236895177950452464462787746167884885197564584100135
641320796854216223792365382884577566544771678339239396893801497736
259181454625476889551083792325787436028675436982477742100224404751
490563870770773507062339457786715476035655694804285123471107308748
904514050890537342788112829672993822629511197759838917151556669167
596347530283204347434789079935727887541277630417747528434918695086
226131987031407732911960164371550715802777584831893476019023329846
862409897567102382524464511052019463294694017675723761102683541182
720171372111290959887438935085620232717530526761569033785682196760
918897016162957698427010768944952385976190002085246110660592832692
265877270963448704188423429650717124646206985022247443644759171365
915494253968307723421306695655968773288250976324144279215265149499
265884923942712244971925527706760337064209706881392755616633107468
221846322269771214903446955736919548831320769969273301728825635256
317301544711535195654446635366350183994759700237672978908826173564
783836113447677915263305643784880847627486619149686565747410112907
130106834880202452099791382293121574580076292719460230438400981428
323556412383872028942735974134400550455528912913443496825148175436

7363813613234162937958992936132728415686328855181168413372190644994
4468439305103680307999389157518975125720040093062432225290085459000
3820318567924344318042096622135604511356767600215106305774493410100
4239542814055920198568857117863224846654875449520569549023742876060
0829263510920294667949882497765922593752314871299930549680126871030
7268757417463371529833883349640422952587476327904512391984346856810
2196295300519401808311474363168900148621168333880468358993791867260
6931313023773443971338991031814504336851782801065670470932326594970
3358913349119981862737663478397007334122493477044476776518053477530
9009114007769455487099866941611269894543135173947352053557530470610
8923481630244137582358973465160052919307784070280576878239390083930
4484907613733121506212986847193776418954902803589656257539403323940
9478387894760372352814227150254435588858297948476474061842321331020
8483750220313406090816395095053996835115493243333724618021715659670
5092176449804107117545442677020521443023563890528350271399088251900
0566363333641024436454177204565279405661647037258180672555788406690
6825201991903047628502417213522594607273064849502199183760132606420
9069397452871572233903769372787546840660021723324474564968982112090
0763226199318304917013015775598331223095837530950322451807534633470
2183839570907831402041443508755323968920364622423948343066902438920
8300152033552291615240571053468203503620203799657983060558254183220
2403782987003796038546804457940577642786473403062080128118509265320
0026536106131530948968555382375508043407308918716632833474431356060
0208765834584124153761748200080212677758529826342167639911218212900
2785027122702252380390338179579689239481915563740500446492049289230
6790620130081269432348773725352365960880651929588362910989955846720
4423528625070861684883713184625785774414811840241799153273295177370
9637012145555482778396123521444313794090282835127451784405813909350
5078570665872251542739814518191557785592349835258129116197120349370
3878953391524569087951536695296867970923400009231081737741738852550
1953302750795031403007556141408391720439815358044071040315001870980
2036954058282873987173684099455729493264205960757980941572697028820
5495366329669599525450713248762848781393768386247896240047965120200
0425636077882219740422419839207490870683378113838479473586453121890
6216573328764994929122114295317253878039866012630755858246403157410
2567893705539171846180240294863399230113760648620641927138718731040
3821615965327578902844724561461127880204793715636135319502907830740
5845379895316277217685781582286828985119530895736208475022052363540
8200277912141541496092287719404827791062000377308362991046515603690
8989685614995740946244370076098203038999020310060713845331591523740
3572981051479574391788966737853399772515112653309315687068825676860
4177084434525397216706969286404921904995056534057263234715699741080
4970919049315075133948152194825193178267786073465573584122177332490
4948787187934771403409173287470719038204365873703495101086843953670
9252493971821282473030315588505726150640020473330524038024917633860
4261752024694201982639255688043041992225193918162625804944924993750
2991744490507211797608674008838413059977899895216240288066155011630
8841717801260544688792670484234828300630552604137741719522218590430
8207165202102909539904876213405624541730531019748524971636995174320
4704567604440614002068120041263178386835107374214787108584087219220
1583865880854805246975125951851461980247864493528256986200217495930
4585885832672114386691384487422488538853230737586091781287197805420
9558527293681894387788465395189946048459927868762715431597898759060
1252721819871179198708612446266002343965613911515748350051240998030
5372921089723505117167731653546746001336284784481565979746795145880
7112564777558046769305833277762949657320609268989952635652348178410
8964139016679882199691282876166010968468742924254069778978019520570

2081192919591403838426573154399188733156918179704647377641304749850377515464815184709537390596582623201457548920132870980685186996068609498693548365096995261771597962091436865324362921257435523475631872594161096828029131906361598051491504408488759217377779462173510100595099075466942625615062383242236420310814597732083511639951973079340708060565869474185693080744886603101674999259023229166827931095216338324892947060962032222637973965449144570589979569556732302977871120185196972552961751017563536001532170054547722373017421078370739545387206885381955509762831511275714313954954314395581916187079051826161947795078929845104689761961679616231011595824118524350039795808684971957337547163134294927428050272476857569829524698712088555354905906697533143979365626133073578423161618396060466753765055566426293340313057810392315855899019070590524289481754540647089787986007137192557032697973557165217538185561728659717945483632628725530301179373140738295026455953357345518886834868422635577288787804624600034256569994705499695462830327923152852493058107416405051351273715432011646521199696291066025577616714487402371988134553915474649525042519871957691035376632033770019528817139941670653484791213884333724256827599479133414657555241180159587655857076407224434971649096601577887135944002915803205498844618945770866811659854856209434643621377500403127451047529209993343874155291332969605207971809778349443703623541785534480763409349054762873102210348585250666076973334990944659098511024690344533058768073714876038461476711260299738018479559080092905076081078704407564522454646550805234201920445336515647777580750640137108345342403235260469070791674211944545874962209931434563744782068945346467316663441947187787598556854181338594176340424162385703689803244239877004234030708043431992119586337930716137266028082158373192362774711245099888441510736281477167082289802059583577733838485342658532670761983507327308563446015254169903013943406685453343068804231630684775961796905600370378311674775431277006729567968984465325490147561841094119227778077848167373406638980673859519239230821646658409217967340158488285069443864722665360910132407929254351209733368980964683287710585965593136870797774548186947128956208093935789315029810194693015025495493356308674754942197218861525492050171382816027551388731976637088173804529671978876095402623295671238481562494345540677470534353950857375091635482423672089498123789546190338241071286716995908053276774014943483064883248360314420002859902723575659897998182059935991397162015281952939937873344568030909300392339571982116805974231476674213676045028982953346264280375120093489677364865663009862126501926386464950068272120553051325833301244049136767578583808562465472835954757771827598808613556830174575331805601730845448041635615196623887314503672392846901719143445982248627768178467304875568251207772444988879663862778388886602523282351070250027865787790524499166340941711286079299351803498125990794644912366317220350242389490245952678320786890436717686581096073566685859668517602956385155653747235258151586117418427821815055640917959247980577062029633619247391593759212518684546053686890922074474337499730740605507004550738804054756231125018936908072711983598481153358388443725861229451715167690146495985471082565673415444446559726167825038426773687127950624248320930522114838876137854124402943240614384376458700900194070664699836825311780316657678515514687283088369060393558175452487990389982795741740572721991619043392102502296486737563991396228886596060181639644539540082440904826263401972609661029618718524682107383113553136389841212384674876086880836127427731499866038558788397137959961494429143166886733980309751974490615960307463022463324657602076350514917465369747708459331187751378578327346241597607174318241594401425667920

7065869135102798868685690998002559456318827221898760229247872488869
280011449625272589883719603067835049142378614714007463270603274121
91953218045575555112513772040022469905977925159669514743614097658
670588719207779766346862870549615561997986937806294892061288837301
613016008908669986499329414638942850067251352750047263895078949152
125696599469125303021926692761794785984483632639347913165371951638
171959045696769385467007760786654187342854960656531028764512114672
392451215451401075046948524546096724420984467671068697386332892086
963724251256842144437966473593916634469556001253619804040040960585
735270829753427618188012582902208736621514810400315775184317195305
171259990720149801289911758792730570183797837141591251403577995398
435179639082426129986253804844166552744948100983332148910390720910
253417082298324871628136591836736920877416636681036187536844564700
339823219811111856842826050106665974850452222811793132848054025767
789145016175058818058106948856070056482096903700437935478040480421
539371908128486180807558334229845862738798731326903302815112475173
459286403900095201964397870388038947656780196702457924614601702003
985214811176801201419682586594377019895922706699835062769572468182
096656412713080078669829488978451212234813503135818500653582869722
252022184869091333737906956553542731144130892962414390469014508929
547973128415199662097916356697053501953779238295884788101261546812
825151653290715900416422039659733865220135519276986531928272621759
646526985228595315297996538817483974862389841743366453615039161428
846567392904581014783954142183898910847418302660018458923615785210
262739233358248731734765427910636288303700100741168122946175389836
396316062444528702750422674540546060674834714129558587584731027234
707654674064487278577697251220424141241135371840264631815703367446
333520412987134495141223242220559818540588234442318073346240163347
904783417819034723025170714297201208696393517845653305998763496787
841988176300503228548478568349520896783608093379973943469781449699
343299650478507306398404056406065419554085299521762794988623001212
292154258748717484660105958380152157910091752675970456066991700348
895628330289435238681410264379649363175962856994327501368610672001
657984846380170245347937750752357926016600061808872767435197666236
178409486733924283720870939895110564783531796220770055031039877033
218197409109815154436012810111720120073439124276877357399147130185
276098406174696068971484431457955733003606543763385494079216788605
352595128071254530547554153035629208872959606229549721619838939274
347725859067286560813736630998587869668798726544566505669889928192
428885269906648446883403929445152961792391731255653097561469473293
204195754431623104052360849627342926862299237062606350069777237456
495093017959170268963331523628701214168117509175028777805752156954
544208298813794574541625579161564632676192114545737944340895558625
099671973970819511196801128233417656066056439608567253369150535432
467377730932512028640271051382004158763034580352244340054807358099
506570797833126494794439188336805113902110148797370431253414327017
117562421035016421490519218454992772434639646867733331846171945160
163543906101413733281926887351995110304749866391406746991537840114
863034694412299748157867517679519351654720128127610274751766871651
036052422326240466442151865054650848236612798589244525993425005112
078116072234500366673855350982604401700154263278467019105502398430
508931939396820068696415121467699581892073633375700517159138899139
158190978617847836512449582671526589596847502777576862449563057773
820069746817095233256351492155427933054080532001672672297378836527
013546513087055127860214896626450498435414956627496829654845507996
877301348737677658872000911427443746936288354013066049134406211496
236456545397847210877620291943920125073140580191977676357796979743

784052684854540188112800726922063750406496340854838152038709592742
663525184084104713038619617011176725361358580648776543168055156954
470233497006537090786940763829357188266171251946349474993792658555
249650521738088959564046691732090090483071802195548398530730269230
372410348638711859165536446715196746325158673634796616274757612863
681099036622622279817057525454681008149936735358130408304306779244
276612798094937522463855741424711341483514902666945656259591725845
457216288738766874221084689509973552698079613748983187687214833472
998068785537290121754447780824018859618786708378831295313516116723
860798047081084777032074227299336237290758363914927101919824153557
697983949442350269925977593862118034725454711639807299041022096588
877936242408755400453657522623144606229735046004181125411910972442
888359583771026794296330473303009913340888462802195493748261014468
198202086821102556449234749869136589825159469138858290835760116437
345078028668369326640814560597456646445788592703992297485002579005
124609914511695494106646014896156423704330711130512490367042979833
930287678203362066791107109879481363368670814667778425718906591284
239518030604114488347898927241310647880555506619787381849714388849
125028650170556293904678590304504513516103368351269604060460736431
766845863833752914493502546828875814517354206322340084329130689849
759548002053413820063453249471340253100336877260408987602717733757
182978370262992955006310655896015495086888929062159733217254731668
611258997625538410122561238476619191338601298717067196389033093859
841189172987258681874764971857036701723221396982541279153374538885
994258649209480004849407668699525198285086169441705444068386731798
714864691505923106358111095297729637094594110000760158502228887933
268746650905542316443922345473759589516058249999253877776795613930
032732331929306883703488786878675640557732059193504521325768285058
392639822661725157956193129548641603575895115055241735641289365850
673091926355843559154772499447616985146466147558584251978945651962
867592431465166190906040612489345439042330678156613749860884473867
959328352192293372827025868381032415012745618678447099487764807869
165565866058545499663657695961922933777991219766901558382063500063
730348905333633851787582613264847472697319062405946927882185259601
014486128882374578334865057628193848067963005528310811667625735916
139128113443876605418091951874583683884907334770685544102702967569
595653011300032879232184665138601941059088735922132897314071357725
689521102182566235378708787183500435406070800265432432821363768405
279823443714260652801275564534901701648671382451199162192407040791
773489594153813629302542431834996307158585623780931974320849065087
335535330933883722286496929575667019034975273646270694132258925046
353531128993880273455549927338982556107342632952734264778639302736
175837735684713403342929645475425103142774871529159326806880687308
848234986864533418567309239797356545482610722936232566053248183379
557107852843370051467625159046881238640212533215839605299720029112
280872722621867783909109033971628921992002631921330803389546739296
100269461686711289339653543101296244924079327505470506214396952774
795974135355654522827096861554311302813949131654487641589297651668
347550120530802218830357956706620574386356983246571664310845157660
999512748809746215932906772063183695915883202738761628101052105477
713845387469636368969313123668405694739698958840086071787759899719
983516047770055368528698732279626995373730503966381310331397517511
702841579904280328997748512510820278090628587617999754266636795788
391353665574398826756796491319484297266731880520297402636531234603
390546891368385461763128275339322094205666858765758886355400992407
728107915879189672819384838786615867237904962953990366175798671267
037389219445968071497906147545861963410592852222361505060655259789

5753995329587844601220109724818610272448391474393431835562139573399054713508433665733909905940739848029996185504977535502818793851197115749565875670021275764387140845731232196369997929620935851920953135865106354193200891142793670522556147803465585548593923101303587586502796484850848188429744731830099273042651595886824630862036305073716535129343311513428628983758958492532136197360116354311350999913509475167334613544220436826329945245431032345475768553681987482311953391003289374814397847672626377620439346144875057324761587011757788355538426335276762241311657387590277017241092110143017845435409987274620132427693360447497654059738100364471372453776515977371947545176880715766533964984779367265072528486886139180789749014807421700430645415948367256083287928943908103038956357217794185249571634632763692089798231696655510419008507829456639390242631728041214230354419514207860784271248206337581103805093535585047925249923241701515885236499695672722180236730935018398783424582365853881544259940128402769038532254899119259282667271878723140806050675608113240896015266395080779287934226706247271930943768464840757447211668699420945364818741048505659979598782983077469982471401855571824705914895853004822212089523558914597381496407047993985618952804430179298927181559453258581360114665409966306009453564711479482124161371053802447406317301152365647359814053224715879398095918223404201921739501755879115086784172787190828056076044262483191795522905382926160583803180366695056278253351109401474385272401651151291154862398502927070497198220937057745182808120469349478989457366845606400787525886081860846211413434451543803326311226421170251580820866210117614333371361814645017266069708890990032143753172963177011868182316455594429487039317663479338946951628196458800892105779297652665321879856596957369794675244627901079883166452172240725783942417823008877811311358435021254612767932239610205270174362216991560948221098184714753763773588754170488318570682406515955926043450798791291306186272271870382379312161055499627559647327536117045089748499179605034913325319337781171165309786791245148027589806096381341423585185583354415599893638300396324683053732697386875632406108768956235206689348884155378112241230133476808068162794265703846202895975786158276970520575397567098041092312867009495624237948388117688972705283326005203141070186579376697299915568070661157684084665875035555729524088105916676204546324594083773981891311193738934961645225894970346127605742613600741031994518922548078322326025961194019645697798988135841602639913314385148595106535810337954056089399067603545067285995525978213042506710281116949258442232648103557059933388050988584303832454649382285387718550163383002763797179464729697257291589134886025361203713899917701399650264474535471170464677556204818115442629361424503317352794550621505876855970025933376622900679230445271238307430009533287264071811787812925912114495409016357043263084620521563117571723695996393518113664266630134856612262212306715071760011095977881308705418207792728918351157367375914984078661015144393469885267389101422036476947244707373506348980283317746642946911238617301824575539388997669342163349602016000159523223220318007604733182510580041893631936426374123341831564673538755274185791676750146618763122872623288135186775652513885390601870753647094556384036226423188519789641811713186723845671220356515234881224436159342874030413486773532181181990271504492917487492947899956597905364100636125593638779955883465278602271289862940998474797377181040572553283658100654693272092645470563282115482344819457194927405910365729895527478916830799723324685124498211077782291157448982157631421986341191690922591720552427458393095113839787945509689211914978859148306260259292781624035353528789126274347692708557913146993495772833369332

827942460197617124421734570411807036069353833110821693657124619390
129880695161695773737509580753477536499562531687137159880970101169
088406062418890512512683751449919922355402715485890849292879841090
199026807245313541182361832841122776467497215781090182334676522285
304464478307521925326374017889151627823954523871743245340133143579
845960183068761276112405000588584719028869122438470622497694088589
089441256219238455596100156374081815991431031389051690666157504638
754871327135219694281096870946411977098577274603922787187727030740
055994989956980791550101160033272389427678280122478862042424690672
974449976889395317198828766341783101977253680593595090275111531330
700293037759402684409404252786949857800510294583882909728891032258
286550978777358355289630780610565003241860901934312887348115418581
507854775477671913733340525466732620828892412245220081823794257084
732338054274023872678055894974527784176958841718487177286943545674
962186274023897905277373568255806751998842078109216724370044030402
116867812932094074935668970566741095432375601275772276326043063414
776971272046982209938457928207583562700316520718518070987217617938
280417190940634603827171696270587520886771660631854479951631358789
228208429294625596961339159800757752308653443065209864744626277394
403183321916601796669636697931062156226743107723716512388077217190
457916152512005356215331588867396922715174602750646633249147227556
922483350264289472786192215491259617576010349435161691472814358366
585696892410226722442334203490442840723420323811144877803023670800
316817367592169539265145362047384464983351411898501559448368386729
129634126572984615353639319121440920927703396785914712545620962843
293846597135853953858097868379608105247297407627839535331091715598
690150378010111949473708889994358535492504181082597151146085041016
806385342355911395714423731008621894296161988551965766304523846062
504475507487939694445977101884056326141160653359767341117650745810
568927859332488020573252207442260059685798742993665534027636527730
161612998726749341438573463366361712974648654796818183747620468441
629676583068151774768896407982688257151392906174748382254041300169
676867780450876389222187649190138703490889211173776749754939376602
858263997723375327268007248030684523273531218597610261921275532089
162838643714964676042518839806989198995328664457638242909433946894
572395563272637844646666232123203930242831648473231028557984913743
356918558110332602387677554294548469187815431018141670471203618182
632022661397888806013036166530085146107165924125331444776896576044
238652025287745637574488199055199799744472713295296124198416566989
297749589095383356395830595604660526962754209886270539581241128947
295495553055716493257542008570271857429843926352296486573258114655
964848319346123988971291414401178701199331053241675763881497314396
975759539531142296462570692353080592948557397093574033980335285866
128569421304346032835654777026587230385835493957890981724877348404
661035294493849291835820044594629317846756836491529208430579485280
305627912576899047356787742100757684600583505371262115759447007460
800312059671800521615155336613672557772138914794102391091254354948
297625412448068331879643581120295855735492431530124139920308648191
621477784420706546017403283049275024249369301769764221782981451781
118220988287801877634718098309282365181070879240873035693681615271
819870872258358994429817419026676927734569441339744503644799704686
170523251935209024306073408596038826585423736837248452882351468263
014199549385038380884825918672457979403002756191472469998708348060
622284175534017389272665952646932085263062351914864223280664880076
768002756112741889670423588816509056708604597616564516657551170525
455525530640579579984442221169616910467272160143145733899861419553
563972949059321884480630074656627834111799191827281199510165046878

863820329148059872155415973988367994099059132280442218149439603917
490895055218605808323429935108648115376113771889042182674877376663
175209731190746069231332372696934394222241222498493203885122010382
888588552598134497039193890754559223531302634554570656375737676124
275897272555807407966516175360964705297973369138235581254764962264
177163220855998518652804263428436325057317558034944466751754025430
414848998237772963273930001093951440690540934454216703506708207444
154458044788698330407575289411257551844829481972998649613038682811
425923814142445188376827427349965807613748469709703559986068837443
267460306942934046764115751558193544448915622883480700122057757843
435238630167166454469768344570164797128207771585925517245933930024
652867555242514964791356292224149385449069260894738698315222989904
448842722441569688221437790134894544049269655196983825034174387829
175647963879366831298809015036601534856582555985429751798184567836
589773936340182735683598846475713070390871173005323563693855431357
153023322958070301362132475874366084113765171751315210819253189812
132402886299345550101608863736050517854200913829380136126327349641
670075650257281109209663113097611501706495090707953363031818094318
154677712070672054408009455724496802117397516899558904569897278168
761434336713047201264605735090309051069384980093763987662940236036
410322505172788927793602946407060886425688610301752024738668206104
015332961027484079493398605864303142363330371257221617678175439702
393558993118828489619893668930653095355104748031516651446113474187
181983013807498958944898257549625954316943237115926752333078485178
827868958259890159282823000684668280378651701289349441122683520712
7385869571059321094724752586939733221141435553416038236426990694732
708375872346352561084211015906496970294496131061686589567426592327
637712628337571936589613208833057842478510561768537556850020640974
957574772099224957404523071035916662837103825038622535539256050500
213269593625791329924743633817152471861722927585927550377924864861
204681344590938111865518899029138833727649006818755829851624966410
358456904121178332972972946285023832621628388230186936412173908675
855432561924510796602843842626182929354445044176123129290104721530
788604225339086811340628296237071204590858265460008799351908567661
163903365622853699812118174318281018766986853188959576257153649719
855569381109887707860476687887417799255543532384233915386824468116
334704833653694441309622156155818363950279845425106665005934228515
856318284584193925892089800525141023463996340975001850641740114535
340279969558643048291203036269120846597546419649215430575532033553
286896953551621373242922197022815889402031601265330555068535005911
476674059572537201654253263336321701288054431104750324556180039956
612326410186303698594578800354132465416982338022062371498261931987
255762152365426274842258130642352052152753836184408670385942315545
235830441542878671148338726217683344464655919378076386854153864133
883716659102858877835103505476727074679468061697710322509326243962
477855357777529866683362382271205536639981075919714299351359128535
539347249018782977262743309955242982832206386260801716861284129510
527478692257092624254292318427747278622644383846685763764317452344
375257128450743367565355590875491101019226155322570190857126494908
131559980355134350607545865099823139603031984690891286505567316847
721501007851893026275925396557569976301977026608215649647759387629
739157710752771117025718773341525389074863400719717652757520662092
704686603389958738703019614012913635025865788207871282142588680111
574245652040252998061438341241213384627960059961556438961387171067
185400134150024099089095124089657497694885302287630365391794743743
694360263518404664056765780003946517476790345815632085964430601482
175707608860198730729441817871673754963071733662069132341740667258

2479057005444935038915787108913406903217843135026555315418648882l2
4487302397076677579979778202399995079351222026229430017466031538 96
5959699987342765205586057814242886228700682792776593706393352131 10
0388600300158269374818045804993429778223804478625393333205822005 61
7530753600799179576758884211522994989058336357695348665395391013 56
3950322996336498094575574472152314295375624322103596999404176715 70
7760061462720912155444407658940017437054180405375069470921334019 41
3879368484073553477481718093395255531982290260687052718842440449 75
6419863763572011663551331387175328472648215130791614409962858445 06
4297480766731924384578743093519589882331180535167238157736943645 07
3229024809106961873698190760260300434307856237684079579582612074 38
5915475644784125863709772165954548421589978672004530334946057986 93
1220451453140579041736302456517045263435718556752589890010380078 17
0583595119803401296926639470741340673494583274136889932620117740 91
1022348975991632798378732390230335130028047996599898827778199302 02
5173206832604428234990781202011346227857583983174686175040146320 42
6392451161563731878899886793739566435690770149352815918664820512 94
1247379420034833381789614916575801741371255529263720071918339797 18
9385530894798610508553653572987953244841322280209145552916038082 64
0975497207511760406721409091553764650882506590880686668891621788 05
4165542523667578748617366198364190537931605081829427889193498722 02
8202218572025024650811280446727366402203091572099848622760418170 26
0480324907020332043511803242095281643860792797467335666701013150 45
5123630198275190000272965115178146179418214223937258455677643549 60
6700132673075955775722915821379847171245494216522100217297205476 68
5929356654959871713193064133495806089916667588739872176286767229 75
1198580663565904768131924322441275420360140792036576836986901976 25
0885379951882777851168700752991827949510632352379815291748840460 75
5970821174394200055646954027057557035572391103651277893570882677 24
4640063767564723875414113063482461627683232078364036550187468843 27
0394057337620752967961525669008183298142748373993851284143509284 87
2835861057963010890566808142688529292709468527892100830957693717 59
2668978608881129386842310791306035314540359422605203763492984591 62
8555037555187805102586777744337817108038764819811577992207600158 71
4829616687580303135801992413413095056389697013328469231814564354 32
7720107985725256536076519447581298503472858062478519556542939095 64
5216285480717032019423668658033309886498685923946071502916762961 98
3971794761860886254024735752831994819518606097465152584908060690 12
5676082305576847744093539183173636116074252272465721021230872873 21
6480004978078576939648232169842860404150189971305095232227183153 44
4189562324825156307428608918214913108514364328489427796192398636 63
0408146114336128799226905303186664851179409077174839317136822471 01
5911756738468754126713339544564178940695119424728942385703896194 62
9064179421971600803865977594171100053418954726097863672708403642 61
4356645531023725520847733828399784182019279208856371491390163171 99
7734393175320979836837954241931804762242090798064955108340032078 86
3584886768868413145714821035257260331134994267193084823581179105 12
0762094861946056769546682927969458432427798872034930589313307569 19
6566910207236914648253566868131935511409206563226303515957354506 89
1143391355993972994037584017785091245059722459901730137462628489 68
9965450532616124006129226547936886832156922146209005902635064446 78
3730850953341187748687649452144329766613086522828668447273683238 17
8695478127167304105198848408552785226454583171696678730525973094 49
4388090713529917716111791067046123639579242531813019300419892119 19
3670380421054172824514548459530030788217814577243250802902641700 66
8749546286593275418676247391938979705013965691898455432594677533 01
6095495772681765763610199488688510870777727463557876983666813992 08

912228322948292464898719772297795967170980288694627182616710970369
767312812893695775767744316286059739876087440510955583547427508555
557258287083244094757749175151022223509026428972334454462690345679
398252927773127606554627894604051205342071003488236702700482180163
455661777828364345304502555695520215112866550446552776469127923727
821301685011832404399006838865279552379453131392075013525883229202
163194283520041974891723711810520903130074208203865060932666920185
913493323683078285324090384177917850045980290791374942113940644355
076602157556738635581328684886400744222852839142228730876341586063
868261773733010541057572219040321375900652208452536479508704931750
698924434892442610849825174687418598499788845542491545748883662052
971589936235305618898881568981910527258393816054258785200678601037
279322286721651235512109918062883437447299595674216446064766633483
309225265117419460907720824331768122231433555743510134768278737312
047804519327935144628705390391521169566601208918112036712370652468
637702306019714338814942112725319092043913029369244720187599782811
455256285880923275632639269282410136982032799250249467212841245692
446290061659298096233521708237620065952949795096142452192304992474
597309491744032258325017772993098564593283299324077148566773867608
102981745849508920919290152173204231618921733569054165462838232688
795059078354123775344306081551180388899517305134903824079660674340
667747246563514411856782430179804221180585145192041419957590975806
501985482527746650916513862600821335794104609600735964422002287045
567602998604410599899962360152348972789935192827478282415890012675
277449238326148762836336587494954239301638464467319839570809183499
473806046288412902019301655814370313954295486194273721197886372786
611811639175967221093000645610885785620317891575548968275169118846
061355062253154725285019581639929046003365343086485696046302215582
538079833861727709510138797729056507210515816352955090625337815079
900397129448734578584247575136115374430984064640986028630863166979
708260142445703981069399125483713062689598900142408518970248348443
938501082368579774767454212244048874902162966115861657879347612630
169839878018998228597780144282234180319643568636457753490372442694
426165375390310087342026258792208469609559528646697698901558344496
943944406190710174584307742023895301614106877121511090069879373129
531257356708020278953202830166339982001758907112999483764355797041
771685470209772429391346512449194489624472790038321269000511362929
296901938340849868008610965867299964447696085145538316883359299713
569943530670434487872208714416113895643854461518652586433586579682
850252446974193959699751726883933547289287953155083883042523559888
120263736607215651718215778712939142255110624021905360424985657169
107316722320877730153852246922972399807477727420434482825071954388
471347405055376838481589684558601371636149615703420538093221722810
636588940768428293746977459848522676320291975216649984674774675499
231170151091594087726830404186496868521535519356334267638096570667
578700560682857533418305400566846668456386489152091248226492654655
016642698758836213641708554052931549654889567572573680053088618215
510608248559771378278408294362283749293571408238570635965457096444
500213233676849396220860125301498797179273846985804205512620947623
990962199074007428556475041108167709667880471251957701066460511780
981424761792927932285138855114993096829074541245823778465263829749
468019893971736062443479667387109250497646627976555427791682391343
893643247010484663585215842466619829903248645390806717417648256835
412736811737010316124835817040295411999433572244011807009156767263
070624068108923232246810070358072254912096287939810667888375776115
550295768190370151008275181493250308593659125597213950044832808164
426096107643139715145016174753267672031389202277093487063137505859

6709608818489657832911867549491531259394477113544193737487773998053
3282341289580883232012401299511357544938368879865162390871573728288
8410801247837236313938214889994646324387081384131154104793671743470
0856853594520301116777405858831744490077072362022279777863331141809
9413684809851985210831531006919152391030520417201731215191712828624
4961893655356249535242515384164948480904603986617750371842390575155
5941257945110730500603123075863349228266456211816377871709089481417
7277740837364727856666871210731179457443528417145689617354927799782
2932153758540360368725894108716531552242868875848914580224065120722
2134381575531361446657995123890042500146530919802014904156555533607
7332252628153984305416687099147218501751417717148434988160817790143
3665960687841503996868025715471341284120420208818918029782399889917
7820515910765200470163693188462061748851553646973674113495154449682
2958262681800559615547729798983998399039560171327921989244308939970
0950396699662446245719644907666765096564248288217817687305235196242
2436337885513691518794726877399490000370340740078490706911791256690
0212319923839180793141267392268327080816007435257164969889471809430
0805625200338152005034150734500727434905752674719490978904292452813
3497866721743486414205529674116307581427307047552828270587218524077
7222719820930315157917505439024172456194171102616642916346784626658
8089220183184951066398097800909137269288458086063406438811955997216
6008258642333257664658669077386966015618903696067812564457981657592
2720751089540157762033438177775464059196422836257657823518420252810
0240551435106143891104921360577572580383825408981627859401585405471
1306974998264925726364102451414822387589292229374811408691711357308
7250028197363569051336471490406693055786952697592485426547421770590
0552738773294299974367725348132167106332936980537949861936589571069
9728817126332241581921244590368004467293753739485721867165595142936
6747986083533607159288284881427075753011248024151913816292110105678
8849202167540017243640007881705046747727918909226477478241542295516
6236836093329989911253772119818819883383284455863360047498696935250
0952400239520295444278401722003609751508832191044715273806100141480
0095663268837012955553368675876764136873221822298672575422913122561
1826114095403846491360157904389400218208641612536622235876990635948
9517792485345644518913160437530673249501261285854448901677713257746
6829313594361083768576684627021118124636460427951568425290532283318
8328406574458995719522013996359086528851119519959807565743451340817
4078944026378648951255407847888640113938689584123128853116831663450
6494229654296032876704053795526989094807632341541688004768381065618
3797127431628072782361018950655255974169658716400826849155649103524
5168134125162459596796735476611944674526373636474494144842154960925
0722937696359099650169475102710515117730923017079225400632181461980
6791458734400998498372489346539188198732367042792462719268785957430
5874734666263312020846872030821051036728314026001116882939080242741
1495823019334034935218776372073046222359963784537494497628882355851
0374685595594097477714658328350542997199731339675652264290766410844
4940864577234519343210492394704316013141746703556858195471776462859
6822202218739817081619455920111575856865750921361562171026983197873
3007375541048151254680808750995035785630266915601780337946369240520
4122116388422078355535636087777460304165331587912217865544327012312
8089345362290942217986576268224057549859817727451642718276755554956
6983004442337947251480417136958912310092420571300583443578679216737
9205807957658015633913308757533460381533930614325391070778420933550
0974130274451104819634358178504271463731190203550014083489217926051
5978952494005401851927886378235162002240038780862658710732260068712
9127150642226400333701937173493799117829290165380791246007229683390
7630397599464029859008489785753079280239431092505157057297904448439

016694805152603291786184897032943726463015805039826085313494049528
696082203863834536436534013099859253743844351234158061027242675397
487130884125532174923321550108999880998232885145839963731419891743
901609493043246497670724373826088183214028990704279005568261328286
737968411830012361896322131607142281976361396724970778656235735045
902145025020463619245368911726956776442327284046263585058260477794
019253428124298992344873666118052004675755026094251423076008653281
706562075822554259427441346247945359352981249724531628107173572765
201790768647399519993456750530014499600315815126906244245445521637
397254075450545033785207024622384213022086121936275815849178724898
142002185046283978913103995975760147606638978989614573080074354519
936562598314572080723466274147687654743734511534415904694051550752
372034710772766153191465363473143008164067002018809434626890808331
195022653606255391390079546817686628761690497181765365753968744501
319376374062473999089692493796179231930912713916228743023603040251
406955408277052428027287308281535217952009755001592541657539681665
635029318417921495214972743623957174057243254694633385928619173054
820827262092741950212967432435636594552061157257328038401510726406
450514668055861698256945564449524682448433148065391391526193740684
568764877602840703737920188138010199532816429669785243421539609162
550154831944705845055701406936675601735932934461667136650076392033
969642992782805781269771806609339456189681262696747438839955683576
670456619604133077162848093062388033602429181817209878623186439064
823530124519568009265981371428395601143359227418109647380365250474
692035396520709391380749308584519296461836110510885032976120486281
608715524069914626618079410731104640242962509924054949337648395302
903713049262940371730108229408959382753145687175285254549656311466
132184300814892510960383207950258468127740937818320575065598338463
463458529552151338898280172539289415089623321631901997921936820016
945018584314589443860227311587711831153880638812584416687520037411
856918693482126566211380491034546178076399242906869825352698217169
196148921067205210032332601134376543175594723369273489499616409934
561423155106865581535391876112907306981464134184175935549854425577
088751479258461077226016495882875174264017529446047267643336706175
483304303298714136038738338706961314436289699377240811304846397461
780894359186008462593514947184989082963491633634804849818186600665
318108404131716591189821182771336232291756927599043357353685003102
519867322784975060714648676664303842384335580617286748596725758560
659317538773426828027267046985851741223417521039750995225960646905
411711029395807358384120701647267091563439833182068770440689556477
315325462848637903370046386649623975806197724469193394879154608536
076870140133694754404830761827645746416837209996725401039165228988
121777218088702191561111276672463687362849017957394715213749584081
118483462781577636343795335480233875959471218872368465624539055782
716540700900714917484760060350862354049460484742264304390978573131
569837293573559908115314765771056240164743627826853991847208003428
024356825312562274475519865938759563496488475654587760716065058518
716996645947306707389441496101265918383690397989010001538539474275
789821629286152802939217459423983487473279725908627242157261944442
020634417130374862600029908568915353793284013627853841644628140165
653564681592719785394896717013279470902749492648952471436332083950
882535430703038495008211717743041401156329145832376248700891479223
628416900237430810839787577773694675851477145820204524658040376753
222100584603312057895824079702256196472200135746602310506059901734
053738503536828655436003704667037811279057851647898847341033411287
246049064859674665516122861290642141449886254247302762835165729463
921396321949040688581450445705534720605313100438953184499169882888

9013616003871463597393090382448374053143792976996601402800805665 06
8079265847019300505885728935018412417474294791065011463189789773 33
0333183415918657879063443727170755202513150074381296886403218932 20
4739877902846949882744854176358086808354970486968637405737008030 32
2928517004086984152527872647289791871946683180927913411025814730 43
9863116791594137284181651232128058466378287376317425227033916072 55
5030985033941099725695533570568292835395340403320129977293330232 95
0259508401276588756753482862510148086608894214393499198071640669 19
4047245413682417233547080744002830162845317256390345936408918983 74
8647545965577391361120271036389166217730049538527667539356121497 60
4893243448194289239161327539608291322777245377092607084790878100 18
9447719161223257884293928375380925179486186581189817163099734098 65
6142786485274633847841909981282551340405962789642377885919583748 31
0928598678929715881356706540454613837557876333344044064341549983 77
4866496205003802979092147436638653263551647369562420827246097544 66
9417852479602139463097010825516892137936859390448817230687887923 89
6436653594042394835361481266030474818721693945604343268750001016 22
3369320109418879890571366004323498698392300213836176801049799267 49
1557782664789808506280894374658461816030371530810848879885301886 14
0268311922969565262258151906392911487441008319100384835704471008 49
3735713200012656979441454416046954207251786972177069029711358871 21
3198343200589897308909082560430180106675056309022232618365933376 13
2828191587457234115820068068859752944074546647806600321707830382 85
0039985120232841673479744786381754501680701973648267227343235989 81
3197211030429332157447769574270501736041850955946049832229481143 07
3901120548071900786452132378859251946887076129607201560307481602 31
6908284462254691730614157646466915743101387753052654593233680502 75
9392141544496889641711377125494056307816645262102591514400121915 31
2268685626990357235770225236609018988172242147153024876734430374 85
6818423433473943948522433145747724231499039817987999977849273061 34
4976960812245746428106830166307014524479471868205094486966637552 51
1159430467728840012587033456228454611697479133346863140131935301 52
1255556952014996341027999182111769901288195713378130551640142305 13
6192894066176666128434801247112666698338353554725264444282609653 03
7287762056585012999939422495049723939010811293652752200483635088 50
0394398433677997074095488819623446529637760440335458460548802186 69
6612171628377346161981995462681751498678219497077035040528313538 61
2682425132431844449699757812740977830453216584801978917860114312 14
7635368739016451949718329612651037252956176749323974507654372047 36
8324380953457674897811361083634907396386044132780625808725544720 46
6026517337433794006721661250198197846147320360342360580859202952 62
5737291013627618208907465195446636800560762300619226365064290487 51
7376201988737248766056828086852925874835819671642027546552003889 26
6002328030390725487615587960013833287187017397953222771235656267 20
8829574381594659610489044053904337861143883100318638714229243978 44
6831846289936588299718333290229587852633902172720448201112997484 93
7666900585811548503724681580162022474924179266891042690103824878 66
1550123959541876761718121082819840773452292599425458611684819635 99
4156953861278464966310301827777849179685528345471048222402895683 68
5195411636786688067313652506556176201423848999684624559935665673 97
9631306762594437885614742903377475167723157583108466073630059740 14
6864451675198250401651057057372998102675634678596851568003255429 67
9088788700034593008183311114021199856933198912697874535964858920 34
9380460386257073999277064439446156884561764819150459969150400406 74
3666430123298045990203889512794143419148954936431080070218487632 69
4728997711018942610452971682293032565854696802953284639004083253 67
6777851787499150113996555886399859620690958324272342468669122627 24

220406689003138467414957562825903806776043471240983466066581172238
546556665280681756339325544992440195096975951798034955262489083530
077483301332786851263177884727388128523105042455219513009021269083
343605057838827061865370882531479222030336384403769719614708450532
965053081683906031232366457016636922456276805891897597127433317270
323512800261912611764630256887273059158220673919178813095299723193
836909070546157688227741497390908031324976020022329352777154493957
962388402940397426649382563688062042646134816431365597740596342345
867683479222679315105468705601771744928133384657643378307139219732
065908055352791536658027028943901552198392984839692462917477290512
238663985639609550215822550805818491318859668338596902994821531899
185173189071897994987291550053085386116611519578085666908892041339
278314078885876111781780687389269929682774800221658583807766221105
855824803208300131224236508474823686155351182443833195077221972839
257903671380916589714979709152392428999232990665177337798779972346
260029486126059862839948231439158365242235742809934782462277559778
085020429634379658436440162801208385054581230404738510217492330564
441374122299529823347865776269006929528657377666191164018575065463
022790671599247549478229419331080446896172710421102645552330354246
878600084423300627568977016080750897816912719665700624366967872471
664320391741927925787051611454317666304651102441843836852101061132
724197090131681313577297904002127761574551271990996224708996227751
998164606695365868405903032513022097954379644166894615407608841696
011167755473921733790815608924383619942951861953119196982781468824
701006350245228122120094870916315925133754995960815090837153738988
484538324650859883705478872121710174645282886948675786859194511437
667590215348429826872603366565706652292011206761044898433218215470
576281092850338122163450402232499672196524053194312801670354923535
729448360134331898035817073701695026646017755210141236059129084415
126273863757943569173800246307040887527939950048112462098475581755
679622241588517675540033017839878428457288150231423438087901922194
210004082727235312937908517698105016769286584528812860367528973389
308133226148998527430292424541570659595730504128287849451319815474
384915260801710703575365199877011836635093574686858559557326486439
739471678350847589984418087923106213024969366818529961531874164643
487664987541821041854587523939019966991760537873692528939122335291
396674347060888286684196845178220010852086138006457991068372502626
325940397586359780105891609873724430284409281028051468864767522974
732237710772360451326899335621991319510033018174210253052182768397
019116478277565249172566647613137740302412662867949757150968571157
440166620105939409915472160479607357245594884077977073916859380025
002023884338059148608715620544434085650538724482143313343749587765
802079140971521413074923832552357425518787066599881160299591793203
150854079298140135862188046521631903820927895823535545936512961038
932668249891194096510940339956090752867381391126148417679890618219
905053902153675064371499904830850882127716068304333358371474547727
779791556795270246444741820326274701921509405362095366969877797600
141993895676779619153301744468718748241156028050958975109432483964
759462782647322488490645376534678750748753304415958661561994631133
802099580568186992863166055347783693199863322033262917653170482851
623343405048520633780077670666690281352252984827759674322680006256
703714078164896687584848305849747427438140873683588503311999614452
596055258303645399248321962399638882285884535131280637359200838940
289522338589669930668679755942571657139914888160289360411228186634
197275693170028797755017433556941567701194126440876681269761951335
049593462328226006955715634203595598857937156257565979166375253428
295814437923884556839271951109875759047484259802164044376958850260

二的平方根的前百万位数字

4952677163590958023225430862401314336778620523565387952190904017668
835057480011518233998370108403941237270982652550624653821794499040
3747660906025767784754618015462180660226521884134241862327280905210
400354501940270124084400867786909865866147531627095727115354610577
3552246253316586319256387405927530193113606392681717068943971013580
538630259436565560203405928592843956387762277976603298857948799123
8095244254892727787101862118358854405906563422077660040688974033140
573741032812058696004450494017334042359779577358018838249059000012
458725926260803475886317957281045327028615851139962002098908546382
839187152713248277537783473133548252872416262734992468833538905522
5898255584018248761486299123382006347855411043462015661297847156880
920092760113979904083852933438398628645819869494332008177253895238
775671456065094202752530590785126734331347979026422945233136533369
7452869264322720758550127346065015736915545450569450217973622827400
677422810529523438510075224790398231043683183371413308895641440123
785646853485493495069531256610467441878950381844306637843045989624
1404053683107955363598027663213784935840820043620681507207137301020
000874571630058711643193945421959899372571701177925345379683586228
065473784104459112468689407222490456887171024903071113648076168284
984518300862054868408954418880421303042981771225472102680101595682
716963902273991311070472928445698381326808302601102325871866318277
491243822599393941507501344274056179242275211778870500820451051714
834131295817595988816290601205116093293813031651338401303364712184
620304190165599992685859622291336965642704021127481399160962198944
701847469753016237947342625061910993762595492743256061748988667363
052431522252386720980298997299966685768657352721785770865227083620
093735670077326633850773973712118329030293580279417921440142464331
250210012654222007804783345249758831111452224971103049854897773580
291725896336110679290256689982145887864312857651850689262986546421
550079242134832838529528890342874502557981428384852253754243884193
391405521846349544772035686845452482778598533896487709831206425883
856466159478819391135613073065664100286352548133678476032381705033
394605199146352368029476114268204891133710622141125343451681861330
735565130625423892095937180225989702419030239340523934285419770702
428584716693892511633440866641907478051717410543354756931477100570
368565267781370428807484965524990408394339495665337844091298836962
610602855467138172890349118080747130335440469434881959384947567797
041021821100948592921431787142456144665254758758284763741545474692
982597428146068759939699615875823649581895518699832660689701235609
896303214478377211895158754205327785706890488558854117607799930785
652827789536297090860921798308433999957898325655665565567045885726
907298662177751909828841263532413063671828496222815687075577289436
371961698550805791246424533743772245700587242607210332754417507959
127873328214680943463427708616472195629989678188577180751106365126
433041316797827976722047064045164539527669955410360208505154755079
440594009588260337423133849380208801063586011458646427115412671866
584775707032164802406968074653843537436981342266235733661266358472
229161730778356307737574721838953440350873045680382320805699653514
366627749707541990139659865133907898157292162517698850802791239441
815244599542276574687809371599343649404300845934422697469490901996
373442048865221936986519174869125323943121874896127961733219335440
278098731471884021451514871603806303683405108369815699120575757968
872272824449826738797822764876710340192795135995754846331515115530
080997864255321717062725208433477540277072789972245591839798800229
469939789755529212609680412339949797495516934120689818415874760567
566622058823123916339247804349845042492443084554745561409966375663
018159894363187310123829145666822568437917572446085891301829729056

445223748912490029573013319856968215722732905423445028642064802905
980068845374513535131885576624541520009337250049928924338515202697
822893740362604168608826308403739966532239757758182810404044533019
542193972633557330699948861458698082098147752901386870273617112978
073913568761733038716752426312138110322395430600885407634988869077
193722989917223532599077766320593465221368313304548134555172896759
989197784428410071265935630553788131472846036452363291000606215862
746406755404906839836852760553215955182241615603391404921696819869
399371599813809186246698317742747178972272563098108111439312355263
528366210338826778673114993363845189546259663826995844021862686750
118619907843746693971950749487241048271544669131345944503964343168
016409082352706211792564056967039782510083920411926631071580293701
826442034891030160413624155176927482168548346766408700911748545675
745062288860718128619505006276141497473152477896080521341305277789
446782047459145786562265192877477429568176557079044650117739610898
104315893447359135737478288446958732695594388467601686470418914242
608145600197026393761659479862791253411599162527115793116282860842
841091643005043637953879771104730748426888409934965890109748846677
683890656125254817051824032359427770401324512458366566327642148610
647388100679556609325733057269227138793601977404630582277028880376
373964600747092993040494691495575674263999311011955717780185473244
003252401383770299904738939767739316584418259472452363910396799256
955033100170494265247978161991100735501661616935314053179768422753
285104874991783478721590477422153165841170065764599665735878933250
148179784074188803573588142532096215304504741619106443728784377314
242184707435737120009555086937466552356889213886489974930381834625
423400032720400021848376700669887338095911904373307040872819031035
950642791594922773319647217189446324995379780667242706836541329659
881570187300319697805653316697045591335101021352389791398297362196
573657685559811759487796773297944085633316265594542211021117862299
731140837476822583074379080795071076156151090331435098689992905909
309980154089775544665591291930742836777460970103056751623637097775
611869326903600367674890669159775222439365917452689187362803384581
329689500993324384653761994840837173830940128636479332048290264225
735677886733560593183206945971352316592598116243901005178426107711
233906096254552486314133371036595721002063748191068742049227081604
725655120420258504290978363175704547532248001876988775865829658928
265586158964548054382030984449569879294364958037615995767807051820
021691013746582985811976844596661241916618135544978523069863668426
529969034328516974721415260594355215590656289831531844328764145426
999273849954005828991065774747419734424117263528222003721650463947
239579171250527640855323438811804593128335896035212456335415011982
849190226561481841329043062530156693193319494674276363837356019063
366866162677046875572925345306131992724635492913788268880145634368
439251800866274016107499733747935970400385833851898597143205715465
152410769387779883420090078093023317270915068821201834297107340209
604578652295950727065401250398340894013387810243400694691193139765
644266326189835366918824135796931914512764089804765233511869233539
725939699309925729986683815478513607838441760955320031857688420359
135678409847644952601745792514486731210628338870728329589364724197
510702705578444638066840654454432211683485539213494841545671994011
211068007753511590272412773699875247044341566843454373341516783946
734608652020892953578203071946782822631266963082595409698765097399
400142331717821993614445728546687711985526285079462392865871182665
815970684317703339819828765051108681040517876905077521027275558067
255371132518012450016115003860266557695112921531774975481928301337
501240032761001345646221963466413237879056957796235865168077218012

8599912938392471713812118820973461987900131739746431335583122309 55
5156817944015883104793959232813097460426736058728509125834366524 03
9691111211873783677652666511555011428808469717438977483198938720 48
0072904426085411448117419214265859265833884768337104985742862671 77
5654822409579035194410358211898750728899608193814520472733048902 25
5404548738801833135083819470966133346078047735822384436380601601 67
1220535872104759648445170180009220533249408384235346148950281752 80
8654358872885474161837661230081909327809303436942480218064507587 77
0284189959620373421343179334330901783607166259917610238065206840 79
2947676553507268204655048659449808340295466341310325093126128989 95
6554020994611493969221879913173845299867368243733041623877431022 16
7688670304405408261322995909103428066307011973798151936090800268 60
2177625245115164654447167973976151837791336685373174566978217114 65
9062517235693329488698146839452464091360391410041638497762871613 39
6995394745051697870004635233482136657247374665091520392671156183 62
4662240457219412692342703885045274706138157110181523320314696810 20
3930371677948775018400337880350275593631163540009567097936507847 55
7447369391267571188579754993118669348802878996406464090318723726 20
3922334551496476788925528479261777658299585929898266511132374295 93
8788985907482488655894933669865624011610048401374373226865029594 20
2276568094617923406465631035809383261243365204351841488980481208 07
2015732947882015294552598018641109895650376038203654573446828238 57
1225789224893403872921716696136836700403353585424948516546723741 76
0533265338994677998865935848731841530451305507975122460617784544 82
8724711599428122531794199202429146957497749335740334897929564887 14
2895429984568673829911229739413715013628781845003514766637548505 50
3753497348674421092838808320577138367026716200749798669543389519 74
0871442810088842016941493634068203701004936601181318048979245710 23
9234837029462882721540493905687940260987447391885746982128526667 65
4496532025326843663382992880755947578680402720822539577251290177 65
6957840723828462405092426831389796843420152432704771396978712180 43
8672811643639066536561721704495992006399355724447763502902664522 13
1923364250818212114618178660640850411732064108108782399058489697 01
9010152555912554148095942899535812131334339395324341313770516051 03
4953188531413956393620948838197166705215825964547260296676724927 57
2108262589322776640067603650959935523150061846386725454879141494 44
0709622097563431429575690477590066966122338599208573238347632193 30
8228843362992161536018807131128888169513798454885776408008642501 80
6184957322465452453741536483302506440450498364041565909345925467 31
7793254680682223212570616684374237562240273554281236699582294708 89
1114232076831925575555627275235959395523354733106763277921484206 49
3634195899811858077509489749178338479262108533529463363226092183 86
4297168410104468523923534573790219974963873992121221080343129488 45
6429835460476020289761731807680285408718656707401003662996122759 31
6276589795005844515655844961779627346225689213379620442229385706 20
4197538282831844029392997534811648037872688859168037499038447908 37
8672783895949937734552646444087816483444251929471348669383676806 02
7248348230590017685907669054838598981975031925284157899840082954 91
5275731455461258811720764613428280327131985883248413567564617561 33
8356493425613513454128608397323162778395030412011625530055760757 01
4554801896845718273810447927826912879532293072310544928077314444 76
6010555058665976433324704703745118098953549394969445311136525935 07
7443522162196583187390702021790346442771571878883111558664699252 21
5367980514749285222571272431631112635401342454478992239610379713 38
8587299230845213439991778947193714819765129413485638558510093927 32
2217529044510639295622427342063356913892002147936652686254237678 04
6459591816558267797569682343088907460353749950477933592021054937 23

663216268603446104732069377601481031622307417708059025773575069840
951342049516081668064555188005137666095519040317294119154534955766
083079448811482127941967799229178425225353064032350558475978744872
889599022394728454408427270289860569060057952982493668306683739858
506364109955446941494864350413431930955590198099973934085881153436
198037675482624630505622314427990242941847955027985735360472978559
388523717952357080387448962392944313322004678822643225916313040309
578307052701443652908334294076767721262848730617355563862096064746
132545894048684754619326744380764222864152961504341209625054030059
556472147579542163810666257134465105163451361978907241993420469364
894746533336761182063460544142709956341288926084551315961279496482
457295019407452064693642659950597065604140648024840669127861012581
817170642712322794277998279074274033472248538706251464935416415568
082902797172225748649782491217139298509027535431085278519837228084
890857216468921559248951078679206014143808416824113367633152766790
630755674450626413369780300831865523476461800281914299315635233458
537890121458173646954349980606204158395437388629675806717641205992
533282660626091322572744545139773456638815973532678147304124378473
332879436553048299977341456092389769129816715914385218257117315100
385050068959973622899289810356415369066914048720278900876746538985
007017902248208444919157660616532434145551451590655374111887829451
853157571240975709072338856136144678588158777268308455904241010453
668889517778570388686909343201711364572251410129120963764137908139
964874798071626230051375031362889870700560927846555893611067098377
417563648590208944399632347592117023822787805618137356255893509239
751034047597764371301380065426291681083880526084995086377102542757
878466143287303113030201092415192845444871502306262110956921022949
118010171023156147625309618257944995323264353110383257060621437263
252441447948320058286845613088709028218348603232024355239862375909
981664004282959960322790739609853866515951465240484250752378747640
728556728930219436021769248322426434689554958532123793662067191891
178292774784160966673387603111087991313533598518802018744764167619
345320052503268317311998734823230184257385430979450184757400494512
854023269517707052464717795739109555610253670564929926477111617368
409233955286212845691938116360741152816023129425926612222465032083
645914017861200307203822624847258417734577154185528573780714569814
639426664289865320460257418754601169297181265571722712530680835117
935498603618917746962286006277668149355706800955881355225846164841
480898383980433255585968882333670447492217042660628260663315596081
650382949789523088304490612270168193834340465837489315074575072358
655023466545486060836956634451052413073197473797238312110877033234
134779086831234409103961013480968128671146387529399145400113979657
183137020766719555484952815779180608399224581754375851285480265584
180684657598420231435581675274776280635799723615641334958114407966
632171019718791107857464294929714282261477465006941605089283030295
763127206376952857012967562529015207506412300768377166440792028675
410670845119981400837622166166070450429989469685875081469828373283
723937517331573490034529801005031983926206844497324284933762373284
116013905042748025833774442019700829457541824479343257101677169585
334387463371471012021511411351996807937821833602852121272460622481
331960682545500901845978749281285454558092700086022711220929001009
797400263676732283392087563119000355585138203996068762963134992639
732445627387231112496344274744872948673223630085155620840445972592
418833202369637437323696569064356594849853784267073265693665395507
406605963870942424831352012800019017255142298565906671295513220527
328769259565640939060929907288006448594599391542893637503265017100
126267087870519661691188369890244968120928082011918922563351572876

1691727476448221030838454038762815560958082392267003956753528173380981488087188026754929625584896680085956200422180608755192871515766004575381584773202228707971225814240389896160246574283751935949377255791885354768090386923516900743504571681919796572395531813997168626847940291291465567252079922260220401002179034440075775699193255253339632287777531714668452701300323269589855351387383334425290825393473678604504126692157853568485337174688451673290286246961623377075127366079635084006526438425979036036202577679903702643394229840654085049874864833935474877870000005469988759344454734557477747785612626776977595248451333971096721860524039926537331892174202400756771966131157573258019466048994569557184192845786635774309446219243141494385838502604011580951790743998630450074120884339677678527480456856802057405954804062012381041725960582495478434627037390795038697772814852130110665290630717677165746695668250652879862287413970580096715646061503385552105823031141873302744124480793057179841339338874343658378791238168569278903163392983354008440384310489505409797840700172869996085694335663742424569153416468570622857455083638654337685089946264989105928598075181750652653636275050332933208544510602208230985217936883888495849500759824331489370585843738452286824553077774354230524419373986112150706745872364095836234732919753209517319473695985480394131155921100807261734491522756207746568701733722098401629956089371991162314228061234995524750253647880355445185613521438015888796112487521272613704458152919777556732876684226430171900851407640963768439096994129833646844927125108530751959936555484184874373826978213683961586466464810277548455209603974337117603333286069313286226843335190560431182944941854115593121117084103471572846071245707060165733867237931921457583110831889874473597993073203162195921356627904264975810833548500141778430634430557143859856087314028118545748330504893196973208425370378620892390898944369343016560752122109814241102634031503642361669588084037201620403733048787084334791863294309677600267130399348923732267064456687923401269528769288200631022916562960387684528833921347566983086282350787225670196120962374965634447664706132815548871727804075874315167951771173245377513849149256890612021829202319609030575849398789303591181276130339330321049577481293727472000862324197603059223221677278333639642605033979828594086409519497520300713314574980055567297909701568961156354563026065506636653435809226497915026499592124806219625057703074775484970897544529930943519303679140641753648256706334167906020412251173287662999705833810624746048956112854242702579333306289884772187793854459299199229497644612586603115457599779301932800242432168730225479219094678359405697619408977660356913332623283479125252587175350473862412037217514987581247456490523898132220233804673846779095598498430402116058784018611270844718535214071512787202483928567988829732001158710564486057594126536102360559454387269042467552855298309870099642686685358511152607521450611765947950322512532009609736023689091780401741428102724843434412264483032727760499474531017431461599890623420042130568721010175755104530243265660112515112708274096588054421066673600696913223990518840374062263828927375260548056938820937546820358931098385428999595854271673603812391445291311189229596049719872652199532711709979866719468589357137482752170347041229220425997329326087591559394698501341366143815662717040685574451202616196766756975677556073802713756393800334244882808314719534569016023051428430744890509358432054990989095915231047766636648272444602553297513007721561071052798679245442029982331459831185716146415077847124143515433397230653696793844241316245130798850479164700945560373857257449151985117704952534500781172116731594162114151122393371977186955345659801238857805168980373457927485

292368389746222201847136422900996531758523838171057806122332439671
760970638068494409717441150469897011534257121452973039894966009150
384477854633229146481446862093631247439984382007268714851052578700
886269861358568368177069273154790226632147416144553320315322763071
485469723454283093064752839597852020592142611370211141626354404104
240468689174416911954535458990281710734922323478918594590159665109
747134633275911409523303438918550678373497438024348642194603526478
717186357062609969074436500585033728987769352950819430170950425155
947579906538922662517248115721292869905772472303209114994368600464
471533600852005216351863190945407885332858889526081626991101922367
477400849078952294317827587334080450540067844869580538963505916038
195147738134992941694081008963492234018660053224649942305375697372
426557049177665172125348378855276694263278152305457924746619166270
703804972729355806051735710874729888449996610928495451923233462316
395624219573161571808809802988167187341227777198562452841935826875
916616011848226258277231672434426186556449994045362293696356067099
030189912707730845005545389041401157572743806633167678371213330789
041408840942379842282357178168135146871227756486381682918604719801
268899361695395072259548237627527498540039922198770250194039675654
050744342397319067180519599012046307341424585655481028731259957139
668681781656950899077114168519212042604040329200833566890624045220
319545875672082751918526163062960287133010896002224055059755289275
008963197458840955319831788754302910321802395388924927509115515820
440959995087411153162049497729501887854576575677011953787364374625
389715938881600406903876279761088361568114503916801853146031891976
340695030044613046222371890877543800184643522739839794830078627740
640308138328898960987339617918816858598191755101593485996335498423
151589458273646202543121457439628768342181307569364238741998790939
108270139609534261248631688130274104135550993008235112403523023927
604667833861505742882785779435977841961592940660942043635726599572
420586318887584064993857758707634860901255595637349641939827351581
410500375339093512771831223841469537697846562489791792712166320807
582836747418975733692348187789666727220943402133189772448388864453
893216754761781331285576579043143886942667910370925985470088199179
069244936529969554475513131547585432472264638738120299239437388602
593066420742386507417422801154139450415513871246950884262980114103
941134972207185075558352305651674965378309696153524368872203380117
221255772604285810160652900959962085372993879037406961793194460060
661723105235411586736424408398047144702233316402051554407782039787
170555198528169580887907938122269024084390317658345984278868689688
849445150587658585246865730586358801409250134358340229850125832123
033766997755275734733674485900970843750026048895680867308935618361
703058973852538021340100411341947141809883760605271101056517849789
108598396509968164378200025021886983192529076340114962292489875768
163082135062983062118702313633806675357828995571493542907699477639
249751560096021921895771196654062850378835993482613372077909920965
421209407563390903200689577077474094583524724392177794630745529083
498436360025032996645059292464779551567391807168001506277424479704
364756823816870593314177694674306201397595359108004809576628837383
218708380022500004081362318111366738174185488132675101261295309326
082840088903576508314276358345077332377437973431117015371210037332
667324451221997933360883006327816464467570472471755942073733292171
189732819532543054019478487040199198754693061916138200336165651098
083636148034547884389730168860161997860700961837326369023129212926
432883883713274063331775308460861689892402352158352988606515531330
936630284843950629176953284467014241580390924961568546003448872886
734645277117373789997360856956695550097429309623464041035666885532

9222833148559352293334113369403937171865708862781703750433999728014
4665180333388589984983127259023651533271136952111995842499732788899
6500842524549305558854649421676627035812747972997571618874972166796
0129666780861377454966133199979333692845343588476618994038600721818
3236184527528150256975268579997807992986578211235498185169298319684
3071011853126006636830759673338487081491867868940118156125942350844
4389678744304143692295145322910441515254991525064278361778139876604
4962600908031807304348230880455768603845266691286267085521903672928
8937475257742285471143235265214234833016378591643115189933037343481
1684082153653126972849089532794167284625813534588808685657995650392
2816275279316299285859090909901213101604300069657473633293843578415
5371149390175486125865208963645736475802256029620052666793055473067
7850541150303842421406399309606883007126246789754264462614919585987
7720896401173644836475224128652652219565308402719105021910833988784
4623187650700939937726971673046431160036773845696217284777369608553
3704362905601414423071547445296053108333740480950705159788788771126
6468496947961536987994889816722965857336390820797213011015096988766
6879277339434941047159864656618083883980266715929741623033511024888
8200513868597485750553974840925441865868560756402584179182516308948
8132772012390938307884083709707562142761416566416625601149168359444
4049897093676111731896335190303750275247473361112945676646970803467
7669829791743077968613541657137108971641688097830189834207404124681
1630799966035431356305079904240703010682325482504711776262274952037
7348033276312668102598528499667134495108664569408115705650576972177
7364694257770799175205779840073567898795033849204649868776632282930
0217555904246555661450483155443406554233749558922631548561858560941
1877211154154964366217136596348498970616008549575631782904357451518
8362829927704874146263310015271662603505756722727544633995157147115
5610003276282055377467212851377198081357030798657373497147357653273
3407248571664074209420221307914803773608092725354150413380468118756
6936499199811941002689412730034309844075068837299799409682309282861
1297762507351973945712465928453175882490987071215592250099447943793
3627161198731017571817675387666516229855846021269313288504572273795
5949817989442325013516449245544684121262604625518249031981067160859
9328629156762086572725209446919477064712024078908325975191575967875
5186360629271004083615345223032871294985046101545633827105752256393
3350309736364954281224608215627413006585694059625451225984564496877
7951067520082183682447563127486263104094222590719252493211833105070
0136952015140116302494953499269659366034702040568633763377674053522
2739493434652662130736137244021750986284676041857569140527377295908
8875459831427746016957227471284131591417179015517671916474795965774
4680768825848395278810081099155039012881116365202923704380532565955
5966842391334858912745886541708713003797573736928013462247086330946
6825629765769657690607300757229386697765150820823933796779784180785
5374713805450041186874266932224892545405487069969216812372627243893
3083612736166472787124441376681828905890521382672563625189124381524
4279434751935553187005035901113432218043793940442034758584486604746
6523253620424589750536573122475953609668622440612958644842228999293
3688439861352107808087679455172498370075157230223119794267475334415
5758804853230152803462507071751817540490324731594063778458881396316
6441059887069821206008729489152480269678107160497068534135329964993
3796866660527624679459945316887987194105647429428587382700112888417
6731775223660707128961882585264608764596225629107514348697920507456
1839391643924091603253614786351871031901384966258942296629624317671
9261239676233722713879174767519022579342893535489619901757819427817
7933593161744595360665638332847918392927659955066495641924641441093
3907302519384576926654307356251850184875331866110170943318627558699

8235413075997723787451461876379861991523921319469302737645796131113
1902538970790061114326787943118411465433173122941399914171444406921
1255769235155386410860736931599720005933289721089672594870918820 78
4498976268490001636997503708595166526264717906435880491631963574 76
1396746980084683339351849619422971681256835435096326011848789480 23
2032492998090724425651232754775131804537735483747148393467844960 67
0663959742050559401405116978505143354351297571864505637850605670 59
4828257352703204372921169282393677893880038489311179880361269267 97
5794325820437048309783433076724567126394849681198367222750283468 62
5309169479256013739355858190501186263793894102085801231150741100 85
6381949971113216269700627741316417464326504654111974238383994615 51
9978581513509145089890491602188152983532939107247663596488857093 18
3995115015246426189985287506422006388028981905723747804925005396 76
7479408894855251022203967810710565254719717629379964488192929081 39
4527868110446577482435519439270750408387096604813314892331516777 64
2423979397525725333381939527717017164936429467820599828859551076 46
8306636450267307973300922124472278208289671031033436209170447793 64
7906845854796002505789440932648047289887511639497799029421754840 10
7880555939207095629443316909000537632663845173865973553908681399 84
8999068860340073833326860832636730188972413482306523753846177202 53
5377407930801061076110586075844156469892409324733017532341832575 66
3499892399052517016767139851876803691791999632561102921719396739 47
4049764749194970869989666433612162354356649131158805002583692888 49
3278034648565214378341232978854151569124473069754197927080182190 60
6224687794896482595684623819177663672704358438514383120475500099 07
3849819232104517612816108082534660658707228886863057945546339979 62
6612693371105637207047878301532343313721688689585307394131820925 49
6857472082526374324951498085042624871011207681259226553229833431 43
3870440641859980968616888256284601569219695540703766744240807212 41
5449110535233627154321006911075188830206090038301832340876173910 34
0465572492450679569677202013015271255154843532031976103471121682 46
3134153185657194557259656281095976916781662492760201745173016210 17
1899080518790938074486615586976854865872634049176316855646895186 22
4524704448452494462442547739254307863306235368554149243177070148 61
5302747175121962209233799786020804874696407210659122918909947864 38
4659594379040059755313885964857275722720566416938427047335498442 64
2226264638782352890201340490629761599022549027778123680771890806 67
3284015186359100679251184185241529290862764073570691275197566315 66
4305284947017637218114598604716331761684059509022549514939834826 21
3632332612770140600746959879293826382062969078708081619864963059 37
0145876479459371195955151917159825983722953228733923206659457347 58
2468256328381216542416160115829329207476150007135358018337732406 52
2077220741014001415853637643528123923532260692994178353616834742 42
9945501119004317612062990951152662205911116341700214553410575344 82
3491043504578875830473592064008848261791512318970295049266757215 77
9515377620747907317871305028416770948343717593250658517838540960 93
7042936927319009580929192523972706385220709376283832256831539608 35
4504523509117804427489392569964055919890683912294044082979339704 15
7743879243810221539233954058355041136217686560128829922435760952 98
1212209263729851756570813992122093694690694715052328077459229864 22
8802826691663732038393091735460239003176018105496752302588882031 35
3514553890163755138161669782250564807700621959942869416952786829 88
7478753140212139998473883119786393577874591772486860312671628268 08
3600027669552432991228440207446373531463385311809602295643152796 46
9593931153310461126252911880488436452716624901692931313843640555 52
8055220215938629825067679738446746997160462117301788465036921382 01
0072482321852304396886407266624343463175549936680725326876465707 43

129605464965742014788858724642343068491804990868789126274322683098
344956419302268946418791508286084929859354653201342427917487471492
582747847592518391760526150616597661767410207080022210623107357145
530655401644568933476434751928179179847063138391498203868541420436
574637438592638827911733063904177821890416855723272195360404365958
472503446756593807756349612730780517911953194489259765071287943163
119413850599299432391782352725876569010745153862419375984232748182
198639743155981076609447939438550985715018342750863215981110708889
461448106315882194394862210581397497664063346454238785640613883278
604627703345260705742599673392127413636484887761864382039568316772
471090981155072098848700928047908288628072401456294357134069914678
095379841230389532587714472243548244728021211564902264529226927333
350550801936451390912353464176822948658127116341488446487138940438
383796311559848964087872479294196789601704882820468216766183499824
807259385185356274854371004536137535807547593736098440482998251374
614985743432049694815390831886526255530137278085532265296825433061
032911691571226188092134929879103545128399297317393616872420901374
105379442196137925627337251285198800256006563906526686327894045690
228364851806154259472496125368954884346955803503775829068397792253
466589550529612640278648144264042914143766377112498613383916375035
551947969249676418386076288854060423444917794726698515163085347102
328889833744601277957824125844918345939283471692653076228256048916
999359044268746101430109002605687103756199580916319166870735133126
555517095165180999383952443788817970696008307850306803884626212659
925780771260775880880034397834613309972590059603183476278150533933
350088652428004152852985444308039533374501320717398934951676352766
326895121961597303108319574761027498742762578748124885677109579005
927502491259210783412875302790055137452476074633935386095909222443
310244498205298323532172118379719091662890610939050040262334858568
165052734382185467985642594689802992425789148498980317029573202650
314282389367716513114282254068003428895104265272373634363270439747
138599295571914274100417721665147878648062357860951987571652643506
735997685318170265362718972160648129565432557808416091911995861065
983798399068289218156337663004144963795187721814977544606567415122
590611688416936458073198486174501643534917040037673677032823398172
427876418637560031990015217261279594223777911511538725347480198929
580766627950907056425196769674521310890865479144731822184210694554
817775704429468653516051232036428202885397168429317828505100417599
073727457402969842217110841197101707951119226438430728170249752736
511550309056698602028716156179101479021586285597459939287942081789
345088729811755792473296769426835851993041649967290223186156377889
296494491157348628144777231272026926211861498389378174706263546941
732224228160153197571468855334854067212113913336219196385855594456
694344874928377304607479187882711392834931516355210211546167829290
119884816255958297616151930544728505103333741511476627068781198109
245866003077661172372657549969089227801086873243587889640952366644
751807607950878748784566302711750928291351066720408655539168738065
279947798727044036856803101905795251324728107742682787370875388526
527428967248912529596056839830887115265010684675513318640074591548
552981899141725684729310332971551712446192219375800682917496556949
804166118006066164641830214348198495154334102285786004075573722222
382683516872415418726122793533915949498447451325311939388867638372
995140482301408460171432412340982666996028219426687746020350044408
561234738448991486705378311063033742063237538401816044149506685700
686029181245557286166945572310428612741157967685536778128206918967
256517641753398835589262000472498978310175868480641610687703190538
574166896210995789931198136355484623556164489591079062157506552240

9406116580837812249285239344419707220239726421485844850893833816948753200110278605597490416883598082127220994889843787903642123264009123722136937501324324939748046175717573185561493369696475715145010410182211462819304323199487791240635243329783887021469755885703587553372304357942154147625948156778134289450079569409217527505391004979196022651496789365350417858164887476636288923164506215792124477053877485929683659340015264347884565719199332455934474761076692380139369118787171697038163803255573454807384731009628047665380576419628186164690314989589073451686255412070395565076818033800321425322130969146277135177502063249993279869228596784262989222327312739923151297440072869082404565837010629559459827454376872837458732620549605225854538691970472427955258701056665499276169791230380289242527363430837855338799122823178719144500953739114244894206624650520462133264029230077291309061331496001964854858526888504090524545823858966860742077681633954095970906151333518921728303742664261210795353920844976570758800700009559643497772958343429603999987126600212409786889627742993416133397607640362804238074079509091130486128310858023098994019776603252074629322665285442315231001977222658146421952712113684986105160804965079031983230679008630140641956319437313687140170325078532782512229846848047680535051533099864144662568804210072918746744256304054622179872808787988020705248126287075325218586571336844417383971416909759950295615211273951621400280905167545359911354060098356566940306072463573745761348680494253754167081066376013421075866907782551957701185049149003255238663736728204218121293525794245225930456367062961015889676369559976923517527754074063922755256893357989991637660062876813242807020019728631639383924433321763185274706788353076620560605539272186088879269801941553804432711303298399480093321999193500953970120540039922117809068015163195389729693029426651105154647184540835766013532320692289475260075795387140018858011500687134563140672772635818204108662034486505928356907221571891696817838753508998068188407745418158483287497494526177425323272656716880224358488667383090009095414176427461744140188159983326065692281224853605340612136782189503820883343696456682051211456982174261869108491611143500965949566925024531728704596022798192658835585777657850862906410871932315167405088483293371575513622993033943427222548430156049886855791326901606872143815448408977297208602502628701747276974283685649028705897972966701240278445898679710664095590357943526213458731841714638552958004262630991469108253447820609322621516227356451330937306062659179975281426567504161762843877771060003598604476148241021467006519037090973838924180978947798461757188017987790284840595432602930190803132976336394556332258558770351367923434782799263460182262438370102967548913435809360623380902755114498389478002427010165183332957961091843734524486807631302188286788843341271074049726514005617854916224579379741839098791108130123850566489421629280175527794355887808000386601631852093081783082274078138572116470482132066006921750489241752776322641184837413419129597916244498637897439894016470738203095489630576708782990809401246189862394193080258971036787409195732090329992909314232739957535697486049779146232868572559810702106869581617992390082726158482849283957362159297333847526015440800373743988763791120663127552602092181720397891422937879315489160642267221512029110069862081935008363686334565576071736599725219738489354261513607795970706514904731982703838692779734358733380432587338628275322504303466841489618448932121985294953211274128520690952131318086924570579281027302615871732515191519471733322350739193894503969786652754905855576129264689991099049843426164548229398062136925784305825712134946988100956747091236149854217578024724627853880746576420884272849742808541946620111

243460305895593615626363387192394956035055775933110211578025898810
542339481042097617362033221533074604898690656904996826399120112258
241952751282693013951205538701677771982708079118519791619770760970
311494254592475851127102434198750792615640096905082138226745635498
997178534219303844611894440692912149442561379361727597599003260067
691479506342547165415979250073676287079685431526525979034762520707
316863484391859383666360604063724166349055489017041874359157130718
442791425367959319565633137245480717221530840577578044642233828734
484220858626330496664727930573327306592436301315810990004223264772
904223704867439092285292182621363200010018406371747976080360938719
804994915074730686210825556284222777803675819073548027422471692472
359237592314654481958552760237598038466636957092925094179387186728
619111435312764969792337300287757018554418868253585069951764479277
680768368142871417237358302283055855711639399192006886470807718406
267848397588504604921989547801644262265467371099363027314501166904
684379375726389808513100349572494405030245516876858479712668200381
053766552847934778366658135720621643334685379780085290430204057680
898872701680706849686014511861090183585531327301005004768239955293
642974912465029498755059311086814578832413490937680966562452791826
946723727846400437259880412198881623554128799004363309510287963433
140733400475300017970125460148365049300849490120096986516524002881
963229692663058415878408547902442826403233728154488524833528381874
346620408108961034160411540126567755272904858327750979953099287917
499012044926769073270969437865203619373345289692083102169659806139
249956301583893949237272470102303404308987740036348339082828479016
081848137969628824712717516609407164991692088020637383390591354802
552853900535695738859854337974743535628727807608531200665844173754
152168604459988611758643298996503418443030187033493820313619110789
346679144632715273815464970773642628179265326817467830614081943147
039873865659843155587653041072188956542966480668308532793540328778
065776437505647237482849630165185963345731397332423903516261975817
955623748694715633479562594034222833775678125739789433570195535351
651441271935661800877869761177688375257134992259171428658580651059
005383267015471253028405459791509779669039894185743252901086986266
982510705188761502699701341135973063751967458532533316484355256892
650195562587963145489013929249863288704729088818257158482530557416
185823507098440952114566724064114816698665146833520544979217790327
640671672868504454216372917657889460299023071368112907566264652199
909281492079920807312301803707405533232358635502721650196591519217
802729773386816211460846764385355770686205506782006758174821422324
893026420567107557488677620715503502239198106990193054319560998669
101098227233634759362936235840800647808165376021900225027354549639
130069700150023782163906086244349733611710484583729397115541575770
861125878253183425719225400091382360224611746895432426076056752830
157798269352962204191872414250464432416597986587672613334434985821
024850813319299695162529951581654852709642841370128994569144414962
044008016660489640567587899080732800176041149296058718101665410454
524903598638874820740553553164649796630765503922627313456771546484
600526554374833059965898011997233692788191902333129871935023833457
125575312525409602678780851890719326863008332753406113674180199520
700940462658897838935021757920286007633661094554212734780646417426
381681630833344331042514773445622555256144639360200478639272096865
500478785025786898471315116448531105967786869425898874680804942496
173657461559550439944946381276474294791667692175499588922969493422
132787305587090917959882098151914406382037955918608625387577261101
700765423921244283192314571055232886960117631439273699977324386207
420643073327539794545173579030142898755531991350214229919828562275

198285065111161287382218616531225288793952233051488054149456463222
187894543988939390381307700087959825792143108023745646017468115792
358748205234734474686102525852265695725665778062213000602144581770
428991769484184396246967115600476223593394760880632921448035538228
710084533380776324120208522743619657154171935295257357191051774063
182096405579138460868824339111464086077912901837980559848676684835
546133327133863532136964710194237460337299823466189799232943471931
416929943430743559231496454102320575850734768809793842855931138484
197446806328488290759704281963057303575922249512760296878396733825
715323292151374961877386404455508115485957573102901081844909930183
264405496434267123468762300735764666207111490105183645211787539438
309832432676930517976051879436760598930195785242452797452795681418
960119890643321783058835087967723237295892026373319773450941749687
214267523407582386387768029461056471664649915152548766610503112322
750995060157292642294147855136838872615113143344063898462237254491
421240486221836012030346150461461587879208351822117430681101712333
262846777123571125829460873819278164584781941479554810155497985283
427459268100095620021214480643914102290444795478058036645670781211
640796918523194565125098239649427626071481257567181208331616020990
113583520737073135289779341810319953603068392690561022097585385999
252548341494977785927129604110468486015003634064162402063484298425
854080219471132156831838966973698627826218013928376431630481985513
450569096031258337359726711160565935756560316813755203550470730342
252063888999601330295519985594838526466219552186693485276514349068
779823011091934039190913761659144906512091607789757699244449190118
979259582423453835653808985434414709329754243014700239125882649736
265973911712363586168823262256588446997017685847014720347822149392
956324483168044464223721866743396681028148546264331976698039113107
286354232427548683414515086453307676900691306626485755396891842525
319361025433593884678624790866746844008485371610939752803778290270
940977606739781265510390326033224104125368606036864495017827303778
352749731920499591733816446508608048491611143685693021421338027l2
826509606993149076410650518286331501355415857687187281311665220549
586716259933074318230520070935220373189289759691203281389970003275
314083830204997007940434617457713410287718308649390256704805660918
330118203958527937982849042206777676765313453907158370735208769728
495577648716839499404043101085178850087034027295701830839685377505
191465033388435660725912401066184035940140460881369523490353777436
291744607877425437700245445266366247458646052152193263984765061994
881926925786685075223726703782092140886840132936289401189709047317
335908583982446334929066551682320684774508512279165301191640412660
090204270250335174579653982499479928197548857892020805718219827697
071684478454440368067129495490610971598585501868083206013511142864
406350301810349566503854280629195012412908344626449405045693651666
095562564775926848573747580606000458354760117416447590398860039746
177161459051409206969889059623843798686948947890105443328859203826
103900489575546940651943910641363542255791561789453370604990543372
247453244934878102437739255750453100176056094848903068261704719465
237994012222250807322091324784415250284988098059372065655040985731
734068301315897180699635603587213394391159560629620730401687505180
282590478161206887646676033738280415329460772346487463512216373213
027098950348999093041005150162965899955004701441363273909572619397
480998142610564013244979269376141488657539893719426816213436099781
742971652164803572330440159606621809264519183072312078649452559780
932778903296650369734987417603264516904371146932314477876662686276
450765358668199902541461203346210545770532552587361071704499942465
084448118970943594287281685818320971706298411540127880297840637436

二的平方根的前百万位数字

717137620787383319399541306870232363221963608591578628136668685829
679769893136364586316595968334845456663171642983770851150003772386
095903233190339562282033192212467452524471093903080733362283140730
936039029407992741993160792663901585472027426299507306416633341175
129527188950421811440889354675460372121253002883377229828154462289
454428101668495998955362526366791739068027362547409654038576562967
247387526038334639021675659535505115358725525145173143805347769750
250703311280817376321193254743340760363810652068632174819753861715
837058545346678567341135148237776777534587696675132894710029173808
660721692946855311458270513598386881626443806001814192626354204719
031045589389534307019779130133802074293711211554640130460620536586
555331828266465780765617225847461956357417658310686255948012867752
901824361739712097444509273309239157520775857581636237671474380821
377917474660500147005533102878388475930123863405918637603404696568
672097015129190260355148562976933788509934080453143326241662034140
138204281527949386450754848876463272941286671717178071752432248556
280777643186838305966754191799968680796124735878641898606830386419
522963143802489000733397047985820625328892811131549026210117710307
660422087934871643228101637629406861427707084012366696722703012004
422651658426283038337861235814745606867490419456577572204345935349
807031652210584155212320778114254788218781849337293943967896473348
933787052923691881998804772234421498674262128925902621280942426747
040849324796217239996759523118253754651821700593990396945658546637
832344795185256494884119761687598871470614880369594180951481298584
082551437925265528562842662287372988258562681163936102217727823092
944961910549355762458093561368861976366382849309112829451916245702
482645164427921856487360016868483795257256828966571336673185505137
329084185536670177715239495742406050838378251936646821931109855202
639238947353554810487840717678565106298649052187813193855210454592
633986317873430262467916073804951057013887832370926337811643093687
257148869936066228961708702179100890750944331589098469822635355834
826149532771193745142017595253734712225329149916166633137502556182
478953115856885526392996046475505040905815744086959191882631600262
332039346719978370559061765259920671507117981654319765254761361423
539741129729039467910926278818748390248826136579525033488936348248
043595416303468922604014000664512236247310058137451680906997807317
130020736759232258031892986061345379258906964079756498748745968634
687847743345688996021606158402125006441144542887187852696438494410
316534578289023434419258633465047820200807450815684515659915224826
929005332929239534967341101584297345780647210221921708808521638018
555893298104259487615990762685318142232242419767937212595171364610
505164493067287051464175912445429089134001336514493684754231676597
074471783338650545225458970543351096997751638959997947431766514327
085683041913024986952128085396634931898206497908884304926500685648
603469591757660884277596798710765717266687974574721360627850811904
506417542767831322371433571313406724599956361884629842205648773414
622846025214726433355409487280447497190141286481213783703817312245
878730955998855489346232306816636922505033129818818928775020006449
625402132974557088354211198018651665710130953501072960030609443859
882198212505781897033140910817075754133461945725672013456590004946
332335104255508674523558941447285505322125476625516085790467085610
066560991352830916142340279940698630000178533828404169193182164417
201240635272637990300131078466320099514687624821067866394827500185
025339777577171355184847392743941369320063898006173548553752839251
196634280206153911106110478500899124613554195888213215516471411979
112880917674669363915639566425778360052204298401157251681800457495
318703202515357136689132994687168986193998793840536009077309830059

966428177057588550985796959285753094574501442604818483627428760612
300984251652298369686445654255204535571566637392991684244873041007
724063943839981315241016190250177033345208610297433408830177279475
298127374856242418514396940419393704349561226466787365608099786503
672870854073398724204896366714674241802740422508139467570055514437
547057325861407362700813417848879567988470619162563452991063990993
019673525498503145827817907379024775845790349364256214629553239862
170458675860534013568567084249250994567213438908934743381614223684
019563023894150929323939811197847974792293348005510079358076374073
840644316745646712057218483906911184593934319943340622073407795769
235470617983895706309904354177619385956556522941634196108403715320
652359026344719365122879150394831283923427675244253817440321604779
701143874597638097536404984186783172757347881611323892557729389038
919425439743346985340998944082458136232605785345523575170078338284
322942947891669040490930229128525484910451825565617122590970956356
397806299494185201447465224341812955953595008276926061591296381562
546024873469054359871892664177210644073306130565019596277486507717
599572726461548123564029176571520034224596070192744207622351601964
309537397179841664358457561428015561127044948373499492648265574586
036485222456989789327607104588210666684604706172304222344242683972
530977982363671615580149778579058450696920774842189360359246348013
348246762374911535986819745214861027876525360411218449382037190985
993177588043508587677324307285825394530014372095476168262822230297
430312361795546395843734046058882606562297860961986953594734826338
695773164000211409903216525337561384909794780668567025842418032775
476523051518566719625691666791385689213227570121414359956535862123
511680232053174260935222801944184082485539870670674057604966914826
402484645513098707732174621460073286599834006658163252476738789324
000605150660126633204406522119507841478417143050498569709664964091
844709480052791372602692338287011986565168478654277000624531361439
544144221139838011705979798519013148454376246468112317652736895316
201312599204109385214819988148909789956433699477813726014812677956
504999335089159780640101912363733441296597531326488286035025854434
444741749894997010865524201241556863722684100188522611836954893745
760572029359554938414980291681490449788445665003799536720464750462
871893841912355978359436701193605245100581430735556592922535454756
980986881988244627585273310700439881987553469990977723760533384989
448342423687486309375738685082862230367192130462356654779770305314
219779426462825642248887271506643859395299243357020698046539581022
506689031574146606991437601950334194657317013007086286472878492914
925463624909416021722197330512565076554055525324619021321775192613
820980310085784322538763070870005422040035836592499227074248585980
007949776497821601774966828801895797192178827318640622339798882392
016211940176807176505147747826880912826761274191735751985667185894
922701238372806503228904879528690192151907269046841860086482067808
930262868568039663990216108571514469587466306945386538526681419752
156516231215740071245571224971512127848519799078543959778415825065
549649429147089451786953549573696381692772983947871847371989865717
540857129767016965917750109467591238443152399614106237875640020371
121281773682090436017914269664426585248585716464503939306429031567
296195788171482637145716451024043300586685580518820993526993893793
803076455777292181125462903931497755571598880740001490734562638418
041766961616455932411465562144602230878834053482281489033332964908
071943785388515762428135902889902836827483834403454432661312510937
507318802181519958832564800775503889302598231880179838923992162389
689122263446639928499727225801598192649546476291906273017152107915
728140549941354640052731624461332490216406205876399507882908849802

8907779769081368401513300020295814894050039538707849529229421204870
0650850511568175188646937275840409177630364690209764757090673646100
0185183820986086052435271607411487261712448597325237937554052332288
4738257416063066469268119233545907315994961523040680336623076563600
1802724762438329114336855847593409529244549537454001214047479670499
0124558599287079405236263571764156937076570173569875645101798764077
8865620885546252736995480630354256957251745540501901227270108502822
5830365457749196385096126754176991582404084416192943509739105018599
2349345087401340376439936873936565280580383725303148275386614525144
1130728652760929814869783234631939084960700856891462072043385592600
0381170267915554647563245096253649188638948069485998621100698990955
7610731157771003092499955113475554866364758926899529266327530919533
9329346931654450527529854781588141286913492758682604946122434467622
0369097818503372421451090405967439781151402968533269871475459599477
3349527514616327944811208472416881392058760422269923600700278837333
6319823599646574876076410656845501270959612296146874309563678138299
3630249993751535806900302905550775654307462868311777081821264105288
8565196582793423589229044782019030660470681390468371963750412420788
3923917578318741433351909800594989825052958180149183809086331737611
5469839160023040432869536346393626759395581701293334307875817746111
0955237154749979155633661238945504797022748629107537952389109575277
4974152592516761340408323552669449692984975796969646047022431652811
3353242862274801462879801140369675786092731920714331797845925143511
1732468083028390431368503814122451922949969429055095005221221208455
2852082757451911506867456007980367252502317364568012967163629937166
5618540346251334177276860288880094190054287008519828792475244256533
4439138821762173472187819467928911826973343633030641786503754863588
5853415525886331585296822659567249085937216923507505773565443667377
9709804666542384360185441972047405321192587652623078973890454045622
5831288202346071032111998661451495366190781761805909907979620531044
5380086143729041606905065937815822674388891482271714624155630551099
8257847342739732933864962957776983607422882975502624039666132197299
3704338352958931866085389034962588930240209336833021262756625539588
8263152349291690636404563632817334062680793156152817026119821453433
7470491525947960155401044593795823608089753743001901221895191252511
4156894445683734040187832241224726500242468563289320284496143639588
9483349504645769780234434099982036021996723198088220670235179130788
0600039510728615354139508046501601243650779331447150959136497312122
0041403643083065533856961281607692256241819670534849938630231601200
8437148807384443002870076981089821482135123766058931651250130742344
2047535326834852751473009028283765838885688539157829895883722717699
4733949178513248072052066108457421470985270288152683822433809183177
9794461611913564811920776053239016100835598979859235763026908124999
9794746047870427195852529579538749380051944305286107285487002864077
0215699846005041304288865201728593852837189657740573067012379367577
2141558732381974165173539778766118420258686915368939634860263462533
2241810019500904298522634985491696641851099858311612398498604242011
7297592986905624926481812993691773175486225365855123938895567768633
1177147770993446349763959110282561888848280046147790157306582695488
6950113562335439787852949465018968313266579501792939107907039316188
8810451940624554526240302838730460483678333479910289478907535968811
7437807485642324599848956395342957979938254412460815065572922512499
4169121274605474961156582070064575750636220726637985784749008620033
1206188591990487581090485349419425047618582637065634994993119407055
4055030277520575875790374933845301507086634985644042257862322356199
2560093952583740491977056940983001839765408005008455022353368073777
1757244595330072862838621905064741178499599309447641210873505657388

979001861273901310552238718631444153906350396938805886926581109687
997916559723466608547359584458929594664438234470115090246445983773
097586248191783014534035452924083872574742027192251389976589649763
095739771131723634095132872601102194105690404768831928054556108473
674855214501439050642169206460408617832517113692750167860672756777
394199403539106884558384343470112675437956904278286366257018348592
866846388412930746185093919569342008920143810576214530425256701658
356268789790211455075599318275702152573412812763467179100229913370
326839378752466920818948786630433289744694059072242244748078294881
360116011200988019706601454198269258765246471873750328903351305608
089910853774729713909933106911744350117707022307877714764847428650
908661419936392496117966052519892579277463115796478219516237207700
515951878696943809669217909640140807883598844355826611830560938355
014771874516022240918456462506837308485967473354147638796718626140
244898935439231107194695780599265738108745007343754001629599471703
411209716488441694521300205588122000121408845085093171134246366821
337951761321851322291507770066164632089352889459472533833394782003
851728118280290528829093441409886825334334855154367232691354507428
144201782499337948317417480921966581629465704144647893675270667733
802973163859730983862167170596738667499268058859231863189945954000
466042010405078850267352719867378958124048404939915141412247246007
814879009178545891573363736751740723346184879431800700232359718743
496506452367321407195102079183494123825910788260159816249634467359
843170352453631408211929823239830547969910374124387884336957917348
927436603487312279936545659259794880444320515424675113912904582219
052984384971729561108398228508909924002712603297650224515435185571
584446888852721404724078620299568754874682411469798691170313773044
091522198931996412640684213840825925304088210417358551113981122350
845865396195953878461603605867025248370972513215934641799402016253
419562364509365076495711665231639992421310301248473912376365501522
935406394450555047630417768509994264607603381868641633889654664553
021568393062327178086361040658089746183965986913162470259326258716
356404901089372375955780754831719284971802611198046394118421806899
691268117943004450563193810414211575414709648429689523287621450572
584514899104206496946532779102664214771009244637794588756620279778
118848391851393495828037808182115228305306590970884586488046720072
541741623142005065127875859417224945577515621776149400102783947164
176864346056160078160375789411645253648808546073721836650734140691
069364234463541375615148043617585756705876061043802128880811225759
765054530824212721116643170315386139575795247225369827839997852730
440806455622033708967594029813246729209935260306058267699460426088
102060697960994016826055456536934013619600572769683794195360316533
175182187271717271030637743586454512355313410249683707264974287687
427321757474463223861124486861187147817895925168626258451890967556
749247535985340857606244075342277863712444368280590059680431931852
134975783901966019933234424809499038784508100756418948695731809823
467912672040680359596982642263440636807168487103739150533979738689
475024233270360348642604304643960244655419051258021081786873373200
968404837448220746692115383609238776526313375338744512481193077229
406803051571080972234531178449051690731702388635131552085047376752
693041186228220901744027253681782343975358259272695204437464733263
951994347971602526747681559006380266200833935243815117635024775977
373098441019877282372498188458218977159348142009859108597916550611
988550844491450112849555488295192827103807475390095297494129864319
656665087888555505395333356518482751013339689727789767800613924695
344738977077911495402572734074987720676344715987132516781405079424
982643660814027301506667745039242546310768331908469250967333315946

二的平方根的前百万位数字

9574760338703834440081206459307660140585877467943945185161121357 87
1000030926332848398549761006557196901243468902209700566918290902 72
1984709030916007029101806229727576900963917935988151140815477973 95
0815148176578556432180380011347855908401654928361813170562672187 48
7266974506886813951064374369780173724762403061305166065945775026 36
4567286435275907552679509737521574936319073909298562717599131997 67
9887334953822585654133010878304459614689733132459746576008809381 13
7388951045680196734013340811542131749573204832121649765456602285 41
8302710841082278223262518046841786119224293710956074355913718634 45
0137366964419371941029517889075612579624272971941504489122747815 39
2288648193059184915557371178499941360249719579729531223134889004 40
8695924155282549505591436802543171920637316527624396035339037694 30
9165126737610338279944177776961678389938537886543838000835588499 28
0687177920071844076329117566315242225470326985582171025578064136 66
0913468967550473003156550304749564911968071033786511787069740918 47
3393660277275655468048176962675850649688969170873515349378611161 05
2863435375675874946765275371065784836087734590647098562805207572 31
7794948052024278014111840728204342821346738069042960106513274254 31
5284753238098005012090625543881386077207561831857530516492807263 80
7022109713538572638332801298735309342765050031919390351825639965 30
0249404789491559704597406389459088575428395140735495446345332901 48
4034342370574256429724113941893728783542345190228512879140933544 13
0736297647912335961661786215359482950411386325558210017265679042 57
7629614865736484104077047592613454501416651654115392464641572547 62
7043404934370667911766918348292282849427503772091542092753925744 74
5428553022160823136949344954905126340895895165431980716547260721 27
0807131914481836919330515638200606044298095622895426672128715932 61
8870686810394624469120529666855782631798920638462931180862589672 63
2022379679881106497198094831107747756791962791698766177122633831 23
6173412959388751828746037707189533458746271995091004002457689690 55
6518696801640203613500756266996256774216648979649287214266596243 80
4209130667130383649522651724277502197572103972437338084525207923 81
0055870472338006364828325430833263469687560626874790000166461525 15
6162337508538101676888990952674660365164410977443369581579185152 92
8112966685182851178708966333975312307165291135743447670192076056 03
8735710009892711975598065162323184568082269420390666054789977771 12
6984268719978626458660557128849587118599693849390575736568290078 37
3285384779683221484510924815010906356804455468256638285065971756 79
9150344893523785047357555959624409962041134107462208631244346442 15
1948929012825821094209172833006595088595948879621356323380953885 16
7116694941577889621011208048933647815361940986190125294202123551 62
9529643888744422643258272315359711981998098953443810796238311916 50
2289024669296384408922226734542517747096469188661219069302501213 45
7338850830567090906521766963555384961062639332227700756086863503 56
7940759061202757782256552523260779956128315530666836458219406610 36
1315348868101547154538475251074510973234115196335192068182786659 33
7841344850296408815459127299319611309133990203845613248354671405 09
8140790450816349324220534487689723830587344827658825198661030937 10
9351133604508718625430209174718168567852053336765659184932641053 80
1735337593562982767557624563205386219301638355346579879304333590 31
3707086142657651602448284441292903648299306749575713225449060676 28
5469793646648898606915938840418740966984502835984673925784130676 82
0245300587633957429920721058732250313817602867398259842120045516 11
9299207892204487639821519776211186717718036022842571612291180976 09
2999627576524629026113391381093291856807808286888347529217219587 62
0304248383297997036938339595540517230142330061909007604319852146 23
2876600121198397839456531186741009347825595052468894568233957496 17

458220226696786129335259063515417546332946595722992875481752019957
487356362302965786212140212109651237801244058011112021309226898265
631523630312511724514445847819415093390936445167587351492227097233
805679453583644428449370259331076209146503745836583311189972754415
151115956638606224572616018150972628014514132505857761759968923299 7
616084599898646994078879986717906266522646186467756119642242126025
257158389364321667387673585235086292334583584114525791935947744353
550203883112798992878375265967929725297029732829147549354488017336
805492042054041741521736130036742479256413924446065205084190048003
113445678297773980242703688131382948005301686510897098195502982275
911600634876121604857911348127449290480018983591015473801481158352
918837483408614535092980667843264720806721841616122023260330485459
497620485710658731622267045837394031648607047629585561457986947802
284019185129346172516776426389679839131479801297010888756149628533
922906632779964137483549797674230201362546003607252264527328840306
577937585526250136616722358098023676726886843243819685578748565403
756367473606303515377215722666082745425062129422352062246274554472
120146468253904659006243783862031599765935927187418630468854956954
376065712146161851151387730962610241963723858470863282904475310436
653518643666916083848319082295731700603942999431576997828053281383
959904702579198538187104639091744303610707249669316206000407366730
700477837895203462800100980791086637994261660213176177509793132403
674131987396997664694541492210010858691514833179037235853575886689
590692776560281034908307234368212502238075740495757142984054041650
363099441048934392836819083691958728186358034882037789281036305170
094169253541818819067427374329234505024476380871287239963074815271
902242224030718067673785697963061388480234723092461273425279098266 7
866544365292812421217954405844282271663526249578268433741823845638
299096162400557461163529722461075236758741671597814523436829992741
437422260240934312419513143912719126940914668444222526152596170409
063147738790282221564237631127553452640697802698719804761248849281
633596742704244588097739324991808029690814434379474682222054267105
792097010367701823901622832967640891880420335268348434413131225330
897578199308672630371241301443585082249151317367209396723280626281
341028117211342837080797287703113673575611346769283258977648130737
927939860235155613528076954593176556645142276530448281200005263937
889185350235891043510383375009126829813169916393023864568439278261
019730728012931841524998369617491545905289004312859809786211028218
062833652715141595976219839480741910579919143810002643829080757109
941618004080352007704298218818052890976353800631299030133384547553
656326457463537448732741811579994002606106132371403087200001179456
135401866196898489872448462971109495495335354882170855886174436868
092328150159564881901998384950015268863293168727206134232088555760
900937288121610081072725277290058267043107882542923897069055417133
897070277383973523709687450206201898383823536873169664164325329099
461062043921892178462201210278986141546232879779664630694835769053
999052369586073199973638110580833935532663831527825863618616512562
260112648408334007248412550333878673948423679785132308108105350844
582676048868058667279906925446394222706387806348385735023170585268
281870481906345218430193860988786445431415345233528736205546646174
067301518557342197504683978072875746217388834547201959792125678909
586151534337788985454168979902603903878939508074277570907019823268
667511685029714752140737875027420783509675282765313880845018378244
991693843907482776370298233253249514891784702601505692438101659730
041800447867894469937160174111144142298393405013703986293850011988
676906345255585857298231102147458961211357199883258447874172278201
955338578533376255521653101160290962547849351948585910499875560903

943069656003091316550730603566193121828595142245955414062615634933
474069496927656639952973549428717034852532693901985730562383534651
371900677290204841121310307051426870768237932654175446066458012088
358589297666700759963027615158307142301973270481237456096672207050
110449711202055741271635553030720194546796730174352985195816063621
686728545088539059122635580081307914519990478733471142434648369792
299450982619145620767548122590564348059717438934526627639178299801
580253370293818295359453761088068828950769821339013669182341324047
944907516177271210475237522833024116523444542804792219778953867553
457176428754436531439735733031870433567817520330314431174266710412
738396495054142699602304228460008406073991731265863044111243239803
171938816436105546445838075552746409847945254093616739910816772833
809356308260528874196731494800590646609292157436505421322271752951
434240936378957925256709040302149615202852055121360992288721755934
435895066579803752401939659410187101288538244599729907168929543278
860953911314322899765866635458423068967641607515722974614935109586
211936097611338219076608378871363434501872394447157380356447783231
484808770104878395523067926170614031841109430855942421843537272039
633243114069956211472616010640485355387807911353694760153574264108
336746637588802471703936575444844202979635135185099049960632220181
560123748367226116790728210016514378829431218004618344783354753290
453609542200259379021646269101739970943803992323656021325088078480
997720611699339369514755936401431398793895584237539627862259405968
484483436386727543173244719560853924693392154765484232923526814476
056461248400722822599844312451346308090037131829658898163684216467
143713711967012255237979051753046739195979333015829447019388487226
276028658281212758327167375191552449983445486411745036869946158332
483824821735274561459962238755135965126591928241328240555373556662
910818033118116686123761889763829192196071662023386598669663033812
323366539566734589562182693408010438845905848526375187335558508279
642008353377887255747832283685136848480407753343312730217351024670
633717274710648708974997000868549870904218310720544410975960174356
504345429904243534871717338657271954200235052610383402766898894561
538671954774594901098143115657454434304958280920870605582085256156
655892527039511220280750643162260794162961214007913181020161660971
414771057270787697863590046662394977111900713144616938930009201466
413185082982835640381849726893792660656555983483380567167953169536
845191053597330799553536480218510955738600930872925815868674799174
085617377981788936497136119071089822593670353798230314477320912289
097781506064882342209646740988738345868483993149990118353889458461
498058793603513462262849509379682680164168563396678395815516346609
181213105733289116390355274700074280377299684062315964016884645594
219354615814483206677146354050262039738566607691632225726114141884 6
155717263973213169229322296684334249899744515520413676402537597453
918010855007021383790621517543594845094334840609108519621357063486
786808934315482364832209968920693130183730394203213584648694709581
074130020854418820159211688293543453918888580421811489774535236973
926851175314484877615262768446358982708641100750230912668399530923
873281446645030928915673992842166796927841396872266340576538630146
915577001180908748633830845570827236814288440101879079564506219771
882181624258719307727971214702084062926482586880472675363748766764
084357118286088563889447494985810865647883998918661481043882004994
827350782915992735932568615347842423395534769079544765533791924438
324443355052055878028781200298368698501582294114809156546781956409
043483973552856057864668942490226512027598443811489679681800695927
470857446448127663428430633413718082400163885176535479308198770779
185366238284548888674319378567260835962545343349994773185358560825

690321505953851477605739068052387609123151635598980509216865957475
725142874781144950593878660968770054371419634630633420797449609637
329614853390681242874001932652317313836633601183569295183979606096
586997705382803096491303059328686119776979665183128478513502307133
173169507405101579952438646016179337462631000414274020505448768227
814242367484781558666516909925451455200067420220408553903486424882
752872198629285466332815875857560773394765024709440389509022412316
079724125400827175728753222229145232500050812730014293299816194823
677644711368862998052364092206905304060732076942992729618391940516
520043237870710487687587547149937992679199788219079345684674956674
937418207681256353688250527615683617311825133368904911841153962457
656798765281685185210807242853132359519810259147608700632598803073
522113329199788274290621475271182540719669815154261722793897870731
822623065176535814479724125474446083974087850024411468956887307640
475960135507114350565996022127925256785399747480297963187168591206
870257850679546264821585276177673041501033186097896374135474622080
330769585053763861922243109123118734491279748679070674185321729268
374093283085226316116829760837354178708168506338263422966511346888
451063598998575449480795250010033335586006845940767701463968041446
410701336057338594858619826312042799254096506755227963520185012819
238545071523466392932641355885523452134934601316206709306272907696
529777010895746208303266633148273910915509687922479448857982582820
573218256578191528132495675316770984265427182477611510186682095901
123051767465142178190808444763081602083619088091198344952884376328
083114350258369559882026565702419828410822088927224084197434740139
975835903186345667160898291171083152695055543474133162858629454050
291233303706648185500720333866973363798107697425389444107616873239
464879226889558663194316926779875584855873828687326954247945639717
470345125322200184568447322523260153887119880246141906233399749689
061707433113896001634344110728018753011444016883277742497595837940
394777883515664675127085716260187700565941349770941554288883009355
130382818736683877546312748222330031305232676646684271950703314798
562212080097044697265502377976961365047375394993948307745692654210
184567626706742130421677216696384422471563689346167627109100152916
326428341355381766394965469561955045920222429232282787811358231567
292547361020732884205085457055776724459044488175726464864960103170
384918409381922026835462847797449686529804536047922867016205274756
152943552110080950084519857846440751719330137414077309425847499868
4892995436845155291927605225028402570997437851206249119228045926
260703324979295379665726215240715988278446553463315826666261926779
108102033200932866227357837815590136521918808060138527917624078158
275518653627119146582748023308775982638604616145221400168322957433
877424083355954945295089868540972454175910702729326488823428335846
934835043519820689839991382511015461333447325339269362253163783694
488461092989984668521257836579327589390962859394021244761216498880
550495869811180338712906425671911700829271320316957027650966281454
656027243062596099673499441832886446139030429617925348016095827317
810940134544183074042327238305278327408745884058682607612335970454
812528659367390722763235355863894770271850895755676210474496815880
762736281419070234182798019042753873229979058203254279095241452639
734324568284665201322189801488401070076980731847247144749499246009
235151781266798729283659094172005480174908280008409941935650604433
355539544898073172140059088032099352459821232153010783175635289194
029863228894002390832731218305575187709457834448127454237182858118
598404404105722120999205546490438551019108306942477514299336357282
237767906598409804651576311377168098085344818932946340512862562581
091518663136780406553578897799441754429046170765590919617233528128

064386231862795365939957542743851530765330401360736692936455243433
939914857134820013503344570982623211160697734556027476088303872303
050658143763283087368273159417539372000713005636421539135316629150
371354396781627627749131997677530836124389179703253932546793831377
698914161715835294391935179011508169462727330561504756126999077465
806202502304135855231068022307424842691521281658559553741938727159
483559932204904477466655758194579048872514480873180770692394474743
193104136045905064530630174811141545650694532483601026629621245477
614208574005609652746437689949840716052432513650278778911135538194
229800554295932178283905320875508976732123708745028312591486908350
448500932061288649025132349179992031059027922511683727689990842244
978301693555912274930828125654344482349876885373530756170302196433
287571007338059495517892866190132377393133060903571074498183487133
250545309960413231771998467266919081298093735176285133317806887989
757225552663279533302563543820177083272883385053003676721598550255
106066802472260953804420168957881186861015620788220210194796404776
808108087111725092256360487951048717533894938161711112811030877397
849684279061504943135778697201039357680097614421029532741587743486
449459607604283487804752699371929467363894281842301458190473217420
135425993924523071465444794078374323701449226809458152558928343441
394205308328443529536304556315248022873548013172822423247608312202
414770961757014903686771052718313671330809638595109206320485095726
058359051748397812512113792044824316001678107117346853630804574635
931843096996983881962310424061587296759535743949286483308779120701
728725750580257872495270636152772744713743912897923218495304562863
211026986327602302957821289379539504989758562962556628997405806143
228763685962179946546909782276882966952078205710395906872746219043
420949429709911113411895266929679437599622587097188146417269803102
880047598790844592309194459286640658326122178216887774707166922654
843497013146988087005662048776592774612441087169461367949900249081
388652890738287414831880643743475791628629972220200691849447056025
949929893807319761477818955156694159199596642497543749795383834873
135139164528724251025351850639919915730755058931316228751323361780
380697176683309182575668570820278948591639435154251331502802203059
029910560593018637205118445883378829902725653531268616051457153210
589501414527280378871220594944619909771305048401595434401596494074
990529726006071781155180986358936937575457419051652626618158366677
319309061885278262913626908406850436978181182890616795341099952761
156931811693935952251357610830276142326352796455507597104853656617
220182680025943904934450333140573043530451437796084149344930269781
849921240142524943323003995989794164067153388611976196817225285646
503256228327421800527188462318376303518593696049418690781597712157
193941631957770968018564554935445201366780266281139539341040806989
986698763532415809695257037873119361249867503267573598362589843189
889598839056286921185933362544099374161724019542776558131670880437
043201145228993175477475314468237222731315914730925747104333838641
140970798262908385278852285639087193920490301139946595731274605159
079895783321074531674270994854114071873339745221188753426860059929
865085048787946910907794347200777844302830661104238874488461008265
382802984021606833170925935798568025880161399309510681227970727555
849998129671131654263041364710725045275358057530660711201305825482
172570076519292437444005932567811061735566362158561029992349116598
795167860880531628128755552032086501618169902372895728129774212647
366180811672232925547375070256679867657007484787270152865785528470
169848268595955504840904460730019666484970065265885660087076793634
469220002669555368104087810186770361007861315403987499868258788135
831508294813195938760498662913021513031416477174754277579674357634

241837800694157155338063743165571288237140592871520780394643092529
752988252392426258332166464950351641280080158816688523681222152386
258675916088789350765900895516159274157120991156719956796960220706
644037519549333512316148428046435367561793113249306349614841070733
135543681536424660422220338487589002751842546830811418608340968566
254955914622288102352827689775372254468712846966202052982696425282
328253453602534017578927616924297424882521457514260327733960502851
799843334096873469144697618993564058875611984751091099885253467305
505962701163191414672305251513961885516405509122518270898743513445
994276447540953654831976262128660761077983060238280665666418461150
612168125550355225127019545225630364232773265800151624759925565223
825468812594053636115733955867513471094952688370321149411929279840
098626625594226135172761016680376006524677520181685840117222062674
226966241620090373409818083514337088152193550715127494263395586913
729268589718148543314431380200490368329992810315438015037481772617
714975223108645848331495946348937774573003575100975300565785192514
763259409273231261526397537239687588921855950795082691335046460863
504645594901059795875269059910660746673812494993069695277162485991
927426008008844978976978396646541637784764231369232772696805337965
234576596294994276396811031702757842448398387734903055467582882104
873503317978189281074592802974619148693678411319762221364036720221
556835582621058043931506200093965080980334320171076540305905140547
344832083364331940777935537774041764699644749720205501450361848080
652798200638905549878034736766576507115337389380406967357528542194
428773984766045729059184299770025028986552743194449345545731052126
582982224890314531701065207889344726245792439228832917767100440619
554467023879181111925073816381246397386492436466013019416149863645[1]
754980215969623726702910720283082862752124885894079680077513629707
626733075983462245792429132922216516634673207061617233063314124178
827977176012684838609693713548890247764868177098835307117852126650
202768334835730490202215025726430593923243712589915304377862970610
098389068638971637634728675978418549092892378252752854631360894187
760447519499657885307092795065768078767925278192990853428608231837
664759259581639111575310204761517250530127760403801439172669490501
610056285707840538426778491227355516035471075736680752189815527415
266441234593303658670987041686880246344110963132019028199270680742
441427969948758089061816824293712899690992219039389818277262749919
552818123023382535976996330071370243669618325623197167239117885592
003366938990129422799669896173791905540316732790265350624129560671
755271595877458585270023046356941714121369969993790480381786456897
656338590275377481133427228678080331348781389938485206615117019761
892658097047929919279044907507400822574323518490189182505554362263
537731872470464051065628584571989730180489892800223160531286883698
884766409239453440372399445568619750654889637465812909653869865350
985530696420607927286548254413658215048024185336593664608915094852
943027925079857669958232306849920779496030401988618842359818222876
454108231207389067989649922208720134723337126856892713353155087297
435618196126943893823983075797032924165210025091554308889780310219
346323234819083940820087024978173555058695292200638511536797556117
707967323543806741251441849448893284983592585965244993428222024867
011223932486678452129493752574683947471336030751042776082341948121
089936453395038480279275458762168194334562169605953981110125625619
275118693545827944472586296772215281012230912607231538338475195802
627216082757878429532307870527376635991215875280431648568300813345
134896309878808335085356085308273996470413644082041360271719405374
194789300417277706336176104158122419652691221831640829418277823818
634621967871487681904687203614623403346355259462490149174380612773

558124175627275625678527010128173912252678374313186943708598391643
197114426873216695476814343599478280909464356389067013529051769380
265283965409340178730381995200911890369404489090737406102817330907
270451655127295956584586139589235055202549561743114167905659114454
004061821704919451693290487382816148919290700158530667795925318931
454990532685661753096785433460991136492692917991951878061329048070
744298300076740674987503021235223295263987843315706928804135781181
414035949799319537994174695618132313828355351273763389279424236991
870955678299670646211602834338706273536116137728510939570469505316
699144920030262030701115733460221611811140962110232612794507975295
250672404896420599499981853111922352067098764890474448320358479379
777089881705580551585659003575710913010838303952048489536753897939
591091456852124426746346606832559883018855007288449457734297537482
901467306072968621959950015077980431874128687419726672324680382292
664678731205133980449871604074834930661166953440637702586485725190
429781616742138846290477226455101790621990101064723991166245178996
306841376747614290773613910599890516479131402990129874001851155667
329009059598168486423024281388551820450924941349425645161764438024
831981644782441753695904089262540896713293137672417971184497881886
641208500538501296658073585911445560234972394110401145615524276081
418037006925282208168327641105143640153574972994893742231607297932
846688596890779529479049622774184931407468245530910024807546119711
207497840562123258456736068054598680926652675729422881406450993468
358928198550973009991035626310461940730356061009786589359486291483
333890852349035226016111626731144614488582485436993547525535468597
097001200598105616749503023719460307988490571347966652618352431032
960534866055427644450468786949853193445306217976859198919052725091
397508730494722532882639286133813124308163361004498914035715160010
875999599620327623997375600668932621663204127156441471855399216374
513257178756992004533179373421539255495730142218914444514881765900
348808494681446764518770696009721181260113193607988376108750619958
329806750534386643856034227914921047808567087121268611049947551236
419686215900535518920896045491180183708735121330211392794794949815
716068925443928393506623195425830222599390464610841912697728391162
532970089999360498354420558925076368516120522687379283601045386370
516939683346470226816210804770431758891665090969079784621512115340
585016752743304895783172831955091125491395996743480430749372423209
356341595162852429650014363137549355326320064273381945403603501647
129209510062030029103591692387711534164025713090332374801182964815
304886091152539519958227420111528817863718246154591014153507322379
890810258520791312326183378366397308672534895588082656639590469849
458664532794365135304132962335382646259810337236185291934874208708
740553167426121263373188293768722163680349235635200545038156089438
440479691803365202335140297675574686143333305020838783811154126892
515116611693027429600042611367105759300753033986321195030803392393
579408741687053245015367057292337434661772999119348519315319557399
953769126369716336733117976477118797010698159485281891726906968918
522906050288234196612584491159662350430536436014034443586993510520
884221565579111725413093740416106988943168631651557888684742571143
529307845737826838191366923747187376503611401993127478895561314272
036225067996966672737637319522464516567155540340694128495942378451
209767375901743685854671556038570806900679791609957489085598008629
165216178667940521987525268797423087705474963042302829303525842761
276529837372520625250219853570058402488247288157143933331969378689
501376753495147274824835717059110330516410654934144829625625905305
365044019038004020211968494364261854957189753820029015729853647414
192226816659081937426893027711842401774913484469101648925038723720

0483465001201970901451290948959111337775558325485971778735550736760415422782088532065005677332973421264736659144908426144499208939625766086675034809435890690348945624497298523623631671179811318218118983491109144324354709971575748761833386808392758242188258317972873376426584738419959429063460865025641920729018922939376884454225160114951712985769514509191963635889005402162681622563351387321791540055706200344549047466943494357183394855708615827904260730245673126120480774370352283823459959560169822740070222158536792396109460875597226270351571618216645216224885958641204904458419056864801654356011243206126652245916123841780807997824843552246179405853478344642156931094236963465846509937007349026356989916371199938940366672127024866305173877943713902426423067540464969108152829509788010760020123834434144501356761975935634590123911593375276828652878589244329251305094989943506488296096665835247177063141529760216668828967756246178265376697131371999006207021132131686344793232850535267949560065946849113093180985273308269830327604880888179661619217295908933911350111207115745768701357561706784912286958407024018892419839846947947860186294518004580798730670629794017057189300439386598222495120441908470074696024781553050534193985289199261201900910415634141099894704243969202866161029973321609245078347796930747826978070544462747588271314769239671441937496052936427546980077418005218458000279654650300024060631688305185076640080718047432203703900405826446593775380817147553802600796494462382105663523215733007367142525984817682367350210890862904036149138364274503328574834156406432066891944967482789403633474104111297404488698772176551031480762487063506781546650445641661223866587296779391288085009272305309637101886532162105697180469696605342353799445360633686950691477088621314741058272595343658851396459192769106881967867859266898054464225705203824870126220348504870506630110619566228812194698648369471955375533963602112120030669781670677096472357811461251891701323982107997284379513643686561171373758443007614371228676780003570086020576201376889630494146996947408397911735861565815163854216362790680102258661871360391970173114338593129274967143614467978019951391482206318260221186890760108969565291299868757462140499840714047540567790568868864781724528326661825981822520147316264032891928511282389812055422159799371904862143756372884552099468334373378417669478051400007976422511172020185731690589739215012381335881183622775348102737103649320849205941783873183945781220868472822775659980082173517596711993995926644074394386113254116223726768497701698150794831574551096533107287006255223441387685229836826541958706343081757454391640275712497594259399588239095670698447309993059551743615911540093159194922495647179189322539829596326491932218657729867677304157801795209314138469653003432072705420005956668467709137380709334350231022160765584543084872951310472287109963386350969948308495605329871456565640923182381332187880850084714704735985212656058285089445092476476170911061238375632689015816899808061554801395860245107500012238157368466567152911442874911742506294132126303656049544904557092778615881615668302099056258476911368027652260606490409134675299970331855604765827513122924021916965187859077190738293006235986798266744820382705340629601026097181086850897613679624080024505538177234291701351880426389261714612890720102590760421166092922287019966075188507202192487218937162291933192717123531809249959229011922950964196115379005918800450090414502557094671717525809365458569362245856635466191522005939376186862182146602389800418405283481475116055290537915813342230543743338831899604196790811193921988913471518018321117747804744698092576953907403875358960590991079429935275665412376629320033624012886186572176411148614710928703561099867922619713934920579870266

661185237530091959236153546524607046867492021247646752375995171561
815218544376399845606352889083661392298630705036852971258516986331
442385980621275692344988529172596300772508654188499298386837924511
737795226066877430922591250291437918565287691241105713655328552792
653328350731609735879459481256348199351469187008885214318633657407
874409562713903481807177941295408148322774702712456013713249801490
169161162967363763421079348217777934743825904799583197158802620139
937881200061591076306502008382680044043366263042465838894847981047
086088166318448901898087115495005334664654828434918409044756679298
136111504752642423929686318136169801325888194399932108425799161730
699429030399715260431669479858677053524358781682644296534046909451
594538884599209756255160388159169316566468194318952235653786003425
886548387822242530161648312123485631626045745744799194125899252314
994103400282037557235851183385681775101953078269804845441140370132
411875899878064183237927374138272928000431842170701713686340646110
327457473967999314353635135939771359471462109072191210558903082244
705087968192714399413322756685729668311188854483475867783232347537
554741753400810503523635715400480002760553821741030745589029987294
721707719511659677626716491035056707379982339809375848608085257853
805887161800137632608401514200166591975915598551611564322496369716
102320154392457784109308401424876667047722411205320755977905449558
825759578157058765443333417296636931183880866916418365896280038230
651731720272566578873067305477145901049630129164838818327163514228
998304124806438605708732777976367949844480561066881290055013278860
474994659921789678653224637869207430092746641195651328655274106892
645352879704322906089808993461858122905429750630087543548517562218
518563900519845019496667707866594600187716765896224784427968557929
241785458089062505636334856870633046840571325251540583008205063641
5015172256636638735224363627597468179974627429171119601862161874227
463336951018514797202935195913110262466129663366583360431156798075
002041073983569416436387890146643118991629070271835247883229944748
082880821420122093287384574580218272570924456568738159896569348197
150656111058523407176620054631338716343581755785485151712693557901
875298144448778183865101961475379513131738548552418561415550364834
334675546277354313416416375271013520577352836210062905270071785705
016011759093420794239780435788161100113390353283542327987684809867
697921429563985425703748708851349036535102651626238982673469048625
377091027171886874803990382161130641534097200242044478624824879693
462816890642574243014279274711196675143709365506543754646955928536
717843615163308216745890868489738340119292182700349793749682656626
359969392362904200597013464778248182167417571466224521061436927902
230543647485227782531189775482555777002829599906552360865563287921
750747052160247642572884466002455901586529304198810498516804498661
030347127883727572417900207745959383036011127450035496446323754029
793126391415962092815633490757155624637655255637522335634590027836
155889386798040118762110774650586283730716150239326192459330412179
022169592274268755243594292617802444248981269404432769137558136646
866242819469441813573220240907730781879595248169080383237094833430
461645696277055086442670611643061031562142151657081542435120719651
735474556187554821372471498695549034570858950535114323940215824623
731799185523187496806837071214692179752295277654968559042824876808
205043834544367613803152237775050238934088988881763805471939189173
683905491170352417139074281989534960193072097480544347473364148985
469932669104830051985344148593283501394174457614723211930356735167
952796518088092124472775373202252053254796399536025967996464229984
606432754613004723204283191365758980906298846510880639787721362815
869469064466377090599911665567205775452053126552159452528560930508

342009849757859337264717577372225545774930567373226759945474230924
542805319653888482631110066019704801436833586079772704271432441019
185962479374281991081076467411566458526690969746723719700822114788
994982250504950659620963246231626025883407712838991960831198013982
529273168148083467176022247279131279149755495824704110006280725158
482476251798373683588867651013131894696854890779514724741645324590
207298865186965509277769242921996613531040480877394395637563871773
006890589804620202834276615044343119285818842573535507080379228677
815200003470017397557914726309320787270708322816267814926103762776
500370379396419904771241225253430685170756911236105465869214484578
626375906098079886529268284649800904135126564178600188729270150381
742831871375865926542747300547247208573826646399205337494039963554
450287216240101841843254526145049794329620020872017825754277690000
566681283316877274419377005162951163860487583182375491316414039812
468647009438218764431213892379392963490159700422503696448992057558
343481988964939773980562799767282998167070614398566391451133452397
611672057801889895344506909538505176076394379666001857326089117128
370559125192008322110495532386528310663484811082780566625960619591
865424701625120170131817496772418158429062401160767475092231659408
842735009771296850358605432074951957581161185553891270678603639282
856369572194347733894661276329914889611394095245227339651664443995
617644638003599242307376485901827723380701479105657126338272707026
181037459889576198400298701686801637465925958808957657062081180801
578824523547051231949340301089786077860355801625647496366895226664
429703475097375729365521595720501838001130064248369527497898048866
994631264837071262017583528898347064563298796252781242381497234026
992386224555379948522756616418209429728493815266155310038247645894
101063106679155938807873155422514809935634704008385256333871373400
578966511828264841752220430335068856767345670349555378329128457214
087434184466296619345323934010218660251722582024436969828689259448
229256958050147384203223455274916242053699153186425183513239312324
992617110209067920877708129733187870325435894581929915792280590962
931361580454752508263465998795829282140396067171549184157973277666
960400676143216137297996287969429558647096238969984615288394511939
986668052947856252004792664802553110433448218222537535541314319878
984244408093726264097186632259639645140910863826836491228333387320
423892458556596123146715732366457616640785692581573017706416326277
340849136560801257413843182951525031568819161431210163804766821623
714031755627100582976765597399349845651164271254790688446842306261
705472844447632996371065129413542765014226376746974221267663193451
482011745172936681951234845481018482807038979976616433262596707155
764120348535754506739225207807860845885309930439075682230994136372
221881065747473440771836574707872949730628884846868588550989278269
866867319311504938237753205809819431583542698304037506889913705016
698892684053551924564740829267924658558021892639994363316915659199
096848544435399720099276981070473736642186902571212696084578602924
589271426344055486173439563522452266579667440849136281652358350758
369316468289540416783697255247385752387649875915243305624290791616
169792374726027775682096758183376068214876888988735590065981780885
865273246991126824657894049784342360588991079287768049425971336858
203196861986850475004051347300679322343292683795498464233350524726
346008269006825615058058741649763664556090169703835446489857897137
817634297476694383639324220425723837965235893783326599373294442533
854443113685210514583218508534422749750737552158547988649652704675
097856963437998592856695760623790825537406599391873348890068370774
615548972661693039174195803852542023631627994908136340065277424862
613894455067359038836204943542741531975112634057559220811289224517

943587806094090891224087721460026451657573488635184049363641456285
141207658702119861641472222554111923217447479889917491239628296922
990403862854170180846747565637549728835264193916835226509191171638
796569697552940161757087412898188041654497442443265079768621916525
320678123267769483742966427442287719857062531778900916381262514926
859883568339780586885289960757261232405908210103276846852828916389
288696229121961583021952214059095220522897237762687813959740538095
121989595272750230049510205912137751749736554073040759188740053998
478076158513421880719275860238360147110984356113696183137326863757
274420718950954963564073690599226024940902015146349561406429022146
565612089468052170825582975185809618103370925785860080783872405348
563799782432050947660933757635178108177172192038839176847753865692
930995368282838771699625669367249658363716439784207416054970996066
433222174282998509965505666749459460191386867265444317339791838335
949026648105910234034359979031044221890422636468606751080822690254
667519844745895906856663699415684673384584758509563687077963593123
076594043749822189424475028151809395981987465573186903240979489158
744691381998038868158191867123044837756858082949122095282474151394
760715662730989823654108014469195418233122819704669555961155855555
831580682610254526430977323062758392200323778602645384728025987802
411983228620358091687538811544482748954727001595733458640095917645
768984441770057991233178812652162519659749420279128020715021980688
266482106303019016824119195824901551341196917918239514505246674579
301734632470362835848099908546432934347086102954620757849932747968
065560381526658424155241402010032805931242353800978681945970487230
878368863096170206515197106435999492099936650766984587409878204980
640092746745834314104223160821853440623459815908708177850488886188
076935347619189602143388378631740462974922741162798239194917698736
236162054797635694462437600831699566411895725532404025593363255256
840140231223146417761662232610746582277194030504753182900525678286
119800467786361796944009774017135335045063508793226200874308221699
646658676912952816629185237161253242263525276924708417951978097766
815332733428522923216581020264856817984465476940137002477436846383
495383813674721416742804313646881524370710670450070487649927771936
088402624574832544329630553349177467551235750843585736505027603763
749933947741180234829655157373241432111527755175995719456924800281
214257652224094905123953705898275419286162064497690080051672810552
043485522695502759535414010803257607794755217382999163944188387160
943799454569368152118768894453778958210606427690604129993591705913
374264018843127518832934810663329392267909394999477588807244479029
792535905463174010381493970797634841266157383566709345257924274578
960762472142228323509197054000044625077648492785138988357188350982
013055342590379193536315223548885866324766764288077779308887977230
434364036100687516427741220226139668328077893192782831808017307735
060748152484249186724266164920492291822597138240224595523248149115
768607770745469519296793787891155746845011974262916666793378494641
156038274345558900700550222560515902758161648765329583195718135769
435720399299808221473778306201846089261721074472828622198590985716
938933609829022428242439689621174428745278333132623768866435820685
652662538606769966708097524491429427265459755066092677031564963964
401146832516886069987849984107652527278128521589795908956597815583
997375515051171785190558431115800729804986743339345409911690287068
434677418337742981763021220816227692197448107582973633218543613924
559326523471790705810474687354824552977769856892079562945220453828
662741920457455359753783399530454822592043518197267149264847602204
843973694833692230263902003159471170574057396373805127004419904511
231506374588102661348578762009022865409928241283772367672335877758

644948698520724860512059860666813723635977900580542664078404647517
04853414818275913624943526353490294608819765906001658713759617540 5
197969008855720693723613481394247208117409043862656836403896574512
705874912449954240863294279551686606512866368895705695022204010570
307968554223702470323438644259531872847429722147172523996999235955
808240678681724403658322319672710300723700188475128326853384605834
278510272647405624823640633476677570828300683362955179358138174055
054693283242616034216539333747842236296193124820173836444254965213
133161882613006637459749913737857632874140797844793458879589464989
455274197287491029563632473047956693085789648079076313688043458875
781161717334732314995804433882253168862429307299348551379327349737
185100257796798321678291010493154216629361392140993885253203251083
276297326084041385706294131133013332097212236675607213832676968759
337121436284932472540613991437390017909655616950524523664399922891
575648298692358153737232565173629326972342367008436161796738785412
338336605625473318531815294700259227642817480718686124832829364451
204862886214768184751400687476326953459144613694264270032683122361
926144791063805896407722430206150826425937453033717241764377350312
429148019752390957197447489447153307997401303495068279209810835863
986342997346393046896092447257385173993687206821498042655312436507
173091861222523205627160040265570027872774381741924351552055196711
728092850514120703459095006984213956799693632645159723833516241092
181531597086428473648179525991050955471880427769219470459176176750
371643819086697233951943541408868076229302542394588322796567677436
304067879294412760668121253522202311854862065044395394508331751036
583670328033948358812184531326517795025651828998076043311448601205
065275015400456837046219154066798804242099576049931925485478908496
535053485400384303175668826105555495951848785734176553929482041137
537515972816222666334348169402368480231249335660860924198839918216
617589253010571401660681312694306034967362830291568237557819277944
328956919802459497451946431232736194957476648834132462543997201507
598284347233931957944820680890605891133985312271080186567727815941
198540489775460548919763872856096638049540086111470844426478923658
831637835663924878976950720266270305794023051402224097192032890618
982219280978572634516485630007662024212820434855630908521788874771
177834621604616055143076378705922646900867158759744494378348482716
114874286991483216478467463043615225653938297974670781183730782303
118242340838652157653475203542413752791242398251756248254483004665
359400831234540528967787410513615012364025900456553133102477518686
159099530620221503667691856822038347011293185815608727332952660352
655011232499265932569003251529317531669596146622381145742474562072
830343255348702757698771108729113549593472195838335632826583548118
449639775922378878880443698468515367475136504896256293112702279954
288498996963759046236788826431674263100630179452546063326812257920
178183049663533451603167736701744684265267167371652582296393477484
332059523630266272206877024372030776327349519981568291827905024737
048173521868736678248576506066689507158944956232274185656019680575
436514545216349960217441291710542209291780186152456224507235057144
146713040303935895220734635199786488490136414609947071319417387278
558076410191673085356151661972454654527568488744897738507276014428
708114938324971885335401586125485642860943456010165009015993404788
762709630398110242252039676657399265439920376967110949173308446455
807434034349782575542771003734773935340022527843803197324016299081
604351321157773545428348123214910963071254659426910055878329587088
894690246363266305833672598691227243130374580523377669244217602461
473544109723669598080211324536318322294375562731168218744362716715
686590240179593292832033078534081437656749140858860369736728445794

345813589865015967905882725387953723136965007335638464756070139523
497003811083281051092852569969885229199115846194565350796048023266
663068860863398722083599188993123787894994525263971843821846263038
806708103221148931893646089799623357918658262048904237262613234567
054286538678238194926812289610452338739878810489315027691697874829
278797548288026222797774173520253871987481712122155896594879711262
632466281900340288320655475681131737608024989178872442513882290863
760549701234863602048510962352788936018317083394355622844790085865
865752430453023665277458314451397463341174279985867541918293286071
397475418290309318288160077681341065573711653229177055981056014455
829108039258537954184315118100458489902826101896187353890262516489
433474345425411051909808825844379750160614581898377507792723964020
771463359458926436962146209482092574281590456026920569349877446495
566802957565063634502667112303664053713637921468253905430693000484
241489982948550537979741889209218747397160936460563377944417521242
717732268677829514875455730110253920155091648218454830151368744399
874561010323693261734825836121129624573517277967744624770608260326
944708335640980871306498911061971877169031312164039670001431446569
976556871940038135907748198345848806954826394348215678235963305069
488974072392523827676064298876086778199572198473722797860415042508
847141789436625691408065834826907194407427499841510891228111913051
921248519779604700512055673188776606559225818143178499501034069824
226993383036307258992809336341329081507735767554427542729217878456
766310453681820132627582430723942730885784466671185314857037263876
145044348610469304575822631580971170407984117565544101324299108210
963724984197149968002661122224116276547846529152125615752491906417
181227853263841666063789634548139137325074333349329552087925506008
166301047291111732174134344707817208507691606498536416819469093294
115562580636748311490050345521695704033767928104814918678049495228
553682243152738419076533074725564798419465386919987607622986567535
375501126911294187359741098240305101962773791078584852883028678657
739657260218052770073631746703273419143890887257693034172743516758
712205623050407749700059854013830122824158309450482704581137057620
834361663568035253035916790963646357374498920930795946647064343787
051197111354766510471962487199765221802120324363605528267750865672
255024961276291567264934036030088613779303839298467164164895794883
180654783625852243711846074358965945328508440250070631523194393225
705708438384808608476386660831290449219427015515572020474387655228
125210672580288723783535167907375048204216469688483852739703324484
866142006703096986693127327394087019149579073356078844437593168109
271044733761905171679941942724348999991858007977170192147145167283
254216937062382920237848310183121803683923853002720939293800463678
452195537444373359181952935103392341883634671820122757495176059025
868579375814696843280527339871451394200831464747386634170133196163
102260352642602769971301537998108931664411523844853447489522916226
906572490696982535740600809893745542545777901549834686535837013605
710825408447562389183138007954204692066252708982193170091690907274
859698257546175754991495183723664245352637577161246618159752407167
003940127640526541962076535795681984641217127172134967800506957242
422704234613557376120511305000286006233196589763440200794180925055
660135946106796547638826716938409176379867480688816723016512240353
268703412968385880304316367971416977646908849649251863266192685911
808229554821475629352965741612450319295124944870742751481673360230
320000445505716659184745606641573543431006596681553814708142884262
552514452659423875661885099383598247235460026678975482913490344929
648798530038256252456561224034580735191932410492568855301985199365
874602512920756047155278042499736438536251238375051399620667239827

250499427356516433109215781947082117354659844463638501838442173853
189681732507074989412864466456278330188588668467228915533573717868
346655408059795091235508393917706277656752904146648139911114559085
053746710186032531388423157761388222073961553524402850458807295364
382074641334919453391071750265410724143917715585564377028700900960
551905695512383438600865428964304995241872454221370292337893358501
247507546363220551839803915800187565497484603405468295375432105274
634670250649887574784638462598126240293036660217290823346682202168
633004629284310120015488863899565103054581512648851717040420263549
464576852375401987445876646044392670673630267426838352382815478669
600187032861098032037143092968526021233888418932413143901788651489
729485100538261033990724922256972671550221311971501579605760588224
285327508134953438025295565240124896216439388061576337648027036440
203103189938135032922713157822280528844900754720561331928888288030
142793399893268036003386635341722413909255572588513974673937916282
161021644506295903695247453028223554769310549148197018902393095207
132481536487234304393424356310994330198401005025507585300412440264
244042388522229615998808563774310525055617930505791510582200988559
715040545124795607605260652396256264033207839767063269717667519391
832200876285030052813703363040473469348632873701206440400247061157
575636334646234208538857425086831245159216622539066503581399740309
636126155945510422785590455309730395154909360815147123838307923691
233987531582741128331011900302451409997046534650992438331645455535
074703926046054208916790588963722028956899384696603781166526049104
792159741038393357468613566014844968008549237677073894056337064852
666408350530350975003000023234807526849362973274290559050740465486
211412419930971143439238250866386837738844466498891533906774221034
425008582911955556741369596642471338570887177364206681056564606834
404568913418976830428203786725953297902109328788842302944786051503
486156546509708371143579765225430120084514526571913014063239477511
587899492770349963448181274622339139449857998438202165130747651232
551581610585653891112752416533918017175170140336510965087615977636
426683276811385209466778322076001599097316409491426785710434291142
836726571332511162033559689577122547949580015825171986432445077868
343589995215665608959632417054612386029569786807936339440692872037
688639492943009346719423711299942671582806269716022031595650199355
045614346198036240489901929791683861761269984848386282521983462562
752743907741691311524350818381548499913499884911890867133572341482
151351870975343332933411786412547718342884361119236111860157253477
730377179042014505244250026530453374674727424724130754368682735216
957778236636228572221257426140646971690702363185526525331394884469
444113221359210257591744257644416261008918581959093289683124125022
816568723047497055854826999428504534260588643646774320774038557561
602192648178418934868496675584658842683105644305233022205918232215
206455544169235607026502162831242346438992897804860096908269905327
981884383516293118952621096576152691726148331851807964854787837732
954102845463534462410496825604736551110321189526170757893407583954
234450218986240558013552387539236962997429568002245915668586673511
657793718665313688459875717265205847501236731631371403920827351986
411122275040177968718925841572247853702656943497594460932199064490
919376115756130215211191948502234741490631390793035286968113678055
516818746122816640287796134363982503528205482423629695128256487151
480876227095471646622209018002847935183271929146952211324751680345
535365551680330553541520534226850985023907903625596146012534118662
002317568911140415868806228010006545767271865130730553396687173402
527455738237718429917353229100401836430440310553993580730099612919
873879017367696103900687582247366205297329505126622164551516050786

839880396855118743567290135433973508126009291688893936099435271926
346997756137342431395993956820254284403719302459124565887041099518
624948127878832000064051967512865258714483235342991715917348981294
433297661990230201582966310684840511563460961042960966395788770630
273818946409029266877774873077418701883603794233960123717713711108
962020769447016603764812036888511837305250793187127360742983489065
910024616598744240677398538512304580564936714608774183069576535937
606007014056353996511297732792814304719240852528408305514905276239
090238760730580908341436284100547336903291137118591096172006214051
536203228339272241156316156631214914057099078167314088656211230913
379359315256135411201660385406853769420992928200727964908687190770
933361075919414435780543364874494830401573306482144279331204304140
254549334981395108409310158118717813319030535159121515187166017082
858999044287749912479918376970995681994070184873754417975478945677
499586311230121865669158603344768821966207551962008289955989164665
087957368800497261238307930823380029988239211285409209653262468857
386737166737725040311753363657128198253056599098050631120268719051
392687035884499452202154994055734235780106608562077180479554075636
482616745462004027263562547340430940960089246959121291588730003468
845943474806712984456480090149558593334909837171445054056694124616
161344425164365004122738538711334284315241111090476715736345884039
451155318121999287909451721595473113489943827370301380015649485I9
634449886818065643097202277281936575990189119567028682565224298180
793856322687365867531564918257070750515014129159782088334538024436
427001651147759148280528633808839727402291341419616988143712891506
210565441251198211908344211950892688064532635361894887938071696598
292781470587341418125558911555004784215459381632609011409319010769
849475096478691051382195253349212291843440859319425657446878260504
020304003092223401654734820358793961119859739556805962258985087405
557423242825346713567740831941533177039588112300721198433454217602
600976042003787288004597138059669016795458576396611275503853528453
165140676540130384076170962564855059858916191467617573245724692010
410410658512004742876841617596575477152650949767524556125555450512
358218069403630640657474402733958236454275979543523772712505971276
838484459605941828089474581501219972618375288512672323851858632499
634734381035108000831885206497330498174707767754123853341309959358
842884158759301409904329111282284402531794184958737226228367484286
312801891043155009326100661131291972043349509996238041880915853682
269451760001222912677589466480875983750096145889654075710167054937
355223194045123857077159961000646520862434271330701706805963718423
425240298212123129049458596666846080197699727752723924388830520077
078459840921701208177590724761984088671467785999693121631409440331
446915978710391025848602728110717215792663175304211484943413360193
099343072568418254419589075318594419458687812906953999683557398413
584055755338971476265456903909987976781496532249580798652578854048
117787085058753085267064347261559861379917846177558551999538890664
859386931227543146846372143445027438485470453710715704298445893897
957749252121055291297996601691708730353870330537394715804505098892
248858961565747703272032212526012458343793061065293662304001192430
316577214637086453573049339475405739186914223181927915902732566115
554775097904905831037789385772121252821064091828372520736709309181
280935203670310108936787114289516589303861228075086945512602244777
652410151295431497534952478554567991757265926371941974684972322248
406554146199624362463193009029688328394025129522719764318963282583
267910085656246989763024823685338153626394158807577785232551852185
061829844317094901100121540545186844626703051574432944596262765278
108323330679002535499131766476273585759111644373354021552472079080

845965425785246181196470957620489100107606897796160660678088782738
464595222946582385679679146795283653222088727727650023647462394667
774323600258748127458286077987836715996933096327512086446493104119
890925928393569151701564282183007144711406308753846421454907797399
283745754184728268292221215846258752919261432811574092883864434437 4
280638605992753284957340096813288395066084478148989715067197875986
395352161637497669611684226870053735296206650437794161700195451435
726484891749939652860555506450126380579108496650217909632448710593
359858888920949944139991118426052404784082400150417208259443964963
040504224323344234122318983662590716574113221190249173398736989790
871919066925879291843683750377687081349900845963746230958035625953
106515512310933499219465470706917472615111762496978404164314963471
491568138816624056090982349016455048658348213221067769347807974666
873981051508972375714609473817751846738516192290960486709927215051
357420147134654168080255703784382421315360813170497329454310181241
630670915230530947431530240913050787997736866709720467029894653478
143819257166640215460806745797333858447813056556623861398964185848
665055676785938059526425552216892696925251769564723000760023964516
180966323592609258389517793840399052676517504677685586689307233767
622887265822894153501176969795961562418135800907189224421772328720
038751710603651464829833033053722495645744798162292303589962916773
140904751840065804170403081983439438165489106828820632746211982483
333389856698952929028350674577386945559244930844710829601115885043
940258069503989546939950759670603310388072064685609632100903298136
943371190663531682797113112638155739847436334105442459214928448166
078972242225692239367769871057750431187051830408413300393364372810
829965337344118435440548056188153151907911779005947207137322565568
901763171369053003944986711786776576061613541948202699564876967919
025352741510518053180479048332299524707387105836691625235149737958
838129078224417181848141920140211151236625757297330152442395812863
869939865665967225708474716298225967270670053027838916615134535386
800494774918729566114140238289649519276731455214104190758728058096
545427388184485101646721648412860818118848555428125653196041688466
411776004696192798469538508489101009595776084895811008778093183342
001147110753664517824954012312764525316768598911013613870982555057
790448283231846148012386799414649794199831986564301242122420097592
584329965443684001329217534395483185302112100471618908069256492164
831523946164665015375781876362857211419637606345903808044851444482
688963014855473635671776361126655204304580328615087831950798810064
706561069059209256965510847008554342175682426244677399839586439530
962185760166850235134573396961929166006771213045939278980885107464
783706764394460094322902404672837646877470672089842241557979318208
526990242205085287141365794118978197855045873897572528746003652270
323625276448417765060811798395089527575387066730584642810517224423
798359254364889867591901108489085312585652568490934591378734109670
075590787172169415057159520744342065477307857201494909655059112307
156083653551744113823009822881481060121759548284240742826046369706
434055762711806741878848863058819540500946233549315983507949512334
412135728259267803154523290516601439811429028246544940295237105752
204104087198526399856425626378790548932093847381092773127457616735
148393069327650566562165102718850392406211997323844917448981984516
718369744980215780145379188414192036692688658412517601087774218614
577404090169949071805397108670218965490137710647345141131061851534
905953145474513675573541416834721663321125422415071846959895450133
506916313046625364854504028933296558303111972270446927127684451879
369866479623708970837913251045788423267048770734260024701289399736
367381972918341198622143766928966933532796451405060396640134674067

637178682873930482764322520902313029194147559423934871769568963032
420171267826719932503981516678369408009660203961426008762631617715
765606786055420884773156214746475083693086854733260697733610880701
611455541628311383406836355979547775949299535116914296835154159065
311748514530496380238211273195139008856824257700761309043749109708
011026933287072808438974281485716234983328637556755132265153849402
285606978950431374476012165355981833689467427574225401397895949212
925354997542443503931136607733853194959205065358040866236988868357
417731181202044871144912060800914140417885550040626005142389809985
880606259985938781676266041236642221457166788703938617415859042463
864510795304321070757526104540043276241958715776178427444307673902
481901894607190581475535058102366686282098810508614533179815210360
925625558499472270973038061932359091147159799645464536723316958616
215577012913160570967245075880632948897000336017320031496339670312
832399406991522000597595816994084889287902878709571487791048996872
070133266910204908333786244541274363860038216884574353573485695423
760061335591981369876492112963545458029450388450823006019047591698
449997492853567878887740557899349784429990379418428161922916648812
518928159478644165655861157745930403235826065426631282690691506466
143998227820401113670236051905309306206739030273881206916612086777
536446257292041912970079265450746077531288831883253096178396199760
955441287137307091319292974749239888579452690663931537371837660586
263868510407439225461469299876757488875700483598654721335483519420
682030566307572418481874057530971371908016674423713504895905286897
631693651004184418419293106412176243496428072462207950777927077759
408501847836410368108143037173000478932287686915887402327529548122
437877859944346615321030762031932448327300286615434361250060789800
649330677075517238497452183899855632546441983172776385445894020362
589288867007419198126296337045644590220967788671307807288511779562
554572361753179183449588662234701139196464899341962570324190955455
354296311663511719226642047716915130088253324234231853306382393079
997280268301564481744628066770786492415025014069760871510609580265
760186368587675952255484867959309160277190561718311021000787228602
307178687916719071536209329905343368509692250745495733598572269112
775590137410085253762690322649047624598239037091960879754918523068
873968563588734958488276376135684364027821349653202216202539001564
662238651321204266263706514079020298755832695436041004665572133928
314493236954113237662069223830773648964058144133297955194399650604
326908337366488643660028649110955907203277382178548930161679191358
993442612820225443975482257775390287808123900658818043755097447760
271309290079561017608710821368626566856403340332711526199799954606
717358589102155948987118918889241431027851224415908040051350881160
500531002421201927779768668676639278036208219213653789055314989266
049228732419257390596320465271080735281216471931345107706582012614
620238711861470150029707402071466962894408096681546301197200589213
909348657498655794200514557382319450604641834984391634414933687497
408384347040984349290551633563651736437397637218253342155397741367
276546263826085074555804671030765485756172456207511354887197956211
571281645946779724051984734029443512181018610134601037713451791966
702985391505122623542712410013666596274825658572381775817261774357
669619855993183206817328395448312055459253802570615330480834165833
948039102143899792646904739192943743010167794882247850995824818103
280940721852622942809948563096504146031444504878147332747892072496
627171020410509859263971894401932882555130123417988744376168136512
182353125573123395894920300540201267198515741275612015301774291272
077427394359650409395419936454014123409960213942022448408518484833
219842590842539098798521029590029407724414101665465487346927355975

4615434107642381639206540366015300938502511115562648931999753448 90
6547614815812522512560562588699082706447409727111737291630760622 38
5173708214865980055492241775543703894118300654208876792251773889 70
1873225593493196204540543301757747213965759405417290481304027124 16
1138680548085002881786941092037720337981316067910743433191577004 65
6678794592800171659235707152641398092653464827906166236907653569 70
6215111504303826785439983502023131136739069820670316606844735307 39
4804808796524515353348488435278303023391475151629279408037998334 63
1466660614065490459459388607826547457293236087102258383583624487 64
0096370345302095864167304797051070188428820290819678374594653041 51
2418777137701935713425943558538736601595684488506681552421045309 82
1548673273278969240130933424602335799590773120893993636269652304 91
1654032303530793294594086491996438685562855411122793033310798701 71
3696178568635767919729550548977940033113813861729521200719928367 76
7161215201262303280594280558175717047213413998182678404810293633 31
7344294956929032560881174570576923381881684558345754760544855033 86
6992256666030241323616268507495127539653560103617787890324550679 13
5737480709431597114195070892253942084861077989788021436933817394 01
3370290140994335034242567762844973564330040291235858712203253099 17
0338139092829310339353860183015681977760764022303760880097990360 92
4997905914029315543602947279716856747777830882078017271694280076 65
8142315674819228533091885293974666665895931085184530281968926162 01
7395445867653210467626741438607180247831235573376803301715405315 48
0428403404787960321484549250295467567481227349440803475588942431 14
3373043706142461402411212099516179053157687873140625716611035089 69
5725872012262962168395708409517656735052348085445616872847540895 77
3310523185885654052910055885404620251269117840066322887937493838 67
5444691188408571993372538488439965923348202662900366989484899540 80
1334474906236481577190747861942527303074214959086431066465256193 23
9421965914242366635016634998693594126866369222222482772546935425 20
1038754907666045805665689734995035217622046591290619802658268334 08
7952438949828517494903400160469340358336815859877638730219958048 21
5425661590656217935870904080579960586844626147142705841719046797 85
2251287234880365995204013646852231145451120536203378558560864899 35
2464364322937127605674391279831434055205610400105501430054153375 74
8970737378005852698018777152333267201700606414238099042717483477 64
8837453786916578767518456949502903960865453131651556790875630779 59
9973702818445522648241660007297944177040643459902226069181252431 04
2829345014119895441630254001612814730573658835876954192922959581 59
3519117229979623919759041659480700106947633324468387044596302914 49
5586886590179788765783695347363920204290997335279441933902190580 90
9382307288175717305104497952384575165471529028785909894923508265 70
0475946855857768311966830820848982626679126738957131346325334052 90
3529548867563349108049893125309954684570081210915216469414861490 15
3995077243378100574189900606693325835047381046809369414453301423 94
7377518213179806893051551962893261530509746958127417208402409719 45
8999527749668382372563444148219058044997143550829532488225716122 58
3015672082761540668287130050327141843913535004779722515537359244 72
8732574153753034991764158809964303915977315363170014666626388293 85
3296681159260307074378349493172572938180715062357327537218262699 36
3827186676101717472859495469571984543837804288399873151347405781 75
8477788929828485913453395015232269804934144342422970791501955236 63
0855032892744166646745265231744759082831248357714395442890453243 19
8733285098707110075679310504066200452348876962098360272571530489 22
3643411849427732055843261582846021572700419118345460000821815892 75
9556031386747432076375702119198906335226109059381935386962787213
4058946430993109316722925942093032015451201207635635057394244009 30

996671175227949248011618198871456715695135664054208776797620624692
641499503081730220478263264516467787690279893935775180730662032566
381310024639265703856177620523278956802976747668513444475176447245
258312970910015419521622604037955642485535376402196633191303376813
994426710033175743066999659383239210167996108136633285159070243224
754758290857648393765178360991123343959468337960098971368228065945
297746445434491643173749089986134365682572488751513214961238202166
634996724654336285229483325007883063795521355200859851420246309871
193611776095011817233800545962407163665886877579801876043281920402
050253852643518492029157968922663004568581766187961393023545599084
674216906566065194005675222985195908703895665391305994099122387586
849251535109322009586765511539614926945349453553111487418703067073
073762823238740258107067911870389654994048383178902997420247467498
503991819954460608574878335866524706462320848454898971455020321161
465955189844357428877919531709989618645143272900186033120652878863
339256503373888835809085824505643946671712631127365222765179414834
143168394494582644825056228069501372167870578802531885005058960874
295673127425382893414113514109836327988541505149679002485724238672
673691805875561532039795567263543170253025356630663739776208741968
670619931753671598812221121442088237038107076777137595628290593806
216583216869007668154133453036117384683393955177937753994627960160
229296331274113950352838281635891327772556109315981976442552798787
255896457661970963237823053375945420082077055629090442377252837573
508110404005631183219485475786109505631350714719614587105169761852
958639357577092454115019934309488848458957387958631624974178527859
314927506517174185974951125191171329025534462400496594781211334835
400306189304792243001524693835214136727845826651384912903320503135
720125618140067375400439688289943969454204245655089655523052486747
853094181946744093819014628042007498122032218374100529786239402123
482749095802769942777980523749211359552468218896391058644776634658
206540551964125977106681895478628696309809514172738463509286202100
179292347089449182457456884662285001382686177468576630059727671080
981917841346689830781965726813325022350128152664463746536716331509
770497790390182291755774507379557600646472213912092042930350652273
596118082236730584599004846823045812492169295795979120402568657598
537278951193786709755763040094704613335373137328107644115322695237
231053757431339894280068109412834869385111700642631717926249166481
519887437530404753051229303412313771533780044996881132502543423829
769257101712805310629329135477605614556555577295296310833587113574
218521962546305790097450301791395338537202838383239650271982402202
288468517193912359389657353434443819679868819189721380028084324365
903979898299755255265615100220791561306614562154462171214057159004
161290443862220708341310270604207500352937586907696060053295778993
676737283529788896975737390416300581051474296568095446584870871370
744803629574941622608524867574871007900646598476066221465086785553
748183212367324172473733298481214527618141705964259555975594769606
995921153687692024947208930205658770613534441244809663175348980256
935441467110686655310403885738942699158158756763313819416869526837
528039867984146524504664791372878904688702621258671326016012736382
858092395684523604537881677282127733939035939845511624058786015972
762485320481669053324795501766156439829695844228515407200353558480
170272536000627350797256263034424695307780414001232930881060756106
980124627158675108922397577874608007459606339672733531832911898374
431570166493031496626727492617519531516038755245868918974885987343
628694095202947640437152086227207635050661194474888264201812460300
487716695846233988373413061761016097487866828296113823302972951563
389247450920736035213224165209447877614171224406424236154642370720

87873466242632382915250343181396110116401495042638298129120834888O
70808981602199112421020838869134413189776691083142281971168431725 6
00291474423358236927082282264412301430763699575773213231494563412 5
77176283917753067282193150231606004724272324959231091658796290040 4
20713684678936787440279951287778600960995535894058529636240692497 7
51058664333171194664767596385525638909430488305635373767165788578 7
23760177719890735662545712570540441956715637897726069879961064788 2
53784093038603628787504421542371009616316624765362854161080890516 8
72406550803190230040417803943396322944785249229900733594571663880 3
66263073321918430478722765563747678291014042289307696589220627143 7
80034915619313894349706642240871938046498744248781757898708967916 5
23433170032356287773769757067581355416925280059666607008154991790 3
36824550365239265036906616000049864305571014890758622337098697718 9
53526042096938054346908609455727182229742010562096312124179984332 5
33500807733350813406486850640985010608920822053129918470335643371 4
85177203169805163289932325637787937018669827761527697001899517083 5
74322471135890957365596762968093959707925565322553671280569129439 3
97101040575857784053021474516957436568252363204276545214234897672 9
97439821411470654136684575184061145938834687277769163383683648282 4
00348196343335023033500463853464675263916228631053087378287659422 8
14968855442640474691968677362309956353461165720854247166821648487 4
15481064636243284935952936714519250567359380304742464912351090607 1
80320123568411458024951115512621963797012475390562551325560691738 6
56823814350189411424073299343439657569833820464063310376046192195 9
18934490813427463539652391263499003790727701346020616000226695789 1
05496485245899856736687949924275202998210699185867968581654456692 8
48585717285841721092008785623469765937938392570702019926475390892 8
89013733452199564621505753260890438463794706731391495497828832937 7
78002785768002952807663557611142275880570750154843408978672645222 9
78234079171241419381763762928687630808099444654399393603699874824 3
46263605946396855756866103372419331114415320210853696113220147564 4
73069564423746707245367073912183108195116678622040810851794780200 7
35093707763447336033875946175726301526942979316363022552714231483 1
86748170973585136294709286120747883861969348796664758389962477200 1
02995132146027158546024448966421221018009046327711407983308806796 3
72049941292045862743003752046672458094800325052547336016026975212 3
02487081084281712349580018872832330022365973481994663331514084285 4
41305544347567240486202195467460713049718531839405815030153857950 0
90295573440105359256967862742256519024358624320743426402313037473 0
29131934876486802191357504366417890064419628516656568992339692946 5
52066186055658453133668272930811922036790119942198672271664386906 0
09858620346054350841563351387986603381154869032503655430371938047 0
73837702207332307653733437738733560715276748578064457377113890820 9
75252911499301624672047017898602073711678312902000442274565947669 0
20170469690295003649877134480554656968693956682984661715078610055 9
29005426866433432048068638851242206756156956337693873247686925836 5
58407532302089092742646082960497740161465300326429663395381801349 6
22678976170631461332376257105593078414866795790744223535206396888 6
79370284201744269594389931713485918638923481728917183786473363067 3
09614209062405014786722018752755443636168764684772232899551632461 4
83755503626571622969289668994198030721114726060428993967138443607 4
73159161221978627865749760935700062923020625830409564520035082737 4
82265251149987596444806371038070147639889456160614657923505883662 9
22055434798009324056508210445366685280414911736346013907686145544 4
80155856712910544185455287125488166334703235761423542425515894884 1
41324633669260150500453154731008179384205580684649667945263692299 7
14975741473146608603811345877753161450258157246920652604399775653 8

638120825115011915699600740178334023961536579187030622534621623677
666513569180516618806185209794381939551344511871679838890491678456
442524552098708732706857021700801012690868335988645219184634464539
049847955330848243058938352614476828425651580728355669264395253387
653158262894027909424281644970524954180434443049006834103449671525
569685550727726396371947489206805129670738915922925190625023792390
330929405022019802451877382785757728141177087398479161242352064213
926895550030818349444917337044646648361575408141183983208664587485
584169866892140065726422524263371881531147350462527731475478172419
080052883345742258553535491720487554976161881639677682753443929971
622248959238756324358467968655906708485847211082811143570220789931
647453837578804972906278470827739701293344175970721128127138026231
110134007498068507977995452707625076676871362024925948324637401083
308804610646582907595260287909238299512660960923443023537155330975
369143962895898711282192258834313464608318396184427412051348374597
798745050240324695245618248711586129536910288332266058550658223684
726660683196143341222287656201303248152467799790473637822125551141
920149315914011962412900594986871352880757101649329503964901491057
853680560731538508988899125808625042521448412359067303414686236103
733875770827521242945402403388481955149178622091898818788392381480
553670614711672744989591577560809064620351553918770306381683405886
753234285525147285582741701451041464867893332311953805781313414629
298965262433924995148248838859394721119807356633432469280062287326
624457116575868462665997365196591686303434463009490919235072764719
181717424844239821739371755498134065027664099431235839587143574188
936723243279353667550663798496372996340737093681409655466835270863
037647563267754199633755924056647656687116148227431983833263250792
991185356723511845246918929924122039723848232726360503310495784215
149999531283729032383267322884904558291845377210095004749980897123
679564363564450539586101213751565047978642944290710941455437545283
324237066600731812312828395050102732442217382179654466048813419731
016530925772808623211259444466512796427306062575657305288443269861
622690932554499260183022704281026665059891570254874092353210248723
732789019750565585188991162406180784117402033958140081460975697619
314068446208368954803705057872965964919158787126738447006572378628
484942023143435313726751926397407470772585287010883097690743342787
882958690586559181159796336266106935486361744527956794025357337601
455183208664980332746473812496988688119834414706744024799880270116
097404307187970123147710549147816621857710725994163354194292226178
718350424423524897048860411504214280306999396380483860367510111602
121833037793564129513713573590325846137938106089024554095781860563
987619015391166705445231359729957658311708526671516771639791628714
980011090897141686215952639352041557400026538139818416785894832424
370904512904942160135886437056027262897483397014565922728868530825
357552498466718136524793660447895972995912071772157800180128146189
197029144120886366049562124914312893425853809207412931549041463859
048006279315038804538605878026831842359367666322499009108022269382
676217301873969077756574807327726105134263123098110046572517469381
725583111692120885082463855349702666537895616322567911454955890903
017291530202579379517109365744351542280040226809321576395990670341
190098926724347954611770270324231615470843394077354449825296589785
695485742399322978546705344392747410454133606896185771937998998890
174734791727023454008272737127621773240395214143826984596013652897
818500310033147075626121080881289491937233419639203862303084435925
900399127716579019038054975970509461242715536116454505299654069850
204144659198125388186287971490985350214913584284311836955033647352
942005678788489698798507164626052538205482973148451641230102013272

258827202153745791855671116203651774391168979762885321245443987789
052834587442212357927404373251260178150205303999493994666637047731
547186061271709867303604704417012726122314812130719816423875768758
450416219288823886740436119936638865495697945988973505154940532222
421793262650316246130750773660043698872006695545964481196760629082
250433844329842698637261610884915088808858850949141169082408392033
053290829239865397569612862716048237219071895598482361972871195859
292077492542771629766817566371219781746217647243027820267130982284
872971018571588816786644138260701157713952618255677855861982551624
654657006467994156250961532410705570434880313365416634365004196400
413426506250857219808853972416504639790142021076365831716462144629
064511459048532250474927751352976871025222558021180648465825937640
982309427038004996609882034348566209119639207813985067290731084507
743202660009747262902537071117179820742714926117922574382686669915
514453952397224763490560267858499847290796572907057114037838312785
431251367137408485149933749565036311848218842992263229983599960566
232790379541347046043723698508474054764962358534455985677299638431
420649231249345584762692020156530890250772469068830541115623193746
818278520853515723639746791023602107590770299190318893254378628612
583729052339407024366960420879008767860420568989011085973630058702
497050682960777944294910461413551696902039024082711710071624866823
751543151013170541349119841434083476187763613791379361552772295744
192870430399604226886189978746023107721971708785112127944130612305
725385797176689860715816809874258542596991164933922340331060480458
807373393395480939291841132775613550168620737377642724727458998241
126007533615453614460514058389426073333756522445006677236071285663
622380824877199732491605446311323302532388134278671307298854954061
446161337593077796083397652173707242714182944872306415415134195710
830818303831887091855551524146739270092361954659303458731061732460
307724538278650105122543453299505937099453029219091804604626838884
599286882096816507895254546495071997866337256090768055235109540046
825056085094884698670513390425639678465338824259111117061677713833
689668754144984288023585427339131668554352942518548857268933870723
565963720466388586599326405159222946148417148410967972075288306285
420513711378456036277834753357916796173004294303538308645019822087
706264222580793539263346124432692407435091414030433856564405098872
872128728840309702599936374017664035264423452439271348652492711982
649189302975979097532936656828439355820700648606620972597792666950
323765332411630480073784111114445245533901571269578051720292878370
235717719679646508004500413278237001591925010746999201533266504069
243164941939898282676795970634714300442230960898263261217334018327
800463378158511995655858876442818435043595108438852468531378181110
818048695197227403830245108012185034279999377407772728086572184142
278729677153133074123905724264064216136322816205038219385394336378
760478745807621422258481233466645263535297389698827945984355531433
993402452549557519474808215831708176625278483380406973882363075864
289614530304041552885401618691144154765871289300055800230413095620
654176803253332472934591700065330045566846969098246525977593850182
048531232336071546436409299103654411738056373092637256602077111961
068021382196728162018089116629941766843279647423121196326442252201
791544776814976460357306094700519572096095869811980124580981771718
115953171404840553935925105372573522948062426846997075888696209665
993695697735918100860645199351369601232438864742416680025976775194
408868413679939573832762965866230339672402485409925738978071657214
655468963163448929719459094100476799982923077302999582326845566827
616990418886424194766643720535579953465695607711410727928550104418
627748877915863267681887808751461838893498587937187515028676675012

848942318794103002257756603086355878333422494483219722570020138080
467540721641741916973805578987554542260095498691076751097565231958
452854951254533137971593423921816280739283239872688106910836116058
842379403055431581584742466304382776568069535427387097440123727633
999758565702619368019531336558244664140725012912612482469515935717
631802950906978737290105822514728518274887205199823488320746676010
649849880364994797377095273780291924841902589398596010430179098419
851164850270930706516283878624829378214117581291605783709045964502
797630680395586515812153563772951192766869600978967791217302753950
882540331838444590741843758720139771113896501952440783977805029915
048941286862487937264685657732163936930063802942828927915145689795
181529915471057800878374052249626074763227854451963839354066281409
576288838020924418536377382784395693086931493772915482639028747087
305699723288475731558572237570719170945642038157756693053544391287
508221993801052450298591753099892615459425179728586054882918019560
495768942684066173161861550458718958005987236080235623552133520343
060068903488915901526697628154577619366190896785860659384245436513
360202688638916276860644549394073401541133396245820782406408581884
432025781410335894730992666728241928328884242536445035709726894492
275040450941726887089918272350431273052078827623241187844724118260
133323228842122940596229736218745347670341001706560066604378875917
822186915357104648961582258044940105430900887200460418458805115992
891073498947036209771520832027700262818048051741841999061387810488
064887243085369212744373380224206588985065698067945563925673262244
111952407301843655821818625626465806566379623800903384541206005800
139980863235752544411933780400399267456394210272086958815230668802
426742881329508203222477717217785275982692870694386122074019154786
524302959810384121154900489550598297485974912475762194090426439903
276402359160883608471520451100851787603946664290788305914424753818
777713661123702281519501953580904434779038141114732761480497604178 5
219250262410891807947133118746986676917520732020538852609029752781
348624778708553444865640346729022944447281667465187631339880914247
152634248414000048804943911830111299501563921689139067594717839529
236420862361780645908590954446600938027145943381704069740444245283
864801286362919365281022243150447590046820881776551711124298582210
731326101965301770787289169093195233892714761304523529362806904961
165926199348688180552342463318799829172783394715995351269521792238
078695303648940589031314955863359699041150066094949831021596818366
796391067807362611087452485454783460977012347325181427363661049862
908692456197634548939088003314769468211542703382827390495078948787
476737625534583104754559635158510292926741634570498702234666915253
043275373769653321807220932512722519888000431771823962199372537655
503399257620634632723726133908265912686833824345289852251537724198
880378677531710597796810665726588078987415741841471227953876706055
801177584618417206930140398633850515787401807926847455466429012290
440739217896555301559495018629521691048435972273704347121367877180
907337403039206770893530512040325752700045989612027406592149482049
677516908304086070787905529945169844243619792287691751593450114793
249928839097313839638288026301792157953420820108819910522320509603
833354505401415427637138838522610114572626700438679066343473600840
063381097704451442409938296140926597837271683182950256099202357290
010903319161204801495845179886247904676072893939404828710482066580
716937979235668525922786226051103221685915246578973360063733518277
368664505973907804777257300065998434152433204548516284377775402028
457023239646857918798376338486654615576095669248484021440541627330
981234175507435304434416429979345287534393620549380140290723502458
297701136265235833891006616689984600960712639035893529272001582721

574312065191597977374814665314015852052708864012461226224625152705
075252092226421971538803796570394869762481092586596239653673730287
862994838428990476727971877433911336834191671177567689627602607164
843911607739090261778882303794959907088106476276753539759225252547
836475967085792134991697459918210006078774742493697683929661580345
110583155127074087021453313619281954261003354047948206175846149144
903123437005426137511247843785784656078405455351992118581112555428
149552355941601404745366596869911078431620395331286053098306503674
850737600011073486217027069695024761709297607613648476984066685133
413704571022710774482739565272643596179170684103429856495885089893
411687256384043525423915716086632482593374670883675076507020873414
549944539909332127130089064201493609522129993285559239704106725418
502623683532314592732150208408334593571010145301308910008818947148
081292693719998159843188184680376283315576442271665517215719079953
468178920745427552014965012139208898515829833451578094052507629669
897294456789910698272634805436531001225005240124461415755130292741
378627966346247046720054505089322435061296323030622051847523885698
470892744953223596150329209185266065451422514892298143381882742108
722165726695675538240306467582640444707618139759581612486638343303
573945773390934021097162892151464887823407472956291190731051118315
761535218564780036671749188561626932385625313887962238348863649910
996541877382398407803132404563460628731584952108853135076222875028
381678761318066803706815790233366791073776254145311595711277560695
192094329438264596608738690884732919831248301460011795531820254845
968638790622921244201880229117836672746072288730734454277811557131
388038718879991319179572304119050383094159772043614231955761263291
008956911487970665368233806282982128185598738916288345573000906246
332683080151465298906235658627228036726679632783929388731971153838
937769064548603057847264218028492769503493509026684879771153201402
076348413817343233959783375248424674365421477367813565495902226568
005501856161853555367569483449051372522760941101351732950743410745
969395079988300080374352894981127609704243056855608210784852092804
291459491718819060062047266076340025729180541286165037101023494179
521707807582435121154437713297130153879228377783519620170212378193
718652208956160647346992797830836330618207123068927659891064542060
433132712788549873875291180243977945042320080778541505642932480485
509670110527383250128411097708755930136705900739271613797972949317
549228986254066407436600166230704610322302353691760892423722438401
623019736959313458986351903667490008280548074778534018429717308732
376019514312262483936030442197351244364097053667346466566611713702
674268317227728642452715904723587393178765697322305301709335718289
620161342908492566152180670434650304367530821891272344745739944376
937669272200868839076560932705061600975053808776045674346952108078
016226164554061140614965530584371079589321112947501097888109505182
017859332996354888136787173090214403979206021744187284467359238345
263313111390667956747312017695279049305984195992099117796525505105
119490278487890856381225527489966749563111199762690727424847817308
805228918285982347468102198903389175986769300314537460808982812853
264102786855371524165674861076773783110347138623313486747333124552
565121364660265711983764617830087665576137546153143762438616931098
642768250970619571377743454903718795882065191945146128438727872904
788596040899890656935987486008835923496291822286584276212376289467
183907799935901564986920437561050411806444293307846180659302341499
099425526544801738433187758186969174369082400477384237652031190677
061204138065435002199155284622326374696813486427452533005015175444
182047470187959854825330263285524874201699778396850912386170113840
901863179144774059397035947256273457800169123941250452545220231811

183233484528106029927622886582632592508463096363771277121844360840
664934732856774593608146428979960808599445266728967343926941188425
912133674832735151428279873343374199956613588582544717987349462371
459703232560132926587159730253787951814512003419232079209935776701
648177616619431583730418911306886266008495622396283036401185920803
901295230200507955037367828146613746759997254387433903481412914330
487583182795307068510822955334688560315196487141563366205180730273
682021382587399173926891097257191723882612850608906175111045828934
393072902103695752638814673709968174417076651023597870044921834969
394448769920475882888642139554030217044411723659407074734688146057
492135157202192679159583543637341781011008987027631205807741755387
514597232644673548502090801232043281523832982653825425969445017257
205134224323691999408601055574155666216023994985463187375718776760
558967361223611081551611119589726963647576923060632834513379378239
690556459357694883922601246950348149197996240569806324052642122499
761834686461289451917711288877859742498910451622339638934389310105
337099153135177883640007558880867262499805782073524300149360541096
977404322786121140388114979687147618534327737531975550840909537542
352856198280094516739978210236473034623601226115001541385193518148
571285510180956822044358535512325696142868216266327977808396340742
046437842909302044681017070314603860234165554584706946069782212880
216867502111788931132850214456353041660378583780290678776816286351
900630251619614375594569637005200734059106343910395815048878080673
781363294337771580852090966324081077680787677232532859978380188929
115616028333503916817600714202779093064008103730760872787887032960
973273699201689364748406422584861970969925169037553860344561045586
3106066628957247104235057005319178706847588512635578712159973802731
561051057102525482608000346694557275633880245882644073911114540182
445227456896167088844835725539859575790770906923746778436924553888
300513998912622456433348405728147431602041759562059750906064115859
786475220162043371880409532907865398903390009447929808962542610215
827113393946983627276394688295110688968304310536095998514600711003
969925110172731151211383270159593092555391139692622668488968458607
718386722461280642984659949913199227779030078055795680525583131880
833794366648956193842821736715783656127840311650885609063842243427
385734083196056100303956434972314770666032837625790887086680056287
858998694853189908906439055790602729244287416622087881113432411750
775769862369869480943828047353836747857607255471776081893031228045
637018845694883301622569099457719098107232137162235767719609549000
760337940931764745341754577476866757954439428066677159121166059982
794986536167835948278897077334983822342031672698001106058660682150
956188190720951038891561703034496278051163043324475267104852284706
933317039999484147368612677071228213471219529653547905540208113344
846769291078490958899504714449868644932444369178416544553139075931
370063460006511169499355394202731521848718096173623542820128812487
713038180578699592460436615410219136127923166157252226131503231845
293203265202998588904005134203115560492425121219649247799728318853
253286527620531008595194096167153297076562716829664806536925055304
309576268496242042136906662072868836599345979546776682123627697572
229826885825168399733575318766544797253870160633551443372964844398
733302028145369805561835799118435445239206017829518418641570467253
319801256081544884189381402929165878653499137010640507964434842013
371899103466828685673639414589913674861198188355347661012301691162
138195982625968826208922423571462088983937528414812813030140462888
464123526357104426289264895868385879835889267400224695457533125492
363974575779769501592612390959991778400849101455121027249975219687
544862679462191582176148790097046819360922607103161896925020478898

3950155232195366177682496065448424612131844328895099262925692310601
1719816302517866846403937439308614009221555827090182535864423818700
2265297054147744639478094764705379667626248463598803110192584723390
5453670305717959425302460715416632894952399236440482910853683226430
0921718092271107330615516940686953516926028642984111214746758016980
6992063851386020602351446661019550639467083092095553266537942634590
2552485054982848937737753446318418369282336297901493715370360583790
1544124022875817551560234030820749066226021026532260199170840335750
6439732216212906229874861347430881978582919467948986453602645517690
2515768484480499558686525757809783527032118045981195330021348636440
7616323154194798337780232622788711662326983565081184064018063366110
8055049009559225083541921724644146775236750637155328940537149781260
1834603234381943438857798770605378474121477072833264234862223288170
2717264797503212504182758853139541965836000518492224367534045445160
5784966206537538184768159918067434650179160058409078997743311260830
3492791455264043149855751136637204313267929220013397086230273017070
8861742590671321205806837362592099126805348556671270147232586179670
0417923056818119402948015297490403242486118747069672686020716626920
7527562434155531479235718423267476645788543469782588267265802005970
0821251182452112214249169755094098825464928153227826898221841889300
4828486698906722041212254579873483504674123403719581402574335274790
9582450761577855334791133160079655910878923922832100001314583960030
5749311312101565369511531882483186445117233965302116174601907786830
1088708013571847368867067708574776727694598342719244173584579274610
9034695371278891924429081513658537142811730159437859568736726537740
3335958702699922062849699813460184395463552993513272028599202358640
2989657702630111705691506177731878180988280137972240385087894963640
5219372235279477349651304771171380844357710827015483286911519326600
2664418892923321412736061835216262561251916469260855231954161522300
0720705533735441347903770229247733045869734419858320275560938982780
0552072580467316890666481510171699150423776860750390454077607664830
8451603348801604668317879582051097995608725551612865987321522681250
3819657542541279326169958780148812918069080874886255982356059494090
8469166868981108108444119843718408700001812469809200471177439274400
5616033843950881835959658740170664126207167672087583026182348638630
0426942352342702351040424501423041251403976501049982865782620980880
6773267229071465209265661690219167765722842460304584842767021991640
8442558078606043496365651061611950698850209470723969107010677258570
9939671898255838158118692119936182456565667586871062247543369363770
2966359854595050685197293418309486766550081228338945788419597844450
6593209705024335836921264422160235373089586093076548571070992300090
3431204662884913174143731628604568295289788829856331667873814442460
9186244785510524497953557195650462046443534713501998363167173395860
5951710619975755667086546524204343386453616989138195999050507961350
0465570207276130944294186667230482838811731292603831121674378557870
7045643257442888492108025224228161603304083418266278130747106059950
1857579582046551922591962124897614716209286677043061789080892959490
5920337197542975624178546401274979775018171802360434920825658855760
8227245300450919409726812594249613437989962607518841597872747354750
2462924318167740214692611665730548964936296028422783056237021315900
9217316688556629983810200365462550731376754430002014691681551421490
4158400057968997724027986881115100032716436042047723049275997419360
4961436809257846758882440919135533254867186607342593522282883484130
8605493673665077719397225322944238718288176240607148274299861585100
8493520134477242916220777236638203794131977226353053589239116299980
0385419071245897442964382849427767372377697463304374597462430638080
6823995850939771703815254640563186682585962521207785121040976692020

184074883296654399129597830756074172312776481359423533638730738775
075046840426772612202928557157012554556503908270185857118471709323
035597479418656261797879916198535800096470717844953295755068044250
298354050345585291440641466125383946994151074952942147756560776490
939402817042619411862001763831737106785542170965853382710881666128
018242256137990284026204216991416524633557462842662522037100901318
193773299301710879256376733655299673733839587282377031029941543534
934785202619400423283018816890769397666161351416195582126873155708
298589811832657122299892703563181131469062215952904164251304429569
668056793435626679621227387000507463283945751698261547375791643223
983449981343151053800255221619080800323103141252335846995301237206
412810118329872430956224825314830749700599331995194032053422942944
021341500435950636615722412047952882383637473477469374135605154695
618938235990759780006121701701213968022773891442614607747851237775
896992173097078956773697463990451513002029928362111541687050628275
345402716118590666263322844761478059179421026431752618572108470227
701400082818475501147579566878926741109078275575152604747856472626
008213550881010371490261497317047376570762818892523736851942040363
649630693054652355006205439581643223661249059294894631406145554522
470472997576468825715939098860157597924037366879473053021920676581
931108996197106405196055189318655402919404586299557782909145311982
748168965150118205307692770401034543229097097008741436859048957581
207564039412821816037126627888824369331773233597173072662227248374
135809879991021555337327403704753148968686540043032243255731638028
001823710875560903753361713822087770058058546321377296476279330328
284926450490306280149827692732594828645303085510573664213496208625
509547452364861722909993131444957068523641073997850467534238467801
064400336638829302133403901909592952509921195398754066861565999410
463199642833112324465080702421204947957212142257067779940379479019
816876559196562855031161362687718891035758339240252343504572091669
034336830140491746670775714574181153378101632288316865767463488440
753727334014490350872979760726883306493936910941394997250514663325
118164927432744788930229841699626269256519027120936089521983914148
163802451935562808106646099427088951937687159305741307857755080348
922653982155582161409719218489069793499525029616734301295943384883
383364446909904686045001554816345798355699572582831939609546928589
947996510409509380398531781787602859900995027025858322908957080407
156694546018493745543436360628836177316850077544305543291850378783
751617306209406443612025194460263846082430653956784073896343756663
991645581455630780318357476974114017728649926919539234482958639551
379503681341025417817635230026961055077910880233954528708981237328
706856409318976443512749865085811869230759315850330846904862211791
872659093614870912563848422534108772696251947055127578985045294752
155431025143237631745157909380515701912547358800334683947374544918
184028534013721780077686259990873790521457044133802197687442657764
622324023776672376985875059848220928669337540520432344059260616258
138097353529027872616666425863002213642087538645821532676928399185
722008332928363751162300341295568871433924114230552582564967160636
132251731634072598387549992397277259644722657359591663339940700829
488433237885801013636971713436977280934010968996581168850040415346
391479110731326658842416355398482164633159707553094812467642988269
498970219501524919667312709216140357295843147145274165000463631659
855116158710446718404706891809004967023761445708726992810086995265
278948706989639090969657222582452023381151411641286394694957380763
551271455629375238349381147257527232373967749542016064014823938883
334573366604368833486950261560786114099121111713274936599069177466
396845987943376248787921209046121424112405846724009109293722502076

1556576354448498902781192518130739532971967998247227840864596312672
5532462425645771645577934909507159446637688202373573694027410193817
2410925631747019252881457996303460376685426419506076682836990036948
8141355848686704179649151327264540140614173817619517118525494797819
0022012817437835814788641734422792986081658268633143146878604244099
9166876817349795457764436126018148913458601777126906894745899405505
5826423655664580356458267557029358126957113541451492795555504233451
4079418738364232638871896749775445136550660124780250620002694686516
0360390779520068350932494526456587562688452994686184581527597541742
0643196391046656052105972011862680009441318327639609622566095909843
6090639835126327776890824633306455495962231768687117033866188947707
1455358405792499041802118109768138853311438425212508002352886256492
0280429752734767619267982765862269649547745161226214815379656416489
1026625502074822348461255542684029580969701146037661246138329284589
3717266469005891886448447614816925448792643909552683627265467106472
5253023660787526927603897043873412270262988756728044929562066152096
8959622958945634453124545509876916108028753158825879722979855834555
8632837617921487850625751919182596794336889302879909930057181755097
6498350945670711796449939752503365848490155275875933443362486423868
5255613877224934169843720827444696894828685582010803364174420274799
1730682064712410436692418677416832197947451556581900436875458583168
8492438101534248056565467753151522215503399266852638122109133591262
9123886222556592982891188889559161879196184851049881414725489936422
9215390152576670944769795831510316577233466919032333261306735109700
6793485860239597515074497568628455004806037730500067749612770015722
4751743075250992230488967607499963251391957629461922663706201643455
2493275807719678885805527729708124648098991741883956727454669982688
8683253804762045136303358753848717299121980533531195095053621032233
1738105565201056361260390363544531155703433695290514679609408295799
4274645409493452181366140905155336093746071316624803571798739659977
8022085656181903148666284877735656176277522870246588124688888533577
2739471093791954304833454138209484750630911443462115499343659222188
1979220144561738298914065493272542967567159815530123127039946086744
6631406401287051959466887547154991402471864285498978226644647958000
2890971612789266958512756483085705755765970058599042451191926413277
0779908268236142691567885126513808128255074834006766940482407285544
5034027439536516827339075616290854353089952661300801921882475078299
9033001797893202670482623114887144422377688827416691560662892842433
3577866243862034111915639093925503395416515352094980754033138194944
8428697863692382780638022585688067765352100622799348847400359649322
6911041267328459500337602488122077022772884086496429436687661098666
0406220409794067865328291726514264137166988237966396669592493152600
8254080695306570054236730983745893600056107269761678565629727027699
2229574476306571657457792753070532352842347647095215165300828298444
8413578468089906611586513730647388460155638375957056632851577550377
0784359909748592909813324500144080545220349530865417130877259880733
4689736880654166300131371994917117908542692503017734325033672073600
5147109615259133836568000388671803272663289056625371258692834262022
3275229550981572969547705797767187391559591281744529860114295739455
7970800088483573475889575092628174515513337829293841451370800913444
5109843148986709800021760531123860367847455962997953494242855236477
6539826083973725417016865117310836013700690240507199397885157587633
0083604569277209441191006446175159550604398507333132962363797988511
6900809249368238337166540747599637438684503783804080217564767563811
3135030029785695144165494955402720000670807890781503595110485797933
1305264573268881456146375419158226603190117866590462215718360193311
4396700652785128764933920898308417408584644434377814944746526252388

015977094185822554189394484548034961172983290183791987199746878281
686400666632156751695237173267662813917213593047596857822869086897
937903828671304004182039925367406483239919248148457105643406884548
357239476537415708535542710957014710103482084946507193299493311865
827764198182382534202120714530744384690733818593585245693254699099
209715137474874629960726512272114165001450116195224382552165818808
702716808386399652450299153162345703030882268048324820594428540712
847721416166273220642504902318930688417931027705901410369010431448
081608551480912387148596530387998809713045925159872738926929407570
710915163666846679687502320864054116512620600192179184894152694057
404668294825171313279035626189420832244910263696431110690120579290
300965312886050501001322283938914928530080636500849034875232168266
200619739877933167096765091103214277905307259410237188483284773937
973967584017406784300172449669783282282433534884544777853146514506
776293553874370084317108098999539273695729697337643835881875731111
112322537280495143394052607832436492083232744429587004072294736280
374892982493606609796670266658120030236882573174884479156310472813
429892408189357598768067534813934987584243567034034645401598922591
266038880215911298577890852594046588809718489214456008475111418933
329968282544573902485243014925005507392908367470833900043064263403
683193834849588606483214369360524285729114372573707686210130101518
781077267922775805179191196411274845017676867112631901492060135914
089329830294152212033875823134338476536464301742631745434711690321
500754723281121425982146596732444242757154296043663736685916052925
087583853667843849363352242792198567915805739894644982476651824764
953668690524179074343006166223201356131047440390133106755988806298
818361294975322444251389340785470268022577045299524241123728508050
025904509460067689134481310662793079124923341763911644738442693010
503475791805009267511444016611451415952498286537442712132581123377
994862975271469879858071619946900299095406517010163146359955927101
901452536929254266571889042229418712795479845849153856437837156288
092930332828168377719554382927541067039958983682092554130193701730
684202292551977368284176405055361795757738271181675844779363877012
443086994630144410400233603193262562168738442956304478155058678790
818272531598171598095101747861444812196875156883236213400627461126
924019521172893488327052956476416466563180011832327466601038020583
363209864491703426097626189962362806368928420387259971156912394347
944973764572973611396172132908433478958082485672479643864751481153
945399493898684723190778222980305982851051399539884737152197820044
622108858330954052060250205228798463544692056385081822630619482393
878749500756013320880678309430323336481293836761896063684971246687
630132720612109976515416803117269417225539177194229306077457056791
698002659513872576519834467504931479514651508868860973516281381097
473718870204287182061837349324833866578518934329639600642337056824
274174009139381246095981484506665996289436854363858635882200684815
408975870381916546477690783442584376542509032221427367181825316482
966057195816588891339254602661420495576184065594509426863038746259
378026076704429856167186059411922449546916415509728602885972551288
433076862556403883195694263722403041822713957474113416684641757463
790860062649491986768755071215473640580685871848035943004995660420
870606744897612387489247156909748109822837746238382275716976054278
383475461354665576721654929291877287766079192308481873009550591352
654666299844363710373401893567110644680361069796969786714950707044
159076019741235192552927935848660485608957486149428352453372450289
310428110007039863256713318526780261896056678259862766309083101050
715124962068330814463707231297692692588354514503500793233828118543
693737262281563111189970061746998803327352855979378087951258012777

8610072484812723605731962670019109971341009434092140766032203811 32
4780413260894801944034885884408362700984905736444049972232081653 52
6648233243852316208490212597737767946913746745167056429409676093 77
0606334508979770101325454336043505503493385312125181894029817350 56
5184849108181205273450295940478222374747269765641401540766340549 68
1547586652173461354575736407331991694291612258915162135945961925 62
1841336041803542614988226301658131394768955972056576654190972754 02
1129455196033347572791345753431625167424347041568013848180821261 98
5816526731631614718132362892392972474123898965037941786844602209 38
0744300004628001899719808130188737937981171087670996486339555120 33
0754130656817138843792139073041007666015172127971855685401967282 63
3589710572214434926668151937564657597890939467894685035216177032 45
0319596436905122231666498416659285285638761102239016985421641280 67
4475841625977944178358242606241741233168404499588836851077976915 83
4646546161571095893883830932915846677425482129115159777499041260 62
5092378455296239317647747962325502157760766227159574662736682093 35
1979498423281250634625804723591955168027951304329673532675754624 69
3485050373543659422290063312606313933935146991193801673912321148 65
4512567167118489055911944918779687979302376105017735378917975397 05
4938715337876559578216535998673083416052082693425809825716642781 39
2119281877143359869737069054797612276680768091086819681500795883 89
2674733294866292859538591959872041693540750485427074519684308626 84
6390202740819471538737762368732099403973379116651232134459425423 25
4639539093946301756337000727312412341977952378119648331503469285 78
1237548328588952230089523785769916926969395702002460071030846840 54
0786523268102071833211435842102674952179730152448119699808375116 35
1351948483804752682291380520265600039157808440902029571404934495 88
3664884219203748980865649954206108232916947411287904038235427177 26
9882330694258169931560889365290035470057064339139315905695775578 71
4766426296552628439276692014160409763796683016799224192656271028 59
8149102369528404375225278138413334073241471616040660672940744159 86
8793564088933339044248710553645460393377957064934633595778669004 29
4053154750285782577029166652205543962387036502887084883222429584 20
6312497323448043686446980140572131210124723401985197242784817097 71
4459701276587444318537212412250840909913393374495535852528164719 79
0651593717762931696671156804001930290232135909749123555393456025 383
1906442829396270496491347748402685071922638057209132622135482780 11
9793760697264716244038587585234890728751804382018817508249147732 95
1753898983007781892892674352757489761616604903747873546297143128 70
1014399228706501440759609699032917243929728812079883874222681457 93
7228049446491021891612951272544735983305525810195358422076217966 52
0414181843681660244518333691283635946728081825950600516603868033 62
2724325159621215343796124671569565640498354301193198629002403458 41
8518384392257989368724652764091014903116231646696751942148025211 05
5937498347200694623127384343472253860713828671424442240225658461 802
2177261305484493396004047783655005640181708755577841359278201812 22
0670003806609103567360408174861976084928301194933631941637421817 88
1291547538583769275717764118364725934309026307546518085182409059 85
4047454822911987922572128140457249050285691948246665097790415996 69
8847137143012716673179206568517920655557364212320422303478492915 16
9599438105973430714834283037921571755006702643184434700364213751 48
7898334446379393152028715680014892615756665973505879766596700874 85
4251679582632582439346609872036300476421700287013810785438852199 17
8394632058822155374425325487374708922809957410724239634080154889 03
1049056721367774502280951489139599825985287649226708817481259044 33
8044507406387874472403020122942509279917410996269640655656359424 25
8284614530604025515819062079326015106431748242222408480693920311 549

194763484581690330235195645804154994864122630340935340716017150633
726055534089516242810380899469069596184930985299501227437449642327
751187385629319902414584335341368713610615033033985035039279328735
118176981148158780494113708503681143044369373990613851474878975336
558561049082299825689310704269238042354365043071145965428770260315
059787147142917169202944529852696888092052578816525723407217966312
492571055471448672084806856354569717596598203064938033889757646422
862862630874166192978755739684812390198564405261011356604090178124
266724419197713153292246361231660294031784405601830163314936355442
432277247736526883696593755503693927804263845608925566510134512205
523490855075524066435756875173849002986012107963599311684576980975
371079297879461624860981631454400189910609527258012249159440860860
649379181322470985939268142994154793759065137997312608796329278228
464385826829829543945779728678747585815726955675607794497100584083
146722230645732752602753704950126751005234528625939270197726586526
674999150101468548464277728900393826780975793055207248331398354100
367440835741012858645105645720631933628739319094458249591555293174
225752886848976739751390491442440246203409198116919728746323150237
164997230957234747762325911700680987059285202362652450232280047807
105158132556001651240043051091097382834332168030501196629809003965
845914223822602933033735898661259601930113552269240188133165322860
147733828619489002087958587477515535862501757614016705128166656818
122426656119811124674598529259571106512064927256007482583380241122
036228587358028179799073078618676680789281118619039902362089560527
933526980934479029413968921357816930448552370431830286232263459819
253977090944277829940280976717380789628216036931190384423112787374
636490254240793531425322196346989523433928816631555474988634454837
719837559447869559560177187759090880055632436906694909022682939284
206088286093586000318603298124612429675358684277662118468996409076
188893912917771313887715308976278334355639359387511016041134409872
290132611441729497789796896581550626048823161772404776075518114324
659458423284348580976006917620684031831789646307767314470892908467
746240942896933833733902210720589246882672017576083234168320781862
846702896712189362835027743808999410780344011360160391581386512205
597877189496037481567291636728983511512123465872415845916263840092
992449819325370795776625380560419342599713903739258326852104897992
475575247703508430304793415195775325429215222723723267982944143850
611283446649243075848602978087846522872801219129348938537722791596
855795400293956935230592632115923438041769286999425024783310627075
945198121135449558985963165647278224344946677621826946548938975012
741969253230045551560649276120366986707177629842090599382428025133
126254779716710063875263158946176577256310292902669275806472942551
272749265766471925483149153207170006791937941676951649438908464717
333890116637155412050416084545719264834888785608424839951665773227
479213592119700228890220076597682361569263570876072021417580059188
884215782680657684970604918616792587029128476751340406954049741303
316204269388651668130715030775577729508591472795888568594989083999
900520311999134159990760516727963047443265457583837995379855375771
933019893206974497329823983755521123577466635879163895125261700365
502448697369211897300469755261538836263173810798557601549271345511
727897482104364192060738576493230342916200071414616819694735799988
844165033012110264556322266376882127386253526824194646484846625219
522831997925746250740978213637929340316845148076176400123184301969
763775705824370924660987627833473794630225923628403481924095614901
081154162857467481678746514239563905290987577841865558109367448848
469016630387882828777999747901032540832798690997038324604759227544
096854395691547526343778662202222960886147062778284691159579061245

809116745389441690367953338702506471319273878485328388360052218418
124926645520989426138052865218992736528468986639542300831713970507
7157368691407628066714897285788795499623126939761555347040912604292
861151974047272139628256851422009044901093029409167190893259060206
159503165894334095607128050764296409366667976458023039664045275360
529403620806446984985462208792634729248089518759906947398789032992
771047038272471648517224224608872549644875295977652586751914045817
921127544905032180453213190790793431039101582804910890838649859682
233706260752979353548978663455446141513267832044984890265778346060
797061684264136041971495676729394796439173144293052133525577990645
534740470289841278194537280749135704415976626616741722004400213677
443438113641223274705885200554518711226439337940461647941229677113
932146858716337791916514420410253686795770824423160040719192442266
488351036073466738577257958580065996016761135204698014401408608689
075823941768090997382493530466935134831609197507646682455288652916
824293870672174892053663116026136976038943608853622553228124054261
653915005728772743220414397818929828282500970719770811175846446331
328979836679381214479000151051021085534765989765760458912410668715
708958832057272464398353187148960289781432655889675095040792134211
370832670920660115452027946973384889807590927952957600580947761681
301420595582744529629859794505639770523254065818897674999391452106
779958911813888363559938954077405328013102866254584210666098540487
384106644710072993893586221463465983827616252428042397701184191937
795156822845677229688487624124200600782503370054861728295206372105
898418479020925510172026999042434993532106535481678523078250104721
312064892237608900787780826035459105716407343784620558314322475419
106854756315537143763533200802176952266829035855200124218342853257
365220527577320598331882029848111058786330810133992773701107080706
670191055576093031278859055931975194736282558609577813479235507887
163997446808077029902678448281434430268730042279656679170757692837
956207754708137911121176190473023461347084892909047961188556250695
772620607972173041267853740588987460654232331727034231040506610930
513269454714657613719575502302839587469299874321383252655579673203
517410094371342349951984202080293268811920639017875106369100343772
379237299610864956536853655536548972389097307643186307245331672783
173109191982170957437226507344841427571928618394214000508161601263
254477403353905048589319359742984483533170644362421457684962494131
436723353516319165664394669925287385688146407531467881360371245235
088031796886490128313198721001162258763763123357923822915596402839
215520202918734722495827612606746873691145633732511841262058434496
598652439133129296554593345428198501172713885770209579872130950931
436201827129155536835275771718261426370715601044924586612932232259
920982139763267911455986623149354666748571623310399667530716726802
273968516296291301249987371239139874840395012246767239661675385094
603583402269351622729781810676486792101667565935547350657833389601
422500614546980733093478142045757958958069471842873825607855292100
571134975707943011449639200035564941565660940453603964576629251314
005106448822360431848602243709627960049445732382351023325902510998
468435399363896552042660976525352231563567476639536218700168016890
405643796647654556967992024251879436938989270130046063118209588448
620567109339963316922622198655185782231186944089269473608240347322
141638185690702455960120656085022198819900534310048711233576268044
938246696127279450356206512366849876204875717857992690866843042504
148746758364179561404946503215956383915079028955195308445738558920
837962528721315909527759593531701739492251252841307289457561034113
808517269273124137339853416585819247001393750162915038265187459871
968999628682840187001083253661227392825291509625984085155967464651

5997048175584865706474707860520343916277416487938567517389648557815
822044284937718006176085052597899127707539953740776424030372912157
182616302493294244698434949040277685869070068725775828467892095760
672165777336181069706507437932091199340222584133303436759936085992
755300496801288612026301064184361600963433117305422887995933183049
842503084651646559979283686465691904789889676529821932048675446829
667161596201687437579852715212581851846121128577992168153360997805
820753554507058811927451866179654388648164922477963628685648052424
220432058262635289174747130090824948206263674698824113726027008584
117721270904115208260095941199427849655652134456184033434248073598
287658586448139054955119545326559974050869598737952854863127577394
492444355183949139993613692969268528685150838404063832719399917839
471844873400764674287379839317218165271765322313421038420192849901
399128047651899939576402177670353492344523232159443560014202426223
278942607144078638648230673465940460331278300513394168696986264242
552459735057306599770199741220884419568244531122741357204944691521
761531881943107155823207236764657718575850876905230912448451053854
343829561983811197816912922018588973074906800925505607372612043474
768394346091092302418386616805609127720169169670955758273626800157
055379592116435557826942625903224437837246621986398095856398260097
551717617642040094972096018097250908478605199893629298481483105867
730855292626785050823184819027209383845019242652459914940399103029
492779203266250723085567959088165195645868541750304134111564132297
775247963586686902866078613116440649266061209049050128518508275358
684252833500091587363265338930232730367166767224763776227184756690
550328916302079193788271775939689959047913691889864787389953589395
374622084052940706859165476553649050062211931423274386899056590688
956869046763521893598544629514740219837272728201458715201022828911
760252178214637640615003823709322982992781294063291696827973541484
026331342986050467454051135884374123625318114172518382277445508526
311946083472593209010919847939691698020382156870269163025526643838
279313181221133352562201585077564611045565577359193209213068824521
795628916214063875606112054851422357659852211800876988391164151070
567587771875192404065006396490405912429000553103682075186271638979
556810258276094858826781112625147923033720633522545402047992729567
163724089436541806447763274345077449986830874584041062265673210383
454784107993961395370855947679031088262562445028013713446609219016
129922832392077133447652060105223799719852695675483781711664262424
752311951115860998579420309359563250659668613461920669593594262447
535045069091204184456350399270960594687568176730583208078145472600
975677277797832155117146662976561409990498983032371796325992006248
965521096958931408080823924569325726261445588846927112774717791254
271736037931885337412632275480632189742394419019755750515442222034
352538001297506708223024216933888802341938889395554966949854144521
172363606308749485134819359288338938458429555770614320029396398653
626275482166092543738606827365255873134388215394146866817741456705
573774651788948158211891701941818561136346201003867176864969521481
862539060400863218729990904760566282690588379380158075150440387900 7
316720803996321627514966546104014792004040478420038235976163530863
793018766636759857320551484634747560708998811491036875154989768158
441583172696596302940471880188170465406426548232118780989600519322
209647305068473968272373540988819215510862744326457277805505064205
516389370349295180575920470005618472223831436406869573849539748532
192548319968299250297749082442486692223670879815692653364290848548
569342680596880708628329083228050617120808475122663205246150072868
284289949147452877548570877600313754983504633711763019958072434252
994761738607467282020171043017681616817737281651542984888460649962

713878567783309873705577586920229741052251524217792536567185988658
432348176980365616763066718231962383309380240278325412829845666756
449514537551016721882426235745279003617058051845641251016082907795
651414651169751512463439519600274048624111179823710214586638546979
003490758969375342251324012839555391063929504719894727519438315849
950088706540481262337569936340713833629596753765348339649869456980
173777033194337312282448919970387395047304013444018247496875358506
006613692120003627940195347192264238868172685891020394289680016062
738633812343971114144582344818799908421075021191973083678294680515
354188195921659398690691178232250801474276095536259766577896342047
881385716559012960961505867146723406707910274927399834993738552756
880017680778349795601283701168566325920838283223405830508938097263
188137703942467504915170369464073830295048004605759269764597933077
607654906475533167842812250481142507183080907365089020959967267115
579362446130319054416880083803047181321694955038189072408006308379
191271956436600686665314241267302744610093331087013620316400362741
507995361124424691294928647973016962472817999973400906370551596735
689198250146112985422094585128511992898600035947400898612210819131
032464274852455546279911627807320207564836138317111972563815791182
912310552051064206750020531839362464898034158647950277348922663380
601669833089647980960102620162099896703172300255430666088070122547
382146690975157802320767319004286933254198942711721429011111626611
291884971034677961335815648327578995212490734802434064994194237192
444080658310334050801348011083036544789705752166684640462544411822
806715388767571553511814099198595810403111766138271247100585036383
588195977633044922443965910173762215578069635028170482226823370811
786335187744074772287878028686597731214990750275871821955006049919
822071806641003348943263908272017295187159751768097350769651194023
573614883257870519635450053110247355044079177844062869077131987781
210312477304798932136048228109680606071741181782995787589271784648
574486023188463225048543123681086914056986878356050787040806772359
607957457883175240455997804690776255654905442897335599476385906596
231179064574304373902753790091537853737317022784056908378812085309
738338755056275750920483181958769339114401983238294090382129726944
586796502585567467233786297623868798384754433767655161105975072384
524827249024444177496566299041395735936435853754980455100335274067
918350569481039133701521874574260684150713230009520034850226384511
212113586952408556022391549536351162230085789053624569004207722178
675422827364447220601405528866588485629576033440103815599861247281
961550022981647600334970167657611682539508835525792634203486127111
838929071566190396466848729075564120816018804904699126720058994193
809756522965110536605746550458397815442490898657700719760977915878
096158789978518522069645550325669985256415467455502148315939826176
094860589481173272993740044523564213354459834368877182228361042584
876798582230727546612830208670924237158053067859684003420589967719
154011621749872264042056460920937575762807237463604733761333217490
036589392770705970992359892353743745011569717461188627375450048007
409264087561618295958078037681369139655426528358825271450046538221
767040904799329046924979455000281846898354737008921999341789695665
225003336997499799362347727099349209913657823237112733070037805695
937564446310515632769571972613273245240454878364608072611070809691
494846136820290509537355088987554857580167684522922403951505676179
600447100300534362937124945852438385187268656514648239149028844458
860045354407746807053948031533236021283192314786427432029702227529
042550106159462106457129277558010987495349313176263790124594804396
734215504890117059626333648098719377448519937687965322968959692049
501277273359484611456291429757337811487069445931298779391309267594

912252521801219478534608709736242836546895947369305591337148769573
726198883497876894168191384023429811250608071105175424537103965868
246693265769006694722400601172748654381709441015355969792805702440
504972188408721057148912549308735882875283637579474091379196712170
607584463939714397321097436190855714832015224021306315322819502364
143285081526152582710575402428573431822356733456084486686436024027
993415898817855020873443920540744181280291090027241266731022443313
296443043123222475812010656733008041840441289073773042251373554035
154182360471315013311491924710538351488409576591144392451053639245
210253377557147807031153225325624825434082559714221130451039230969
224403100195348358544175711788253848947655583562585363524855437406
845632986116536796131227409522533109852409354003193040895675448043
744573898073259535606572066722460973500318193539950473247791192938
769577029441504526152886279198003230615286656706957586261186057860
896026400889698180342162471292649026863721394945203879363810029042
810361064359919391708460729529566213819356252032866769191526983091
878993302223312271794620784899173866186935651807973322800328606338
425114281968700865088906775099371484474009219680418268084685072596
782966672751421067698288804765330317300128181628826183692601427685
093980586495717025886788815330503825236459493300275439184972859731
781638517718170572825431143240271899193257786139370534811616206789
137825070794809483389821304127105591494812314554525298617296644020
136189306858815592257386028996258992389426938151139142409180887263
863159804700599316984026198939726396768977903659678545879527471414
741639699849664078970187176400123058245903792557037510931706689544
139424351148768360271414100384060967555869073307507955793521000610
947782587714935671505407105742874676063801260485031848973887891490
624908823709452673763255459610572034474274380429064983662508463340
998214282806941873747951485960412777899542263150646150487865780669
866106836717500589053105633506282001822650959689756791041983763313
886792700619598199369144131344515012779471675462955700895487826993
281392381991613268742035718110496692036767460189469647284832840667
316026822089787053744425979457933754997792942618633673792154247202
989348617079020180981729907994537957091752142188705423671303291723
708509485099720365941366131238577742117494590410137513317404875420
416331425295559583132184930050095384554984837377673728294743288527
799573611042688267489044855350588839288925405539964683116530093108
867340706146748770013430453873334602883354562849087935447904592502
923504414431849662155069441695854529225791973508299294845168292890
847633151683216802174481559805985087031685625427023609606739890610
311287655878760723073023045519696843222722910662395076319711841392
496365146821687709568277148919088538080214463869706654014397606462
658020385909547702667285248527576844083256820681350756232591144731
535608247113516801337246972315450220264419833390020519450148565325
662811297362847844050667583706358400849849735413882670223436745525
195392186726358139866958721199284199299244534142120584526056148482
376137769118610233585482474588186425569691332315149880848274678246
866142203177627990967243579604183429721703229060556865710600503745
575237699142066330246579039362361082414780261852253800901217785237
959475164722724502351747539627442073218307521633056223197192378732
454278161559190027293908736307220492875884797886204902910142651011
607361704014288848898653774587085202573367269602719720729730135602
215256944329864075890695067385261284108355653552110611351874464711
164426888749391649020717542064833413192352789775509930173400078132
013865451421932538601760149554450777099262020306358230864697832553
720520559531408893891323365102460914382988955124978190872968189432
369838218125719281757417467926097992535246145916358958857056487727

249953244905593436212565455507789247810244286722517198824406708079
844127905403809992599267270631749273988412821134289913998663598199
588503200264183020576456972538151890629277434258467524409260536560
581481531633264869613194231824572091953995664495460647274933501838
290187995085898735287998082790199257771810981056813951725078226312
796080002333265824640587821302796978018062966404518922534073068412
815916126192804472151708854759575744529233650650024368221316389765
375806198369605171385097418597716209413683406067376720974699035163
589926288039371602699034890333637430268840822590178428198898995944
282117255614114493424789849539616144342412559796686599465478613233
970353419767385456018258689819498331355267866716635276625464693496
936525831146856539285245693013204051611923035340818591218340680689
558075938759601877407609473317287636125383103810303713314209549548
822523512233449098634507451927285213688849608902450511929094868293
340994354619956852285673664053295984872279314773783890318323068322
041325599872516707508250605961942657029121343400599746617570068820
383667775403293992560125911210624332715497494939242445636202722829
037768805780037775638549455931330504581941664207260137059778167835
698416280224341251489705769990919577037327752558694120023566227903
654645867594135502055971830156693721527288271879005091395031029656
485911566736290297866171408805683191483203071544929743916717769954
462270819027059796089585885969185709587528937832516069367948336534
628562937166850912531938071613416852767561164349736455829948714433
537472979017059383543811153180270964182801438922405425683732526360
119664457738768937247355431983187263217330730046635731833934425355
571262352261855914884454435554778087164645124643063483532325166922
527947493351391437139219653010532075248440793397498652621644098097
080631498758227554898925848947047807176188765279871800794785291198
771926952948002088075938037728931847670693299163856306762094708309
502942990844584805657508927243255558356851705208879414960951356858
275895601559753256690156857835889096793880870105000312446003484985
439274124655068136436662462548777204501033058171099661874575993543
952951488230117902632682405695749783271928513863942821453975404456
009123567064957962103330767676267963912902106246284749020073685044
080745435329554151756473443146523500720501181190434751432324642605
111345379951427487083782000755273114199860782127313777661245654137
531066922781032444226021766969698316052353186048386791939220147759
809946903267882025322156248083574993759259429575013071758057139849
566436391092284571332773046727557581337572038355257257382242558537
488738072029239480622183997511444247334949316169975367308805311648
070053917103684644690156160073740273872807372567507219608249534823
411049047763915475136079912707182120372072657553546689561052979435
936210791188545866096002470006221265701028319096089124193232736493
514263780097201616020810019537855578791967266842782990480147875469
449789061379858497947424612116945734651375480060946645949072073727
082430081358414274425930314616986842708075581344020910057970753010
960612421965221406326570914081121001304227430029946680735783702921
527418497604782466354341480407052579233746832378331323758775319479
802250500933200422938233385411300980285224803521448835371526173384
795350747585747800249089508527296104294017147354897994409083131252
465403418141542692617041488644600256291891492303027582337330119128
452502519314493419194592893247382621272310613633443056908013408732
539193900154143958937161233480579246804937015164106986297289899069
055763657148093883481954063727438153418937445508067739209782372489
195739669206895678055588974006407295921768911317711710660731674700
601570449552151696268168013225590523912939835150518749881660378239
509190512359449567249533886421750187152954664247116891972636888136

948895020755769676802957677245676611469863506514427783980036269867
729015701781218743852656661871110140270550672513176400912846296071
749878871527219631111923101272606906806627567479629603123184966105
149467674249000533683376788993606919888441758076759747079623880805
468590242374423977433431043872249478023550490596527020192744709187
839583844073170944970981786030925877525032714219674396702471383862
908663140939577206982425158668214757209727477568302840169999880730
173842893356486827004534193028254469743611595207716073097677113778
331759801804418309804014309298078407363419492718529368273722730492
937417185200723806612394818567690830605311771457771240008932138021
060862027766466926900982793995030110844064606701940380484226115618
755163944564765731289257140482000804032291127379141064199300791092
322401545520442712216786969691158447321066318482572211465922762874
762608857433050252807785651368432075228363224503682255363615121225
341455153321280265050479656491462464849471490555819336105574457995
179464963819539595233376876853605202520838259847391660850454262951
937194777417556706976880880176317601455996760432222620102449420505
718727672236238142025385008315441110658333378574552341515475420734
597385830193478599300678863466395461273335629702197958258049140592
405369519397270577715847053579897915480260319356515960262915568029
321751183716456438687036897211386604649809613014563743950449056238
224520808617847576240671629798908334296672749993697075113067093948
327724326851258898196056551295110871116091513630236407314934807847
620354310073101541180743224469301613886887053711336397571717493472
910562751636153965739768309837128376292229951679813043641819789279
299160635334590939880249593622195102878083919716509997568520145088
149618928345059950944347841320379702701907289567689830030169093677
305023598330015141228276402531684889844144786761798171890381598573
249004077246695276304855126223194835136916100601359640210141199430
525652012864244650922164575105850593815497894455728115453448314415
009752386171750494718835466508638511328793157089105851364442990928
883453312447673420003543388629944703928709241122183599016256341144
011205453914094553466814002504173287163092623334557548847146980356
455146481847994294121274079966041321344290228313600338313753773133
150732037253486294420473160705697929565064178874888168876528635903
597387557618072813239337686361726655528881950997359375461062200539
151742384776449957335695832931920400182093784934899794320602412786
838502244494643884304863807345252801927333774537787764973220235413
248016835369145121985960725070800712398435070017368050658604659413
036302852567362032140999628006137388157561172160874531393046378420
596296892956663553466306475396622079127007674758060019468560398068
310939805795089840850979038853811060631919831132233769276534712690
756170244554698668877825318121606096729640465038267975854840492587
603841821273247450630641847756791683900835472651603740337043958052
420591334889127850600441293222749192675036470835396529778964913104
205517698840955133081508140221551531973481651698970454248474856897
221075442149463132066432520064504428898795990421509224616012331466
515012114122658867055315951717690244293188455848083881388424494879
578680423642585404996461880713748453102585198616002124209797885361
906554552722096788230686238999043429961320010628776791449116218789
178246358789652700595822052521174956710285514161907887684587236173
723171827374881510450984705627060378001635944216961342586051631092
251470705662826726083619540347938270056450599432347589076494573220
685166615914054230037384189744365534389495186971631617180720454167
543581001145943175342568965194986643064562712541228387496723469335
631947053928991902863585881563630498798538184076601591427827693193
350283561828113273132450479855177688872797241480555565729058049182

931300884884259650950370298096746176549289900417197673032818192366
526415861705880834308839322490069861703073663516387365192726085086
365488868811102173368430952799182487498854900132149612639139960907
977894856718192669885866972240522896782490012484874455386598823302
170800488282953466152947209947485466728497638434486607498963490574
435597795850451725116160518098296628910445054770059345936307042680
645749301267987649000752537726185963635650733813081500126949597537
505768889482605603560954395176860973667526590156805920648893206423
903865126040789351871590998379442031217110850981630909953700475828
924801280772495220897003728737103269509188386542935134418931908773
088599672724154248903501408310875221946290133034700435110341867312
185247325024035133254799613920299700551645554704919663310314633309
077239079544820542875692858157305886906391267273132368472101389255
324729848940836070752387994878244581129437915046582202347592585003
287512641819102463426391594679443876282831654861021409282951819176
116643297562878066065328322593490695129304473449686308413376193828
386995778259653261774138122889841655646886819922734680490659179871
879805515678826371348673236917947421803493924274544866313312238124
226715520629406899535052983115187026489617361924961400414668757542
944950331436137481334040148741154333627418973398741813714409137211
858492238469271973441979595367938115391234698641607812362726023201
729613583026193491421686797935944168077158706030290478871078872914
294132279486298994659581453491689878123922299667022487917269912286
301595676045115120172595172559899679595600129402209262099289712958
463820228882025093377179977622941090602200710232084829873021386521
527011720160824690916856123594617819445088921931873050067400253729
995257944568195895295675641477185341841852922043516007161877079729
590637529172380604467884803793254909327870452563058774792757039504
447714012779413673341819141015326413829761208845707501535158533936
575247485099968730477240769292926933048587607318135538858498624647
248456494806976848850676038470087132623608902040703468665113277291
917279230671782770898716162401884517364688072733784845847898865390
556090819981007319832558843262262256638118858218043481022258732038
130502263769398723898792939123426646221226036495163713544114802170
540499207368195416487614791021630590648494340869865061518818405403
236758128350794337757664358638567718335131925387159887412650949256
263019435863357744992244197270976996652743089688075924141086244909
722864926744903457747810777969445280066670516332484638232444803596
189596012311729480057445480399217265828383405718264464692254797595
772591020794606596620287946482655700960568476417697676787598442411
191975016072076434924739911894782179423470803883227447578850484598
414746767798676618485667156065093841283671038354253409830407068871
970901518917882423690454156317651177452261265661496964612615888444
604583655822775782040435267028612665728391197370137339677392862444
031140941533813001465210583118473961741521015782469076176671743268
856015606498523540732168120062497410969258560623076665414064738136
843612867089535778576422090474079469160634371036831276652306212850
929966153256511019709158533528875974096944747769822743881770302403
129661733467758810298184312939472389001529052772909489132902881381
825214399492803672067154452056485233421988755757820243069199369369
173611868084423782175198341938439172077470807431030134955038169304
265429431569762833352181662814309433345379341479284431453262848682
617484085917725672208767916291536238482329518581890823601993315149
917231794865507681175937957868996807112641136958194182915952826296
348913428564041452873182184594473648145476468422988205686850540005
519402445148026906315361961839312103922264121741110002923051104278
960051165994911268978246714239128720379233931235413388077082014882

906059877040826330916729625243216680486948147095944185795661575901
580087408668320214580812679781356859535518446556828652014906483062
346624172269985362248283912466923182776844310577630066131226179667
998988430530617592273833109489815632947988734114381753116161172173
453915348223518780073202728808525082158476969253625787121350813618
768178474854282972034693484713854569607427234335597729797655263961
622060776310537053272298406051097273603367819525663588926290927554
020843660525448571697937494506037830734892560249678496193903548360
950519679362388238442186098028620194065211672419114897362641563766
689378864340510809483214285199009110147516795829726864564447212695
743776944277681524676544415250661799204580870334311660376747290880
194145753852460411021344094438956560942156767481186076874186163910
939286148043159595881722265436373196783550128979142052617975845340
424345297047552085019330685167204593057138536730807960236187433220
335399895171487903153889972653203475694388206868595403892729686318
607811577088974075895629880647296147556987171895066287875483517763
000547172205255558842297394159153018904518428071500944556633667635
016415056500419868780225482744793726499960052872890807850870885160
329061182672073605210595764469596892941722689866618307792352664110
916844257132601455834622437206855005256141499859384847685097967796
943659998339395588586887137854923443655700914768929502674274484034
271685660971462970303732098204725720977674112530240538122612492013
755738713067160838580776938701935503294108963124263774750046437600
581723195945054018512965163430134855530389140690272214140641628802
186661613580545799722082403953383012554515560745428236641488706500
206951614455289038787526820745204789503435309411339518841692055989
143122224033200366136250873814650441207326187589588969598400699224
325114561747760081565783618440764755331910726832424243868382741032
537644364383202816890605822429976234263681460129587027497826994395
984972022857871465507569398115789390306108030822074109782592686664
365355571284085386035082248311977007390762105954494140465893629335
845030596896420010581741345045919258692132652550692744972173875634
303531422594568858276350216776395990289680913281213648138000328724
611452087524689696478388720914843707165509638324415487061256548498
039223672213812117088803416987132776735316483498108702164536513210
748897843251307696544784124719056393201910952390678209595629318237
601212753917340035721301969604154583755393316546698874204401743672
082473645942900079431784294012873402026256717499223606948999759074
819145895213265285434950608375532392833158736839804859913625715943
459760624708636924937058166353060311552567345953961081957976849490
775185048980023745165523246790668182903282904599422872236262727348
431908142647343369799156867466283765350885964835343955605817287853
271150259185032511527018592248184516993166824024813719932768225856
839115503181926709261644384223559559895069559214730545806565278080
964684969252714443578597248428903484097405420149036998714486699664
888979651062031296623097275669461209275558053048245440104203348519
711313066489418291606366131985050905371074921858365114816424925865
139282068508199619486239451341556756312210251811995354285494412707
521699030987550046244698249546142788402725045249657986993977867778
908606336550348465289948651482322627066431208460719185421796384904
728220018931882424001380496459535464769879061388460769928166173489
660569794285218507209597265714905109745220831654816977895354644722
356814482942209342161589077356226401332499873619920583307976429791
413247840293351512033091266725632218998637352336375438531808758196
445089950410197026979524809161318299354925990789762272840383336047
599615043864476807691293664997471113963052085438677080203272450621
789906352489155999395987445647218261390612148917319641856157409102

6024869406218381600188148132895006488331893302264106544554891606455
627669115735919870991322503508336063423501393119248824898390517422
845545353486008977368379772422478602503774441001876172487146750309
424335180653438198192007039219490711602731906532329455686739629602
907990329480406470128107733381961356416241161836657403320639688186
893770965294213345217137280941808032404374167127359092569274498331
507070035093008895894240483968728985801409601451454689337647395869
376457360092072822229975205122272761226174121003828673146416964972
898920353376270048374980064816047881339679638101208825014511743721
264258316906840342709980890461524188349473902853229860333087659460
845167407278751147828357343802379325923857043329863366031613315406
044591522151318596197340460106629121358343641227455303231884866487
891020096039525416955677418000114461966970523727990683386664903999
628051098990433825705599278902996135151950513693011332798680541486
104981787854211361894922186057079929833843722513631305055025294972
061648034061634093830817029643674983137133188597730716600439494240
733547232742926404212189430742451059375616479239596808515948347132
878073306302147639691611601152149720929429360782377246283648923410
454272755977430455521968354919858314933253404985071218015444191064
932772944380334951921061881057357171835422032545717183347630903995
177802875781931240038169194015885135063492262092646817009868622583
695146936825948647463999897844383138934968273963303892998775263931
121783213467520477540551188512683220350820113539927508718420286290
540061308763367457401910578558257803112227828991840723751624417696
367873128309330739060291932079200989568710231234553890718169017263
768678701299966676774368618747002925171701588153858983779948171863
915176633369209029322288560774560528830052555252156982486466547128
4174704290226382818133315285534365342280497282638505244459343005354
330891970300635687729612804417336179245177459204841392669851331906
916677549340221337175101865379511032204241624988919019252989654358
506125404067805919965646615010172410972748532374347492351590084327
923657740576310725658963656609166055578175720704603168044869455215
955918304217939268565492516517739023680710952181753877050629276545
774727151511846522041527702012331505713648389060416063314945787739
757395438629293103710410141844189596797032352108960872867437930307
184938583348583378228617436156688471528909180394480576471365798172
437290248893563871801712869385168805273109876169330569649798859485
238812636635228096276250119822896546661223451021740313884928595082
235945003826617180238796079365663484247314722294315188231657864799
360230031313859612070825694973751822261824947100260907529740694307
487699021004053782277316871364033580229267513716228217176455892888
071860753133608711201498717818825674954438752069458304944936059286
254872236695181943646342534237329602461681470708932202035201953866
518445438090525799536598148282252855028486247307989194199580881287
309369048631454826135358387317577532581485750254718863460986405936
435895717842785315327220404106526424849436595675476031491769907505
741827465694890373453866586961520268412930466597042335307373901381
567476826613070731292005019740289649144476827927664818317258866200
061286833502493790575409956526608130537759802351625082916146701453
959393533280863420484797281191905492681876519905511263150112974721
820487522901888914800344508684334718659125122021917298306624257864
754117354262981267537701443089641220839304537251650230967464733937
229898623711951780437679172113989146822380794881699913261137519013
567000680224097448960286508231858690614493747979686671795776561001
119230269813542714908481669297895622235141006940807138311383102451
111640548007890908425349083787004768459160982430481033520475451618
163959777286284183000679200175069343851527465617973942932313109570

6894950584122176048655505281997251735665438798465711135503146584 81
4336798564662019049677133056532750986870655977602676097410866600 42
5391850029858141541483272418229623521705956483608460285474551126 38
8153575803119971827413703785803889576059321721646913262510126688 42
6087501345322389344023937756722117108251732262030224457836728778 70
9848078570628347018422667420804164944731243116832908560237160514 44
6531391557981089671317776682111256717928869939264404738010532903 78
9956537764841773534946598053211085440178849821144796060585447290 00
1344480819937611309451895296763747021984398301303115509336490269 24
6722303862240382309908535622077860795520002759664005267727338525 24
7335953992579785531213990372501069803256418542144096107723124936 87
3165803640614639389673109048012709246704762927466860847988738491 31
5705583196301981137844809343191282938382553720739960780493239970 72
9011824376440178143475091643543486992789283420509758618862232087 24
8983195452182204700806561887272388383081379182514453813114548503 48
0425249945742055401098940108014496377101689231111551660747209229 74
3951420293925987706832239741623002152630017419641740870820385499 14
4014663256606196800834347927101208948961389569927787827110092278 98
9361242750349009953311544347390537075373076355673402559689541429 15
6040925967617977813753507007054338830045554672942567439256097148 70
7146519107343125539555115043885113312752067949006477666419742559 06
2342752568085262991885333366303738235786697695022486720199851947 33
2231556548336495862104504244199900858936522237832001195572681385 18
7677592395796946613522872645195889294195155891346040991728840687 95
8841280071821050756516244021778302755519536806304724048117554327 24
1417578301547805722853379096747899528193883972317840971985345708 56
8171810116459733308750509290307353305012244214344461615809954630 65
5668676889764292509471061904232561827362677996603349386368608871 59
5518127859794643719882539925568203753898818227861097681054096998 29
2387546220778779088170181182884262353288613954223943950792395433 55
4850363634881830072374963212493154920066245344679331726438990636 67
0657925958149265182262004998917184181232749653736577296189135595 67
1995304423077928958622732624255486595816925607115691470145731613 48
4391986487968095632033745748201822761954041331941418187009644983 25
1067226145034979450268889880780740709166650524582656525289181305 96
7013171945374998570989187138053535440308754374466614215632641987 57
0380002405453640924856260410084673301415738796790418834516489696 38
6130947326935470542433462629839697855665643933199291082026635673 20
8024005566853694894376556687950539883580053389947269560224991607 19
9238037116942940010672328447626629029949678800286530397565866026 77
4848724950863421825218402896880384693216649156162804651830949080 73
2444555251127143601459988257597448998985998562687861950654916824 62
8852411556607434396291185504984509859671842910284640824380536328 79
2907700995389361089207756237467381755992623381559803677853713207 60
5338259936509412258401659043591744567291017493331822938952485122 53
9981160290617240726981557001636292769752001303810607575438380637 60
4848727721572830178867548350336367600614461807691519288340532130 16
3605292200728309943318713167038512844442314604100081278260924124 56
1995704528123642604219842853479102094466160683694616225034635349 32
5611787945571035098231453332277170409907157615835443960051585475 61
6898748005938438349547645894891174100086122773545496865989045439 03
0849803735777434908736553354233602735369014687159246499979668613 43
9848922588498638478412287371646960825037601453680384234054370919 59
2271118668344936442522449601960355238012695934480164551946263093 20
5010095908220377468295108359205114912569979302420128588386029366 94
3964260858017882770510458020896622868124869342332161471322299258 70
5849310777449418981142342754759904382184630887311569770413149251 89

610756665967997555036730710012290063888032440871546746968118231821
356014623089237967514944689268234257391101004504820965193374642197
410580575677213790709700318223830201499776113873358237603559137136
631600180039270986225718050590752999102440274481182049321303625212
791465802024571522101998135612852921241345423176007302669204874140
847876434862792396889144928751603494609640396263822353589295831453
484740642542158011167639493856343054142643318947755097427608728927
813759992116021491346641955428348033088105726531141987378625628351
973124471032083564356106529736710642890821811468084753367845658460
237964029540856926310948205860669975983252522484674088789242409045
273703590758481240828924334394755371556634692297326465274789169792
674927125930878450542356300298772054994648857563082418482173382810
161869848421670658140607263170575634932157535728693137523201842943
653429566328366896522414619681626670353447475345238514564251435532
062350217785060612491811915818621214213599671265149387449813487622
559695185191720034126150204676187641039359288669954512765066501965
680195988026602338117800967296819798072273522478036370023172358442
450604716015143993211607957491943529081315773564771593151768934933
444382388462495376353514650959332284372249042234185071259237725796
634235945622059172033204945485977572408338159716007309690411046453
219334666606334666958078940148813563568283844497023492072829372198
077416803870776220475145531699018263217926759901959410773090425131
492648632094118379192160518451512504377028957397008273136418628316
334649961693337344868558205759248821722851785109991023312716215169
894312311268997919884695415142221601165745397910414890189063653559
306367357791891209535380467387629740448612138802932000744361644850
463815878408029048173872891330641075354088267585598866058753119035
310070311365746833166182442566088450556596931891473473987417185210
713455192681277248574583651734103924896814123764644576527552297878
965696502977445419439790207328745602240410028255729130427473527801
485982599143181842170048306700383660407883106446599623123729808163
777980055899774016470265242847151445919515325037368661587706367090
484682809506595609708421253122262979679267660679684370762560788440
618307690610152930560031523245091441410172689649408653874945871448
385774556835483357849457196874270613191496708146984821953797094571
959563633479327395941622531202734072946031718486302109978380889844
136566049203132319325361825118222038579705374640223930360961888401
658749431616702919831178288344495607425740521491777349464859564639
132693239110004882805966166739177971700949025951229233165029343168
319809936386333053603112064265515940214489937849196647390367308703
108987476939255683628597774501405375295677172414775748087037409804
398687087202621468694326971383921728911594230798126859538137574300
992815443649244790111754684276878254397110348578455859670907539167
765812480908777079507473339315509428364719869240231124686904137124
000042056618855017682231764698943613600877179762077197732179959907
887186524353282882420304024286026790096476851135749719444686806954
886069962276588511084681605062027666597805766169644893777299680718
247662469192195624147286152083965338672316628767377633211076341737
939028313221055093965850614239860644241880925118049201060701057761
793425371946888090491446505504462670471156078492337087375671581335
961747578483245010398140188768140356943183596240183916596322612756
763528132921591038732531688565752695110318435361190878419652411565
787889012219910100610248394229036167974133129257273388969357952645
474856477063880988275658996525803639527927525237286546062229466816
794289868477415288251134137404854728271513645045965246606762717648
750172309457768375524614588421846900620211495205785187326599572885
487398725889555715978911415779085605982909421416219923915397826418

638281338138185156286760244470046738975433831578812175609925857533
551974647609159836135290827037085939572182976167992225132816652426
855252345061975709128952088522229403836314932585753988934165954603
409213085655489072501652477692294806262425783895158199535952528448
235683504127368461172474210856668823714080108566937639314539990104
582896168147222812965287792427817118075868604318895374161969097747
579419209377022167237840802785002208962684009258765688468051496381
250824911112933364583615534796714385563649390284953528915053831259
010495166405752864600634643421734980924994781933004047776150215638
232444277470663222110931423547763561073334560235450464178998761556
261124548511753468625926986313614518633845678720671669801051823576
895602367801228437438569318700895347858855528700826212047757175436
758493596075050893792083619892593266225235340779353705541580828688
334104719373576884355438869549219853810679889359101023821962191001
616482365272254794657551734616740291274387546109581917375385052727
219971224929586979235472777506357496207396126256718671142375627311
209906081744520531414122107058379853385955336969645325359981131703
820288455339660319639617745732940069215612414777258684325192550462
908455880926100671260119167137716407537818787829553781702621684416
100585925149456184441693275050451329738408833972558425344453349023
836047403432126921395371046170482130722741568760353437428795469337
886958730705832601061041838637792778967245070089174210773082194506
861080734917346493064530748844350532178764549579220401873871011704
384072875881032706620746648915347772150327535224478236925787441488
486220747079521685912249800519864082651442529718729199143863313072
896454481889398218055602822982507133113733247497117482807948017558
865145538937389472156840212471611528839050229523960995886060843303
836087250633526274140623338281704312993218408389814151079854235690
556578275090589708025600786452317285488166908550680102966309022655
796817214097968317822385419547385585544338110306822730726143162723
651731991991986564432994134401191014577039936578774453221976441048
5133922186032215989319749555151150987189166365846484978642862211323
601671054678703100229367562320244202401102006220349041470701224825
782056934090492708190922167101685903308624854525030754270269391478
282097201223453118103939531129367544517424931724231918016667960604
445072641754488483807854470133441246035256990804018001834439084383
734703514005145611448279980997774473226966096751169706945169249642
292955529660851124794790728535773709141746622249830142978657243320
734264606440818702786962924592832461418452964872085175740913923203
160303023273571462363083318199798454553472661869096349740384201676
010562598713319027919411086321301800427069918803550647121149593864
984187596530227030772746775484078754396946386933272563109020950973
452471149562186028598340350346431548913739484811520534991828787065
108073074253727125042364779473389851664615335648951881899876830330
295348785467737663964033983964646919682275980778601133321295837533
732055599892381670555315514243456307479647201615043248731043211692
974603261342984427435399182461135219554505653089984153928630062817
133784795160707037136126716797611343862173111291664796615805165088
611567141553513528574636302617022570136320541011079790604013683006
797939426615758113683557243339524940212239783711547863132387490747
663727654410558448594644499695220200517662968167443668786168935898
669285447747878847235360102421902805945608724299969043784661228755
302004040069609232385507416448904489603464740925329187693939496401
833112402728773205128061663445384217380492976098003528340125328728
150628961950682751762636954104778593008596987345635548773436005714
836362187508303417209379308357651120580390208086035859211532897889
694072657480267343074461108041798235435690769206096304626085362087

755944413269035487769548753782090101890152167425321503042062448624
502661188961893125128939543843794468581916368306897684969604404314
405371865867894399038938495601834658219976893311998555251460203028
148034158075721623287128600930977866516945661223731244901068312795
204423199993829314084816098145561472128310285168751180757702738091
516248277292608356983831226254998599461658016754468103763300697710
445998985915613467890792604125288237714200585524307022670366379298
354810927436272703415234154695864530450158248490558891960015740807
662851776564551263065476383651778755590558760877025381712502706532
130164430055388916696394586940787159590249783843542522448778482812
131987003879186819509148655488882615328436257829006763956093362205
762146635207596470420472220839216912509786862781654607416241281054
775556170433273494636592991208511473295185277168233138727986353990
730438558720938065227923716016178157338683710420709214863192801845
105609409105458701847908309479878835264607516552790464070236562826
668464934960991104403701315909809749091239539697545205715195308386
998270722345208715272666243193619585538106628882805195095618350229
659878306488785725961500139877689157066437370329555813930083297260
796561980549744003832386454626431673189326950131846319782591714166
092381197307357345878538284121760390449252145713652289332985882328
423561672957602045152330973251968722053080814362593689627759903982
894672868410968840012379452007298048106326850738134758174190777859
228302744924515717584677602208580053438966117670344296373501625409
266866374307285731001428325909247034880993875943275397997349299482
028064073984763007361915961634608165801860599708405826896779495533
393681869978992983559959868386947087055684162858996665988405856373
449842896575132610328733729407782050188685946006753398166653896384
558623802876230445038702972286547636716291714349349737825829985902
903890891498612947465532434160939605396900954644477618399136534938
190184664992655090077322151365147589848915085715705269302525210935
015699280893659764240639412765997103541866428234384728797125754955
566109731069855401681241622338036817834786229004456053204896013889
907292835049388834855478392237106592799975392101480224408367899126
068769876960509116227784227831573093401197504312558795772000604448
758269145498186189261252927349901134971332976673666247113527144040
394514387909228811489406710288509679280342383394140480197753950573
714257849237419912933606789611843170844650639986642092895352973578
144640657328383666840064588684621715774190431804174359388423143689
640386059675245077098509548291580674688854722056204233101219021150
413296847584188136537557700680202077182955419874823302223557992664
939668897606905387743540693366185412871603235844095693558094652460
059896614266459412819186951402362448005360747917739144749871260860
915992197594561976149885384268116495834603210065845734647743297931
871748914844499695994177380347566068281106151848379211963897500103
061910903485662241778666590756958354701484072669812111440431756498
943311118274034898762837254574991213174257618942998040651215259517
225186749918055083858411342633465174628967589815544398154843336624
2522253037162926932085051005929710475691384754860851118034887786981
617653346944983548639701462055949768406388238124034991437090054916
583961285780544696698567544736863905686263121366071349457910370051
535176428057260666341707335368138341683582006409175507347135610335
423096634789541009765749684651853309502613946285309617784629509120
266382203953926536106186462154062373530264369575125106451093890379
713922526036293634572906714848186685614524908674265217052977470841
658464055338879222060706891321832543549917505741912760524353388044
925491764660769179296719042359552580021926417376748700336551271445
190574165566340712906124284971908928369919756497228595329755034971

401454444939711338565583248522467278382004480269868145186209807096
002835864440298465946568616773882537934606871774630792087101256272
349480366172046376744444753422984503064957166804070789957231850787
982044268293870687748651401843201622457134414231895351158879036412
424458855097616948252657322471422554303024057005394593491852283493
878456434717279024623886908605214295856543661675758103887853802886
459683306186010659866898494860779400331438024440900397990860880147
732052483306358954070538146956348786130029687797259228091191573099
390556598903779654437472436293427871391354278861697623989202061285
446070760096417875753100111072704302782023615222553179051464017039
586876251369357694854979938469505032126357486607045502852528421557
136887899857362288334148070957420243876260389214693021340812106536
812387298313680401483817466007376348419036862638466654080888038702
632301373199591209343058335692623855515812726768942745269621135636
275514545655935894710497317222497059448404832714509192071196151292
177268582046129728425853433433282519059722800545166752750001579141
164357323408656892956796620524765844913682386003098753319622899773
913155190122684302023302556141912248105326480320733874262889733285
836076924893007006189191935593100102229936913546825819489708957331
029912788568982274098448652133894138213822978811981777646579131139
608372143086899630656494685853631665084896588339172659474699591702
895037196005377226238179212457166260867507230587005137390860080670
014194003874192675540688741090822950462408888075029338579838870095
340597147974259688676852069537964789211358437916187441369753360251
134759300518000033501495424718126620547475798874034427225938459662
564178635011366900101526091066079150211454847187249462310809205994
854784781848900411720691575797717664639803260016321383633386655978
324895380461672003130947557585570285465505987921516888469820743374
726604623928611113551495961664178392210713501426064670358316761526
059217218325897833880214074701388213101935894717563465029438480312
693454264838649848930228043768410054171712698701961799867703749295
533217615575243932822688644682638868553574552712868143092902855903
450075478266419305939575489859718470663623593043462524496917131240
807158714265154827994714869659932706386470112644159978950291026411
634185318728131040084892164764213837348534278958180220020402487498
537638726293786567769051074100463941882283207785290115744113261166
996070603959549637082068598615028161709223846505390944497265584101
477134821398683505651898664976879964736814748112632864752869525718
897172010087490803890657618291621210629190831679328986790392649194
507376720451249672828738084337584741229144526468976746253797814999
273948640958019392686513422843863597088780296934133116840292361424
415740295454320443876384706743624125021509329238442061974647807051
394755748539913109773284701713386222719311985505687389161096367219
882696404444362847877291604351993074137026272294124589315133919524
994532343464975521904164444838192817221422897936697060374093250547
354680806747033360962266442322440220154891676124159484911143693863
730359943990654722702043230259116373908514429982629493859838003142
573820218244686857539785612558432332712487785093872667704738822244
927923405533052409758429688164725453190915023149916674400369208145
729297004970025040256526405339524784524153479564210882979912334297
611996383236675051970993167107599720353762523692502519382771779532
950871982185833269594152286245650495296492783497768514919950128322
716913438664505515692954196992545604504497582963079385242837662221
183230982332937911497429618504536395406530078250511484927898146207
166392943211835756128413611930733207291752955820392328150987232298
510901480713729965189857239744829253390055203042907303453716450538
232288292695645294820748386174021851918798854352199646281846233887

972820115051987585069917040689125399485667965407671373430092950131
240706496354234349587339973690732162841624906036472788645012308579
509671999379354557232499996727283140582979828297166358674574934221
164818959970523173630842694565078833340034407353016984163288388650
916633167580138628729464511439952393181582607112755412016485809955
026328146693079363345697138104991038675139577575373173512799044821
738428466914091328978643655001545243061193884063160312325551068217
446729813620593689563149594034665082740478088395854347560655276984
378899697756330162803958189943265486199702319950449497726562873780
170464985247521462604670019208604764528792188841194394464204369877
791753468323895233441123668091755705749252307450645623123252215418
066859343373499875969194321466575565971080635035189072717712757221
683327991770936217337035558075273157338019335815517447965949190464
311871618990321029438830035541039012362901803491596712199588843629
930884130315977503173958731979815451378504271734844346797930147395
994680057231744682706385624236987996753939883360425007899520860326
479074657668806310007233906201370853071484677451544144777531205748
362353569895004590018568754345847189049290732647513559297699545526
686771551721271230382513141315543248046290063011070794249575766368
382712733188596822291579286878786947058828527004678795536293232566
884981166150798463067786261513132112218304402824611069345348278767
511622438721488129667787077698989057651705078276904666215008736609
105227287998037324904868906576548188174222349171907485030704179222
924164227149876533930740482227511576779348775640705207617167664131
943956719356069699459036219890065530131417811624594244841497978601
429173653994985842280437796804483029061534335136393097339777935636
557651186259983593177228096128714715317891646535044499949631579112
515975867441975918437335602013487866342166138492981130336243782182
043410844152319365481974987405075208288368468690673619716000188724
172646287175575359582797091749490353647047487882183909326142561836
254925986632059274716025469940585952699242461166045790192490063429
531296084292810624670070275165700897784806695033762112071595900905
700846946232164621589321119150833292213624776160223765674547585312
703001341206756571080484705485516910852032451543134899892558830375
661922394308939017569583620858847420816618721564012079368906952165
888755384453546220114011927354990860274636915019776531884962695164
429366936017260342724754027281336102613032491809314707300163329193
404191324779636210867575758463919264253279615046427572156630679459
018988236198187080091560385304231990958848474578625128544391078212
519962993888607445680287692606281599550228522043736493517621652208
127692782514137947113304775212156916821827629731023847622649534010
946666557267635273214020429844425692700109172945027863366180683804
729339607941242381195297157395226157926462940533331039740299279583
514794348583601147339355864763600601572965203388432662864061640504
329768392257663041508483015173116545863680188591891892088210398726
748093663790230443283972349883246653839602650155081952393357422665
539894238236412452946315639754598767631866736583353452819060803560
562142371640359659370993522807335486500821621451926855273824497251
846054469928132582041944923875728170740273726750648094568371685701
293589674260171798395337114342724243589908740368970323487101214575
608026244996530540818021442686608543732122032134034313536024476262
145083308940700728458145551227201778475724601187829309387418614499
037770862315122884027073107758309422538024254225977686929003437831
873028958446859811035076226471464835706665915637436675168134094282
362929930062341220441450206442465553293321245901323641640429676355
307398980111493754168786256831497937649386243087904859284298393148
196710437820011003559968132193978312353573786479444045893650109910

885960691414606707491146322196157735259453524280997975179579133050
605072181269106773611888282818854264624943143039410117453149360525
464505344537808930660708592512717512294103783355448907079330397276
216552676005791117739796912006980627485888075414341143279292074349
412203198687250332333458359408693838427966786170221469258156451662
521663279229917376968204717558071292713684373903550598840290555056
198665877441126341066963397644945704169594697387442516156047580659
480486268446376389546965202142590535998313721065919989750262635100
681670836274046559145404594697193513854005845888750988649544542560
433522760987233910198940115653846567965737746015677721183804205611
167170272123352395287198747762296551314314637416435557018213769598
477636319906327519639113532219170174221741692030796969394445170703
860316362264792941934529344080295828956475297269557303344945511805
908353053775599609895289384846281499090379780827063240084390171929
222927567995475982087526244701588526847143488951226303077319305029
087569229610793556409658085185642671374415710461189633100004721804
183140524339979376088861171889543347071584024316187570948291195107
019592009596033180067821861690835516867306928401407560564855381109
222710329665581288208785646084806017631746831212088054475478818347
622521378829445876063994742482512275680062393793683423296365215417
278564043479379337528976612385157145534709540373015531153735623436
007124358549593739072018662181136476836520695449568167775717875877
297170300565632094671931236864715235522846894898788300090473843041
986675545943624368355034014987866244814870749973005912905438055768
176768587566553417042273149790368238133158197472932721174300543919
914497133021397560664961113692512540296307747676143075709400022064
024296963856723302444424618438098719619132413031027697842932191241
432387910377724485422849414938407039515151744328259381311161034510
103899334152099415453554215202305308630279040940745727934401117376
030659951713967760628328821848891349502814359868906069253004218779
136202550288075964005176261390844476629141357754155927039637834008
298980832213963272881461018519820031162056376661238909140915102590
759617453909248435765996686671495068431878604877836158675172286913
920603635300751113278055116656876316640978482085776784565871804005
512852488585571069490908618907368453435332818332512960073022336363
237507473135699461579622713953957412035481273266690448912931737700
163064102000678720008103382763262824742218904370009851874283472439
524110701289546082732346112568376949513094771257099821190220567549
628134661366483955749454301813577171559686239614457130793259354395
435637050084391069010373610055435455853502898575762384653433457431
047385240632733817159247473329123283810904268150831527610786171629
373630704256543481210766971327070453481875584492476722259495231802
239855377049859412031042621437180435009156009379711829740444923656
531032315318992473711249739319367354512984422094430650368777048527
904426776392730180320752316039233656069886562737664757280195882751
609206083294451723425002100242149873492316171186277076916156959285
551086018584081939761177353417124753586527198204615882230520290700
772919867259462479182935475627050598389388391431498606925410550776
163319135974276872434370005085529973373288880650284253660348813122
662514931444483089488529639216778278836937690905464015215792046187
820431317840396663028471936550367785754852823355861884739954007825
953678793651122074638942569967388815629450506707839387220025335967
658605229963022855510626508489953789165167293525517548036849658785
621986897926438157086092495900588634666356276322635075927480579722
979989043324321992573614610401146450404878589298388414035940307500
743662899178313795318395437053475122341745422081861913479019951416
485850947454390423521477047302027512739012300330215366223918290058

427058274060615409936125391281333024998668620546359832676921529737
440973385239666122404252156253372354980544095224983875264325044249
277478314712340433035882646967212682337301606700930942792569318166
268684041491675685018063179926468476830855742155202637498487436685
296646027925727551167430365471173399922404646562463733857977440849
627412359595853142030918080446589017121001677471649378538904025648
632685102653667045410794625347833578242043455114840796600683748409
785179304866776825803932833186995721580177654924557308712848291319
285938252081745199550023849702854159875763078773680537717027516048
237982117334397103627709936049416641046461854995230696252156715465
859831337510779617328504873893720939081935351327157956313432667994
883573140596491198363040070251797170617219439242895481785937164994
574198879581339449331659279042546234950697054647371061983042755296
710147710708210970034937612163123692070455455551704183295579966744
033366452589688454975013690702549220999954293704313924808586950897
012226623766693594670994922117591741110521771981857353950773223495
222452546920411715731195824734261206784969881195638196977862498929
668182680714658202013066478051963182407255971818450402272243301936
569583473618593227782996072858491367149361294489746081027082158102
246257694508270910443145840073120142527405835758983587073229062332
846261765398992599988730584678747909508302481028058963234378200684
827003221263447986517213272290887617077170016394178658523541155033
146477696570390112820737876244064365384692270337359208195989566437
064946263832399757987513086479331444890376864162340879280539029674
285219360863023345388539766823326116974468108068927590045459916024
791249780916012002237112972993959534390666988778544863607117775032
371521317538019394432620787395840051396484411986100827872563517874
930206670619489800557614957122558314165533083619029180192309862243
925774625236491506286727733483038626926724305731395404495388628540
939479655749070719350924155604670950644829022571089602981829826884
794530905452458956279008660241496006860932119100619348771413721912
076883383418674418431989812959263659576644879577051096015823041446
633028323720322964898142745840494711167925676591239185443302024772
947709460819446728318696495324447798361734416865674450012533598065
257942420247008239006567873405881389429082355432876545223085786996
907606718240226104582730849299758955124348030482275512833938037989
492779546977436843810178239853159525821380676220402535498685280364
440468864651985684591255644821238240236569999649755346546673537697
049287677250918801582282621104157472372852215247520353120632319710
298237218953584803558854114562715773829763515121486662732351991316
819375664128825964895960967102405137757184722657995693743833290188
400300365225451594351597761626523656710089672032807727609610936120
904838154425490529178248494493303654057418518029534980270007471960
601679121311627123626832533210948473730392773470176451146885799475
366553634767612325055951553989964284627889670145960517892476000182
182242315564153314985610290001968397513951565770939082917167816180
682153175039705775487812592963829516554011371927765011687347750299
174237836471567739755878679719731699499632845611834958215356462349
609727295745624940866550194181284842083690080262212669955123604425
010287536748801227190924356201750119811810766070795208092139458187
979073619709403761210303798979183596329087343750404303063305692423
740047974694563723389969493717658582416152705483381410648050322425
905677603638113103660591076692263774444416518871098572572277263147
242574054763036772742704686123685922721790227592776912074829694166
240735882335983911543528752093765100340096064822213081756637678142
608057301007545106287181310689889093782977657540319020732535231002
529624246176242558899227575734251609581386366527795512744883436297

3357364923822591300699065107120672810114681963623520650264204397958961478604021962173589562302345808305485917127686739731442589047888295430165983148041257553825659140699338672046635481329213601816251783070910329204087708434587299440877164998524433015324554799042023085497628444570048084253504880447948101250893248686468900780190801385788200807012021227553620997245847071347477175788785153525242804298125656334853498343452211353335598243026786251059458053367497986797791764191635535605099745334444155942363356542955069018261295684501923137641824367199704946853288128802873277300922930430241997678521193026208734478482545216695301263570431688695326109511495065139999475732605745994381658597637862627946549441911523064554412780420212555584852319822703069402532061563927130533457872267220769412312645170934854315774658794738686758770509784349662074001632281295122390509461683913714018409951968833539080151440194906691222995693135649963152425120247882387300721096967753699313976688861216153757235641927806628125510064516641988122337033178278646807743629006686717114797777308202368141996056966151220417216276420688811022432136470678484998019163358189922684131434301966270405603558974810311119651448529153573977861967659596179204467978374603524487875213386575762138335450442551602939235093645632301733908541224460908060533648381008866665089289257710346989480904352882890476239972041467157861612867434377475075780777276958506887142380341495686002180875182253672699157123431604942692844326343843652780372705777748631588247051986338518235869815459871654407091203398063919470090225697455807966883255499288449955470597471743127959469004652620967019546411114516317186311324241551563256734494685525277556694385891817247621503131627523794140003215462592760983297840189639836300640008987416892193585245285022799127259788529192966116479625572091440990667953209064359196910297141849584311396396106611190473240848316962048901074342130832717777671266988965828747002800354850842819582324414452330037033834255383721033214928118817630517604531335650072814965048844563386724529638535022872000290615581912457989506795568728244710867640829022173719308694252218563541022021374372724631515972508310542332787004181309588768978285283408548062338484114705204115616357905576822962452372999508731375059441382591037212848963859605490099288845137970514453514276966596514641556177843700096097086716789712985982873596182497369484334860842423303673182110474460525632076843320105226180737276185388493027113454421264932690148858887269638048513341862840461421670403282555976084167278098274456895346446018832050415493112114580415731266005734949860718553892097215389074040168040786885651485701350335870439154059193574797598850096183865031441863634483866318089242507840192780716366421218329184643420272901249048802544437214424193027495661236030591204888185209314313096555782491249601975877364628731313085959471912831707698492942797113766022302849516417899709674890179719131622837969156621737760402843991720600112855507375044407397962573490766567348571800056742667791414337426684707708209070492797705361315460643910878571166849502233115741457973527174673787422064049591313745908016709834874604441687468997726930918974226507588583935020257977659857662259549057458738021220248935252298080253679612492971776448165343746670545950559609783765695499896452092340494194978903324968341239684465553300058568770042771039592552212855691449168837245621505354222162441397729915648800780786955746426928249626098096744831770816592208321508275721223339218220730630808906999659644887099862030563162641514344945219605231168740882475490662108192921299191814891762578964090430002651485473232702055292404327718019633514381984996682789039405629078587562461519287431236915399358179014261320471079388917043162212493331513520800980008

二的平方根的前百万位数字

548124398358166694814106464362441612342080511250019448583333428594
620758846845900688729785918013419848930428975878376580135133360938
914144434675292680165292227878777461993273680125199286275810339164
035763668664995009327626332574085968343166181092336395445912247979
886700934873155136198973321274590613569151928117413012605296346991
021156507651449550201116842103631396945576894428248525037390754075
492060070597411853573209095111777476514142942044227539673857387940
614212788080242948366789612398506098750222341757393900684396415301
905824313252097282619538048219997591005728206269299992054826417234
114486896113050140225398454531631345933289324403428285540366465193
029291566650871763648052382534785182422817246170395420907171056601
019217891200400002277280842428126140919280167640979699978147184212
642966658004707832904426889574239409698672490525190394912978704646
967420761169174447719685264533658251572998412354537084889088379512
276980246828152436205941022109971524098181543491764651966648056371
563804536914653443705484213885992825447728591883619063288869797183
675838328369798988174214376873617983630396240059167379709032487735
257690260628755927586064438912628023317906906913827043966272836787
280161032644939566305173490146117794447518874347507674852948972660
145411052910067661657845631309885171220331026765753311606965972789
367202644194951639297490252837711556766019400043398247620792493171
053805347212452278036947998443240299344192076709270045967034085602
914651448116401236099911478673673700952481404214410954342693379894
210445767239637821950544733285528591786981202146232211610883573675
834189097206853280569051435514820152570822682092603653759736451729
411575050106465109628210786895298433993919065242947578056194820761
019525036304885401373060006468224038577081923139553718195048561212
855526562375044170053672850414998837814537604237465541180086760383
444224858676049721104359912535468766127284464121653048300021508190
240624165116435598702710011468413573741367581707841012333007291830
681137963721866029384194264875318475872599857978173183179281926777
011941989858356617176296316462593428738355248161698782368745774929
128273080101310998157953918590183550723441693108041695257969973966
591643236454675194827907538487939136419167725477697571658218535398
364607737730053774601487227312806141076982094654523260677815754580
209724831230324363146787326919763829143313197863352207771014530091
544619530753824836246776955207955747188024012202109017510250033992
139243382509190427579503174522641620703500192465252812223704577076
865487828627876032507236119190492140840800094614446388985064459620
417597604994187644978846171392542887596853757619536100222506126879
733813922045882204162354675892154896900132606035295120807633918561
412538957938725302719134923831315838570364787301013239536268431396
451656470964614450052972084519432043925615153036671474775221595612
585299015943427081450957082106900768112543275717219868560978659830
245187136170242339952097288564927259423766949717942150054431755876
602343499776486217210733584313157321163947188708851740171737272963
855227999746870483866688958656361644469054720227438928886763609017
954423148075256265347278454584624442600839394025673986139398907449
389527977478236568163890069495754229917658551528785739456950654230
935665536856776279076016840404394603111891074415096542168288400705
714808676424976050654284305554399708492281488858647262023145495727
065679077515929425966129868390538881309607924683563944829509342223
548608592418849368214289697105842947683378634467618065957007193073
310930035730042672680904697621641456102291123117125064272053087371
527469839545158157572736473870343491042229711037798886117048722115
155532401498397390761782346876895943330582564062689212645978262279
037342894781250510003031503839033821965893607787178905465929360695

086173680123715140236452959028154593777236617320437645573877204184
764733293007024015039600689825869909143305002389837262320094299274
789211487412339499382687605200999607477747693124117856437546841359
300387496079919614882933686623443398617822932529501450836253909494
073601694596429377709874466722338655290649301718615210247562893689
595906538405879097592140404807828680714982377877754393893487582955
571823811498589136955461614984244547384326194011176838440079733058
429271844509037292013139772957381102274034696655587213818677940153
696072808734376332587647845964561713512273477385060391593921800212
410259874186017538031823792330459063266492790197287391941120383906
108536033905625454577994186303451814811897273187127860798619419982
222027253441764092917790499488053694690480206174815415123572400551
258624303777297513009712975381713279548881089890055056488595614973
261447046784761341999395395237827462439396152774140230305769803036
035801928740496608177662534174178463219831353820680448213457343524
211092939902167963954590236465883150381463420424051236210030135212
458647623858540749974583381733720869321730901573243705847420874310
406851432309872171822394140681555938395622801068590509329097706687
144648552797185861033472111700662241404705137704021545019249394250
487619538950979578287278217591790711799834491377769795393252490605
560610584051685692138176368166439384600994383392962375895451047623
874187683612914801926018609280673065324640794150266747928956494019
053714473538860446217729774408353735769843388334557140856887387495
030863302353071501855026902022418875155810797602891074852266545488
586814447338731952984158823848476896483897183186263833881488655054
439699144097122069839869567176271598334764688883227416225666909817
989138773516967417914838308338268822619496398957178511001255018277
740040956782078437248700861460308207721327283681318735761604517291
328148872782359192012667494092238766779841195353629003289331942797
876386951786850997812696406394253176435382198979518270325665049701
333576736669302697588583579780732435012686303221867843502123795696
950585428044126980241813607492989043478640640534879577692542305580
984573450331774908478523035231368315508084605374115272608707269217
188840122415912414334026904330228931470937900650074461981806596437
856426254877726050072906767985706205492561806357265249722150631237
890893842218765641956413073180765472192286109459030076665374493367
010000195787827249283754273104828701527011292927161978410502682239
628610736412817019176306574552887499552877950502249430916677863064
485541529761539150123791732242746782623403029949852051920156982236
546424158051547965377845879813798480192528451411549754519876562403
982779427954106652114366733466596540555135663674532473519393158057
871549885289584062209929221674657917992249809882792716325055842264
711707120172684105146979868654952803740250723361901279325182582698
066069717253330602480441063540659271441925954558102825835898952477
313964987797088943444109647226814967342340667754026930539925477829
013675957396174505750579030326792337151284495008120598976805945004
407442727638221827604516700200885250698663753601875140498515988753
692902328248365498838859406909766539016859937702178955758664929307
525707791805575975798244644559151284038806151360615134132199280192
724375498683190254751583133103908448393829527787681427103118629876
696783677942572839810982128144958320637045137984308760789601491950
663220368176783673159206467664700365819477955452493603833235651083
063368692857956414999456004584964978823261020077318801153696195535
721874256024293228776504966551535783865943060793459669829348766434
630053691436328927414096638430643396437968724684951327709314609563
076331656570729173036918522194751826115333226850848343105071569116
195623771605733698949750689199143016227350131866618723698584264683

7523483254311886606597288869036713452736713972505347601220110477776
8170753201302324341924030568056119531842550451349934089311416360888
0099610399758942973424152032173141161653968717623431581028917086399
9351545687002567955879375054787385983275438048203814503038652658677
5417470577036189508387844638950623956880299662427820431776715601133
8630090308138767043070590781194405948668502321638549263629604794700
0607029147144373810498615598957260210154340016898180391263383863555
6916875432807007431399102129933971836691198402798495399497927422688
5034989754766060759816514523496298157147325685908467880680467569188
9511630392491227693065452453843584091062940758336763354143957872733
5127457640696835966868017302922908035923233831021016388918865884766
9309244896041274160840532027912818043446823748770147393821542337333
7330915357470763887332666738774983034037728292942150725563406076455
4102118294404243389246816004166263770374839377143900061625663461033
6836264245670152293253560140742036104038690911044082060884923096044
4018095888715725387984546296195969856235887553308747787782693290422
6641824692612274851783430407801823202447371999628104119068162266600
6317503952574233894448855904667205289136020471538614514636381459666
4447598919672098545711930185072172823583632851862805522720129013333
2597421183510861106374498259612364364351949347396765850373366244222
4692633775519358748599145758743632003629550730898826386458993707699
5927193234951809230145757694005094593630115120594307948493763201555
8012290484956075799899842908566217618293969627865246294630599624011
2967362739166553846204880373564815581346087002056269988668607706400
4667153754153767935093392224212152891758705585800130496361142409455
6931493604148958897738497359441698676711828654969621744069201499988
2229188576183208531187241693657690133684212353756661168214651909011
7955695881060775888459860392814155180306048912323480588010559426400
9031137229393269893911950019257440238476238656746654237298037411911
7912920796615137407755696818600060369682555549144599216605205279055
4326096339822685299085998990522455966770248916640611001064012635433
5204131529202916663269291465645417906000228978135344333561949185733
6930104588600852164622000500076131004811617922757898713493872880077
3902122405056222671321378714343400345870353255617947124710595083755
3279857877450822347040739558594585477029997109005594682671696462888
5427920699447031827366851234997951940081325510456888591653390844311
0410220490210402024486619732808507435160073497022032091292151066711
4584257674816131365934667828069431170245198603131458792353951043522
9182139389436120765306574713624130928742119115123814328351949211599
8353542163329861338109779377562695997137049531528299834611051931177
8855715934506868649959819738568752706900167880828113770408120213166
1306948783121774107693334136820054264001315987857402360936296636155
4785768714928060068334511945913474703033857452290279954196952052888
6577225614200537180678489846383535222235798124585379808525767272955
4159906418083599804825992130659622466153830429789582094671316800700
5093100424158222793310440830584856936861842513847887868686462765855
8277273874303072125799188503874205332408972756967316186507703622111
7185565190161561726276408215371618286651928659611881096814013964455
6665705249198158129623159136382081046661818360144116817082618956922
1220263159736148894600955988114851477475725152011415856987432021633
3074813590092848920789954066110359624210797621057837189358036630188
7767407843890133105241148317340743268210535004857512532213663884266
9880367187076812175083726810355700265849037995349647304227380135000
5346253003651929502930732330136966737349016329872567278241871585366
8870456623754357129719902921142017972963579045124521620983888120111
2107302437747512119164071921428245382912155751038077084695673179033
7418628300058454077410087074736459249969834641390013511669367215888

1652692864492616712025109940475486194270935256069093775263683034719878922944319465074076418297311377065587964179975942056917102331060593854436137423258627891639348030681890596954057305699343229170081377440733129235077087661741220516040759224400319528821980188931896338925520892977721266296290130143289963573688356446479852300696353522804064508761667811568712029372225260323991935325107369848330729845072533251878068274403464535109071864996933871491204960806075874914757990251844754758018640227446996801227061920422958116624229918748092500390518770187620399102644116658476988725668420187675070063340329073183387941888631231606353899035668575112715279841944185315749582908293240550549685582760403362809220495094744811939034002135551752823912826757854097726785923321337871029898289263854516985420843612310693806826751530392041892142006941288833452186577151000199363714562581004696008481766326898472259944431371830184221443746322422279166316526152853257705843635185464007637119371613279170009984764429333086415767890700567625575200938387765737691816891333109927808510254910086221261211119557122492734690740157728976376591519323603887743228139676479763980961216462370739021471314791577724274042106540295473307932511887584859000599287746891581536974576345906540473036862757465613209893995165209792553551095144211926515159110686820034080371867367239384758518805621076730536667596468289892080344487613458282423746234374475760938536615083529724960444657596301100150493733035562017690569260389181626840079368395329188848066289113005555978166507130122801888945229066791100925110026525519437093168294811856000920609217300267885782685613029492980166389704513029790392290555436844545439493972148328654975244795964925204404073139888656919446750663526433598405627984895673217673760899740739627931811694879801788574523643580541340992286714288717245325652502806477686118219223812280920259258473175937266740733642381339259392607888748602944605050744292841611318803424588388920043592008641817724991561880289243907044516958013577994384736356384530662316952438742529381035727572576430048411241269331118494843162322460464915871165525825310508415886841208612037368302402495416986136724929754790997629624677795826224892681847480371440970385420879921935807589816468764167443281461875880101789296559796793546166001269443942839444074768025438759099136128556825665468785590623778338312063982795628539059019033369496117946592946261659035973974893450011620325918333163620517277217521813154072539719942860083270245092222586656016179101497321269560734597969379117422356840818122198072497599829653997520781339264839659820639845695522570811352074811623631034251592536743594113918137153985080087702940798785838278062960543236760469981324702227840955503792837006708721750847953308728940305418000038825023984385215150545229796348738921572268488095635193152334800719564110181178383199653950827942868371092625383195756259680660384272041879988694447260336658953552025439719016894363348925593346356466000813936158495469209573729506826798577614591371346547462409752603781823750271130376320978297497739534743816014809922468176615614023504155567746697752193575958822697021180709145805440041389770903057594436602370568628660603532119436820060669910743277005328378433547256106666549086921561587173729827624874788462925840717870473504501164506900511581571120518658278020951288539737123299384347248586756400890318181417880206511205335654974281079003031972954551557672294607048846619690534199809984760954727260538978856306326586477478732416567687014489129388235736477109244629958454845619288751573457110208648658944527863443777711460823680259699357889589737287522042352068673779345659217036054393881636245025978869003310820006748632374253975989700692387641890681401987294655208038056137383397095330407554526867838

526682543391244814245737325953495497461419192787586972413792093718
187887892976044765733793927968452698904343764690236380122013446088
300116669725118088621300158874486481950160071441414853564384033592
762380222125998785023745771399151762907547669200505634430650425742
304771082569182297111123609211618819215004782503641072183560713375
113671020427895594452374902658476322043965810158066553061826747703
288162930922448562954861692967737670641034350998749628880110273679
725115703770397937665511178974830970269115374589426777444295844590
749958542507846041464879109598763733885943476936233295538691620976
320135040736135123567156255284266280405058709710684469001742104605
664848331300997431113988386769225459997391114705983616475099881371
932546038816894981355537445421413167242712220290777355829983864096
035139308958356646396317059061636520177042652747231940072823371379
449296741585899302463689566005180256118256062053698285695110774131
468252585286851956794429353603279956075612683619187434405297166832
503095784499860615025126071165825097778436754926450696639837127426
437437071224873716127870759120070045624871368357332331403886791493
287368587123881276307099358949982637867800585477609494255271862736
888556614729962870898516981845497136879127127951368033490679119501
430841090857932580252918603289862802766997130036459890106624196309
967118050122140994534092670735144589809338559568597382065573846815
329704610275407246775512553809718171280938303404877235270690472513
968193057637547737706177021651566826621765281029132139706164856532
965982799565622663652490793964466900520037654547924920439499687930
535570015625200828287380919696947778602579589559898350795286966342
645731289614335335928305020099863860158212919750090058170713970219
629977521322145434921592778359737951979333774499635347655284975171
970233825903208574669231119546311032670590986024221174394073318258
157739882447679758439110638443578620846877070578121257073392505182
024668968732418219295836286165253127747653825529989668128997612409
351805227255048743855305616524673796059994362346804981771356920042
885416984678207839224969183751524310223193856251977734350314517554
033532927270231194399079288483060110664191119865642564942983625497
337422878035359162393592072646109893333932861954573175029986746129
840961205789082693070483292543414197315571404283068141521475517302
072847243512237423999172982690911645398209618655278860727228029348
734708997754451856464275861520766448247168149964915728346334907757
576015782153979313648116156226667369781149362438112402653614602646
822966455376523900987573857594265450639134197027211875924571097309
203789021904700094106234499294862382300534431964927220781768961419
411044022955319886703213897413963228802514356678152733107661514204
237778446047932688076038362390128890787245152865934436210522230231
400899467333520691745274097995319175231418164151248626987273328105
555343050457631517053106455985972014442977554842662286074781680123
466139304659216786582790518968786713046249956449061736860947615827
180403072314343457835067104517947315314987640648554971884070686139
689652458510351965020075757427654780040843215999274680094585881912
529442386282291999553226710197849599814744239192215104405345506430
002342213757878286890774281995328633682822060668132576957554967629
251583274705401523291473497008712546384014429411754349030426038052
472982122125079334468593522643467594047392328861885536071499127045
036020502515105237501706003695896266751700501475529105970915058633
543204631199721976135136291304516649266013122582419355202021940413
560088928614419335475152377813420706659213169985169573765819946638
137349832644256919839682824368854260337155320946912321363940501288
815748356885017135913228160936504566615923366497395181038926551384
457934043560467311633026004855177630799362285160637565999744752764

485216463417377329217226454788573777183560402977323655740952362517
980912083434049796620537848162435177479644552838990041386722816623
683087879476244813917086738826434262088888072617549180955714761184
310837955324097741103989190101916108465704423401971998756994497209
715272784832904523563719240055243554892495893804506002359164053150
698609724523077420026467171522661903150875701999065682612237475075
583922111357069755680727348187615141951013439271039976641315094589
720975222507317929435753197255016411549103167492726575128248485711
648261903212439723097291775147656627636105600940882668530979102038
425528758776059287832924836432355305375740442266595028933569482036
083265612964765631228333770912985168464209981164398449090121982130
453360978685271654453564844019706443842451787619515918217961253187
010968048542613789932378784628837843526323907363803572273583926185
309315526777184033951131654260951563598049135500627471174603371231
118475807536570493825182034388466881180472200836910861965902617384
716071694793808108240464979371217149080373880860665527194019446399
689436529241885129509690416257275955868573003187112210902259407862
183122236463576569189258653127462169948651521700314326666172644511
728673094350044832345565392522755539224029045824560530252445097056
407511565552033550876269244478112695310881854222252550678704607936
996078859213529666700918066123274681382563686323301564399270096663
997386075988614119308616380684616042832654926436910147070419919029
890946519927633893141019895571290210230498772670003874799365706030
048829820680593096738527488474124938161883716539391920958972029873
382726498279570999346731048075864762177531258599962425193218839603
698622656506697824439850698141524008430679774182160883638277631379
497064800991061028480656988526140810012662269892739671744254542693
328327178030038709058449441110185868457953795321107778009337613398
239350523142332267861502793852184684948831363305572831716959746572
512004944916128962662255931610790451487589086901316649842734692231
686820584021466060643834083184803328512531912172066569028310475215
082752187287589985929017584281310592632390896288403586364671646816
276669421643357185452316835448248181692446918456609209383585455535
880344566375620166802386688037750245067726804163341057897231823622
162307842426248741566204438674435192582586729177981642985382425859
039372474738865807647883484217497630388092408187523981121268016542
109226550864640631981026595104046666449882825227296207317410631248
383757822114767099914180728620761683391476297038486617053365727891
737182111523496512240486771207938972784394582913823641312526365086
354385895896086070195719937940777128516477731561369705488108061103
907438024851813542424834686733506439385414847172862660259646129258
484202864268410669846066736912326034442776503368870663939843430532
805998835094735527320686654809334464088114840264690203944699404696
778884796994896816225260617599365577948375143944991300248891624433
754925404875351853304727640430296368093270163671469000866613774733
861789622857392422185849312066102095110719225945845900627057058354
542852742939407792894836878870537342829689992701725821580764332998
418787117634962740504503238980921523339886263703611750900348232563
471676050229552258290775012813028169291790803903548119490411962364
541455211084252281117332091658821403036758537699133446637331302177
907724342218811372848497819980251309524725991379010192306573042132
209271832940092221924885192973265171111659557000809299101108253051
418167038803739430539166726494083364744104969213523584672995516555
867124098602141486009698328726978249661150843007054267485171898740
366301849233467151834290277472506681602077525437288297866357671129
117096457439459652269501727304876407825025344239750687272036334331
174743235467348005283582064140667878334130743876227059694881048373

666023084157620574555271904760868439780974144443523891943255469585
548424791182592807524850625437844666588259446123336266428129249458
113704779960987079782518908935346632129881961766187868300423817607
044950805783558931607050437229521632709366363181880747654914786106
563968645913424519500166330078160875431394503008654396190826464961
607755909872410812189661414086753806641785618446994828897313963599
742852152652365706858285986472689201340562246030389603469196174106
679970176246149310895116408268986964053493926209803128803587823048
516711716441442831948487710706064331308989482659161849825759251931
915909002178676737609808968327801126356628582694718280552116018169
405185382360723713836423666899491083149614564146889116146331234638
369164378582250036961973902288965969519265110797999202293306976015
697725605789009336080907483648858739194390794678982808489682059559
732867074414246470917998784520465207270470777716985861116927514105
149726434274333332620965768903751904707285212276173902714077062l7
335632245175768368382696387382560334663457475051548873784031356209
502421036105115893881343250753832183984108025617402470497666235165
069443655489180396205903573522993598166538117984388383183575814912
686851651084157180878427059132035646273120170134277683430923415308
517108729505946033467835114641413522533946412538370178310825243453
337282389417927011237390593306507871821170682196786399132672158433
874055734282092909657119513423283541371047226245833432191840305641
174523028495472767597626794407111337904305939952962970768877008039
478691497203208666796874401059174197740535974640113495439179681088
920706106690707330055749375457759172091146742563405243597590519824
414741653017826383433591991716971185857017370687156844789292757052
009678408044224159825456603617254388668811867258721861475870660744
792954566685264807873052852433546228505352676649490073000930869656
581158527416996131246571295175834807497374400237023328344011150912
640780782598660298041282208531574145734360905461282792681306222994
561534253376338406142535440438386521668806840655879009049503660719
652507189853385410126718247113480986777939342528586429906109071700
961779470827211333667390996739283143505861712039202659555887242923
057143295277507503118232080379857241331401673530486594651557843767
671614026063846672946345791658211903977134478984271536282787110492
816746701893615108853335495947878473957737501467507338538977481574
136985625667670409258887212070233980451214119704076710284141907153
916270076992915413903370655718581138258158080476587751350017723095
334185654099555904610816297331995775839963506555497594096595251492
606443894583434467633514504574100944238426169751582710551866796055
574402098221660263598532146750868568801410403770201979791210388699
936817811472677328862699920513307897924848935007211696068169193606
429035311792230517873669871421760821876715563732358778687735279832
322359468200795413840304557617488184540567623916388239842217596298
511406655499951056049959563910243802935387401638345570405769556670
135841038086195047106573844457833025645351845082524244740438078531
384969079479266019842268352689960708220015334753751560752328070551
149743110589078021144006931800034993709451220658603864238886564857
780684423545996577858613114937316611329005712874464122382794087935
994365909679434509579265502673456050099548370351996830203407696296
089016620303329460578173452196205430977841507597198140124660622172
344543540825923042557217869551182996225016632246069276966624357029
489842574237590025647526677871384938608542311742230221586355844614
999908624987594373381448180043226191313381755559294539008330991363
481014916279719983025973081414849000860022108674807603460105182315
815677661822587989316282190103692812263996200368683303058344336314
282710456614883344875160598567327415195796588563936582527728433977

056821585250409399594129837672813596248765369840266283703166736595
811201419160609847901905868487697162300208018618935537500159984131
777130586681123540834176535349414536650995336072473582475602220062
780063937026598287060378015630911816879650577916441066465863480670
824350112253765867024534673225061958015562181993616079630552271564
949695563218072017133011006347803280578826830380835827614508411277
594928976733965277276243238689468082655700816367092159702634824795
920849757075357375274506898682997582971825073529770628757587533386
214528210502119086469102010340649947270341102632049667116818203260
704404524637688423420504929159458154000684479753891713906436606764
331299281506496738045384761541304663863602951470762438603174016261
546012723510645390977709188624015585587026773491940369579095113849
599143599273922804154318629430124249857877170246861139419929199824
612145399993190314338777584549265235283515349779072788952506340666
881116663886216085358930533087720402175664932348811923314955613526
492137238463584188447437684908843394650343146823078695890049724010
484194862917162036117328797640431998038411266592593318899603263197
270754836211678012389103903540689016535102038984391978951102377465
230791742942086516877330605729741077549142413928752091366862217178
966368482205834844352408292473266463455881523946107421298983953327
980970463830388360991811060808950971646039492830804666945050065040
394499520373136937682838618889892961952821043896137950651942773041
729259885072436278596722201292021117345821048367669631317709622874
322145165811881079376207080940254733061152015426760323925951813614
502750123218896298841783185135603641986822604161511579012241688996
151908882260052915445414917650085731456277763112399878824027260071
441177623030748729258548934582770402190219750764745033809788092380
634203145865983025261479316857231060929214177006677099920301251990
221612351713848497474411674485306996864418128364720369659561956174
300576183423244417987886455274411063904230840652886331155502377776
253631158494534889417361062629804896374421896344530194795028732590
722685654734054750075678212499524380464853878278964296865327984587
245057972402681424557985348379297424825170970213185574726473190558
954057427601065027023634161489036809299457174060892439406666897860
388153925456330574998928525804877233283640819861905135888101371905
448807333611977323360415393225127655077597863781826189204256723521
779846459820769579617124948692441977940942964436177356284689456522
483248923129887377265295707301683068799880200023007548007692217710
450286724243729903779430450514106219583797166165863193830549211937
430684588070902565166084689250015486556595871441570731879261460992
151807367930063034281190639957404053883886924216594227249104615117
660964528114764886421171412723362552489628075702461730654688747687
560963512203793285878112325687676825409769667649730376737241073020
835043783532692980198855703872611010970654156497486320644210371494
233683265766835480675897276470520286177775852852064538413013989520
974866344956222179947476373284823421438572336757184105430269217756
800296631215994849558621772868882298047842855912658332880677357589
300314447017698645638709599344594672922749662027177180341806744942
108258400940071142899637322508792612103483742955250476720208120700
614877930492579340485333126450057574616749334701687414683613282906
839856124565309665582635509990079597163048970966919290828246404175
454516461064569707215106647218648493048840595097139183022464909630
728030738357249412062714449888210446537524712974713276576815468096
969107576516069717500986125922625501194654716858319671316498453180
648771884041459899910756396204831971182355301943699187888938850133
916636769618507578645513950004169956474893360244947095512070198250
515308267590410725985039131702265975010888159205438600515059939810

084856373825572239926720537111484371835796257350560274822109802746
182207929614654540240068663596017932238138466143360758757392813347
230668270477451909316276292613214202868493154734464200017199565881
632071104322911480586896269151287517240651560146330968017160302350
979404687327081950680065512361833471691275220616381501708167840690
736524197131464567091336851047024135366395334545317960465246221713
882476321330777610032495122800194387976730400559969406989024700313
605878656136763515307947831117087908932397584609332099099629571333
188585034527535169793811705393886058400350468363352853462962424363
948393695357590565899903615534428336634923347321638832227366136264
580284870099463390538066014902508563761332239181040498893461798148
582983572114958645579382594214303482362201564552428422623021699667
909024574827979962841706347496734791764411913999468934159437616612
189968201404810201121208860061736592785442795190150929005013653184
218966778713610565715486987192220740113650671533767156510846000004
883555686022781275231966117357075644979063560521419175684804754456
493863696607375257012423591088116599345050420297010681648051325282
222348947989018294656944288614702194998279129392164218750659374759
725794810222163714759232443732427134721905007653270697434370387763
847870375799024809876701593395111746967374321021585273885428601910
211278301217562685132739186802763721607657205177113324969245047746
033875727351845364212540847834318806416263770140820825134526424414
366907994568440420443032332107079025521396610619019873078271586801
195458709449133053320675196763106646480591427013372542191005135124
427041406214507189924050348850453314043777643306333657267809402600
262077676744344181195802580700965887557469442299762546549711793310
249909088926088193675505812071531600220856379176289399186077742554
297302132684122767659919621066173645352725085838917586023608333183
079213618668697457231830731316510172009908507109996677061754650632
402335175196664021937590501424593169935717890523297925686252252828
343363087919170104730174425572967847619932454527562770363149214467
535302253945291673401851424757041839857342772036843103534824018021
562153664028336207252772686045316696904858153506866961945269319929
892566528245040648161494723927174221342783306543246447743108940769
718368725780617049627958505757131879027206758466747865191460884246
738472614454179636819582264668578914468538378571720352324052309257
516497589961775782390465087045882468975360487368200628079426688746
118816476422813172095372717453249918005046043419207265703350865763
774858685971478043312597370026896295329681019211904211657324484291
291623914605111880949346653677505535218156723600017417243192078350
399057327421587610726635834502846838286953884651976209147089077113
130852520502841319601021766688643763963165140190799184537986489683
515041635805977694990929260504895892581693162205248211876112521175
821702476777710252775429784312162653308029508817306929673498748082
310363864741737507248201872494289064873647848128240032904298884750
626710712754064768024056938496279169600099096920614280435854999084
694730335628482370168468811588719497342578060268178411433992103794
626933798204044519808920111277862606692360556404178649880342208662
775714313201661601645780915399432317259055081906602921589620429336
676390504831513419312629946630801356058019194412811102944407457013
139154065363744232306176141753951559557525054167930894595033308414
249707294360608473003540682568696989303873583230789161893787154002
547922819111364087428452971855293043822189148480363133395967676630
810488942798193977541231096063638561927041826360597318999421676277
017630683864157746749006174452324401127237237009681444279501624037
529612343197947019862123733500063761098352554396018675582380781757
937777889482439604867219521890898806036139722266703845037513205350

438234186118718162251423521494115554310306198175614048290879902349
5719222010120845510711346540626646029674918682050025065026191592 27
8829030146284850836732352562782558654092593939796405504819519921 47
6860592173609399718264563829747872364544904972855777329197166680 97
0124201802735712334171696364116062258274280657716307479121442651 95
6327980799103693492571291485032121680674930104363544428841398167 83
6487891762673603603015171114649575004833595238049128453948333193 57
9501502324550736573945441885173101849024010870147017296315744406 59
7240466636891667049289768105358570726692201588232140015294835305 70
9471027583611189213844073199039661244220011911638441670847091742 88
3567282478210687559392818043813143559621390144041825656595497527 62
1678270207147170955014166693006270483314466405292042777444799612 14
8927343973032338581042089817348342402048687847122281376306245957 11
7388876609000304585351164161853049371189352215072719089902522322 14
1653101633953173123099915273438450448596427247067822999378735440 67
7353525790142640980174904493883350091959143257256262551420569211 98
7632019188999394463274472051879140363046686181351786495768483569 87
1330638154360172690686597214501938146530328205566368495674898407 44
9875896017091976606356302906587796383738540463425295147000580804 95
0658232127112570219189538769518627068258808915947196078521260953 59
7544748184511811382144380711891151626413862047809801764179307746 15
6044271691176058250559162113330905258213089921505059043381290270 44
0985234094646913211888958290372797682874954020743762062826367510 95
5404176034976516009205599889573230413848922527434761086765654699 96
7104544319670455576096678124483413072494245782306610279215773109 83
5799535780395652998925748332586929476224316133324352745759045668 16
2661435121437321207414342269772872079825910083615035585802966714 44
9652372870809815711427231125476696291455748532762888612489989655 03
6996486261855697652231006249064382439696657197648709198338652618 38
2240362917670006346578383471434982751676644508214487932865903461 29
3571147317996703070360920155266423802333283998665586959946386024 88
4003195724882363852839583975853005036261716969619565028946535062 64
0361262120539873076705921689756104663209255298128338131509742378 60
9512827179063164713946444645938680730788142616614348911226526861 65
9573389560251260768241459054483543596377733289509439336388013828 83
8916397207984302469232519662087730603791831404854276118315815404 47
4498950924147566237048462808558938432568844004665786729102928273 80
7854204435284271002582203250893962233960154583915248261095651173 32
2963872565118775530781528200980772703417448553734330087084457775 70
2024381495624737255355874527677405846994499261189027828105220047 18
0894470068846559996281525685775446391766692338050275587276180525 98
6784429873136331529271146175806095586195862500836792237950056016 98
7748995800220498269261251239154167032260419950029338002047140180 36
0333449263415953009255811893874108215063321160305290451917735169 52
2477373621283370358275375326294965372732145335345548058988326664 37
1736825531254229237094598390200450628641449889073290545322362267 98
1705957101175714091756288664462596468215947707875931950765193001 64
1522861875878265285928790509394534288780322007321255467983248846 03
1671573393508569049729029393928638292591061950578949119360466107 59
3685856626410713089894083853727732664968952269812928324216673951 53
7962561983887254388839966585718892736620538701610135464189154299 29
5705417631005106806739632854594679887467527778046669477153245226 88
4451184372752034519319356399143402605614847829970905952480211921 59
0808773901417849614964289312028229250272703869941576667808997615 76
2742940473016241658481289278735636384286164743198432971313744200 03
1525853512312194309539537264265278823564851487134126000898963507 44
0561152370234030616283037175769748621760876778770025057674894991 62

二的平方根的前百万位数字

920264934466174175208491927608078779807870256033715214037127037272
830798131220431794811083189844470541776867649831805647326061452407
564690319820736114058287645705455419400602577432696444622483902019
034102603561899400619553213527827653970469519763703899858451875863
596340659420516530144894040442373385301366615312152766515068199004
841241754963620466692611800758081507688616378516491943851150926045
233120997739545467719052975368029560910201993546598430430035119434
335114094898444160698732279428195370242876508063219572870826587904
250796319581042240802001654969501266166942468197572297410325727514
783599243898244381494714081519247394074882890806773827903413656853
335730070899137294416069474957279810447462917787369998266496189020
206694854820275302908447235579657611906170698551563456567552120802
007691228697799693389486131386253329206077957727398859236435601189
309824253557254420324262338204151093148515954529935917378549085267
898076980392927828018487960899975611889235390848509277533324827157
146621970014034753305795477902144289067064167961381738653666419851
280330096296345479580207959808910118503020615988084343013991403588
211011804406749236592767012051322708220191744987167262127467398921
893258359764004484358551351850498745555873428583160636946881747575
748644547847382131483501994685049684522643260787738402489268987176
366245546093623004611058338287699976906999711424833720815913907326
594333069366113072587425893388793634721690105053838431930340153540
733259054191051939202131327886997788046868382270971862025296635334
976008327139364874984890726962661986001177842523007531728755630259
539022259238377295290924199531617527232435207730162796444866867383
123311067928056191905974888164212754736094738763761549877609459933
018665413972222805991310487079155559810766167225167659959690772083
980477537579752676086071027890239123197072470224287209171063025057
762592265638691815768935425037627646493813976538928017029211114655
769231601688067980741486798267565876610047863205617258577509843891
092558539805647391296019287943168978330511429810401960498856475210
491169057467913576428079112832112854640686401597634023632206710099
000584535295749366378072577817752779572081667403452978391302926848
521816430181188670112594776061056632405345137055048475343121817379
239794125558891103206925626791918949043703120431016873243939855086
660279543711885367220426149060715274551892491458855839521468475267
894589323520744517566606350056751094721737082291389888964787178477
168982005062731317551320403502131737921893975877823439592536831784
160351505866851602096530506462157098455757697463135908540160036503
895606480846780335121842329436569392567443523173493648607212006720
217852089831835144029346958401358365835027094088246585432153234992
053664510237929167811174122439463991900980506970457999705240735108
650940136186232651877319159885610324087947122314776630721152345535
269690498187871714433374139172446219642131835839378153090596517931
921346491232183556185755496069920994084328751636306076436428139041
067375621367880242121643241462684673749903004552968344975125369812
092025155413182713471323568157735922796111386202576603579139077613
260699381731925066573332539475646736142755050243830297016029218696
745408303336454937712140941162418832852554346140927939030135861321
982102360020379062435720746587652115546728475487237864906935914196
912820335331331195407615489394374650486586348561386910331872665561
572147541822067993465679249209383811927930011757343643685816454154
264685344043413482657382635577434532847335074072394615768391448318
351792542096484995010092245044515433232564179548540924447431094864
301799884583222532279607233155867710110359778503806767185416819795
976782384587777539951913478074434303270880768918303300162280037801
806321919762779787651069111068891681497573669988301537289463993987

948118482876519679117937386415689734083207181171239054374399982867
049794468936557908502087951648234638789822160931020441545188973426
273870749409468849973350631139588288025458253351358167620229310596
946954350908300146950352456115709964708124062008022429733238871314
352098122297090768432903928651943696255901256435352831139962331815
791330124444656520891459188408539423784181460747639818990276274054
275855005457142859611758837849788755933272247024434036429910348230
185174816602063060045167611368347200678679283359157758692337689589
205585184484710770850159497238195938048686912995766025390123418890
213233191934073760365773636023177792061670763678037167693483364698
795210352727429122589259669769383088925436004704935184678385660560
470090985125046197698767270533835289799830004524296793801329695752
945331613828472337916258138373746978379630291231347257839979226046
208548537835571620009958234665256923979378349286689742900613542690
686099307963635494499157210361807263976496840594677362645219510513
052035897428434197854475401179360945917303751370962271973736432763
987922019977292247124650140058746465457365003769261800977286185852
203843550007070992122294959787945651292706587521089625700504500635
571456207671435825051243837062376540753076885163929084172626947682
441066803727721322861275286298644536385946366800356588684178117952
021933043289177874332416626119028802492502328470288489024511404394
002439021290036341966375740525914197618802069174565017123145060356
250068338398643834812734576049813642704025247741496296440636015956
057513810753333640103939104322028044508674850863540682478026453588
668312602239581937584976414233467451613854785314131191401362067504
375685317647797857213488585632915965659530374472949617624860523018
320703420145057084310324620758650363411934576049941359321896186237
217872523749114762373667079932468184332942984000457047116393207240
896935146095396386859395660869502087709126392608675584472547391527
294243880047323637131555254074062377695604764256138738203049467571
282465818240607713749739439204688593081375714581035622305797897189
126329819093921151288716141043695336829998623608422182364279767934
466541141537448246367999502434122315258499950875088898521665568847
466344939676317890230802278149064118039749914516527834661945183314
755245631421732888402878542529335812862926982742792957854269106543
459203792060789181395691108837680989077824395394966899965409725260
340519830938567465160311948828335458524041299202786544322100347667
274882902719198657779572013404929320940443075024878971564943028689
907731610406800670609875363493919434522716066993735966561804379778
390253080908499616999103756202364920786560448542077604594558114174
019007236777023093946757935448813323526298244468386604987329294605
484985269070382465787111659123322487777070860245089967669790165312
431705495660672788203713397352575361440790637839313227069810941814
034079972839951167998098707227222481320937831755011737887158437821
155800107121834710190945396477702883378282778579271572142855288612
754841544958273824626571247090961477510515372621622508861772108682
383571851431491479261821472178562758045660514940912601754051053431
712224750025051264812534867009096865383799044687832764110233610043
264474345479422725897524819131375138213009025432964163774298295997
625333304501752664535647809536714639099172684654473794069311553464
320113090797258717856049058603646331858968193406459359565796266030
537157349317087190208530235069432927124492484634798754818838716750
441944824768607749935011971883312406840954560837553361327986863855
138490935048548856685973271036408530785317016729153480121272387843
993085642582839235520861204063807886313766647666748901127268668124
769081013308742688202607440480702012985458392847807580545959565652
287530120180720046607207702815169695890402119696218521962666438867

875258203774454065469211895280404905804074753958283994890607770955
811130919033950275154802357014778684849392057503863101931513367650
194150042854357007664597636522573134298314796005933975296052923511
789144198796043467451307504817356440142588552118151336365698610939
285522388093753284369066914632232724917609095213563467268500301702
972059631676024592156521610237891395988329404368863326246062688060
041792228282089364164713604713655059884673441672522668295384910843
510209690845289521265699614322729293631201506812487564399110898134
701278085161114208634654660205305292949679585278126649020011597061
232187652555161573137208887718939628244918164446951626568051793234
050543674831757991109423614666105336808008829714786307831561097902
407630482231876573368504155100496479736509864973645307299616334395
354948996442726629826556069062824233467947911852552943436536247368
928961677703956870442034459156001505529848937545880602314633052680
689278164939886807934318018656716428317944250337221324529488642536
836133397236603217151309078807418880229123956141534719700230657537
215243705526543118000452967255492570148348786773300340445565204837
540378735971179160861928711017239962448311419344030872624960523313
184682526709828556664693261500648484294827411730149638151989929847
716962378028316569089511522762243066375118087024030296002703983833
278464117254944961011076467157973573229578826434875364603160834297
198446558569727361013436142081822763818309883310333795484311239325
309560062951645381939277039520282550823828963567512349347804788533
231142661747442793997566400354481277322937665220503137132528669502
744548182985159115851650093351420982077932914601102379421083899526
600461944880546633944713189242883977496600263870216869504395616552
281059644923463424285321788838675812048305672615567767006813659982
712271968346782433104135515840296992545540991917060186792265896532
888078659219170244910102184271229788399954298170895895554083648374
086733052783093398740594239712706987667010476907698565566587855520
732304233572031076868640128654480063175235300231210384911504653557
959464800523718947106279076314729432510200034681033566198021576420
397705140340845500712762009395135919751825872783562298427975142405
820134958367456298500711232318101504997427673348945497469199291296
797948905351891258439903782046175885904900747966149896628744292225
484816692018955456590566308041432023909590984126260869473448287312
645131683314605527613945222096798867846246386007525533283131222641
375263552564734464888375709915091312358916402054878907807379336762
856780612586423443185731768298238513143057430593853508382604206789
348794822891994121134457428234529060296788172965899286667900357395
093497271433445244791341337297068768737191118469420173635901668659
310576941044542761529916361934611611546705240008716975067040449097
611878439938267854683862925556497548777773857131148533482102624265
275345190199525836085671960659571817757936992614885618453977970847
993910917756265877032325214787594889888355481894005812820721843035
825940517148391167345996681330082965780613110448718893118146617532
370408917207485890258210135947709054176536441131962544973782440088
681429419036041596095340011792065459845583692477736402176036607123
687340601315358058199476382698143043358341506925462032515588907291
758211146826477894738029733889421591188293093734803198271452094131
189967300568899578828174715160648260666803109911381989653229828772
873199254402981917131436797924584577401017077966038231499864966320
123984259320315394825913674292726025444206122280057290168970782394
278658321365543074047098550546104349681775417294654885914809577315
131283330560904335221208348238495481147214833414637977027720192614
270241694489628273149921622322109980594121362792440370993118269514
901400150212556706463369436038158282100716121306202791864909929327

362204083083111864301442759302325547600424247332130706797303256426
933307426331277446081150656426510308998891720988218968269645143003
002368142442407529600321680618726200807563677084704120491277475800
774378407875301236094226973934867793082811847994915371643971978877
598589601695387789344994076255668179859648182721891444800297122602
907918034556876203490339354139939104552810633462838562914997572383
067562736255095040762367167121481071282401980455445467865440824861
504539963283283440954009554325989522077941417281937665037859405927
009608484596911587843209978953715948053473058359822655840844517047
965418467318639644209629663765418125450741803322273914818033200959
418137100008948909632620449876634979104333846619346245309169675783
309968180170504453376366958367980165389888487689940229837342409174
268002153218551869476413371277039629933027414926361627045671718364
465679342801296207060685805208464004592146467832941878446621551477
606975120193822427616398867594152005730943228271689438097104894771
446133098081654034657521205579965778163656676333468282174381558351
889159026031765193393714901514929850822059979645742797326160609454
212441859999217346056774460033827069316370467345948175197178401724
101521447634637296654345138145438862982526828905113186911935598278
482730987550004311617192866762009492306021849026166314745381527686
978775467873495480329921986701924170198812842823694769468442773070
147996417521724884052991437595920129510667739533399853068290389795
279289545691018948285802770889018877404634900936661051389777494542
491944012205676950243260450598021315989515629427160704365346033103
533674663491726829224746595009793040298671156367034400844493673170
768830591206655046193937191555806293863940788445705642928664986644
130043290732165099783864694747257124713734116962956766066994460114
379755874272244449658386021908048638076577778581211826127217047344
933764838254433109108290281092976361977859992509293708796972408615
177335915757625339022492412548124295287564746245059985081428434598
618564193167623301426709823894682667968526002596103741809316214348
488630315457244897748103123138790475123528252661020414777834861228
125697054848111143317208415084361228556816802452776898673154093735
674703671882110032490603474956899773822369378015494368073309547265
824869246899264443141070564285962178973631070856030139462203788318
173285182643491542381475651682804880400247683821304849075144302322
599242159066161806554977671389053253812388782491915017966615001807
443154382029672778288555590446082900645668645746001641143129337755
059083378484590053041010134580583708770623051305510767757405554022
008223889139661738743852347229736391629808806123502329107227891840
273725220539579478703007189547090406019734336014564714548988331702
506148056091577148601491475767033498188692011577686839257975579043
440154021056920541737492690939085432465497693674113184540945686511
494874234405229905914062572451195184539644389098901436310175867988
278331946888818624137078799183451128814400172637678354709749631321
456734365199799626082547310487669438265273230835220164229998710911
075566435015613560658529563209742845424600388305497237253189162623
833078436434318647989234426432007870629091137434939902119515932635
525282220143176044501478867873154730912658897413398755300138576056
610702601455169953747851783561726709962349143262224884131134076250 7
006158681626612110916464022315405759975912206302271030844589397219
319556842424448345500781490777293056280612825142980736979003624525
336303600960167409004983218828231751043932031280762172505804106906
172041373552402967247527875488457514244952337871028747065911659878
007192646744243960202777977288311647232171732022596213727369433434
501299335387542911189531575600974297874346265206729593463336733935
004627174195753561338219729807597512021403765913626640684917356413

859288924800594178207183272424568522712438803438481664811125883325
573613516437960065610369935893551062666517522570191267031608582272
624362656299723762127643758671156902509599324077389738031580064808
900508873967910200257529820331212334575150086304339076570146318450
139123868283259640068176263612761180714129916682140649934887943981
961591525952864849910620406300116170699589125586667695269671894980
650948550008547272977310174095033355174502472096873169135218002456
157022261237667942693469583087554974781605007301935375868784888273
331633769281418090149197585810431820314326461894794534356508404139
996051940895189640799862092832033918378832059387372580657842314746
243625091124175583892334451843553969679524543971445586864623389246
801261036129294235183200228976878475564120512476102620861437378283
778922855532712319036877434416359018264511748207209294477840997342
675052698404119988876635953457427027352146721148060265537315783439
490951113858453040579561627935631911320180356080592908147977298525
332276430989211506464637819038628753210311237946749561992914362284
664344165812282814047226183076973645949171590910814986202130706932
376241436424708852422455678702993309727193295976261944464268932260
245009928792186479130743767326727079780586882212975910586678234571
016243158261413273237073330999889837195006540029222599267944699O7
285280566178341989662562810701525507297442009007377887823635336953
012155218006069494032831612255989207703107817599111696171986056042
533312057053330926536127573986558596300384867549222666048807998165
383061342576281067275731859049917599907728686688808130710952261400
652296739839129177937237693031022353549141612695702445385000085243
833731968095472821527549857703125819548735961062107319482066739842
383936659371839421965350399010466046143620046311377806784614513227
612217386666843909972191159152782084691643722256093053657973523650
293322040537276410537842475993472022507502771147540963729388886755
660234187344260742101687010986100086613227190034057259880068220530
829711695373932543336168262226200415849567587787687396320466727767
023105854577708842889753793852841344300755372539988219884387762330
229358943875435098519288009943263888591881953442419116945417154761
759404587934738051994134125461412402172899880948566357385168316325
762726390055552390249802846287318465290115473080639802311522272754
691650759248724436682748814754460540535470720085958357667320303859
484478911430704588605605691908023678154544279873598517523180352589
730929426124253398803752094017082585906408255863353574157457822755
500296123420884181538024530303478225323011235318009588361603067522
722297820426716924995993571336335872092559582286701741807426656543
346856154417713846254986204180301124197814469235168692470471621016
723926979834496249507385550699050932713392036218425322370961987674
010987919149816833747971534956546194478331340048081837509666254736
558821308192258276591453170269734859255256103098865931657696414035
116974384967793542552124644736752844540087812913158121121196538422
885694493978160026585589898225109768897503837763990125023395482452
715064747307138879564313338956247118724030591994395377367924619061
934847240359333011776252414394583402690607840653637183293657737302
441895137276172411359265963172143929297085723417572940291604804168
650770653632279414965641873824266881574153907473988611202005450889
591932866143608093504832403595780434384557834082038832781721653186
805487560724232327878720838508112237785734839374627258041037027772
961819238063680487322916466657592240004352112742933316444258101095
610463383461239702416305307360071955616147682218673160245249502985
528191962496454313604549512996291201387825125275066361074705451081
561744988005076493048430876881572330962211591236755565699796286458
041551818933119384593200543925134090694075763224133999348616924269

965630167135831908669957851982791253009091705620975836052651051765
393538230943434609123090710532044305453348920008290535476711956693
560240421537335442410919858251477969740052938210745075388302139541
011920237434354968805697315243637882738390439337884073356788190874
952872823332368138204461692579077928598311932151330004017501052205
420303948046150288132868344098808968700557212192939065398086855423
598939601619771044724295537183326517655523819666633339330703037738
945633453838434678649384360200494727933065488704906819043606769364
551433898612194391033926867794478438437803880716924785414408728555
496682977466583009651841221728521157363101186254470272076263749296
583792014627489499063238858233501400819179319377845842038256960347
069447665695325995974159526832067374565679975322007578592435122649
419543648265555304627658022030151101305103848965266715330837596637
679107545859540876742719053158481299345020970908167354587531967647
013270551660657814662161957985488461504747380265042572190005361279
146882811825376806596589756971835381847186064953123565893769465999
737122812939173925357192419644258670488285432416527311372068167367
035705837304970263530350215281823697672679534616906407505916346267
603048051121016582831077698494630959383794282448275686918430276352
562726215336373148903222092451829182584784156374574168784638983214
369366325437413008040556146870977574253667230474546823687755066850
193595909775455376899013830311120582384559659181205615866850360952
048518182215767947118976588693719922372116581007597373441722396167
737727097947915473342043229032444253896345820767667671965609224136
650868500442801971086443798741266594180795835184096805967039618749
150346655843205879768380942307483453866645260878805387049796747425
925622188408219260136239512054352965212991462585529249800356241498
535337211705717037503903678581861849071814425852977707287691832002
844336087279223986766493732611763292809087552737650115317560900314
599297933646182274238116191529500473536197195253974172049896393237
479858432624144103378879328300674273412301643270601450796475362331
385490509045873678664045074627858196258189476667457058295843294865
029419930375406023012331944394081833658312046018578805799174842982
779481760063348048499240878343836501375251913277657086000969139688
445792110345023727295953944478006278424377028157940915567656019151
314799300096256522047603876866995828395862987844593047014023695939
408757626528390359384885813943446161785806671612046001410883508414
668457320618296213013635744710698024092023540149210524679446560944
539589678772082949180904300904529781714256338303573022504873107704
933784153685064698312340381876492668123492140419145266628639469194
044675712137050219189835437320053651757442694216344428362258534973
505228006505133642024496313557717280335423010039886189838284708528
151089523048669860966865671482713058235449487775884901525693311489
727527931894490142477464101323460977940400675860123999968314966559
437177430961122777602504323289622591986845990203367915823538875981
087958144444882008792424230421902996963365257958759800348786472712
423651750186619805513342851036362134773794107017391955207535403066
871251466593684523094230545232719541751766001579623426740575860772
916485932636180277390506363983159492644713269257243452109862883559
530311431384715780841685931344343662220744447211024530137375574041
285416691528132454056321158794960760736189469957422765010273043226
587284125874106216346154382179965721021851442593386945107259396442
954446678136022722423841476736213238156169570647907069267049211900
018079236471336522940814911694401465126290741497352435187398785081
985599767171503687182460807483652858298475389753474720884531085961
358649054064811964186079501017322997307800382429668805415507745453
285125931372893963692029340732675500525292305028352835504569777904

729717051135298191222831810483493338920475532199114201314532031548
4903756922978739170320883093555003516527849543756452058176390004 30
4862949390230797140303920050395343966727066106421161978031681721 67
3899630943967289662245866013164948164391131738054364211601352360 81
9390289721529913181174894433342832379641607515495839843971753126 09
6928656026345144790377946771746315151175682967830451662213353159 31
8153047997930902797159384270572887989279127699746137102427932683 47
3924986323548026574746810189189486069072750948503241368463034183 07
1421730809614889244397028547239596935293772619166685140384218158 61
8489894191717041370682702624473214160638285794814750678889352716 55
5267189805832925171086089026277706632613714812002332208908867255 26
5398362652361564616017952010721446051463850539636666058424304770 15
9702700529638223859329438586033648576903306780302355222878992088 76
7979704107361164266601207022535642474839234309318149172085894123 63
8239482205401306543100211939272780927293239090662017775023986008 98
1824886320065291698638810483079003363213502126657245671212443408 01
9269296442661064754237970700627187844631268265280135636652989859 33
4583070911465125244445129645980898325834598808103552774176693028 47
1035515200120505149480676023391412567708918632662852689477208034 56
1854162998750976835867487831753127106731523338980628718354314570 12
8556922652622454672853050025717770493026824067896213424404469437 34
3905893003320477897457651445153933114206706834778509777706975369 71
2852380523673853043722137253320442709713914808808286129132179455 99
4265853108280883236019777065465682474112482745410833392855051995 21
9140114899367306342212128989997626407200208255296219852667343932 95
3524310767672494842538881626070106553057628065894660202543598159 42
5713430369527164450071434863875697120002577694943811133009847803 21
1010112946740804446799066599384662734573375824805363439881404572 54
0381295925820852424453048015954040848190736793068639711107737431 75
1491496384156695201989388042902511684453825613747993905103373776 79
4494494726422798658365829677309803095424590795607486211216235246 13
6227389650016917858296794789126816255649932061134798626459125290 83
1043060051827882743336153617482563772389150192518049605445353320 95
6301981745865864960686190570801939283634968284096999476734117653 68
6392835058972143465207349763505260540047475681063941924779830266 47
9911137381591552749424233277973351649374760030277150998014828890 28
4476233297533314314257986895628668680321133314232357992692239221 8
8867956243403066594768486265390757790692274669598842041061094135 97
1607588159695984945635953573718816476638209111555128487730968918 69
5182644610488358885226226100301043160147743156350812357265545719 20
4018286017536117949256412612660718987427448111744532573254817639 19
2883820204228127318713388353367498523236793781929288682700344463 82
7679107652281317917108206280407085659924341218997271710170032619 24
2886005655581464351305479763795249973992014581013372539244970475 35
0369076926006705070789509390651972958168902551045092345326258993 04
8873471166932888283719100564813606083403440981430404025845669305 56
4364032164401943560413467385257587148655520362001081854478857396 54
8947436797521773340722044577916917397065530917014720501744971658 64
1444995665261098410439525042129468258090829863824014279799516701 08
1624280759171910962574708680147231192110290031735069725403080129 14
1896602088649494903970487760101389562227140199822170383386212847 15
8602456840519634270398250757953383376410160790256789841939507306 18
7648062529057642910809578933458776914859654348726595657667005264 60
7729517897277555497708728907500504248353256387146220209994164397 10
5721994560111135277993083527720576892274665037992133728763470376 37
7968894729680598095745114390957237594944436705124380854861769345 61
2812029380708089867720453671697763611444683583796599786924503969 58

0100742829194443594992952400438637751274789681866860842365933432OO
3998703429627944820318454545079863962619432625995623778090979608IO
312116345290052367891782689745508680687746404961518282322591973814
075081439202809654442473024221765738662303781321066912891550431614
498844477403739167380497900345626123704637842236231607965550707766
187528827503099184202233650325322714030095979422342117338175816627
842991794111061921376209440386472513605181958701242625506664520422
738751803503175344565681693042983884027270988030425798617606427047
696929902908704203442852196832932991776691186130117540096269821455
744539249120007489873705953430070159126226261928316964786871194433
468117745329658756877738690837541637652680868025650195200951745030
309415690279408198610769003180165512515277478641991701937299977602
280174641315903374540482269331583911496198027022825983744274102837
802012451980492487816470035820801828752417715659468289057096538884
503845002956071961726351551260675166661220789616895221346265988014
006563744788838338366475469225650425937127133591800608722535846086
313741979321344850808806646520109200010206728451904691279431415533
857947880030995921797485782296165747992610636344901154614774216270
385432597876982075827194422159662131862350120902653793256238061465
681662705480011405935729722701767674141014532432305913825755625373
972969953523211202946895204741377441383119095429592452503735158376
581799531679817046894798562681739318251991478260102672773587886091
906900049924062831393921228353391823440762943918838433231524840691
604734330108435516631817536506961105418156537284608787156243017887
027511205061291124771625313428627205573738687787071527498509172446
106992234333368186239642276060085786429790916889028391254385925215
104599536328772823209916875095717102018897573866033501036199867529
939328875872240688436228016853799846342292955542477953271432776661
150906529446668284855448718926398410698828551944963909712852073738
994996304283248598345288270270057726602624516462773056126931697470
400980938415530391720396914075943333845997378292381646815596518126
832636499119031116110509228999227690724492124611990924100736018393
292666557115822352476668557202056942440972713396529224220464292202
966783975966032964524965008755481098606280300089442376471168040563
091484322602789111561675059534023211391752459316365320286556578857
415440122593146480235453321583818661934327237487905391713057083299
953357023261107251868739512503322796395568787359676643880828252320
255616646920732879040726839907844549767607709983715215489274348856
684221280524669165942874588664430796943690166143244186364484852040
544457103317871357585382206527207123031997252057238371569324129901
014397037537436397623900914310375138294222318222145345271724471818
383954066591373369589594549092294415083311139164111536307382803473
796306218745289270418283149016796344742777218457018898405541442019
552198213249252618082122430094215784864103246287483968504780778801
548725957202844708242032860797932951572595013226916195607449236776
789130618056498213549314086828287607030666474276308566148347588085
046803595161769696252149141365206031897022136839265891126907311173
262458950720868168230900727768040299159273801153107568858989357744
724470006856735492906467738997972406003042590789364982299203079289
993584909423934057772572091741671024310866372219829767223808737118
670760718212800788921149160281560325312494055515365916047499608074
235601647341781501320619754456919557737626999364393939354352757391
151503832759489571743368847535577474710906810550150531826915384535
945066893124392992642416081265982895582711972628562905692274849081
567294524336967669344524371571851258514877252007791916400626493772
194002205600013003065910067546131337295769160904638145280490769391
107355525105516735600627644133460808614389377462689734641297451796

949098280279044742377739797006000819113474272882339282704545522516
0099019251410925560857348847833497397643768933421515440760172543 55
7436755420075239949280322112076750287872980304660339271584927980 89
6665776332196145753134971651251356038878625518641585030528077292 39
8338942556349265624101289799231840734893644791590714245417969614 04
1210283417450514654259529800905735716289966839739729374623292703 40
7134932639361737606368874621146147703322243387307806697265398325 97
0090741833743717138803161312809376672375666826258999459780900895 44
6787263872734037954228484815010206986770966769668039561527214358 65
8722066413052362681532211976324279326083255643214380483359918081 14
1607805648953672954159470511798324107692500875038466535956476416 40
4921481924138009876947943995588896839349956688781008859566844980 46
4836416042396982372176172977997646171276691273169765126415383581 14
4023768254482070551189900872764225631075793948250785771836970174 06
6313727765177355788154557923448642271513361259184158937112308523 63
6873900883814169786573112525679318689499904751510178139206542640 44
3597576654728293587431065907806360962012038841615015275395365865 43
7968808171111519616648267214647754886303353095175581023689850716 93
0069223019374053545690903106183969918569138248359953855549590736 4
1071938327353376040340918242080625721359086529906799856049092868 83
4539850754736770880788425062416745808453349038605133438162000476 40
0376183293421114487510336755769616366872627544009743080491034745 38
8043049857908012384385116432477433345274079080360092312242602229 50
9484261842709420761001785761034160127572178718327331683420077783 53
8581677057467672418521673773769514187272275276541201887001575331 93
6698407749211027392715343391341866051988591723638118091980530761 28
4754099544511656790671180229415847524496008377724381912176881931 84
2419387657604704563675001782527683839056155634823274297777335099 54
4352130573606823372556934004830044508461250949932943450491839242 62
4760395360495372847939479247856675554702070080292609184310500103 52
7495486577555211517441565608150516892882387766585662856106191849 45
6228383022790452263080802443700011894595372114620990738287400497 72
8649828827614409795036617614549925691483466858365934041728616053 69
0662989816493928521537428559712963889362332583933009636543414179 14
2758064122733856276441488390906898088262752182544218955651922578 83
3382148459675133787928510905158939228271581670333810299493803153 23
9515067251941742683865144140576140188357958217499113545790171488 50
0354927197692953976973631573546060892533084866950396358355697588 71
5235737995621894370521141177545313637035399820046688637611942932 57
2461838621603023753380892945433864039269900601481662071531984287 43
7419950198358595861069258544928127967426141379595579015556579699 84
1108749818510544685114080020952847097403255362229578733188167181 98
5343616212206715859791082012815024302573630542713645480484047677 74
7680523204425674527945923568742506232433349988711978921529807182 25
4159471411814054831641021018025850478755482474902891800561240286 92
7094638401609705368029047477901097415234870107497487157000510451 33
0374888719306055176040693644669877633884685334179994728966138322 93
8000688723580118527522918479029593511588671080232909549696282815 39
0408153689094298181499240274773234696878229251924099381733881979 99
9454178919652186386982011488174643627951798631501750679312158502 59
2350509233589768370386969447970700738229012235760671088713766817 10
0169500729605626493086858164998248908447374183630040216121132688 44
9257698315488101449121854386885295032727597295712871602897278642 14
1496231201575111121381832454949225099603489315704175494057816646 51
3473683992052842857345817787712045580431420154517161187297581903 30
1827086427288862731829489188584291850675898890717196834169367938 62
1397706654407526873777434417614680277866480968453476548699725211 84

3754887968124478762560934848078170168974333617709693025556656916 44
3784226152142719763309938727671239088122794785845643354023806489 83
3634664579821132027488086374523665861514910350083056451700380989 85
6486788748365092616345661661548231363438575137302553113791847786 04
9191090766637758940836460511921817509993397203244232129749059433 92
4217258575306727488241279551832735349421155611672056707316130639 42
9531303467085757519015916966666799678388439045692572132962575668 20
8621122772560964686138766291435328936732258211611175075414821532 52
1097681130388073216535120286274021808289279349839545269732306990 85
6143270496372291749340178559095460388283897492440599140230548981 46
5735472493877078758496665956925574290839147855845985325306186520 88
0040735463498018382937399588237034975971827627159247054948057096 29
3587751497697718756102894601442449041982190858550014598126290164 30
3185186606267528764778091120789986197456044376668422649556644981 88
0577427659694935767874394736352437947494193125887812321097765945 41
1613433243898457184926457592322595552996612402876669125033059213 07
2654165659743565851724779662591527836818574127144719256552001710 71
7333249627178730102089174469274435297112449301209455517027325716 04
8205598270587984362438199877116074940492077738342251655753394050 04
7187706191643252859527064271034279204172809242647268276505981157 85
7617366859076708896213760646180603024741575286047201255207104407 47
2934665766042539711007436089067340144946921065692930691470851763 31
5137791973674551505119056439685098777700844055035014107849693695 65
0238308084737821568324448337135134457120560122834354745224481727 34
3105271697950971539427703886098307957558325846531205222497310408 59
6311554122370565619740431075107247997677813993177129573136346789 46
4338682383894878441449728333393214141091170023374237157970210107 18
8862922711102526140513840750875039608326338378006923579266950522 10
2341577919885748409262556221901230237440939145999671958755593903 61
2219407579888873046896399492248425487981773387533303654241756625 31
7734794764898798291337578507411266917775917518145771816572012987 73
3520275619965819652952704495589130928926778409577853750607161585 83
0389070908372855748378241303642826595032728057641099933141000198 32
1978601954359124180465901936433022079146757078065657070705305239 04
2788420584066123283497913975097253462333658538412922022542567077 48
9512152990962819438102991236868708792771152468977616424939835248 86
2092656503863787357546352246772805762299915610010960918732954645 69
6744134096920978190540892023622672771557384858758630729443953397 74
1232637212331970233795105849799968435355837894250920210384812772 03
5272006394814260128845438696439504521382424003539978721891829408 01
0468610796943887748982253134578348562278182765430514046735207405 17
7647182538983600908982548057033141663934558741128617744659223692 76
7164604767488610716096572618370326357141527981736917974199076865 19
8052045330504533835253594222990889645466539936412056323146244281 67
6905067617441291723670623391513719372530100530376566623102522311 69
5596196455894029888594627069590105284152439222539465258198632275 42
8825153869546071350602390898664777874869084022658046231346229702 88
0661289993681727517434262066072316290321491747694574034719402339 40
1891954379749524714166692415606418812366994253826484696329652307 64
4977856374156555253811258558282816583254891044738150245062958032 25
3034882542910521383255748258297802936426271033977952752527425219 46
9858688864344411448179278656916580658597077235810579416030899095 51
5478744631778872093152594762904804231700290561653368183827586721 55
8100577201711553244227612587690982770761165841810487026087906488 14
9316020289356021814768130833046047646282731858680855582306495281 63
8725161964906609863371186423762177883406440987809722773926847933 02
2519067880387906900550367664925194949622851373025024185301958086 18

442388819247828799406099200321296249236669176784338275465421455556
860038366530624201384647849779798320896734034874824806136561943668
855548711678844788329005922203651112893328675696885637680800201277
763136397922527054785795031860604532581739672063073891186499061863
989422800817305551815542231259488050663139267106686471195606313231
430999331123179922390788057692383069993572504469527352814236442227
650335374467893826945839603233569570410847455860262706426106386963
394749527039296987431831668063446073550010136019568828180703285136
397477550631501283927518760844268409891483891109583582547628176289
707891846641566864001700607218221265745266317094806349200360911777
577966180340717692252477060902197367799322463306132030025953905785
289043250584407584681618654108336407800120740956041379456193905545
971344593686896733860801813883737277578344810630255068475089360676
701918333055858527933381468024936138763407591868271076819198772534
728607574876215710017765788527817566638553177054812621212475582664
508666248264115581738607278036392921008141388674907360116509090461
417828549404109950439754633975087539505652488445366047153296235652
62699063394950066080706320319030791686584549651499755524777304952
585623614929287936378578195343396620512768790589129193510055275745
724909562129338278442302210789925058479712991156687996681466195060
170097869802116864323329286703074001397629827809751927670514733576
584471291954856629381857223050849272230897956541964659856271869850
588884751071583778669210048687386722862975622368946863386122233264
608138524529456489332089538890135420819612873165401210938602388109
193348824717207529964730162750765328584660354054091376314581505615
399212225452393670903826316871875412913483509662704612237051220389
471517185722670740696177605604092369312037018980340197790416242759
932508250322323741315750018224690192581002267227508041517288752249
059632498250275904740557491133984477042512260837355830117312527919
549725227941032995135000444693772613655980792839197643078668515432
157923607726852872350729040729260024159476961086848801553626555803
708890979425702956813423996756291355961433054536381856458307343183
347928236216817287321281664531277228441834168403389149013412546279
789059770093373388762694760671792634279809418020195393976618479082
328008702017721663375668962499601538843505325951070502761513228717
929191578166426455574788474286017874636650925329957021609461953675
709799615497249726625049581385602368717493912326137771561782797445
143701505923516659650803934135018077404959383063634696706303603104
283556905075555800610507778656783496426525999825997112380373314247
155755905428856573438229927154904128912459569847439333978437238408
676117064603267923991801059334797105534605444844068411530945146560
545031485707422869101366821789845408835458568472945337454314122580
920215555995332663040613264580050092447394546713580626252855298646
028247713416727464892731645242248815375913165396971097208970928307
606717335390641268778886045294798913170366457169935419512353563436
361325922927168207460805376754519599178201214027620266180825814896
967541668123269977662485507443227430556975384928104655250554175892
498481156602804690153966331527497259706703719559811285132606243843
961193885867139320507928480100435675823285958592623191365842989652
890360739415135984489408585623390228148375353995001024011476407488
514069468904849500969462401052466476732761564244665162734707470395
127439085986458470690663855555666048249638200452725496313131889927
164468206791614662344190168985265145070699044151138949529511710004
300706396303569119746897903927516111767723534054856099684945045758
464956500478661114456365329116359606388014282535581568175861851157
879136743441340673335428366900312485414261064740171818666572117629
115386031509814342613707154662977252916113005893914883649740690317

0163788542805518599636858415132821858567532099857766723219691846224568828995132362978744358460473844691567835752632868833434081982434253280162099264909000158986326600920023413426696583238647889375259161021928753910172460096401765688631037031300723187124741385334555578210877083869771576068570810760616291076439092189165185745285949138277725176782128572142504945242153239602128809095806714845654417674630420222353303742610262376817651966743589733747840817272201777145350700133359778456216134851519201572068846303542807392221688181133483538168982506459557530279334930431045190881894198005252169581741134298961410156441127936742897467479517159881791727176167226060922790523189469353371551690150519908337820260222687878137062742456308065618207158630271486147259617568846547398183267708682927148390221597346262613840626260844304073834724974713723599890395777388586577353266753434244436690611983348875470912655860072447666835605864733024368504615401554892320532760422353666654667455350092919547139214367099099102370278620227211658158988179050119579257303794248556839994081940441597742822851649318922524631821811629248015517992262732462890170780222348886171006209731546150045459796989790558349441427626436099187919623585911822952761349579412400467398923526719622929546640674823289134552436255417671452569320856611889620650110509412379935468467989809696901668280843952453662970482527316247357300292460831706621462574838141147161674729435974961076660975202018119144863816083134305684173067246849486324442135876460903277766297812680837019813318338214272993019564221273377159415201221898391747014628467729736168148410423928200700899418570178159797195875532086188229529127378823962645411684564741968222154701732553510298598732006664369461625136696721113741072592338712893995178172713245943444703583917189541066179619691649499177187436953917973166750771270542890038413247381741973701554027448358949000269431058600178523772618189670642500800007252093286662470125601513621449452862520084438626967542560513028228035867466102608251487539995602619643723676926926642201450212508370788866016092695092325144983975931665306355579447136398117559854674081708571409876525211218857397855015883350781163328376618648798698904957060393337874163536516658510015580131806926419426326118283483011278008103184982066012542314524742025996660131661795450526875002530853633982158875986557870753261270958026171926609149065861317863024775078922863120641083159433120039684436459132462829708991005808289211259625824929942511263690521564587001440137181774563031977547079885631644179765857385939659229179598299896105315307711748008604571898697280595176747761197732158004500158516568193957882404369435936279772648321434001574288234509238544026613959637712491005928229355442461243401866902368725435637396549368199656119539881754174720581805865177643073443576359932198690758019062516708925917339048610766401252568120611989507102651012401299917916032012141873219838985668406934392893972317299367901596650534677079310398200669778568308449976495227668674072999298376373854386171443697302601936324543178903666794881941011830755213529654681084356720706971276363771534182830358936781419519120325751476399023043683970293139050667239719483692048899712303921417761658370344600340854005706381232160889750773511632370279746645173144219504786745367740926078092364589068885296320923427296545966233338425984486811607308112001539405091089335564726038992238210684410368586336285172371476218737416471750119397923309204578279070373609216924680265209983978265388315038395618945705695217943632750473843264199748573267063670294298973382703496823693184249835184126331698338362051657095818282012234568864955951827553977798703116669121637482160534648666337487766492063667622446492865288376000420025829627700061099442267060518360936174

546192139053882148296750581558452792209544940039998401379985895270
766817443716751108461083583151992409785424204248397191974982117651
475997512952930238109572486327346349070146013951571251388002335308
636136320159567923191735499108704633534858919103793262540598065566
447570111466620326271856596647201643214494399500460697606189304742
502582762033992375282747784402518491909992915675855969921289199314
335617564922456672329562376894964711988526492693977804094813722918
491870703375084163879290444585063897873356014625582822808399053514
275671692252238546138804669129711680645946514012224058743785570392
137189842692112777532463297356628708465442307238941331711426219140
089279664951242378912794742026982822174117826984389590240307718204
268226765842980487621206556237931476946333668759015362209739287191
704003623633658711409375755137406092965982516793470741123359535868
760772537633145073205326992491999155941864800577478424565402405155
991132004660404245007812078947893268196809441212280826365172562970
099764501442639746566888743734456136072563086482343728091221536766
183687572967744778475069508674844133415424214312017217494517637589
402014503043555010896967799930618642227941010144945128868302026512
623357959285230879884664398855858919097125050787011094645235665804
105608537183027645361998284560557602323724977090704294924901513379
188916077518872779382151477199863304985163311225099552202138278046
061483471957143658983331379196332110852293317414696353664290697739
473140329228669274024424781403526528712645735617506620985332783444
538645241121696776186919426584232538035510349667008582544240990402
852421689571295543258573250860701776251417638211878436803386199366
933977378588719017350571510196549111224619519673697904511314383818
366788581859047343970513940535980816094899115283724422005428837406
147713090664439648600570322641025458753754787017021005970294264124
385049552321132441528792599820518318801250260155889711099473330104
817123861804701127536055359601997704723576900074454013295943284785
480401637778835493539688181835028955273245096158155348948884266172
254051437732179171037506842111754957365566576361357174037198081724
029495851918729415947447569363489424648342219205726254051223075698
588712641847685778961107615952621361444008868914863968244508224213
069492816374797749473936340454309497171584831459516689001960476955
158867286068536744053723426369710476184756426836416042278286120205
103657860149309292060244658298462050446168850026457625652432496448
934564582881871801479748428385283187547132115725382320962811836209
079812663943161733097666559671143257735862401451137705926854873288
340530347813798654415103402569530667457622496636055676620331453300
601917453201024597893614100999853592003729954250300240705827287651
367777550990358302450206568873663514466815450215636167595464830080
195826812998825604605023233677499814183822943713187580897651126035
295781133897883695254341238872840518474645629690348325319706356264
514573810070071998813053982148257896050525138645357757770572226036
563828443335720631282213240970649735272608570800570673206082709489
460734533999654926015919959942044386263944621248192685627616525275
223265793769131398350930285768382649499005326916262256495482065330
988837044970846930067036412372233561562464468182963089467516469400
459020911576752077346877555942406607473756432423935147050168498550
985415937616180549371318904781678581648691828936639307013029837727
041490479030626412592348683816874724970302476003322582532345411078
025807486442507980150802917942589482400333511639489730142584090574
287635982449404570146159991421236702827116715656445088842057653467
544742056807930330520983167215141554847930495914462893720599252097
037527158171830313005172221980180650984235812069805499305907003268
560708470865812990103130148894159281640290959141167326357446518587

216983842170303817254932601774700656994758113324831915390859560005
081682076524544789313864149163368472722452804716576925588994097542
805271110695224927174370867880985824405506090003385534894462979878
491088585045363061876575415726912941772763261379417935728113126484
512252351073207643909397109204860313746828636808458296434585479802
795650753825055193388735232497515409620653131087510521230642261598
659801670194998210993142878201556996850585273128269953524937749031
226567553585772129343979956747090901464282102458706830985950953297
05176618179329345304179112434462148833553322300303893885194980667
567123659738018841015651768596458529023704239430086353421606781819
882786196646328006637898053612737405036038781070705292960307406367
319021157317945683474392483612078688256555137511996034984483486638
498488150318352230705557995134887898297689915940855203894364628793
429147731889568765638814769024112194045252330688758233607473106706
403070881447416989268833210968173297299753670960898885311887378786
298625640473458204881043324918786731090959447217423691853097683997
113437465843969047376743174607080943676991453718707428237543406175
495606918081939014531340125910205510508964325969401223707580391763
165226388696810715980777344995549713541168298986307805056925896642
367581177756933375457278463101611577283611625993434551621714312366
527829285096714552197114575609491846086434957048886337505752293022
450437337482532196021535501767538963000792925061732650329496830367
777880459991314789857790451745113072317836007742776977509357778039
653321799784294519495773646363325732907372592913562697537056361081
871649683017873261781322252705918156758585943841077319807696658796
322324578351563629175327714023571175527205369842275256292579653872
686632773082312199434523488062424087076012841887695639291029418123
354058913639524572626368854281930275975098317987019069008745043189
602039209402021579394150735919250684261036627170376416091929915842
424939368738840178672247716110164235534686631094301985901479005082
353623272931031451211003178035536834474728277260566884320946531103
739294803271571139592088185151086594422099846069951203081621180136
508832077111687105145877369916484855262148983904792585160089184271
816896740945704224203273785289695129371187499701511249715108630586
914625995717813750769287238897654837882282693636241042073365595176
242765404699094387761335124669691511281408051799639009466169032747
122609511331521915398485176253438711398857475622701406948459945424
516553102661349824983546230206322898748060638302339113652715982437
025978246319764625215086170016951140270395305981375085106759416795
275767465279084012077921497427760931438963855053160861664534589030
471243913247266720367596848461603620425425418001774661817818664920
879452822002644802781772467212895344885149692693369306529541793116
829308757946055919746000367136080860900784467796188276930475629564
090372276505869608386521449634767084801481932146139194058943292842
097894405697384450581846837458439434496621898012657405230658826851
101718888326563351459415911061800510374050132655646272705915709774
199634261444206657433530264085006735156200252298417673304397282065
006117588389085379899181782855124572800692721409657653329113533668
361956100011802842261428031343657516301614568470479656400284171999
161356531507765510469941228526814523116061476578664927828761482941
983370515513973237150299505923813445284370726051019525147565659649
370971744797862325443328273369599167453056758308175341882755022921
829804139797605442102509738171617578972088514115541864648746893036
645202642737566295547744303718361360118736576536009666155706599103
789204128798034799380632668832202098026439178384129259106815882255
463764336980859083661620969234773083759990694390206762233013489409
474075536831579193458195827271027837166135684249575227584281087969

6216062401196475066737023369087612627287863951893431030807678100096
9237686778645748407476868804946255804410101853928910702057942411170
5871920705328889047332337816630761917950201289669393190304767435 98
1948011933426065482201663246886932427265004004429575975291340618 79
7565201672450821587164589010006440527437893967709717432990948656 42
3140552383693982991659132863432473083102850081608197069481870550 50
3813440781792559970917119775586029139480166538909382179442884052 89
3548983655601209451514602021700610252864447427685438294562386609 79
8064005890362298113460944041805478026396002568926354454852813980 32
2768352495342678253023742432766114518390252734838803243746364464 38
5469256790365009121267427483891147729574005999526288493463286990 86
5911764479992632958687102676267311812361899807949796622684159472 68
8021356513046035821698146846764192179681386111284908020846341460 19
1816226607207840284853665568019824968836101239879426604956200003 57
0721521649283662487285864468978806083752241233535370573131898010 08
2205407575224593243733049199451904174846594175786983707916533003 12
5923329827511833538771597316219655099072950362559861122855102964 20
9692423401126208413089363664711622225843638104997932249777733762 66
7209525333591153195939132665568410205265654061202836015706601856 14
7557639304876064972507200678445878138191384962302186423414360703 05
7565645524839416854237383799642203117914555265927594544012668641 56
7710058876272714536811191397311061116733417063849025453384360813 88
8682753030457216268591156934665630488469775604812973727180811664 19
6353939447630809306011858866522027490429069557133147523941945661 77
8317420823394510511610940632055138770390567042196091157445798779 01
1562338961283451537778728794481899859034032897853394102314776646 92
8266208336516249575867451835910606983270188656562782980916349818 45
0644055552914068712669022579563529498767377915041639980842957184 83
9139886802330094996822577031308619885191407505297111659998086063 80
5151449695253420910170666538902716760765751971032281104068390381 02
9035189484514757324707086407236631012650426709239232540165031559 74
9210487441315193391247765913273579109136104500587179341581580030 71
3338097184967269676033072854029136562320369899993021456806413435 91
4958970898056601875136761150206304520909921712252843900668632768 79
0831746208711065652889999853762594532478612496325346670983679781 15
5710259714592578173679775596320528453006639794034248896273326702 67
5315618952809265710830915891009288697773340579892237571232051731 38
3805161118857174740214099086295384949813414961390583006484828366 251
6416988788868616224738750435412967159246807929663857086214555853 56
4212627715401069704693653418751561385207349125446385789669797289 59
7962469051103747155903601589207291971027081403129658478864894400 68
6638677155494463865327605248924308349728594987182763353672394211 70
6074729957935660728222980865217096157297308921995054948369256589 29
0844746315675303241686417421910553406632560487711089317550463025 77
1947326526656119473522469297317362216046669804197113387328669859 64
4679465088980142328372779008377513467931998173235071210980782204 76
8502588416730770317029075055188727405618875508001498671287672102 59
0428241958307718093403513958647792823820002474524772322899140941 53
2177712852263479758336850180344195029095541124432055182272573887 04
1605669101528407710931291644244042857049143514156125721528219748 77
5409553884205908743227701841792245597979548579470902237753613723 95
4744450788796050708703975922313061045832655391182610512283733361 93
8730229335824134682552838358374328984042722745807761055930965560 16
7327286897567782860963843121226932959924274829021818125633012103 94
7241128748023162595612467940869140196218676250118285787813694315 03
6330299168429783051958368168215843735973852698840115435919755570 99
2910451703983541123418869613190848437949524458500081336027989930 77

578542126569413082933201619465150702221531639840837894733654008317
877101800084236109578695471711580257038605190973078239824390403308
275283147368726183870747475013032061893100760419744651042171771133
607652739649050156381736752489875981862430990359983696350731804984
105380838669642412950924639632979775674793945222828033847029864480
178760939489292186533179187695097591257812017665602105977451605562
434734197584593851282863775712619552679037470324941830547463860645
530461742629359965208580547072833148362852636323318912392817689633
616271301701300733097823059199958065274893239969401739271741219049
178172314561891275149598163924040558142779079524180611362379740136
616164385749234488357571837751949705291824984977614566435156431019
074189714405430099632745038888854398616966523978235148194865600172
101217771261147578878417948072360308710760855531060198792690229123
213131777534653173263294967724054355679754865843515201813755369139
241644826433743762894707737183035198395852815750041113287473942574
457673642843642199367092178812854455031766595269499960525907050241
940423504961430398205551054011434968165703959381865673597623304696
348428083052036883536961898070153062731797693414158996907700413347
370531041700905873936115679744421581552318559778503179004339358333
068549086243449387894114427664886393763177875646399184013944026804
677152103685734075189255945234229594590264547490601202578764145733
766978493347574566733427939298036161761191147586523295622468154793
461853471815100202682770710454611954473728587420595754869506532180
530937027980492952388784710933596537980800210712534296380497417375
165958760005756124663572016401302813094681140665880948839321391000
736800887434614866973618704575343839193252010846280690416953518226
191265996267844273981159991045954248553039673782000277264832667253
396787591103868691382792027662939046451439984209955212983102615806
955064148154960503110649900004329836407195898907172957004246072217
719434318437724669971605332746401721362184262263987029511074905351
759084397604301535065761532756507612847298451631076363005595480608
571361150850074839353327775214652496065273518356690000769318588735
064411343035591391900833315411293327759274642811048235844206078768
963356691668849177000880244503818509836966002837340686739561248441
063454632170289904332975160440052510585735993764583588312329705892
516503128000813007352253847563993047470755378978162164930244894780
420716716738589319625740419045932677225098357117635901874119875467
477193497848725848124310529079745705037126875861769971800189952414
576347605051337949649900679918973429276489926426243852317168337912
667018645642422541351307410096314009689224263115460343678822343101
929059119482901665931147757111571970948584223942673787102679683713
684763393610858105260774098249629354840049785895849763842773330999
496291118281084455959235749406155680760713584017084952794604281533
633724800847521649724978385318913071462346085189208543802376111212
558314821759385398579356938434164477678649274551226633722390200821
208069115406547695525473694946468916998976146374990177870768520221
960723571768388627742519725752575415459806920422996854701703145170
057648387808659854389790376653407513704342098149632649683870898307
986641349001337530224104042523283725677220952423358603119946342657
048253365024891614263508219884574886198235417144652244938192071286
517204487884232190058072175931929583859634350540587852400908497577
931637129658135437535749465860114342194896828662777396720306627647
045336261865727219949014480984481918839025948495163195989993146232
161088242740099360698807811232830627956156167038804907484329987376
434483055908691255081860164859692958576617269258834400872887473659
446076903834753141698020473802491842035677015169411492128131367586
987872405960649774816366280307116038239429932583115304118978159629

8560507564488240699398976584652079351441152924443107751390985150 36
2536885381833155777940018666103841985941935881345130875552694352 34
8384583332821279863503231034140874562624614948748063060379062225 94
4281578358584380609549063059832796347916722845185693932325099591 41
3244383842817871014869757182580839699577467367202889571819656471 47
8571529110235026443119000326821350130332510381046307654157353056 25
3097277177002314711719971370867667105384198317415413702371819344 33
6635824331637870601872798827833206931262704077367421320042211361 51
0322828403308495494947289131260034105561983650567416178334499045 98
5593472800656595458272932813895093923641092277831448126223858853 16
5785634614860491042200753380756999838439155362425853206576920234 39
5659002250436246455404422928475263357182690248659934894837182827 00
8938078337246921758437202569100819993078053112092153352926438194 58
4346385594608033680157269790552778498192408100802228005116695437 18
0365670883049977716101763700381601347198970469741956959754987839 36
3161052015412367022454754973152334939703961659632613626542279297 29
9441095383090803834592672565727153575165742243269357510605667240 31
2317306833426104942977813007770235560150399784978642590868387887 41
0359027744156335075407268462258731852812994185730170868320561789 41
2196138919083011552149829368041826304232249940509371090821202889 01
0555638533140960516279436533754364174360208626624301853484804847 64
9235566079535073870804124077292865891275560909961962686498582266 04
1622165108544566684547022704179721197673792196708236875724253911 78
4831218638044521922041368798248452539606452899715556578254841317 81
4318517307418687113255071743435488224847153739234088440722692947 09
0529938729992215913461630697846741603696852483666077976405416233 33
1802016994198976932426107268133886333732833483666118059197222779 83
0032644881989992008579231147657899566525060349491144271804763589 64
3520925270331094543972117260729240284247419176861136371446259910 93
6558366517980452689775618797539520110998259904510675095691472055 92
7090759537654015848400380602496863559755168243532000221768605541 40
9194714259331359799596200631294098018133468817792902747600440999 31
9414420067995393409744064614402033049478494873363658777186790822 24
8155105761664355515447569036516476673210431230540539692885806666 88
4494420904153641559183725618910148272177559256310745212703416686 79
1770134156357992050695592313212196588945888557897078757540394113 22
2202460887843865340126363134664466533528602240965994714935488817 30
0933149752789314627492576526914262032394164571426868702293653577 02
3473346262112761539424535654074141828309145140231468894241570158 45
3764024547755208911694851028626080784763647244806517310892238586 21
4954924902770531647790454013379799356886105060187997146258413674 41
7110788204252469129212216831784163225432588236788369076241577752 60
0781857965036964791204214614317302186318116819306081152182854851 09
7703252661392359456696901131355832921069524316035358111469224774 29
8739587023402476415765988781078934785243689529732762990004238118 76
0126881846152123738673198102554703301150915648642986721516284519 09
7641822205384655168936942375051897465079535162167948959699634889 24
9144220756591618774387143818857471529167857300533082218399524128 80
3259758285108192880955661625961385755312015004455407468114445376 50
1357778495695408852574179030011891855535802050962315638521593833 98
0671749722832967934384940101303934671545835340863229328893179348 47
5806031186202274555752259978784782904827243382742203968438730509 74
8128375418407124496764356399261262349347877258494141496574889242 54
2629954889056769459814723364548596536603903554556975925129911374 75
5929397492099118330210606170209839921168614611146578780170211808 92
1608569240060161448989191575486665450752324860187818784292750897 31
6584106947295340447325312193986602353528520127382294842847475347 90

6337505801748874374986789892393512548597513803560488715443744244440
7688211941835547079518324453485738607505736659637523070226904023700
7682329671714178393240071186642078806246399365298083997443465964320
7161065880576311552969408904362210127921192865394508543302775363560
6164740360281031081631836109932974484901011301047623963427993137500
0309452654941642548290461557473868122424632873343356342740857774730
4270650186545336150375731102140676819998151078193602865441267290870
7593224727277428499395716316387531555390368737077423045037310420250
9499855807275963857188327737590453635623026931660536171079680323800
9496221639258159850327657588290751874847062226774518620471920327390
9104018357195589099846909241134903985875826131552723471412078220990
4964575261876976826643513499390775913809151951448803007971534185600
6582985320544897255246965612381863898505414138024114814398811536090
9586115793726669737115234115336480390775139643049004341502492042560
7073921449643330770184840358143871249943788138180667183295438197070
4155809068496790242480223503138822445179054236309853503433519588510
9927445740614352612416831951001466414987924994660993357609567985910
3759034801679151176510247758688468912460705445352580299106368621060
3722300482310594104517596544311029214035972470742950800786971159600
2998855277229731926567362777262885206911775333663587332123720633130
2395220375490716306396982247649345656332163353430041332950214679960
7647440625041314839591259107124358469079595365393057792187689849460
5103426148665930162928956191082367435389865506295676823236091517520
3111096417004664465575668507770525492791295164359316928629882006100
9826116891414599777087473520246414022421276020036428325311863271200
8988176787192768944152338938647263403782258550451856438874980756200
2449712427883773360684927297124655211308215022662621762752532830210
5187230139166578273926248496511167823249687891633157073245042638210
1294729596057322776646558096554852727113273265391648702885799459540
8666549641801350565821225273052350807550208314685567566664508082000
0355605931983395836006206642441800968553052416321344350488163912030
5902142608674967710835757310394846092917436312400812588353391967170
0574900058276065458186539406429897370311843862787428805477274811890
7721936920987062281885807522735792162363575838554636460790847076850
8025458731170539901230173903369477622864538756290892026673539845480
8003394949080619817743375756903055950179407834116423533847105378830
4896332824671323606414408781041384899899232540693698429516133028090
9313037301176069858394269854194263731799974226057705575065843541780
6408085791052808960145257938525943988735082224907908832511933385560
6471121342990182016898866487932695439181148529637527316833741349430
3939073757377741031337857993557111644513996078632552171725208547820
4611713641087756194760868178365363675330261107375368054953977397750
1095735224481930765697164465611923697004281202006620365626130839400
9554025435303375418414730860200316856770823463165323681615109365140
7625109413509807824404864738979123428522343795409213430111908967850
1854509497847101597657018416906656108121682421281984245083869667270
5175539008467068991004164435805885673216287595994863914379248150450
1619948108143919027734193608307877337499797706234523664776120569820
0506227997589951211961043624454059748972367164510754667255561314100
6886136455973063090244874663740747226798965839585696737042165305370
4289065842319579994107241245091669309472841708565434986699921535410
4364100973830369621451400357482909587777444233857334712177204711870
1550937968551667287310566592988031952751023750713261017923921670970
4881562690506495032904155812804745071238605448398082310537936440130
0861400683525514000899988693585066563753347518918120757909980105080
9286300017166988294066607035927939684510240350494483642105388477970
0807674144989356908216146644079252697738615276549683271825069066250

183271350560101716474283142923421691907006782040394284739220952131
748953683035161463503879882049496659440958091755482734154049040142
907267360095880575303056609567696455034395537870817902040841696570
840223758589722958432828257258058138362014000291354044098975049735
314684341922424458198435358506135961802676576937547856744228611532
569328989783706017032404050177125632940798757264228764356472469357
801209521009981617477002972438737007099688654783809514109230858323
918458142783750491355619795949746900369762821458716899980274032886
788197325377773796945275250702921531576799384365257587237360577794
512790418414490212289741160670451462323102899910541429623215423265
381943545766009985882074008118788906180579950625949177981186501047
843745704149584561126719187029043009782641611446968912785574360512
357153582651467319357248961013069136874453476613936028757899332557
676100361950117560084640067236685200081869095282934164538396972508
715982054111757521443983485533372993752402765181963397067336106220
167212794242100291609922486933664497226987765308087777078026668835
605980699963518550188254842239079367156637015952203573710922961994
281533960980169274996130156004362976848846208548927678092112144218
504366903378769554152127372820186572715011909637390493273126982144
23682171298880234163307521460775018881034993342796738556301648051
060877098533601716016111802862910288506443747315375231827447764174
967095545341945156706000282970604805346322360752254566359439159025
440925628998272045236693429231376787033279516838275412320369025910
681575587530835988661500173123533087872724042554818949234598026506
454840820988025786025815168247418182073302449005663573001378336517
890014723076449750053401181624477676184666241563932417454718760580
695709287970543534417352243328596831457953956306240828374835760618
841641472631537658430496813139199140167785211520593466203485250032
430240832458076782090363429216286136829906926086822244635854466193
011299180639614300779533468564039969013686855814637203550054977680
897878572077400102135895861453379811710123749338767134796794691939
974695932408738257142607354986410784596035885179262984069556055710
496583788882277700964011837443696971669922503511279265982960121289
313848440117218468000895323897630506380203118422914065822201048989
780929731037191711851933225152201566507390922664070793101429712124
314553117859550849470924276163795260599257680141332239563956286791
751715629116460292178945424092818856186014132289534109814887205464
249838169634145672017571403962740644459473716195062265388975963512
393230380211436983370176733529839889124663885595964412858738630029
454322893434120719800805820175068041361429736367379257160486450003
052063820279428311637791663759576373507679437519759644211664808655
119963679911317734256078308929611210565563452395223463873993031988
643270682282988931099239023141146260800382151749119957342999841472
044104567823791253092532999691086912076545639854362562700248182453
224657141680547467347111987035497425190450118259125451254555368534
634001510602198252635248910784233816471457872249397411909576468907
484286532744102897335148755437689771751142583249474164987244678951
700459538812191590512427385116890894068603622033874868776134256249
262735694878264390580512682189308750997666587620621287339898159822
359097177676230382830080686161453142316380800324413478366337564699
167763383181203827817340123810089585251084027112952617419482025116
024489163367241202897514607593117575781514728848263559329824116979
717576654140228898280775037696973904394303715703230773649384705393
391947012312282879734614635377538309477221172835466788485754823185
386627534412911028903350745968004446887402682323540694377423313774
458553060204513244316457864660621407876427538560686339586416853056
689343708906991717050192787087820177814579869267634804603634834040

7723593646526295228890209084307092508302815519786577748476290837777
957288122109014852786401195604835539864788020248278565117541080683
990382364938082180201520516038509490368721736655429497455577474546
024968299998302035836818666382332713223488229556260774554588499365
150154667285381549774141135878753099806911567154619685063333892033
438543309723794039116385625186361685507790316967847883716136740517
475814068750040985932276752370073547519669233874319306465207807496
376347752960528444433155332994790430469133073626762720083810014190
567437974980077761760948623700130653661580082850689737581329765054
702483531334017653827750330636249714861480515054863860868853205764
884514400632588376622858027022138698745578118294091610972895987047
427998900623502571119557846953521854333206909677255058079987111514
589022712195593428750204862407801709764827741987033466741082920455
966736078156672848615964619334621185809966470634549130680681028940
477588829335045743479675274025617420102892724731507419677674146784
220591933567229389292052735809844242153278639962899143677808984570
647711201276602066923383175771452483561747337880353202740871967648
743032162741942708392902280469575036867898790429059647991172084891
294431500566797379561238762216347279847706579758097422629564119589
505323201600072181422050187887688441460416534591096678991045686301
014614054427387163096296491980634861319633862551984667152717914716
379844543551166438548293771602122535128048381973228031946607327445
148282021736907090745245428412108880911025356928402436765377245867
012429537425826404500703524016614674568109697804565066454301768593
795463861098140664616408956865077817202415839039180573305155274757
623334630725944817987520554580488928224167259481109695864479779277
386528545623129600398126472883382596840669002298388815260911447120
318226579289131076893497153385426880037351986725478753665844746473
513488566412097971573764123062046830415965320066805237660873143875
964879227789329738105169509950961985923135030216697937820713636231
199781883469337139206182988998237324476993513196182628514336665230
869816304427662455739024613234112935735564341051065232824114301775
134275288781162122079570414816269879530592957764906080801560037720
432563937304271849541113577523698369674288872566130894058101905872
560081250951528804211523017727652853497702118807407005333199099734
819188636167047780547083344878225940592931074026635458337292239110
927481426350017098574787809942586987575662354937432374446556739652
764838820821045505498529838534132753954047442612553305219647084112
935243408294867358721526757007792484659977909264285915386899473268
516391751331639367983019679149744298445869020864105108488890709635
076657075910376667355394509689318390990520895659130111576121977655
019783587891469190045862318752763037088059934779749590858938355945
441383237948713193673637006738374731593602024554879322307943082310
336667475275166982219340552629680761432533681131587215724456795010
200742798344150999277322328845318971622848302448730429322325487316
922391941727489326740627369054341837157227442343598998091637195644
912971003279256280396094715735146043518875283612026552412388176393
226188462230186676939392224966480808561873272770990902146177107712
517003326702531537545461105488925978210297163514621118675683966961
270894261889719198666653896361144456572793138387157286122441822572
709002158976840607306714009156128097173363922978939585251317680770
281039652543490521782369639828863166231252770299564944049454359152
794943079777035924886394025339831846041990470598216933223932939575
540757584798022671576674954943014798737069049150027575829923044855
112706701934904513751392131158217336440890670538169670193699361343
681470438668054428570406648307369095180823582168742597017780830542
045782803487959738708606545361330157939455271974724820954994375367

942772221524480088337444082870384815123265412397943929811103345732
275598704193033846897102738582240729711679082980718032952976787393
685554268628886991454113271188177334292440834299818453680978038840
524237983401364932579168056886548260931012269820236898853977462744
704548024332030573375631779750185950067890539205340029934483617954
601495606378880053412279274553672022936795505502234031243041344583
994606180693021002018972030663653441670332258520569794627862984387
287440755875899840247694014949554885233816681486150322853200709778
665885283883703590300920117067637517214682935896900626945864412557
359815794935069199181547107990368541429481263039166801729686247478
508990635638355392588036112503119915326055378105566636768385572446
172169330534878148763776392366224650577603142467245127042049445524
446463328937958738685587494477515385111345574018635944271880256599
677610222324158825913452674248711798836426428454219595032706179682
992802085773813905529840689456560895736680841536575197524716715522
293326213292631313990281069955306589195279573200227409637991627743
863919444609448264627990185042516109438939829309123072086743612652
587274310305211617613055220949237955110668563442201465067470296863
458855726771255054960522739627997646309188954583898485383278357443
009561482047081471672789298191841281130101790514868365497473529552
474506041853746783596443523052127232784869937662002437436578505067
893778242963514747906253821340490735029713288476430846281754184792
883693176416098690830287347659996297096286797049077904633694373798
390337530068462891850199578522473178404787404857886692460166630480
263767368639477172514324735687813121324421296521021104481000104107
289315368976021548236284525040750236180714122452203987680998401988
785699477102330471429702040881182516061991951825334223674124581056
903920083724050122628926787784729198385941143560647774484170162895
119604479397618688002660219994983881177648879197672829798801155586
772135254414288159288107590088666200761049776025895867976638654299
344924412744060950669419105328578342707308912419127411666165256712
220917005854415623538464921218865751519948972770374486445872179626
894846113559140069184758150151139274738994170864770638025687781629
219025439580502798858859205738456680051773998381766780320293227856
593750073132659962144471393321852135781467720936208789143477657900
006911334249362294878695227220742135553418631399836227406249757992
585253984954003092090942167708296179264037649908847239467052496225
523033744948837995254177682437591250773561661686791991278885435923
618273088420568968909093538368302107319313867599198155833969803111
889769781790974734175789838907561448576783647605782698208145947857
085755428581199842105713889970984044703507104881081810043350294728
241283867626028969897489358537704570036038587163236431980154347462
311606473286952991117666172255825632387993465720079590858904544667
052462538008794860038947675359708375077810608548631956352257459663
866146401896428720174250422831574110819056381699285803790233535743
375940332794747333243360202926380124024331931053990819035782000544
581895047692540953972248643824804520295353051615574399541730924141
434511644242674192952029735731455906204020956773578960728902307785
733185630062047143924910364746507716841385240711338692857225376225
284190683919928901323811578745769238572706961793786271857421242337
026216559147746959007887924846023049356352240372290939321732019259
708675247441132904784717065308394158966346203489263241888412295879
998986278762442615961522699280537021328222263071368405545657645996
168218758950033781184942057341678658384819195474222754963624973891
038023745896641812187038609463919062151388341963143953592988878422
161115053445623409869966923261766189209537179547763450829693996414
083906856913371356430794488292622928298815237515997168570706966197

099251321816735101094503936340254200036654086161727247344508446212
780625117863220972194287986263216597292420581702128364830623056701
296132298850848583006666768790099760535386446548727471793576405416
323815631891810241347595026380497059000375649678380980760526147620
531977504970508091728708875750435770362002098971831862205235278481
331524526930005807861729402201586891050290536278376207607457097136
022452560748589193939991148392552332618739296910568311251157208333
305676116046352542700668430295650983908273009781272413458822045356
929436704571091384986438226953626992638203213424281379375822131006
644431116767766420674300477677579555511423919511834316028144754395
250967474556123954869083166244211240524588221743374368790860825020
036254045014208186744167185753788767552068397082386471252779005560
127238443704832184987140395674570509385792641522429573776063194187
934198111983341047340059526812346676529797690173209494493102731898
997840133549338482057336227917899508329939842191029954457420235169
128431427303396281405552982052719658252249491513955065615855343396
863041273185180975850696236532352951209028975288108501775025637165
383535658065443359092292995250108455696167636903342683248855006362
526026250292529457710241807967470098211200930893667412831142943681
012793105515947015157174340509139966073434050125020404112593824601
442767212121040986745359890331661855334326979875257712632966731980
581007704029298324374819591569640425410170128262357591051281338172
701675956879841341878850325088899641212176636566461693266459404535
774599476052319078678111842379615205341886756746428540758129377178
383575706642683004720590316775579208708266446759647965949741283851
573276419236805756456572774270900899518408923093395694789810615966
449761661787039842586175001207431356290568529147941758697700776970
471852961938088263035756981726592067499046745596045845753817903451
837164156382154493450250598309852295647986447125334839626710870315
560640366373559213434980826322124607022565582116431790666722875229
522574932965706974885540887962311643554585492239511098569993671263
082565850364097629444150206971212989922351811033662388308550401579
329200856704660845744509171432033106280643717568089661915507047396
797819862136205213314033814087315733097375575684478824596790285466
717269943574859926785220104082156459621011123255049709138456514762
975190891340791913580213835081015324371854644684348495181610719445
633354513165873470949041207746481920557990497320823051467725532042
569195897888864923751471093668228007716300924234528463199435987208
514038180489578360572482002726077954195158134335966809477187252042
737845630864311722305447383148211339015677872658676324995652448468
596344832277559262643201160880630400938922750562494103537855431639
665084048529809810353028623536170850397996392414358120095238278372
317399426777480650033808103234419365786333484893337586476456877051
018854918718192635581654009050037049024199631396365838641215709998
619385787359880322105023214541834807492669967354244388111802916839
157380238751531815228204922684888027069562620766197868555501379872
180428661553681186440834431629700595640001304320867031402894255916
784067711988767217032132512686175893454391768724212123691365139969
067261384627922647736038252003490060405051624818159785649247331467
514074438834746426666124137211324843716065494834950722349280454198
379797401466930108350848023207015129620452430979974932089195436679
571743678361161235199850218844617759457676645241542994729531784718
965933320801242374001831247182509453890863675160742245173425863353
351019188779132925022587915151284642226716104832403361220045716406
167455825991951711756239695748915511991701121249048481437349327727
876363183512975180095411690214886596449774667476661285882622782703
253014882587629199832567081619962922322213630553721037121785949518

448731070227067970904204032978922309455854918880149336199118142372
845845273698191040008590182985390261884283196625814213130410331644
406097683404422756443777972254668077230490908016433942046432114233
817284496623019024142838737012749465663924012865599505686820410423
158774163418614760973237300405107089022611758621110708480683648144
343051615646472793004592898633270925906349566938688956907810258867
450268390980064156286632221045571736024286101989672701705680775008
844785444546123603976465733425746437066820621974284755556034447908
465189409114371079733731464571139410708885598798930721636910996244
093076861052695667904781366147538737599856581162082575840121096265
802962613373382479492179829116750676826911194956000774721796524986
486288900788759246994890773660460367623590963494482863039574270739
206737192466630361757798192963833212583211044195128497893107937394
529721435701057819952200522663657896023546873243568013522800136678
019773913069464261526438857181299809201466396855659051521870196979
072756232713079470367166861197300957929949009031499500867515092447
850386833879347966073215168494332921757700951165353507463280567418
340649102472454113161825187426012484945727353474662439948594731259
594966820555013494683302652169596375013616182673717441667646663097
941137377293494363526362021139640994607928859825558314872532354282
302252703074863539900261787029458406345246734740600949470603861828
981069338603079115355343394247195060544654003768424413293733881687
661214889149620816732467682445206036838025095457525523683691854410
038844916692456338116231585497066653705240010276922718634483909005
356567019349673659858101255075647077504986875768019579086601107765
022088304797638694488329095075977244008163754037297893079593541794
899329588867375132290690668846216679970836616920523524901565610887
754199072467124350436770525071736573986064093537196770661565527520
631656812431196231850628558529909800904199347692177666639034103249
521625100416700622590611538716983585227287397627250058591066729495
332600905698191089373474333712923891738815240786174505223395189871
160068481787526655770578358379530716794652979506421713172086411883
335072583220858395939992392964675824730883173899143934781102419190
133321771493506732778945255204700060961350041307724746142738565924
398941005572839766386849024801846650290170163295877335582970193989
732100018424111846160789910243666838100503998957942383452559824623
538226584049165661977626725693545160412854556340149942667935277755
337430745595896994661246792096935477167395160612624021393217618323
665901615812629954193479269236320622418694664578516927121328255316
038988989188469185594638180665233251065289574161213956905210665642
241240033684564662605649078140681194208307427396364166078103391304
808959935576218017839202506280146804665074512576017420828913895866
630468313779585506458847892594546352521926296579440833552028925276
931489633874792256144565906420114311504552315061044302576585470050
548459994947920801808690588387717011473336398157637132347556437401
463652481574114446816238185909409748417496430628613024273557045801
461027011861091303456407126129466755935390818605869050229896218177
923211739595688131877064188832770546269715571970085463614266935922
869732163483014518435818990866327213734403438973597243939861522092
353622712383472237617882938720997732147965988994647103147233314317
141764287785204768277892563008522976586140121459844898881913864093
835174087841881760913209747316599707347468844769905559321580297802
553031735876042549477396944400781269457212466023084699227967375154
565332013868079800553724277924221397477545703483309109343950322909
915456540082940839368580655272955991526194795690367922975489192306
729632035676408838942862668986715919243546121088199928147562003652
795896430840387312003149206678944188544650839103730490811794067501

520241118304697424227864928843594501960599170481144281893315438111
808810573260423805435172471389724766169699242489694608627442603610
658944200306976260255122363382639233416819726825998539225854524203
272286815099024263283034417705096090744652650180654047851960569485
458993351141546190209630516699623789145605207294326014237045932727
502239429210223598776169801571693363300119040271978602915031824438
912829204778184834345670387414595403603727544280618585844047625123
538827574423286343421278327155557171041059425138196136622794463287
270419930265501549836878573783519118544673422136190760654057842725
427089015515710232087690075607397346355260696002674272164749393342
256703878674729965420262152086156196857269679318625968035699515144
845390466456264717156375440182155526218674301435397463362584660419
198616758850571381730856115458706547635035074791310301056298066097
213278736382770181552380006173739809117760965366311952667085616983
120789166596228407005317073435033447008105729515915916128069078818
240048623148344280825151405485931435411467764616241157145324885439
240460883764129892800917749756334061668701967555657543393715358172
132953127341825948217578284848164540940534433388740529344397480914
106268950372652036123941951249693163878069975378223888064516507717
486709252967140782969279029757112313905204013837602064353978130222
684827765593910386629530532851857165101328335566386776252181667775
492878429569926776270558027539884024227976424385881921621754070975
980547977248781659655249641235048569042331210027920617781631274319
583552243312883318145115888682978056035310663105001744623822881719
035745703825605780891952041043930240834063060852806201498341218842
762387111365228698692736959787293063997026134175735561165809171080
414832163140013801995374602495003543220982083452497710710104397860
531004336275874654511414259846624995223471580507077555962935832137
194923173918717062529369656703867025625772067776554237395652851038
679187702294039349990232941376999445149954269879384821647263282925
260710552015244109648272625534199483043932439355845106139876631275
680043533038592391827213850406185798227883448485896380368905713046
673346942249391310888385671168003275699263320131576976270541355669
625688863593272874845651391640159126338738841589470341416370887876
364401560406301539396552638496901035668213857752093832275180255457
612075838463648289651730831447416756177041876492244424289404851909
719948402341587880539315249586062410419747502141516124335055354337
539897851497599264964719447216444194730596212899129991872137086881
950809008321943113744975959532686034344564242224113548602792442026
288592602805751171894378437863496530617156426107247226082154325869
282007363050908310388672960227339262759225109672602256048660860472
314111508346363978243236462337806789579118887209822460074255761474
616442203331094293132225257459055059915318135865873640450507902009
849769223002917939859899672853195041828176518333968184334772838614
326639556516986992834238444358739954861601063453337360974652670316
653868049692962618371652063734598258625043633759802647511355297710
948960533475994489685705010897266332256196945664902649881908673843
106527390819750373063204072428011624553805740581429313272640293124
897848872936943405316096576264979851498111345391389518040215404580
146136572591574675804694588258465103868906971870930914330189680696
523761220386542878952002481311420438162375915399266808309228655389
590041116962697193243400871529722687067057984809767725822909572779
737776550148447361001592412366454867090539631736140068832332433258
534451037347070096824690738373890504761060287617728872930882981039
379222952649485368962165580467912445295933685703067227747428549115
091283584911285485759548542350682569242768425867103923278013860095
394155958490147521049635458109021490579803904677967766966582286926

717366832436848719255619241336160762626526046844789235514526546804
006820029114759299281180912406025443606191420282716874083655969004
302072810366120126895375904305646262157153027237758402444746361522
024615723497125423506605888504175590326887470753956333801026873207
893713081202028547740991777894590004319616797007337987493841764740
297130560847576270037798775894275095155023491431734073506436573092
644315991902837198886031374926426336428197717624606811997999687786
677182637059451471846929547394093425709573435120004762475578886339
710121329610674519993409026145674362642613140238878305791090589109
731068148798855528937615064871310629711565878076673774966108385696
254843202245613268419154892493643520880467967774188163634414906273
515806023031343524015869463300523274590497495511049501628179480087
564800967707089315718752546977003619743259021445773744892942202971
328352135071423055687807559537156893376348155348521594942612090657
907652015808114765717306692130497889789500941553588575898862591070
325729922835496681563375944560963517195472724863598843675765962721
202502057891556635307608538318353551818489228798501454986152763150
644801302871986387616219024819061121858380361005256680278134156555
308915409732233217740789221890636107446713253978507391306816426033
067304281081896467848191243066947639797806535643863693527495380125
119571420653187572471477773282848310976402232056665432467271526824
768924109049224310163550823189416434867129145924424323905307424042
171470437126946921585397206995168555394663555578794396682389670438
986878472907144379745094648451805760709119714873171330968273428693
198888686849367925521874855556911321749929664132918861016861755800
616368225439926146998598835449953289285898525856933123955444445653
187075028236399973104106414322113038680787052625870487717670023811
245338736785493159880803562876456851384039868250243880388343251888
852314102660582233853336238870998949782100482821482207111049922239
042096509779736905272525783963199224928545730759676613985554687151
151978391938288588842773080372341162277691644806284358452584691869
573144512074597769708766206411685199245057810366739887425934905613
239507508150790100680254599429328697083331522043605978118280337815
395420619361739100779859521702227839763735545825941269988796354445
518337099734097426676551116724630641696439465012533585068094244441
412896790192684019555309354423211427779912199937153871801924421089
223606599220124238643272527782128324219414756827821119276796579020
046657316666529592809998490837713800055835784140215640232813451152
815435935093651570024470991312692748006556880778416680295377110650
505790116747644674640007519078879345534984917602214116956701165187
035597189585310122981081790927641977993486783038579890193254657280
351850971271213015667757490733951207416013655829267694384517554175
744476807140117561357482406662392598782050730441833870301273689641
010567684529902774061459881828402799727152056863528821079046422432
704933709509888269413291559702973337374665903168309013144696363182
310878846251897080545100768304303120042811773525359341467338895924
968718370854378498239407008950859869441262173328577691412443466105
802946696302648504390230030817765020737502728595571961109547623808
699358814099864735471895328498560781088600319587540238501876479694
818030009201882194181669892055406637378786355247374406732827407516
032157887884198618197751096407378700889729780914890455297583189010
216498965272828572769639896980482490722145232334535816770506671509
664047453537039110483901834860661718313403564707344501521273208762
497792884928385661378691067533752159189824524311563050497806426879
766418167110289066641101380383253903118690968136564803326497672116
228651441403788182231316487045001601873768126310456649060104151934
062295727534051993521915208975073818509353741319305070260550145016

3607350840258992321031195932653354075863526108100626600479999770738258496503895622885481046580044701536640740319120313893074982655935843945974004613750946542163606183769433316178689301791875827650481044847291233859546438915369479884029379030966747793025835330740808871118523146617128368429532238216579506731709329853669660306942656132312404762120337556715561531713334707711510960605522712187695406697486667976969674207383749963693504728456403828922381508328411771493362095812221309298610100305863580565840214312375308708602647055332538996183516694635641043827763374899013723481079257265890470979464501366517898706168206629076433589688451585142952294286593627004430004988867133454795492825553916545912217725662320645970014826144764165181124955172840952660636828665673168744837975823146598070773189998068225907688498817925588326760014969768362589690262525423996355379661467977991471214485008397763338728610923750173023814577426170098703463935212004660004025412758404751387907673528176738332519969875867814704610862126674489201068249049204311356045810581699603498249043148930434631761180438720539689263486712216303178174752299611689206752278113931215673016461913365290842713240042656136276233207686060239816673288692287666797984809179378643543047958453902085481576600473722547594058000096882324308011787645013086746146357792930229064818563898420384570190510082774954252827896972073194668331426418691263830281593130172453377994977334596510729806649911027352997359031492599399317878078774714659072152702350403084575607474462126132973789242856101360693696652146215533685653714560437179421520848005561095534281992976481953604213296470680396397757658079989179618050642819083929225325198677497212531463013952467222863082521897084893612451629295946440003719365011409414370069740718431887826812781567523996404406673686827956391767711481083308863739097862001061218128793242214002968388894076298286399533136760159093652184531334613376827605436120040369254684845351045545505434303119208650826418045286544897784927492857645232412978756654036795440777688699074059747501882729649279806717727212177458164862326219503305359859868831795416039005618583471084568518521056481319059245820750419721734954421695100440203064590126283546395607816216517275665539686051995691575684656991776700458812931384704803753462527500263851424510742290132552820499462165228634735200306720728570064955898959990907107711052033220436394804314877011503998744683180675004792364853044092671117644597319720289474906521444364812826944242896266215346176147333348457111119069815756000373817386348287142007222518451284099388775314644941233708262676464439572923478542484753294859927686081683180766379073896756463243384767043354192466781646625853968303017862444097452523132598625204120469981611941538136630971756415720118968014617381188065214230725884937648051166150936031002719904672609560735824631352279258541551165442096810176804156569458168319114386540580634485233703899712402316335072009095782958548126075439710392766309132394828158698932909335525018779551084438133197731570219460453148558690387610324669761336752022196479685948711380305753734358247751362099937929352403399031851176069125282765535259211307760471013535517201524554574482126595029700172737111961386898402665144802311727464370820732062147096720553163381129532590998243853049117001096883362387963645271277494224347221649073291234121332245503584245651934376528253329355662850362456169491316413086368943260581143825587641154402877764124614995721104747625070652894464782295480516976924494367725347461276181360646488418543915334931576724179789268004816508542140081731489485273401904547617397979441798709109005230545999295470729952967540432044951340873365376714839651802482933763189974066842476313799469867392292905830841818205898194494293211779538205318

588553514924447861657826613552878470754209344253232994859378037735
946742681008040237851917602539985383195222781459515648226986223224
719397843347010711592368889441840088250319264709255646261324919554
906763087100291651914616715637485811700864363793757571620884896828
800888480228607805306606037265558427651105266491602145043133392743
262727671055139598457981147499029633682741430913598915601651443553
586288193858755751672601467212404733269588691928032413032682242522
806798773182952013154593388828254407345821343266993876939289210817
667808874453659665716578077886142730588110531347911470300823289665
469622861411238332185522492479580576213086766772996842611316507348
375677429060367242899214718893411458272960860701414366787924601838
798502831066471872411546761691852641133209620286309789488988553377
709985647296310669656932736676667005038874419442189556839500747218
171818066386396012594498666572475467305401706752960030626942539037
847362495837732986984958013071549391767936090806194756477769996976
292653670325659117631398937837555642538687464123000212018610168208
991839031129547775449746549254289742511805521714380589310731830621
724155447725446200023324251102542458241773365392316016336924494653
715850863827773030009184942067217549304093370559945314420205946874
952859353222703220854513577910827132086454683868190487579961073431
493062978515704064369004827027036695767123583015519410108014829658
083204505725801981418746046308668775287926948196607263259685836364
545611118952211539235029157723786513869616901912455822264931036649
117359236263395619388905555601246758287758783234986582292033738104
402085746231544192008744377969893621769773895214317091731659087117
460713191792708593590403657169527736356675867026005715083873768599
772224298769946991682110485438706566771614758435250891653813560430
889734077975946302926329947779069289591909317726375062002449025593
851518483950314178402525494993348149529024113238856462449363256516
744782973041059968843882758349087348191906467382378949044647218077
774333445247142182298483172324495485914010590473099495783906580675
759927245206282014106040111667675743909442159495948818187730985887
788439584457781838234362564318278971049195622866793632343661420892
389611454254505903068477687142043625523727277734482651265625796948
747273324912872415611258903107792502412240359435122988236420083155
804775879877408502765264118488602307199775446853413647813697970616
774200932460535242077410060869532028287361915899953922320120696530
638841071679048006743650872724572878540309866803597740754613308218
129817505536419496785522909946134706483777424759192444845043382715
447335607722192088577916844384788170520918090022717326604370368354
689753887339701506009789017425986596280207484426145439468496593791
986722428608206428238317587083425552222267737001833649655393834429
633182355268523899048721719108110754012311254362629294867228459841
596216466522984035073954807808698870756137581131546744852433661729
866978313161966289909705640163996099648982121896396816823470326039
418363810457949770827748366412992463385513992241247189899295411668
286956061381101329113398828806257935086064357738663514701999527910
522137329223238445516715583411622965913780067876881110198713759562
744449676521167550865393769474350444423269095927457950864780662546
580897434681306630719682232816861332219431315135630351635444229107
650808264231912428647965173916135966829513179043250643431090732549
250911934751040986556378998926884027442373431060542368170651676348
534546290363998471895784748851818864669908992897993298141126880887
038230200921599389623040950796982824534858344025793413924074911344
922536800526995576461100972545968375885761460347852327219434918627
503478164550375397840174136582150956776056398193920835055656118384
556058560853925517438552454518361531731462116837515757236237379444

614674940324366840867294721067415343530290780669202089656747371928
856577429643819730778177893427019974871468238339953789912761474962
646108691426860883803393660136144559041832371298271105496161231139
290320695965060520177452869310390193146381742944076728427255577576
967195862954588778458027819310691204463085014081598933472361665496
680423567210852393848885502868639293734167123181386613074058592383
045454653486092221508780731811146921516316759111948064159980487709
311367252124528137083976684109311694566114534294971008561069212334
184165521448744997859428132459111361786956753088612955525164345062
401300811051119603824355732373125056112678578042620398339057249442
250564843943574525639421368052384318732927446524252278790732188593
574780263384285280221866504537509547258371800267178869686991341971
428725518641129388310538336487485665718093769972497280345812459478
255556993070575138875574775206900257412025112800502820767393227949
945577331615087333690861534407718968543087055651758343223894782210
500465861854667075847393937996288714767646640357073706196525699562
700781972832250371996713716240519523275366986352918845727052562679
801313164977432029932912736296869622922449102700852173787152866202
638634607009446834459221765945317750120620139951155792939537052194
251651866921528403789051049717889154582274132723539475343451759187
528549303212304070320403125924572789934079380805580217857095544787
710502827698314282529719151856774872109276350458191927301374392573
109088470020195473814021107152517706430377671332239271348206464195
926545539944105135134959881379146615898435330062609922543603117457
233158985761945212019324920071148329485449108520657803907074501054
677179503803775817469044061250171533137424087360678988344378233004
428605708534022947980979574029670937340922000773684035542241158506
599184327231803867231232682555520544962135032801320837119492909379
243816278699180126807311894525521826282883239771822548475307860282
083173086333304690796057952509546307944572649422523686222012467431
719702384841597684697511667964807323623538216761795364873116766691
999139976275668266972605026267026654204731654631689434841973622507
736918717619044466909497595008008509073837094292651233132703495435
555615149999532977414851608178817637462264566342770137884785103354
203759857114398062525780266396820304570253461239430591426366308271
593840668143915484528808450084983480460052969516841953262634449966
666930837776802764065773966667694884722494448223651017664010701434
946495670843998685747371364070705082205297002056875192746672148733
197399669236326881480115136980664421902475194864952871043420723320
173746061415683919731447722389001395842300854137899956854277243469
691094489879530452866270481259310349700318168164500769180908892176
222519333365791880362182861207884126677324653590446817929486066491
080437355067783580857080162482997590943170313399593194216108755096
951067394917407533683244674323581328021096259477504397031882117435
057831686482906614649660358584579614358185716379738856742255319825
262281440455010581947936772313473245763117158787148930332040496504
843660825423698150866595401295238813915363072279763347457480123899
093409694986428987745455151642671763613751687505002538963380528330
013916674431412096821366643034411952192107125805418577211406906418
675887377663654329711323939724117210012313594449003424809023101793
585058606679092533135959137040482318696189102018244994298099094434
058420569033851326602985744478168650906823029864931747352718311339
748643831517940655517358099642873868931012420710287544615866426892
171523112260175083142521502838417963036803166150222565601393856671
583792002315779702060279241602503543581825788961803017887417535056
075705126830572711137234073270473068638213093623836957285360194348
750749491761434573300378686534379131475542827272032047663827713572

541836771410172963691767772787017908194090466334129933002072061383
880496991802362593099776380532439276180233895946300038676752972823
167353246392546028523030477430135339818153778749864027609414679015
235229522505903501643074597017866910990444606963424227338561851471
528712328052058468710594380475420097130238662115767364406698775835
403061692807829220076949566850503886666583306350222998152933154004
873816350645154484291550492582002079060637156509110779031674100939
070872706906397563311237064695158641905654919839711051391922471046
656086662389751188239770116835792135461246633591173550973509000176
667153524278756820380333709416687478902025202072479751787730437370
824691066094909550829505180731740556009312879155699924064995217649
091035921341986440942653460040243632852062521091989597105186572474
682940130686813690461581024110977041459094111038221007257431627633
993438741253242499530454042035653229273596316873775122550483421663
218333330247029077703338560710784337933765229661666849341462860711
208145254292430327887230479834081905991085954937397059751028975215
101041730148918426521246989711850075382663766868970221250273635130
663609364442340398593565445276408582698221803716344663259055408884
255706670046130892458101858751940368707217145803573580142875177737
684305476621505294424458227069384404285984207659454122394540388042
423301043810983472457944553596775683426401542137934874637989176721
208234145469169226667254577601794257160854135451126174935059468560
547636229413150275989599050439121058227434802608273305175147602915
571747087705038822398751762270673338576434896615216318957300989523
320116321735028201167511299273750713267260052876301880209759346412
772159672917349664862378316174336698041206647192144982268940549308
611218565120221443551567890925726823648380887101752810667955325488
424312772881023409104484877439252995391213581614290980255723943439
667559560758994049157336853813928485821194616790874618789468917988
728073168351633378519054233445188248669267361534024208813908888010
334840461688636893596622788277685261338363667423089498630846433930
887771794323463406298118033768997513646695327446763957091745737213
162896124476822746734373239804545436842248017638163567461392617499
658893301926273138137487507561378907016016819398381833062519689517
451289941907527046727329692293285953998363055988264640015393361046
518243848418644340506990242670181079181071096042458403761378768855
816569136065284644177298806077731030087940515750336113812222602487
827057111355461084155181133658667665845331703285468672719707272272
151279637912285883776209927348134970673946468927241281883134565204
057923164885692160137208928613734473426101059903100725366969935237
359151118349747594798699204439987520066426724008621638152517329007
924359669989744997233030632552320062156951309316215427296522530617
447221630071305528637574020211844720249079371840943854740066644716
775821379218855935534031571755243716666934979212292480321128715473
978834652343744036540957345349861414078153022245108020926079742114
592462841159740480168620632867375902381097938381683518546489725876
502698669718892953988325081657977696882466611792524696491737938204
467460275559792750317244666262706013753478392190765884307586727820
494632774090443878033892979962641975629622956104893898813697955118
480416013976178366988708614996427728341383786320489573528050455130
070143900237690323087293304816336664955859396528273676941099705894
743530522075381223813250875719262351201827463333227071093518595999
584547289523563336638487047901370738802947139098253869207712204802
514484754304450282184833752878854798863620014060050602375537333761
814074411572462445381039698689328724381424542096139320665187875639
892242498131165994297591350919925340484827275541776814752214116974
062306806481580107104957032667454977387911481356811675388165263505

3436493469320656900414621285026989453702564576592576415449955504252
20076829228540268484882103775806265827205160477509908298361374726 7
020457185218704330828626591204621773638048244285257764205429920263
295075043415638598765292143537601845023064204079417138883787202239
688761740037666840626100645725902605782281291941693177905522098434
391665222911808391670932190206231304618585498359323498019845209533
531758060111290562282922755826815982928535846974653831196307119831
657630152116913337200137791294958917922301347225225247473756900574
856666061257706021688768511658178379852059859316773387454779247707
927344815280589952594396913916997638414576290186986787941051757187
759972671728169822526273551128657567216987809198213187702896074849
207721557371485647308546497862783328333963832378040576697733833603
268100541514270012532071467324391048034729453543920827712217887260
532934636518758101976419188915412949566795747404511049773474943248
506828947966749926559273258764743042015726811192978460728917955940
221027046405024976149346487114510499627614553552667788279142649776
542482335287316825705963332807348895991892995452343954045465374301
864913114376688338339445607532596397410175661508429415889603815939
582832411810569971875905968161759913377993897724274417072004340663
338377281229995717553831278630730022809883489561682808931695683545
551324577483733123972275567066282680452507065190345215987687633868
688547510243856793809267608639992391758160820357258286254850262249
499236194851974361009213973978967441624593053374011479751485643454
373832413068379170359394589118899342636365375754660433041008496252
652519693254053371979694432399341242833623743685241861012826065760
655719331665920764132128617478196809716699681389916393418918114881
411844674684122239536295701823561131765372743398900705123479549138
222118136233764769515556531866394092307019583820869148825954971040
053577444462987159991618620091566403354080749330788638860254347857
990311755095098947121462329832926333359235919945887871350678697676
386624843578378650679382276890918006381696567371882369918686939068
433740809452366747151698150561958222617899913208638901003573170822
283936343420858299232340467568232240476982185560240834965972239456
381655205890279446276251674570446455971118067842646398263084395704
692169766701670215418397145240681110789609644310701442296183382904
931581380238792277496024418664155382819216810291565131290804299399
696192432099719627419607662716910301271872301833584434780743585523
375310345244334532861121137724790092230441141506413703544342927938
289886482755757742895298374946445349656978907423650419308452572428
429753086954039210952829087198967819941805880723151288800477893370
044107996710360949093163072970596514516912965130412762335803179181
430995665227617872649703672296291436170506281894033124246861055454
477340147387515998715732263103891157295762792180287732580177590524
434906478724180138376002991941739011398081634179620987076543713259
691226636681943306224933160951886283956994122985921859565557152945
505056317527222147818646334089220457310012973042710988354030118569
430346400513396190150521645775507348484099065642541407584518477476
457307346262381751438952504617262982223617168549605962110759283269
633443335265856333544879111389055958670473875187046485691347101447
554308818507039972297703761359232359456820422343519934979651257901
547179567290602399599066717942846550228106757432851464652006047507
875125920951856360269185104769171375995048932563425427367088838745
632325854928543063219163261101166729320058060045041439291897024106
824502794959244109661199853198754538220657518497718021750505785172
734498455365306316382702620756718794630549650859549569097643398421
646068787545864844329424734429582281312792385251180334411255892310
125962504169001222223991808865799805586689731942081163805298568487

4058668524379731089218467880376651882951397350767276429488229733370563597201800263993988617418991347215147156379715826391667980527240846465180774500344833151730168954545333587249748669553355757223884163187005591384585478685147436640799472585873372305405929567251148775151803392261897406532871655923304897886988322467386622591477279331402158021414842124339114724504739145853443562140626776227100159799475388540116443270869919148296322226946061039565133946553104432247760253821420693675261905205860291835830485985893823094138334062593833789262786918277086291275622346181770347989975853473365759794952445983093734520793941849015629460639020511096293137625556488117000672901052133294361963435575652058748654621970227702578002349047679610215436130422203418293026255514625945072745617567138254609264107691164173316969260563847407037988758702504320932490608971753242644808514178539931502671018847600581446936270180387801840889122494424338526884149157121462272128614089217983294558890413485297021309093035068273460257778597324985448428012606945791273107225884034941767099098900603428871708472266382600706597578135815921434557589462166281280525670573447667419408751048623058849215337593730018313144919620214750676751363278989314726211480962586037633948944155141744709673478972781774342431462646859382658707177283581968192269762111286338001225437441537853980022376344937299500379852472333341376426488248696174050409887441662010386087088088312377633538941183717115649480598411133812876087638075038570051581429567542342748648906687970292389416672185937468541571521878848625163332816222248946965189781144713933879479733385791786279798813572796361571877901823404250821515443804241786299249286006155270485997587604447230667690819672470230803243559326729408631834636555045954374126872975418147626373698037209894289604333711920907649573270449301297552663255591806050581149941615081396749207672807317456919402520932320549221763070181259324214779344251544414606080308818244513746625604745959468180266492183771909675611544577516783941259815706809327189321212915312715282022303391823475806108181527458158892499031022571076986970127404900256839581003827176030383005101589683252385744237509013911122859975826193948986082161267827077803165487121361163865379074699106388243578499993725798094492177759868388171827487475128657914981562144641316822378973957798994424877115631392183036125122864292879217343154603283082873453376536935381273548282778944953216045851723572868436122776083483624277882200134491597351553180083325493175659020071979430112131118492333278202654978682429274484336641817897812249547245247755222325104027862792404459043636953779716310899131880947330879069564994843185782811641939624807699868196594025848417994555481052696390629261943825422058471013164736706604061386360246350196460634970638789100238068283689301201956892488501040347915801993586958345751295204201582228827205474576973546886994434419847194272229364837336593917028949995737506420277304224775648213167488881913580598811189069298277772482379179376194709020782753032705705209850834999595894832850187585815020872181299718742262087958892444675677687439454079446788922625698246189832587096470539017775022330941585835130312101527156705775294537590786530573646566160274278988661416326599355927936280546213396396633299190686562176797370767984898639196514979893048368093484352880214899203389048323978042993854444706309630904916727421586856015014113775933028718271239017474288156985731841266037338850438363936504815659617124919168710285526237242347442222687489888307412176505446484667927145207121873895040846296977549077996591332754341817400497049395851891894019774562290749131054882238123752490427858576563550106486312255467887279067194521776923686829292269952424549522914028815928019691704994662751042912755589473

413241165153702261881847293672602118490420190434922139167875495568
610427474403045914946454680180803046508669482133080705192150931660
063367504416138109744075369211950057344276848831863945356291145313
464252856518839548262230233463871009751393459357869362225160819505
229781015130807320376665251200087953136987439790176756291740174836
945683865208859122085633274127470501169624847537337223149674896563
782366051020394476541030164709533226798498680278988038645599305489
667773655688613708958464325666503021074795234485377176593877049845
709177334751650167559001353775197680618057100656961240008490100938
580500548300183331106006018568270412348796308970731449044793973384
623661509218073054966412794046470268834175732970561503542150971129
778766113762852634589111243000291366743638239428000747409578037429
699534990970206356788393886784333513654726119015455744252103555912
010534376086575551661589122103436247616345228491479278262663846981
875301323846843838481989822591294319654013030910358495655688604233
992937641972775377812975765767511042206746925082611163134834217523
947148508368948856907981373285877035438415456680658224364164231463
938542036193922212954900831903388670466369095491639802927609292377
331817116264586222880163249362259459684581316090045575249164412735
153811920288181105177878340704009271730500091533156698217832636230
741027478089835182689634211694353118236685711350182072881355252839
866581284887177163390803587232600886859722842258111252157958486119
196163414348796621527963384295981931583040784693043718770598959810
050206806966665800589337130838406689657884135863890637708867140340
399738851692796902558584472488745241624649278253457794336598652454
487515359972558689023144906104687505528437155389713598879152829258
282550501208354191205878805103954962024358774182848090428340126233
179135488242507860755098682660221556905386167217397070165529518261
851497851559916874134807718035396476962531263791339314466915517752
428793983765839968049063306801768546528336908119417846493436243829
998179420416512251552816486622789692413169672831757719065981066149
201890948149667661935024634794713256571468360997983668771671176457
683638466793205076045684230136456074677112822914544104578362295484
190057164603383652849543626643973131121579909004818737355146272400
020405283767480550460175052622383391229222052782088264761784333412
824670904342815557991999367870592424465398414152483371850309823650
457039518718325475058891469219727877474934761374314763340744327236
723578896830721871781560699923669926078802347265825841118585367854
946347040895379200774061632452858548320124277962065712557406190015
405686663593551151914859073854183367389436877712135766803563955549
543196776432618447854583365485919644751080858682417024425352522035
8497647116816247683995362447679390822342829530813009066893806352
744200043638833870698490217124458839678708195459567031390501961333
024247428675455688835979890257698920065894342002372758672588032116
926251701449314686646805490007896322270317733061013130171870298649
499302591773911478570497087050928009408440983014171594181614899597
275510048899623612421846679217404025579357578418304118548098298513
982186982856476644290284809902928299225862429896852052598644052317
227866081916942774374705757718807610801781701444129234726812761690
613753461563045947649597658485824403587996783733086380922467731648
886601375822301126677143588182693220528628366006846604176086698120
853889664484236341278304300197664385747240555867854142445266635564
782338147488020054711907400969340766237231965007136880198868566322
481833546175394278105286340454876841501481778611220049902044745915
524008385469723843865268462360501650347458958564204870767381033449
984213916272550920081664283184601053470258182980053420902474985118
817500626708844123795231950420614207295917801204411082100431393233

160501226616047367209730557539359783959313912177091662531487278037
43200032297288350128452632046447526458249676953834093331796811965
779172788299653910349818013943784195582297131148265236376063398286
063429623982797764964466869686298372670174608779657333975378138766
320446277375915116118028066748521752569248586037187110772252325736
495101572212470610018412611261431130203715087649154625609502557447
887273002418076957758943010976195885392410713950511086718268859217
991463470361859657414169751603470502384000132034972016907501434544
818407850019596165555202175037661420835360030855422651628313900008
975535293045797927990515455417055868204511356371467044119427618229
837307914286142958647679348290323957224377818313783830909745244632
848910325786854558403646035053844397353565391034246689017692808127
542457126479037940482224169728270546299891666570139969782325080989
306193053048748465057143945515221309230502614800799788033772498055
259574017264490512951188917785457510528092682134469720712355405788
507895687190937818533550077510430658882746796078499318944743950399
994408183458015048303450399671553271377587146387780720816249415001
030651274833836478345687842369103043301755658722307711942076250441
085243871776873368931548489606049816676266903237554966242753193488
174814078324573160795528726768371261180815846239420445429805334977
369151954690504981689487929396399687523249080655163452169625421320
376499173307241615820431724097797802701300870041418760791840284901
459911771426652092854535706362431607650588473769859871078717157943
381307075804327172969270199868165889180703910002776030843581518045
913350156588119594244307187507901269765294172343632404168073360417
251058805398571670603829796060331185358202472447637100518324063084
492376744562871674966764906056451249918552672725649357791499360172
133578919283541461967886894754979411183203860419348876042879984268
826641366233877374794840536215449898937380939446729555320859642882
395609319267332415126403894267567290121357815210563565024506348086
672003315321509921866502645514655205791404343314189317441458384200
347201145276274755663864636371991548915561641363204872557098537964
531331780549946573844174134991542306899599530122341566701605517880
604548830965898035177625890408173033547349579657198044315768041293
561023023093808698945864494845529984505486081200877197201649821373
831659348617504748942649846874924830155575560888233824686318229384
898269587431289992734559557910277778239997394740790717062401146961
427224603940522446727438009047880680092042573814568154461386085398
935802290841449896041541798013106017660497834536415316331972244968
253368074167153989974494805379247894767258473239872079484150769751
295779189462498228941443354766318534999935866735816547587919334399
055374684030421341677673719138787763199196732296496249795464965683
637625552014822103556764981580368568685280354399332067333940426466
515845699538819127965857013151637230359715150923290992721128883390
739006302685867430363816647501342790324246927344240284888799979004
006553798493377087465930105080710489414230368639030468268501636881
001835789337993296776977715162444328315053425671679088359924142075
044663393262272476704203597843328155782676510262432391884337791934
948859244730134105225075179840387790778127917713160173784851649315
163710385725417716945655316779332761549566436575685332252610232575
171309192229120378682110701068156893498219993518860514727897233089
561527552591128475292485254504622154442186574037511325911009383386
728340694002992249892638210919371194866181715127608165176557767272
614186021988349221312277590323974993962445647805866207744439351101
696538818414530236555591510863748325039265001455155916506078433338
531928173595815584583662145019537017088254897750347195468687290804
177816216202561629309983632840384019453818682156634241014279349905

486266359449944025094520091830255203972140847406917965956813016590
217325902095674596037189400736533494501830826153184673641980376393
253302862710458216060508616058717023420435493054056511364410929802
887601483110680044860370891442690504029783408476691810852542171156
255188894347569983843727694499414297085195590263655923859280302623
102690849759197164023288477313839043559795303019558472184323755258
206274166198289843830210629717829159215698433161110530188584117799
875074902145597259714470902256255602050157838361455881783792684538
353467107345306113924058204511567272096137391191069455851087120144
234887436845722590930388808282210338319881644903764406256507601245
480998750978298440984638103104118277226815721367324769569465904120
644820823374469559941628109862113508715735634744002288079602660774
573336401525093369196981304638350873760418436481532037750537306543
158444285774329722155830888165573252091447713853416718134438999897
277934959608455086969532432131343780888599514266804074165105930796
532523718464599992992942398322371975367998325528618523573264878710
093267957924149964951806878525791823147618723930629521598686937378
237290921419768030248423379312492120912941713892101467843972368739
307081660139152865149578661929929164439118903211626114809089660026
853303945856250873153359850263074848346906105447014249023054829299
661850894289015259478813384460260028009617289925714974777075894917
567289921149108269974117774850228458594809609046249459839157778081
170718003471302906301162028308205140384864141569628495368791235745
053793950827888189072862544907466221707783805120018809539386352510
234908914762718133723225259106605376421140523531926134201406350606
300187432845145934730553459704219947546975701929130541340893368859
424830027480627046640443575161167415276495155237022144876988626846
595805266660088846455496818011071009909364248889966982009757583460
573853788034470034204089604099479245743166938181538696062637155037
862845057054188450964696328962057056292348826251337925451036444853
080872538730944007350347981706460652347503789824110465974717481155
239890312363488745726348246274760957517438198528192919890889743292
656407594333165862841246724010235655690481117569753737086162435839
678751877009847840583691976503050929709154181824064011312900104279
320543904411739245556173621925120830998456641624805764707386059954
205257697741047330195414833615334240073481508862892579364150423402
253408493704434164662057026135885413312616712157351019987222442692
783799237163539075049774326854874338248930262067273633607793776075
367700462927382559310066025042069025358331972614728631742206538472
465520630618072151259282154759257828854706800082211190153120865951
225651470830249538010652748002866287127462213996458324577131012078
227598763520822289382690288319494077772543020190149164010198782913
990163247907191802436434625177010696153522120288789546337752002232
788315679671189938532933536593949903522938296260379087717906949906
119125422332681040549797248525959491095256230147834898201045071956
735116137525642503562293164462549940499533763935606957000818997615
661104639996968504159253857134825988136895394133983051248427298333
256580001030513153509680790996525737825476708965111939364287896837
275776845935078123417746292367046159317039902885813378987545460643
406593881863986652278567241854306304162097294686920039610154195508
035983774355888736941366897257468094724417601896962815706914230959
157670097594765584986670528924642208889780000051543895753363327777
780048638731058542396083548466980252413564183341290213942664070448
114213838095809621677599456910405908669812865187486504263380538768
215603218337307404430486358024169945134548245177238652032319352003
662291015738060744545025072911417045165082053002528350760305671802
176735610289235899758448668716021543775796514290099151441658535552

932583816382863657600898384374767972804092752500822022496907611955
017332562673284383738858246640398155943521281168905998147088079444
191830776585591804084943131425570892885292490987354315360737039483
562192855283379008927965446639112193655696471632750812596369829675
456851024862840308743355397966248219041742025273544284231772764873
707816328369163501082664202079728533408734892267083142585499141101
668403192792861404454428634822582245094365804777222659499237653291
515384749554204367363315762705735678725541454831075538771684911434
311272502004294746902048758570596687893397307873667114082913580284
627017952455906619170558647321703941461655344148026161983502248364
247934147172530412891534045064744165650827253312325107593688256197
051598562206270940238792736932735308414749363386465028182764873700
358561355235930913221343165812414043980308595800535246967078265215
553707022012926927272437490253543237886194196165495204872062313270
142581298949265471709614557028299558298867419571736741057610922022
553977805597734427686847839069647410872028277529928764215738289521
294800436150585533096116495906193682026407171960860674620556693298
771698523020618335929419702805145813146215349365031561472101845006
263794606002399121849082497417555068774270757804295808070943900407
287324744751598188023372941222331484650358615121522208178911307899
568774441071663365865024486083903810132989270744792294902280489683
540054540911703858573528426684606998888741032312047014616915777375
942379415881681124391095728796799194031264849829862167524251390830
132640076459710216683617362969723910161601199354977495578697924052
967290339315423916841415011608067266878009266768052142837066934937
284375792362567511043304698248705826533764318544358591576527547143
088579023160078598029502306197090331070249241089133246516459945577
089213257309984201050373015387514611360110091962764603374961379446
922186807855008948112724563398978174763599111751479053642604525866
534522359813087995745859244920132041250396245632898780738137300671
333300157557860858357780856082861897468967084432406545132530038447
083814543263528092742538473865467557768770921919443785539625679013
158885854197607848999708990363520503789891086036369955901923376354
046672384146217564665020973668463352392346791941626672407983689793
122757229499336289156376997788650186402026960957051472993199633682
591151266364470446006662126630512898784537320496995151413767279752
434564055111360444456057080143911857047055517380828658447363441412
698688749583234795306030080325938606946185192001064291936582184544
154569366810563204835715737646345390364262932667617533872525239038
564677518051386226191773247262404306459776034987060023582992308557
705109009374176574347234925033940769721939086394296353887953890077
489238368716607543794246899755050437085467481720159648083952043675
643020501074370556831323904259891299849991947824881904419674839413
571242337839610998535432090214777949407571597296529763943172014394
665151269249171071713269526252295912188571410124617980120101700337
302658543326626206918094267442765108741844001092060877272937892147
619390350365130044247570121077615324575337537932674660637337809050
695406417982166475130511404404117222449746758136566050205271280854
238156001609008083978426711133198566477464944202869834434134120205
540302167020706789905604381470527089684832528842036857290992582349
131466640387483751528090003152737813040965587638912530480414394322
207014094820762814904892695938758691553407192874709934425571090074
076351184654522450441951511598747693965918880011099298015445070417
102994652223872430556835135011849778075704748489870356856871949820
400522174723349473993497727469824109341518595267471104314180961315
816846810414730929063884650275846098810693358669297570052237061381
741560134129029593495009688952388721901383932506972941999660286924

622629318420511417694182206625429675259094629899878332898044983006
582213353792714063793641713130386694823112540118136356859144672825
755580045257706404884259578607778131736271913429901300054017344617
472151492455808177483422619153971816337186537933544621531637970367
060282567256627013533009155063594477720114792167066817991790170477
343647370337275320700697012052792363089659277054283852391066513689
293899265767083942549073583356027336210318857322857246443300343269
26111109939528714134243189141138308392118310370546891844208457461
777507258978602892293574951736711613084454357038572956618616380806
830622974681717187021800745946177295269847632946344320392973167044
645370183883276432188894740561360852201270428440837384688948541975
982154093057791543353898108770610107085601022866764357601000726749
700073397113126559212633142588378353777020764988860964646145703986
929558979619572599705560787632868538343556092291109751111543840059
984757735154807253901906067493015919320746932120514781905775850810
871423797515884535608859473347301130916228004279663590617009070084
950777073479786156964651581737342002984196849267138978915551519845
953669914886895675980818516350342114722084003012061996960062758479
518416994021128004227893568102093323053159963128592938985587121691
429987356420147261576442491834012038371579991995118578941269947519
832377801054246057648509907567962411263858013361900172365430560200
562847201023092566935675587681452921859823033689999528329072597865
246071453261777522336234596444761499281646629782274794231371875038
387420740071007156689387998214744302780843080105194017792276766653
269065825784501776936465630959781000757982856713995218900636907760
771625805942837052627643101261658481139121366804999141553748856584
409616047638058239389750453280843815747191198688172139612587750749
818324471845267388935465162389140126020703564823958601290322986038
245774690626460113261590258722912068424323509927391848460411497395
712964110078412699910983298553140680513453721661472575818105229558
809309758604044706407461552885097686347752037783651276976107989739
328315938589507114307809380655456458770954700403930135468703780803
863212340856820872581979852288339108082249389983939650922161926033
302555735080560627287827880489106739537611030952118379949643782756
868875833337071467228615996059105035802186359188728438954861781461
307711809108124908499631622788328465755942530520464121396892260883
743292735410371752618280291015326178949602481000370193418708022868
205097090079429884714424182187773768861843099810951590647162827639
710855739232366299543369517956672221617776145901220205021035647523
447654091913908169541515248422485992665864025102207427896073210875
763593502255936763960146221972429449685875680715070495591512163060
627112112147489087979762622845759965671927541321765027243282986873
623175711999387927322986125700598328733156978971662705909319732438
794657985417750533946094721998731780076716008206327846955952410960
248863270807526834723045488795067255861137014841542863332421274439
685755350150915471135077423476211781073221684164922782659200940617
589259055238051584905418035565457466264227832969866348660856717305
131101579037003704609187052817844553570948431848180000588203687460
311840948245631457630975980522140078822087503759652946110817044769
871467128780465285500802105046356816350779613241577274287679325546
354604364832185302674937990146703631390890118950746757210014971430
598121993512673187315236624596562910797970414806744210490101788887
887261270617678435745421233645298317410254996844673829770084188687
631047878303180932108086182998397284890065777065751653951537411567
904286097840645757874659646810824204777741142680858377161880557493
517357854556530046722245503694751148940571600444353023813572700661
888425561330275022591075185945693009423418819844949183555322524954

609776026057849839448713691287578486983393698394178016707891959247
335127280754594115094987114181426639827788836829694575221168575815
912098922270112183352565172936367621051932145004948140445912615327
459451006697953031422708546887391845817707290090378192697966247706
585908164916708046212513888700062931345870802880778924634728510971
040869237061458003159590935541567273326471335701973050993681863303
073416919477744045409248412075769458540688972034242180656273178897
101782330022881383030353347152105705768345809461933541177649998178
171646552127770177116749936063600424629195518765570888626055565459
333578225336007892478936520206793818083966374149942900186449247053
460893792649105889062174647568852477610239130630994309231488605391
389049826954837716137543862193794039609277191637559200612770437952
535183439342700726037376183383568538642646126005611698858934360040
58887276147816211107389661988522624011337894276219449124450520915
565217032119604906543673920413375195070026265821556514581869106925
011332498767162533806363036459610957091311398259770990380773298415
126534060016152134848287892526289435353590534938211246282063327378
870394866322265017931364783651490067651121214320586291954220145643
554300407045474345870123234223814773776360878549099119148357397723
103112281690277386316348735516399292176593575116018557216638140780
130962613880503904422655522276415968483995298420018665228263060575
946232734683844343402962736671789492433216439317725287773415081338
385853182185817256745106229851256358434372125380670846714651692367
965790403036522208800738599681438723603854470527078704964660357633
278591373682630015911138178692435824228101494387937081812728199615
119563107420225734289368182030327220968364380917860869709364474866
301850900740788083447564412034107786671707299718360464480693852092
838372196625798822505776417760778783803749834016208600260890715750
689080315245208780621186888403413023003730962213733207299288667016
614405756359109288763062635669350361903008975656656848860197239142
264480984704230631121915838138650616796296868227712562427285306849
409946459954049493167408769710890594124916616908686628026982932261
160440478149370830454885903530875453538880604490860883793660838911
041176682646711227887137483759245632157691880071025274168755164805
110797882265156946483346898874747071077067681812546150725053586929
824442128683024429084353958917028094287758170178130118255000187580
985891511712811803681333510936944673092077590986154382001162792751
499546241027036830511470858333698093637649277560523472276709318477
247530253376460162812992938900550523902526264800254984546270121626
353529575643215202222778242872461188269436589455812695555400747540
855734127125858402433534516217289009984331194409839882082711437144
439209759797859787676868940833259417097339335747964194379299638159
998163573302805024185862652508003867630115027790940578764150480421
255386937872106226418587771821455478413268536516829648066142452006
083984177306997782350786685172831425111924322045352305680360814646
536531361539675629674759966353698578880806222970365769276341533636
893568872194370103773952970964362817377965583710399695863923049408
795918369555339659079422528031261304179985684053833404088638304176
204084648957608525524057947338651633006582875507428339537403278824
368035420707277650899927371651020023632668155914897345691221331697
102040850338579600024909895438364087759780576422199087858999653794
089950555955437344280009261103070066846926296462609863374420905443
718529588201847267175125248638767707450171051792380846070013424766
647239219975538451981016397051485419675882856293441581476287627010
085377604997329539279110539486343985945813047621834505053416466258
244874752156047538835823429124892308480766651796693016420104677551
510351064107042908041918607209159768365379810185679250372508658114

9495394663355983258555156870665244633834366821902191653306738240 20
630512990746654796488731220130136817640290334543866785097007002369
367791025515142481688418705147278570587424877122386614774241774807
206682372847124127648006318918502112160006797043011622831201695279
226813260068657287931612192948192324325615493944784094893939385527
493843942726131517119199443701076180565894582083712166376364148369
988179742302155962392238131825670065112232260390556037504635973535
913428368195442937563318337371130556464719467372684891275343243157
237360389421588479569701290408767019187110350946987845763085124879
448688695106177415556360159691093285528674220123419164354764782653
034995563023316482734073650081827601507051683661391678262373833937
833129722342491273356193266356780150259434035590504017728405820183
692964589843146583563761703695644418759924821083933350364504161803
340849583010869561202233272443917201709839513342256017193103398791
871310389329311403423165985834734453121092956885878161678560563666
939604643271798915451420119927315128127626804090576754887898834122
405698296212396515937185820107210044425687770540957250167222187774
199239699742424548052508007003651772294986499015445827627842205454
236681256909000930922904684104628400055085367820839412438054749831
235566503163972667292103672021935794455804376702009827790201905035
677344403077045282287879426902320872463084029566008831024628976509
266216131696886680701451369244454072753326002088666025577523713540
158210904470956072117760677215722517386995526448281653924962917933
264624545569307017521057868831188639761543759181843490160750155518
194291214939314650934369590045434118215937035816748932184209235535
796164170970710266577459163474350305938521291757951909487896889365
699646366261155514221764701176091427636235413560144469873087108852
559401557702933307168065071768265890615153902280501687194706029899
966942891396516170048208580986702419163348746485156366605601880505
274050937710995639730830467828362975188216886626775577351054940008
852827265246421586600057407722840665694825813355725609743692591190
583410232952175787279807299238961768273980489549060588528596126909
498942603530302926581580788812103826958330327474605471748053286310
264149730959824399131579369073114451472512334249467338144789666069
844796105753759084310553203930577292020189606524270856590700226744
022102298415563365146673692213631619955273184795179743930272917536
976022597523229896679719920382541633115497231881323909486824721939
039073279232089220649021092086106215321529644275855956270680031474
536194530646673376185166884351400545795955163903609083185340241724
602647827855106535046721815686945020859001363203945542104889770169
032217552535272034390120254058953732598054682351907224679120255482
650001689498736048527209759670509429392994382675498790441922020428
184196544981294172220124164084071081140802392027387102776545344158
962040509452981039063143471483942989930925669944515808837644702772
497042815375414037338408762335600317217987356658812006770248005243
425841005727278167899187290110578348951632774543456246081735121350
454475591772322511664178703949210042257074284792319633455228580744
444758722836078505271378413001422940365878436113148116807611051501
023677658056457628270017870648722263131405972315285109426730487846
184572306519304517935539177936973596234338709254490089616428421491
462553760328849487249437698165304693594660832749250421271091886083
998017151547484032270727501159125309761398955466963901663635551605
373629702998153481926128422266101827746838613579906779088500590193
588554684486625003660046402785539129490563661837409485095690931493
661098151816531867451598763493611199087752530933827089914435731614
022030339425956165447171433234572398654059666288195957206912044919
166340306981069893777000439653274886204205578435506187953702538770

982556547757009449576405103079527915571639314933992680220881354902
511076977739926440581802714584578396166160333712849528647255912131
316557185647376301074673879556040089237947464711276090469647073902
877006324913881751873941690342538338203421367421769121390430477675
562488666006010297662031967039705230502198782473405752782275745393
253106459987729485872533921090192566064143294293544495521264347019
539436387073301403250253039727747254649946141998082398625459594752
858217905885983671587905633080732849912574518782316712483935076284
038264327094143767793136173600145071936802629465297139400546310134
648014991152646965212275422893544305027690258576645785264234741468
245755899737487004378064127073136114814795043676961184840791842653
102893076585739516506972046174435048381225891640983303268905726656
556349284862245569640497882318102127286851589752111420088100821937
046252730416347465516080241824099200592878222444964631842035349465
211538933872665670779649019743990334004716254142898470032128053011
201343400363273192662717166052942430738347594572760778909479711018
935570975653987826926666343769638676177677942714344350953625264104
094485738784292556594276332767419189054337255349114265978451083855
428587462536427528813820498550907779135925676189590580754962751343
872830632889427594437785501897001342370369901091765501706882081042
243343335185637859512921847044248779017294687781338858476585341849
456423084397523225458454187058505940923415499232605082389234879151
828313437540590350354503797624681709256571723280771799886210977954
953013288193725232292716959901861853759060850783049897918282128964
177582833430173174418775136699792133725228430924201156275955276291
856353826804573617148980502067270974018912654148275607504598910306
162202001235157727435564224043024840199861145306386948857967197335
018755083668499751423574254086609825384955990185462207574933520323
817048262670340380467067137462139170832671261276751556242297562318
947841478944679267545970980880872996835621910300339823743984551470
858634862537958293314287548036392953339141492590741065408948518850
674417072559827066722122697482852073068381726696865881700856756475
813391689540857446136834412738400727020590733569241515514554071203
848490388030363549776817471850354560854131973192078323525864648384
131870258857126907097828571293500807041740818094157949525550883384
543463899204073853873485889110502488280081694145138328652258382922
313147585385839327958225680041996956208418691229111425031177195566
784693411590109507864179929257235109151811555983605338877700903131
327190959913723647158175803572055522871156109415856387806326532060
588838719982625791732222366289517102403710177287568692753471734283
089162113604326102520914881178287036014531190746094338076684979712
402374718363711681940795842222462808333798202640954897411392157273
817167413697958479203768932307013352464746571319530386318245630291
018087399956749620090949318636916202701695373966243657153663039440
190242360129498179008973238246767391812102888094149804923315680285
921418687836002352705242911224862963444262945521602729740722147448
764558710648809422462101130141119032519539606049826134837638523408
621907509148001523199497085315169472703869850192862752202979144443
562449087994519224357820387517206218775443811741287385128671899199
262865905912462751982438042428995702324248681133170118618872077691
619621955159427188766855668834815143979606010888198382235698041695
263992520758168244737524404581153347600768030802756133218442017201
593380104645744953907886461189995505920864466731253821146343905461
976157645955876605476075035859650740021487748153384286783689462299
232225931122398726307288844829566666076138326344146372878608924485
456720630222764521374180704582884128686740987412656168592431619957
26023475792750458061442190607607543255561995814060136237518644141

143222810403385315682772942998710378694843080007686310299521065405
032952653124909512839160994962008637496895817239810901048657761216
831816968821519232383141111361692477760538988734834262435765912045
195257219112062592115928575213520731916591058858877870225876638275
018530083155918870373623281495210280919852284956613419232859494197
700605539992215684968838167391812752989384889959034400000881516285
725564673261947473350274286753817766598462577715612390044881775827
998185401216212248499991626995832221444685440642134639121486770364
045164902320300514532611661250781643950297866605926605262374316978
760012062174887894264003558375206177689236110197688499184297711302
676387941791539387770701165333001758240976658973675491295981937012
290104274427053412456979325188773699710095651477809265528561006786
143078920841451106105574114886086046734840864214862685829674587968
221628302225484437501913527950202026101441493596123756673706370698
260478311729640284145006336057007165011038684874873199136742003687
704593308501922674395127356037195671519912245766958248907086686056
227078267407482543288839909457631450100637537791065983576406635675
080181861396406757651236034036488783017113555084034551289607011520
864124983036510688860727330931442893584910305024876845540010085834
739382534129260129748331899411276575311559451640276725786431882406
018608562145460960775083555879338537372570950586332941286623322401
456490990819340673669979080307801990155450669872291184321376346335
066231712202853246844738703664118278889362003486585753903403431828
633949858420782888040649214276776153308954330165884947286870507324
720475550629544883714849352594381067877886252270329435253604199844
767083696447371729097286304795927936774868689756948414572544890488
701936689711911062585174873295577932255230300056739600120732354909
252977860372942236165664382500255899958852771181803726724058357876
330698825819819354282610466028454468736006402442350338344310835223
649026244620875134903321423394512265563349591012199311262520365048
053444816132441055557526547917463104550559285052507874959871123714
452362379975829008374452106684556864786847850179499769747647508550
443459581229516323849675061343151024052186051336531618507542585959
339128049634167557132127466266946880956417284775381369491901375758
512772544404156300740502150283114306250071390201298960312698371346
988811545870685015642458402435876568777210272239671238088048820990
142330171993366256444796008555295329317198236663133812048850526689
785870618454636902873730910042906010574339831498257800746166898054
709421847902302609166415401823386327183403421500421174988529535805
842295682260306512216740622643480947395474114207218318311734478457
664480312320164925617140900337626477086428992356522588837632221003
785501126160166349327655631119002107211236095356655470682416590306
756548340062884252949983058781875935376548313243958885227276250749
354022354123389757788832842444052989327522241998654234400302668832
781556756481356263745415340411564742460051709429218222731441381496
394041176657577377250108786207748842968584956063458728062874317884
979933856173144257956006254382515985514530229351641760606994859352
637081287869290462785459193061810853935910213280100916511039112108
128001573196088248443656655196485227600730223886506374828243075383
750877384969265277633984211645583077745313963423813053331981929582
891473386612695394497316725667241534603460999708484106268393735982
125308895521803548642311994969172897151929289794444670238007164934
813124424599879033937231347324586687210696558058479932804332926306
039936655556400374529494421230448095573322885458279941076204611199
152242828455003457104545393131017682252748741052792716813397429501
166618127663001029888563284240465658085431819050154985535351515705
314820805566212432853357527691291249663329658496690922725196860002

751977895821887362023551584031193888826455856523470284526677556236
637750954479906781920011493859349170159522681233449038887528236704
296630835867686785000132149573595136469365367555114035990407772861
913124936222725604314527721679919158872761312596425960497009290465
355190143975155677551315616208350720267839728545463692545632415902
858725872715718510879991812076665635383473741597707148636776029922
729594047292575545679835496906936142841057649820373386444525243917
394310124491128179813052926217268230970609646016928694453431004893
328674167729086830679197445415436147294796202140655182324312626411
537648780770600574527433207096526536230261196418272651375792724995
613674128791182321785174623406555580956841441222771222715573580733
712850285556458913623453940225529260073462509914853880658749015864
743928791012433893273712525118427026373321910358307231861499322648
857605268256581418713845628528022188620076962676478925307083793607
585334052211092978378396606292931192046139810647664955648166053552
687133516826987466489598738914790064346289221826808831626073884291
951862499052298653988021283900070110882556020771705921847955982461
286629043449303538347468796534462226805529616613564169971517395946
974973869472223608115479619706804090128577944715903839482253094672
822732427749062279281192860618926284631402992356579963824833035565
442997895865209904786514956861466814047145007335948031313658485495
656306380865177939513201358251722795771893241303624462095851642788
419951680920010306326369299494222453864865398727691237013052995630
580539446805246955098912143243198184862828340428102867133606074802
306809803741524901543920000930707036896756755238592938197913483494
374956216362332648800419037836905915471887405877339535524211203332
904625538035656243285634537063204304929323966637755719732972839332
655857664937425923654756079891976982254271699061830530651234371605
914513116807571635550357527711529160784923762332236922863786213377
607083746740110512523380609950924231166459199657582349133411473454
485555839916670988209545436108263242798043555068446193412387800752
287032101164115018576233302147400573159254029107601915832655055190
474918997046821238176555950166889123030275007880565075800490313468
421759096064432249038368512875070906805263289453782747091361038137
306717040775263231693602917482707228826477725159569991857102591569
042173636460520317684455742840126932942743851495152601370118194296
546188512373619599279092646621239612960998024369230429945769290525
398781922535646892047486171413895513330876561258375201313419237018
929205521797245754163563429109684882374385144965310713627635237095
174114709050375115859137506437020190584451437525104375371696833318
241056721768169415403079743536103604457327070796116001430052927942
123350643445568376680004304662026189402108510853502703712017928323
298931720462917891832884592791382935066270311103281203365357199178
896502270140060284635867342633484038138150494636077936567471656264
076108041957819840810006143491309220744592482237262320768905787764
897702170118871922624134924725451763530786341300835263748451550565
256256298609311598337141139086354984924997747118178063357988669850
653745661280509301853744843801564603532781571612001225448254058324
764372763251063618008054732049289641158176234851165972958945087514
490520995630502893912679083957717541231467018120076263603686040275
900140582867511769362349760072254885708820418299321766405058326458
870862673799599409099472293648711363869872896176047232335275288766
863689911257258787809665328887801512962362505275959972331205098857
873302784376174741128507557314607344373163429080260986655774941178
202937028533932398249259514986039290084586817840590015028298401484
364525816364281246816100776085194846377296986127802434099477462884
333032198343588658393980208595105426387264390736932699283714826847

038891556295726903619753742291597180571959274993155576564178557375
050796131189346337710161877743060998218542432138246729683582074590
444007138611965021707242202473176802162761755695044339406399069569
983020354428487695983729298215726063862796462791134299251297049046
490581663768584956771677257154543164491918867879257077333890849933
820028621708115451959720416198895919219631690603821580910212868902
302481039346861067731813895299658907886429755989984912792301338704
722161197016902816296766137262946291329454830980042137901231184862
806452954949281557193443449549187339191713874840908489425848487298
549425322664452447761239914706668127875667867843710595263157745652
520227275101646562522479227955239594213716674858872766594509556324
900089707425062026827012771765417778124175950177904075880629440896
519663746774486577456496138692833298928811201843078742454322657355
532657821219594599947458160281502760627189400321473917834460738277
591192022109689807967596230612290375827636060211633721723412436764
622230723258360192166756433293599703307020558918408741146648516590
344423249636563268130203553819969048524107388344445056203613770542
638473872125460623698286819279668007222892527170632349634862013085
458004901203539527898424602083323064679157663196587933293421567843
805202155729853911070238127428734596925641776662918474262283158822
615599823074468596666953380693915042387813542195262221946513553482
057192723973072835471547682267956593004961113373435364094461832849
594221726439657297611544686409121827639030663664057680426273776726
391036675778937166677911183096326737345492170384741098421819299328
704022941342777080240715827045297953343317077004245130472428489257
599418292795695899632279079648261437438846707206319365072880124209
440267653017795298146865057444993201892531696614082010333473474572
331729177700234991060404400962208814605750525116568139102153454930
068003744009033678776149280459191031457341279751252571841754736722
012289665929536240453397082714629374872493999258014506258610994192
080862968446946103257409232053229826413024608800147291345607506957
307739762802941553848272739747296431915757260749488193484934196873
136231480431626783738357023779317547706864219856345105434688530369
690362175580789960840752977556656353110240774979853956930282840795
091560944301420125795422760432123017166635513929351588628284103858
901991344336498298982943764428180926969507902993684162287640229201
599556269062204566513613767740862011534001424398979641612621816849
040768659762966636682736084619360770115057523747986789370010095162
037253426190468565381881883271364770814293007009561737486702229772
250286646636017385968766807806385831387994902400609949739053856510
638935899107943370843886407833655447858815986183849474308997888823
296597524502663351362959204367597533928600849621741804663032124153
088533121085949838444762449604147425498127295449822324654099093851
767460485181616346093082293838943458596428435707144197594664204938
387461999533948067569133145079975086587854349989050651164037206786
000312743309003471900680728419499794541891507788478024513030998888
847164677849181204491191272375797308356210394933409624167018516105
817607404773895892585594319917219684762256380432613997298045171162
319177341193009793810005888699934733041126291517685499466071023233
475203912070001314259747241782833043149488389292301458490722253169
853589197398699264036949845738980397931421851789925170317327241158
866963820178869354678141481883659986133700875287721760338322511392
809036292513307854281844759527205109793298967379529343895540829680
458454880268979728716812176120459960204832991383811312865406462139
972254019848803748586052689219906877540929148607511667164780288958
209929046218971090939812181151552992749926636633652397724560470307
541311759637017114249089476670741616204229775287479311552933667262

457648212689637449098146859126709194821170057023703920962683730366
548527217160897789428370771688476094226160707546522809720519699545
722731403535501070447232716700850264148810480190824582235846326137
968575934514049404901681330719981473452399430532836091711876426756
828920487508680417721771898733669958675477100209909219183246379862
847778261410893797483517788679010805909285662951394705770116818212
901547169337933660367338850586782372589538605170312918423109041129
090245936954031915712966511750361562645286959738689249163726973081
378948202563974300998041228670569404392206376069614827651547431300
982897304212816150873659129591209214643488300596885878739031236709
782130150055082260590421962291437192877664166499541229031550816557
584873441534444883789906991636548974510191912173876031953161298958
177122343143345831259480456056035140793922909947609422519914893586
815806839797919263454270623351676340140048916424664510462802466370
510764228275502370033465676855446519875212834041108168876146384690
248343360159351017065883976264494724955786960820915059068051707034
816575607201822980104704726079707983999010195850917740484204453184
993595881292111246073523569637364508465460489482040392062905243492
818545322269127448812828459158465502612881276210782663676909472157
102670633255045954233129008863522122053892685046143294035569543854
076881988643946033057302776529548451070780301107083687212942137934
578024936620072911903876251326129726112117639086534702236502640593
141079083914976347682976334704380316361295056769907031204622031587
779769901572744451792155558067701708193445729741107130012699684530
998999362390559668503090288571489248542725965655599374036836340778
028687385473803258051888022696196937305280686649390676148681433788
168726713905190126309289321560259277540188728311235716476448927582
106932360066911640646327955901591985338462954360870938491544043787
953368105858383397841412366142575806745488790631318005966990753354
904100991515678129852892154721973228093831205228062118377709932460
448070891195036403535512639553017969102525788145403421499694828053
494480834387389499446950628126456362300508186365180559703065665818
778592713505517363237671668552159613593544273882463832796194302192
545579523050244465052323615239711558527516465428398484324859088541
530322348532363156908925850958248992924057511672197685458747093520
372858445268053136263159364670344007691856443151467772873914467685
778560911376333635494802158149634238874342885860482536785160712137
109793117047031356001163668358019569988185926634078290824296710009
650262343767450733953847307361298266422092273613639597367825201360
727878812438930878316254289529337974787488597852774386270224438809
034759647298491200714320072355947134882438331346042912914702900428
058812898812769075863076219639397867804380983981285369069446118601
643824108954422658803945107100339382208516666071670083114575541795
729045253043947353359181698537397838785059360864341641385723595423
278980437636731900914680652900512196523707757048200326126536851943
559331448045208133058610232484905922191238011974924881073477670309
323705646712704539500710884827842076598681939320823802014424313928
940795861006365271215761235280626664663483510343874777720510555587
781511729148825540554750732124170870656535655224489907705208139867
738297225175199112334665353373182766991445444457100640276579552095
787271781587173180450260449683425271845053590505086545033945541447
884634833032555064653828200792339827144154093282245042535830190389
199788012711892736504005370821108186162631736155820471854678272533
977975164724738980802658228431920849071762914963957409534139835769
878700152850582180519588547309028411218207261261642974770598348713
697343934300712147462887622621768509945948020970171407047458344340
287492257214778163764153178353203894024883310207111945996334097779

583674103982188086100588432322898381891978666491068698007878623844
300836084820622695707935519582367243209612145052391427631642610859
382009152994593071643598115097444713996107467279630062549460064356
907613550480803955522523467839322992340368967732949377813064877909
822243209583722098770625339626946125857872182191830274846233011618
928368491927878024703045068401334701316929236545972612736096291259
035091993171833621255215974448959290125390387293111427835054404953
488854813504961826334806145102414098826324670257462336579584882611
662108527886146848556142359675944598443146434460231439484863420223
171275542897538784432353270814323985670428529827957672303197477801
484428958469352239074319838871946563101903934295735663169242449379
771517439392755688573323869047144055380869182715888085916160519199
860625743411011989894905256671438929055056921463711451269592211084
984599534658367434784307059073116725716653595118883926342547243183
478848270357394382947661609492895295630237495775635904540376776198
918740867661628875668738681096325132180718199354544120446896316889
641863787964817408206201992558318733023149910351925300869996893099
815288909656031686961857169438872208269746460857285311355981741517
527810310923303467629401845463870264619137465800792996805074957649
581320583404124852031772418447748168023756970689295571344996022148
181582170889319196640428364089131552763615836911552969028146138317
907664658783851092764425475477575198586884455416508139289413578608
340398169110223395766088887402665731462182344010687048869214929411
288653134487008963527366948968621951276605592721422866064306385083
322274328547999547282077246997824776615414524344118410767454745079
201002487095742847246272090731020268001957664283002928949125071511
210249624216534009432919439232311183384659478390081440160932629624
307142750452495078275371057717470951368881100265521155808096914190
251238498866517102804438493943589231202100018028299138900818850456
044643240070848341112204453357102985509402254411307575038708551169
219367154213403451051584856383010867687689027538509882134953232299
439970922772842049231219358071733180545086579329586898303116853582
778640393346299264876214879050213213585502653539512433828813142139
179720487335443726237229312076410640361125247982870935979557235843
645967761994461101330271017593899087949209625170468451457246237274
972239206360854581268159324966385259138463354267944404846994044816
736850859973506475740869167131317400944315431733963787370838892556
929179392458016024385936301010943470196475384066031305964762694696
103909695829327193268976291576789352691443539719504446518005687731
832940817926207360858478813341064366145843745124679897661625069690
737586985917996085537156684328408129047413470701599440981192474196
863362445880286969230087404563509404599768350061763733482348622909
999093456043897679173427187529508829727009468132095224542929106923
304756809987451937069669963992146549096051901018035815259256295117
888165576004085797229114124374416373738864493025525390400038538226
076264669311455007752142493933620369761322460900462349473565406901
642980441966573331060153189350898416563717481529828067645092184799
205728823531714945895976602749306742980340569351819930018898671290
751739328649562411861764026595728646651352791784493179662783497525
176349399041613630742370982291423202444763417962023601154697354989
657785812777447025325425530857028219376120212123079519756192480742
172216432423739322139156622282368453677853397394695304325395228165
9150210421118398082957297892283864244422740834622913535558525210457
011376922409778477310799119888363443862195223309625830773802099350
539596833838881849715724752620194814849244805263875441820410215118
475291926047353305151349034872565353004285589033075901351850201018
225299750051260012335145687970157884779494736209745719019243680565

5685215347068344315909649318442500339180979615729081685959139201 47
8360314141966912498658767940982777777703070045617185730022115294 88
4459424552432238286255923120999719849354623870408331458026310204 41
7153351745517145465981199580868353060896898952774091744064409721 47
7113150831382869266451606433116393264385514082436603231095637769 89
2697840134959354570976561766121031538317015873558818459059491641 43
3683477285513258057583565660095217499410399022970658594899778737 97
4701228944232298617939711400973102005150030391314063049873741647 07
5835255664277232050945693510208391520659617161921936001193909759 86
2769045997801425539021675207661680486367305717689232443702687876 04
3085994821036565185512146702158512721086437090705032282735261233 24
7195909208619943276173460632412877524849009425375857821420229802 87
2767586055101615505030476260898026692996319653431877550809913475 65
7973772453973358494548648104553573094803613086369840600242501916 28
3246194917716834907986272553063166341062724689359232922411782243 79
0076275719532871738397488710565405773075645322392280922594866215 08
4428655476891638517270605423917430166501278348403740146553058369 36
2302830540806956022199815099779697429971565947691944681534207432 43
2244939654931713487976488884778678438200013496260972200504688869 18
9233838268844914138351675727691745461231623068779241452778926148 46
2517973970783148634137246928909439701682961808407821199271345371 03
4116664098885548979745924809780835103866791945241429848215478948 52
3325122754634751136542891094659640355024639274498619566515185752 94
0884371245371857290652401977143547154983680466423756038313381363 31
5253961657075032965101336985442206853874257171416188962599891509 03
9892879113960899232809497227350074997196141938910779089217538706 69
1827387683868536568004388124224260234842180322377919098962868321 85
4856466869149165437989425907078048343429786247210714137597935753 65
2895908359085817588542341143546898915171263577833884971000941213 85
0687299741580990430193219623397429231406023927257575286907212735 84
3606081741238432079451901992698911995322368010717983832517862481 83
5454965375080339046541742703585957757725208166135988913249716595 90
7843767801836506161731954897947984034172558236238594873503750591 65
0372440200243835083346065358839635813779752089962760108908804103 17
1634525485852364016060261789283731159729324578662577953620482058 73
1346967495822177622205952474449917547122110895111583531428187162 93
5693384637511598314261968939854791540895814712470655005057430180 99
2828369112925131016700465976204359327239145769373077596173481356 23
7941702762666268607358941329681402445544617946292299678965543515 37
2809750900612751682996823231065110630022712905928947475079047794 50
6614108092055527799080613613010559386479665603617635217980693371 96
2343873285987657467105797786261639221794918953777435750622355994 58
8385094397945293724710756512533537251510653258834709268307848064 61
3881981570588291352353508579564645093542840235816292646762692371 80
2434363377038739254150753670269546747599013839740194228367893107 40
1427395094352831078473643426314317219650614448342043871079119595 60
0739769190242715668419161964653027713190469653969018229316282056 96
6469536815450594481647304081428110645594264559351534697816893214 13
4239818632329081742520752600983469675160689349723355388788914780 32
5092540494083637633919931492037699880872408661207099266314608609 72
2312899269174169171490075673933547118059608334017278743909891174 37
7901599262084919103192372333878227647702948545039119130603759302 44
9640626148971970431860557354664734775159854002593187809928155034 61
6556387740108086363556509089003305160262593753667433708849611630 72
3315425111378102824639557963049238476002063112811319459339727338 59
4147811889652144172666122977551980860776696879306532465091486736 11
3060983263287931526836961817587492749258308027380219474568548177 74

1802621687618887165217953886819441484163202394784461473058012967031399492516776054605019829369865984647306881155146880397544756302151985842890878380035364606160753671551318940059733662004768519769118439143647948551989321065019808997924626451281170874014430906394828798153673353045179647433383852897115091800481363498520599209822605891959096866659240097191837138039121940986111070818118588567053562953820542827744031876285010917426928907152546323329667573124753353140334509075760762301150650438271292592269262353590968705133529088251944263806406189846928939117277536847416251079994110622877345428419193745199893099639213045028573944766175757803219461404000907327013247258750349160505655973416182422270341044197932610373424676503283815829015412496143324958480737723939124787078860852516569907763988114949366759862616640386923786457435152204404582749861732619367544803088309567394268533449578193082043275468562406195294820561953751459427886356361490266004097148418876518358314945117828952200941984298436475883602368017411593108878810438601407058564000026159045531753738328190139416039397918742212734703415947699297229924555442958586317027213352212247963345163433639303658323904797759327884361981085607358791053859810969206464925148742393128956152711402311481033146239284560697681244830631905136129798987966355492932185502479357740974918373008632058710633202306947497886787445026586881232554913392083796430136572941294950337362279698063714456013490486873385530362450575062968704791407965091494091744813535704375529385959467794325782450002667525084426534806319885784958831190183617573601207309726561805034931355883752034042350590928646715246391062074382197049776718418702601481627959210570281550589640971938534806230283414868376880574320885729376918242412977761170626523085843766288680996901667537106643136331180874404469822791823908353042859596370594903128921237262100205683707578219484021742336899179709095462520814486667589028006233927665978870156119262916993120927798856475795502082509854366546463951314396081894794417057852836255527117211684108257318462144426837539378848098449472266231170609983156671438906953034657676733924584526793185678576312976557939559440222399070713502633902599506833170847347712421619939130468385951961837507355007740489758370538602527770742510722250438677910983306149895934336870415322519539479066271142726362333726678684572651439443028728757160918626080834022985230353575491523061567125217335018381019982131607525517510124783782074528593679319308172349591830763974435741130462297172270364181624332632117654112592784347877267782785491001156709529283435316208447651388131246690172672312972230275539398881337760570506370277466729343478487120509848872901443058408887655987348339591943421481355005791001846313344467137204097920557218824430385552981647920793592751706304865993607282383400720622715263596466090558779507959482032835120677391396973218161115525057875593473908672697113107960467339614983396406867597381780635416358355758546547494374205118488183657487454920596345837805538624107445966206077823398791824598418017138980534326437892999387389363127949066573626666327286278359920453092037102533316321591819068147018981738594277680808791097901113261860235846671958200794304744436779150541939784295093398144576633140836909468634081164898051279355206786575337041148641929751811825434117188767164900235200913490675774173242085514136282993798684985130451243699632853872767777530665285637342991616900705218619471042291836371010670367137853103446085604672283511098288290087022958858316513281144937051619676074515260135850467451987280968992264456060625721575458698238909770519797235997203154658334068235573623929918418440684662383330749486606359631717267436350658296149634784381456919547100299845364874227261811364319234871604631530286521734962

5086672763223250672744500572488740916158522236258781787684332423641
717725566524190059163709661520572141029669859610505868801035415999
715006758398126483170244965968970225301120113128650218649253236097
443207303472966666575782055597769150725979555741146848074319513234
691333359177996817133949492636890961941987321308473902713526759886
805346741607236278436055570068716533332246314784338189691636502747
937715741423739094064388208688613128578339744441012432442599891792
579539467224834727197711582416292478570699352570008805833165226645
254389204988012555539074604294097811409823334969168600704009893140
274711558983268986309198900322103818997796878469933312670173257987
517516772763866040033183461776971636799874328198163655770804768240
489402961890830180259113109037276945464517133760527983318001771440
054467578972726873005503347049419047784557548214896174358034754867
248223747442504329756683789032613752282345663451161975962154849483
120844752436896056650130320704370775660121401124182886783635915534
093657409276878486954134814260701432738673072310546816547829178407
848504148629252437833414921450444881978032991795074360134571108790
308514800942024708304393377271878723723624296205301723136459074212
245309078169150053814677660817638702550220593255069183597111986113
508637356626184277781159668245575595606839172212601432467961844116
854155245484716624940961549435540175661979537227672774287484603614
346123495144138513918291921714093093896326086945500387176624939231
277609803787514168243695380216900937169379509466883047083996807894
487381387843272834945472297290373857477483587677094706786967403393
274527646845449196949484311486798622174683121794962985567005058838
564886273765792637370759351500120851000690998661594348510868038070
831590329054529428417646769261838553748593679523141575321459423892
033934786254640890593101468094113600215322288818279640366989292508
432287097938685882102123372303539747983314734812743384023919305714
179560839593229977802046801036019943351746320961235468666010088028
873844858864871469878838843926327403806051737545769506955900364870
690605703655643724223286649615289501957722107109324148371809457508
435353308199838113842240971114346766776115499253112045046642774483
291256324319005733368008428357058131337710518528962742849576283202
815347646262350114325889319350094089422570988193565517725295978397
343674942917336870599537495373094885237654819724100280514696590602
619849193488097745642591937419456484612794538647195637823650507466
661108120136890914280272346783093472013811657611478869749955748873
252147982001832901866979469431690938137255081190021427750475494121
423244763677919311594975981588754316887909752647468136699105942531
107687041440335453908900410105337207801261286470730994954070198168
283180350685123597282965034206593831547855573149609749709461054003
399445830428351631735355107901123406597846972864170085160728828654
849449274606578351855236776410117562946884945065135019356147298968
214599248791524130759662844391497492273142701099841969292775271025
360312191041682859810083133460587277764157635563587256762577883283
439065449852828946828704368457139650907890423427169668880846128243
956717717532114019384897498450835186373247505750029452535871509544
100578342896740808308301448957441418179686824883962781009903332109
190265971433220565909495053546551738166824279589224863733912973356
910021146088247561121203336570383401282181480344559809196598994288
439733427531030691028196828618615795488126807837581413003437974091
424606769098406609911359486568501719589515268012925042501463366750
932153967687317776035010658244862798964086984071566617597647124879
911462913379771727203441609433894521165268691807537523619456604086
179864031653595248235645677765900456471123141563875276965015245988
347659073505992575985890423989426120101892021650165250621058642072

350730831581391540128058609269973848043952697329136442383738758252
975269493142363036481743930090698769747426100076122172384156842479
678822235071773523692996252523838907899993937156927959853152964188
398505751554206184231433229080578044792730700050330671377720655741
836730702285521669950226938112786302914387992115764761461895153750
119026775732147466892840701778609721251259706707932716580342670204
583663725546775782670491275111050452876825269020754936452680880416
951202322433184317155813056287615334803988290383261345689450798785
131493435885140534093336158449250498503335344896793721312223443516
103208387245466905646271058124600886263072511865713172613354294760
538228176950380501996933646180760030854082101878812930337168595091
644275453375780426449135846791772745955806784882871105230079514507
920321220034829531103956459375111455072479519923239155569887194062
717908856195752885568063563170239044601777535223361767177656065693
756193619362595700684922484382891442879977842801025159717952482817
934205022994369733988831278689438088369498972039963180689613004578
499947471605893533828598369075887543158127479461173471760372228648
947130170439398513610970124821835213866618782132376616440663254186
729754836265525098194052773582030746905418434768121264640700240591
465383256435999289801818378015569111506399256148995220185249835316
390390607438832642042794271905850615003469431967160639362712716136
989366068847181532504266096516467058976584294383404133448998170350
958524507037625086897853033601517729745230087711998093820218200283
224819687652317962750315011120893588807556086360668652272562025155
204603549818864166563966539983497550250044351737807810891197100700
185450607911214080043502990976533737064370772337957896457954449189
868661093072923373377995637102815384031323992916928875488858364585
513362810313037597446599763246144388271779122376408799618434800168
246368288924368859049779160034015879370396288124137009003347518383
178223493197255376795918146325669303732311755211865220261680164586
533147919032005561523312037658471762268306954945993509912185835299
271701866246619554265055579169220899220937416063345966282865027706
133383785265940526441183010165255978125288906246057525082522471537
549396538923884329723498887218816835844706100377479756523757990019
736393206053268644021743293720932058884076565124647946918222231283
734999162171528404168463843656625319072215916463159085985632645653
821980535360101903472295907771081796392001692044443233763567811667
984413230300356669641803400850527583039715215309498065199480776343
718582346703571375219012623959720235366692506079971412866623285813
110300182669698698236405620197965237829190217070596537031174753903
268130078684500867436454988670231731081126462755021988128173095236
218211546060701287306650195455515036656659229317392643019494284811
383092477055594739712381421274460760696233217270594150713886891920
959901890370634175504994767593127533737609811856997178913237214852
658499025356718063193153373840208318944010735872823139644749086872
274442521484351796727856788573478207005475006215778724374695067690
233241968078869746222850601143261802787427447425821382694394086602
436411347101351157097941023767356352567234624158660847050529619579
325015208545691231923285254012202989727949116734741352737945214451
484328510367096134964256687197878617093890079021446025466127854216
995254171355478595825126732690124746277689875034981324260214187331
411169187585717644552778692208946814485820993862641065187020293290
533186367608740175587804268252826969011489759156845363237064165749
986001849620446282360368421350496805774944803613487713095837219673
314898126883417020695380219191985100086598911709157381841838615181
712998387772009467756175258520740962795827193352189405040644881129
456161953393278212881720054268759489533145783557492004857625375068

309785433489537497532576895405471932627091772036408894467127907974
095830091284204357704884054408356621724589944963129359240436035913
355496397363633163728610022556758904216951605526630510794942256918
548202245722572079795172277326419550722579692721685905218628473828
359226531148668862791533156835121813707088369302072597783113253188
649473703551055046677480309052393540648658710566048891226600799480
399149580308117440898199398340385383421509802115461693035855668625
589248049454439523959372931391111627735673531947995637195437443144
200247401245957686481687087717975414122803394275362407605979384904
735708535794722063596018023282925210448696282218816240261892567084
925052745929925220438218825895021344328172883612192709566056059484
404067033388610338586878753031042042040568813889938479578131287680
983263671105567741565420236664409766808154652044264516131713542492
241493088397327498026439566212533379400552989836219604615828359306
964832181150008190967352768990569948319719417698422132293738233937
211548342529190865550974116065193280979563056053478388950682528114
360997646682823393874841471939608899080383490762602594307447976737
071051702488208144548532122456444681673416532262342619055983149920
006092631526920678309549023428988838821526131068197401371957873879
734470295029043544086904068675991743762662223946046443498655673649
141541157440664028641699644733261799539660452142879179739077054286
215250548189129033267769530091038453245205324654194004136473254811
460661581881867990681705414030195492007132239772209550276731147174
267311105344811387495700163677220871509057043833004310158164600248
543330650069985693298328323954592053026102109782950889039463098645
696631259191874253388746597252686493076183409810940024308757029623
926399208813839199459140878344856734121765356007301111666681302543
588829594223967244361576764802740763750657142900193412719368341177
108074199308838731885759725805352608217936733206705359049015937804
876474348648387186601152061511919452266182513202278229883188306164
953410122149089701672493745603676666116811366356736112759995475436
456578864714770635215943803385501118277427811933695009349415187867
971154265494580438059500464302098551260553271598091760541104013177
007377906733178746544333206033317633276441653016999388157768794279
976658482097636321868406143700318516036743893683951815183806870601
292380504103970937013353275407048164410210803232334120297294537283
903703913120265145332771719631143203487950180294781391541671122546
826020663848273235888914692377380285182026358946917429806068826417
706487362048827304947722276087456194106492356912944970559887731305
487387163928907281858892624323165028584098864301500121947127764941
363103367301489878572179052835685307451716683762526987431280334072
871201423228886512700758316580058267965999952281418562167606140863
359418484062838153882077027722223830592678252397728962906072904764
945075485922505119261757307770058298985299959184730112300780119372
658949549431376486670784062295984815281620856386485679713104611381
488123166184161795976237206018038071461314291055007442170556726291
215549193140575807302741316998943623605952245074230397116217164945
033827871823917213832806613160244165641357236975859155316736782711
368636926673938874657176848442870765543744025862307044122889424843
382134420252316883168199071799981048074149036011847093320907379892
685141437390962505158850336180348057369625361223820307584006255968
953151283087926222099331578021490241828322278905410515030826477623
677216198167062597738307728127864152709112741041382893441746192215
343148834356007502960183506993045377700718166001491716561761930320
571310180758755112216844896947841778979290722696782472259954683978
166420778862933606629926754833763526348235705661662233069049931047
764600407747957903695453270777798624858272168266752283572442028542

二的平方根的前百万位数字

925176968991248392574462892159719321824380047324071509107225599135
0732354892422179149498427265135743713892013222321944363883697878 42
581184486531810135359986743720898877039922342888605536831598782745
663342600060527852849678972526392974952005996252456799866909835746
361108067222176228118076919206252648690136415328883449756442534127
967768305773546443844171060884108441410379124720260654512279145765
878485670127466835259047952537814324521686583109133661391025558286
277239846109521509239743007268516357244557738311092778510640173859
591975715669756936823800393043495643369826186041199979825744224797
213206299238258693893205116311383590272239781856293080945639812418
072366115753571765771750915258628642449923988908451591960926233268
041540202849914033529379948866129905848379899745321982807748539649
983709001189757836329221569910065135225164777792684573593276827610
527710812619305065415546204242788526143461195900247532195892412870
948439624366773040782829042950979803366980199661862491022715249014
764834740909139305578551793371050884199913505557649168818312162668 4
989496190484005039433180122988168778202001444929999014034822801007
650917661050036551885174643858805230029184080112294431785282276241
408360363573365136170788479211415621243555136911126874902092192949
946122740478289839323850877528292534514715165653763355564763992622
977447565619285025378325947342182517307460588495425327335034876035
623574197164892871939912417875101760146059302582569114268293510399
289620117494651034552669370946082600721953629679247304173351149017
826405234920691693488656077272717321458117956590402927706023192373
539548257865928864628843485285268253488737506097269589349345870441
010628863169036189454430684276987265151672812203818123360018740463
991314217107541355432293841072969963218087871775197309386663276061
854308189025596068679309635920440693285453596654725391711933154388
093864091888381364001602241517816058591590858203539387803382962008
214095868156703171131398628751485021936911870618271275410173323555
765783056907116752418142085847482239818517986054041890461218875262
875969424507868435159585420511415402155032972364053696851382474958
272200579413252055188843479051708672450277259085077602688049592613
470742753859783003757742153332466163693146812507093761796527005877
700992952606876662817164091207160929333088153876394307528897793548
006209454580722251079156766034435158452475604370208396637254837179
362732810682860828917094234144540922811094955746198789087549897373
580773575160574441968939726029135186642217894480793273891829162452
850073791032180272457137842772979990906813060532284146009900776982
261479285147844996815767905092904902518037546080633012624107982680
367900215366565252237358249396826200850776531863214813557060146490
877558550143228348970285583766997779647939290602757065690019263992
629523418240465414655118864079120644642133237970866031724495084442
786825978453544731453075164582719785328342581584193429805310298248
838279992858904391002987811706653883327867798136547502704135599993
330246261908110493918624488431996867657835720100589712635101009135
102376209988836426503163906995762757322424853885490024202145883253
006534680443779333601832870749216132993888400861186195546433428316
080696943967124913309819269238749377903347230979800053618584852830
251476386694915207455575743895313634403036476079589862790854821583
247276221166519228389752622455185916297232380887456938367949566661
418085653781050731923016749558301487700411321137041324715954646454
801602668610836035818675407632789504750840652510467638346858596138
181315314294827384254498721060448651202908872525751811499313482564
340523594454759127703088011207479834059984371936315508711779844914
253393936242544354649822852131465679395144481043266751969278320276
902316890565183002021921611562730305318044269647852290119995273401

760922282576431383895507787737028707044986788962637552377371746708
214121882256457360234115131319685669424597551113103803639688207027
020059215326006751952348578877089066020299322599796081977456149576
246920599061253264129937964305441138602547587046153970927914363246
231732613669437865493649580742516219022588712996396721320351605517
119414141717110642131269462774271891165640547127919491059388341376
154304013813170346121744354226391457774762707226595075210567446711
136152393181713277403347750784960407474058604330741113454145980264
093082096887711551056952267727980894471940678585589932736732531407
057776573530178233278173470841509637524925074294025600649477725342
334115624558413553279777257702173194684120152478666161422865546961
368346147006316544427156673697482791910420988227524140343410014162
834149124023888406883543634013280852014026556633174153819036687401
039005916322394590345138868020892075292660094838716377934465573466
872439766134738285752209251563717200820716669555789525960503518737
818293035394077344917516701624215270942117672324738550617457502503
114980560223810999489523564471981291893579075710465768873114531252
211914965894900529545905156757014520794923429133942006513499514380
451072347477300601196993067779067768241072718112790989683845267507
794223432720711533613422394998779916835750955696876987508328964227
218526545920275734334622918866869393855679454583866531869143507797
458830851816055666361789954391939765308829860726400664329996603080
380172286389032861993435157085527599954257645675566812562783851992
472095862670172575290642307876645234572644428451819267932599369774
697016959518386334776531347469471771981152704600228428578208368039
461906762870923912490528935581565349569847423543772708389950006762
933340863618091967816871505883254727262567145773146498004530486171
417171892105811911667093896407662301003877031533534091228942373798
059273106166450079769830699142782251077764351673719908408426206597
301730986465434537593160995685603660508281714635598175673845307252
408951697227477869513157544173444547223195238424694176572256898893
110374119866448915776227369791872420558652076079899558584430114492
990142055387105387376532560803329681845461686610828115358318167961
430456583180717294406694115863763848461100043821786731183590668468
450363854531022542362709460429344065537556014298693785093825141995
425009306275584836582645267318795545818851650630024040227718248274
711746991639279354106486160334659917170726863865485157139421974871
191635707284322459832882084302958557623479175965249107750985688941
470276920065483334966958488859770908803076811769200053914084707132
951017281461218709195151806511040503781564141290853921698108676506
850812134686179795192587891603212667370269368679907297728171765280
488597560307850318167544118004858734611713772870812123361415629003
155587114474038758996695805665319660528368352252434176052773329344
897092428335280862061757158184220148063073687375567565707457065826
730899619674838644873091052517143908838951201331333495400284089327
909176420749930614456263373799608908614874689774462333802472710002
138760013001641987914150311483454608576274865193599691896759676822
573791016221557886132312552337335391438431644323431250569957998106
885729960583339810350790539789148761411530231402748800907136063487
219782707285723970624638034976282068438881613384776866170257817535
255652892751548151049683344185394826590754183300519225238451661155
094680507716085165849445854988856528678259717354781957243998982175
044000960656641069241687721501117989828381109920108257618788397638
413323621747316038500646610818910976536014753896582352433057008393
613540046214075206830759989418635034669203550876248627615431115036
843066764290828007444098839453241118614027727213072201661704054812
334814045873343504050374006400488265078711279144360588671956657617

6608430634671853980058310774936375412683737907381699476437651809179
7981485180157006642169228631130132856533729134304264161160306035570
2731954053893889233984443568070706979519191328076164714789031733340
4130270278145014074786299403774930064750337744016668851871570545374
3452670969830429217052959743467535024484000458606484321251067182727
6114991255507741028377066533863771712021128192363358233363403876633
0996813821037495121262939365053814827665611036592860170977465471111
6753773512203563007505429472082554699729397979575001983180678455744
9127031693750613907824125453314346981557285147350720925140402302844
4893125259284342773874202006602360416247000340305131846957597237099
4582875759383268955110782425590523712422614027813712005738334729944
5237136283122876668672282294943715773208438522866523199284912324855
2821420990768237411031053043174893782721327678786576724507458080133
0356336506873670735907194248758396733157905234047482399807770741144
5551313186080257755669293479046672955421298940072512437665355353699
9182763645960452110921703011377719237325705649508019783852013130744
5704131561280114092739151213741092002153673145722018643941327099888
2185621756595659345447298506292427984223394743205838065142255145877
8422778457516531452377600928320787457901593950341777854034524798622
1560871703904246687644929911898728041920726033073686580088906979566
7405733286321187486025369136222771117039037671496617562142278710477
6367501977294877869715517055320502156564923212299157588192624145244
7172814249204182576238257553922137312588088773652228264200729028555
5887666187289565336372879637900349016627899945584557250723205108422
6998644370704885795623223128219764527054856931536462205074408600822
2016492969472723786966318972885375352954966645294412383996365867011
5096546871882802464599629125189436453959887345749021743654082013399
2060970430575886348439465996936137511366992208600850781919002187844
3577615593015539559288229071427430368696208451771680869247506425399
9023600397660271076359065627489760857112302339266339865239845771922
8082119075106094518904276307939246182883079975518317747857133431288
2328261121545024673727120116372141791689107890311336996670638768455
2530075975624675276488364519066621627623073885009784883366858560677
5740861106560051941405998591594681105712717963604455051741440254599
6245878789797635421788371521087066297661852842814049333130562068555
4228930763459201360872260074152723463502943891611651667981284014722
8007118173481291655603945110573726604350392484695196511866327011777
2839987125980373486852038781445736090398913779851896721855794147011
4757893607678124420555553375747478670441917146133420442520575311011
0792895222079896006253711302311568272434273128920073849454161333866
4927315981701689876696086464284483849610790432291721333278914040611
4432943539806898704501133883044662537865995955636739217977184999100
8311070277106719062472418977189313957035409746731494661211253954811
7835237715707398882971691041663441510220804702298243519531958540311
1402838556776311414159627115838925947461157697940708123544005246100
5291253844775249547182159813467828251043156494703371945062315279111
1746452877465116744889321069997943568211014912925862139701020874533
2365464140714252654516853123847337948386778553718384849693862319588
5426730206788576910574567494397894657821691502507442765039862006133
6581520090579035918281614801745699847078398439648493713049225055255
6025387773380185622903699771337029435491810348667079311064443459811
1367215679124314900717327135422737463179321730097175537363507528744
7784736936195280851442444253116649157826391722486327746070694183533
1755650601594404671665078730971285111451683142553965887179903136577
8119346930401776883414517523853360012578440763536712349508017110266
8051046278185936423570143913120948814358040904981384600349971366655
3399159752520303998516195898058307001925607278403696937298735565299

024364319340585148901918365225712922601242295107624031283464403286
263713634470007263192351521020747520098458750934980401237494797294
662122948993842044193016904841204390646281364098983818727797541099
387485557986284301459207059431329445612545199073257324237580094766
75810126612285404850722697320257318491414938800048567428 92

www.ingramcontent.com/pod-product-compliance
Lightning Source LLC
Chambersburg PA
CBHW071339210326
41597CB00015B/1508

* 9 7 8 1 6 3 2 7 0 5 2 2 8 *